重有色金属冶金工厂技术培训教材

丛书主编　彭容秋

COPPER METALLURGY

铜冶金

中国有色金属学会重有色金属冶金学术委员会组织编写

中南大学出版社
www.csupress.com.cn

图书在版编目(CIP)数据

铜冶金 / 彭容秋主编. —长沙:中南大学出版社,2004.12
(2020.7 重印)

ISBN 978 – 7 – 81105 – 015 – 8

Ⅰ.铜… Ⅱ.彭… Ⅲ.炼铜 Ⅳ.TF811

中国版本图书馆 CIP 数据核字(2004)第 135647 号

铜冶金

彭容秋 主编

中国有色金属学会重有色金属冶金学术委员会组织编写

□责任编辑	李宗柏	
□责任印制	易红卫	
□出版发行	中南大学出版社	
	社址:长沙市麓山南路	邮编:410083
	发行科电话:0731 – 88876770	传真:0731 – 88710482
□印　　装	长沙印通印刷有限公司	

□开　　本	787 mm × 1092 mm 1/16　□印张 17.75　□字数 438 千字	
□版　　次	2004 年 12 月第 1 版　□2020 年 7 月第 5 次印刷	
□书　　号	ISBN 978 – 7 – 81105 – 015 – 8	
□定　　价	48.00 元	

《重有色金属冶金工厂技术培训丛书》参编单位

中国有色工程设计研究总院
南昌有色金属设计研究院
中南大学
东北大学
昆明理工大学
江铜集团贵溪冶炼厂
大冶有色金属公司
云南铜业股份有限公司
金川集团有限公司
安徽铜都铜业股份有限公司金昌冶炼厂
深圳市中金岭南有色金属股份有限公司韶关冶炼厂
河南豫光金铅集团有限责任公司
云南驰宏锌锗股份有限公司
云南锡业集团有限责任公司
白银有色金属公司
祥云县飞龙实业有限责任公司
吉林吉恩镍业股份有限公司
水口山有色金属集团公司
烟台鹏晖铜业有限公司
柳州华锡集团有限责任公司
山西华铜铜业有限公司
葫芦岛有色金属集团有限公司
奥托昆普技术公司
营口青花集团有限公司
锦州长城耐火材料有限公司
中国·宣达实业集团有限公司
扬州市中兴硫酸设备厂
昆明市嘉和泵业有限公司
宜兴市宙斯泵业有限公司

参加《铜冶金》分册编写人员

彭容秋	任鸿九	张训鹏	贺家齐
肖　珲	黄建国	裴书照	吴　军
陈先斌	陈羽年	吴理鹏	陈时应
肖炳瑞	张　帆	程　彤	汪飞虎
张恩明	黄明琪	席　斌	余旦新
李田玉	郭树东	林升叨	余忠珠
王舒敏	杨小琴	李　云	张　隽
熊振昆	华宏全	张宏明	徐毅敏
李维群	王盛琪	徐再球	刘朝辉
朱　燃	骆　炜	张亨峰	姜元顺
张洪常	王举良	许永武	杨斌强
乐国斌	李建斌	陈胜利	李吉忠
符进武	宋光荣	何蔼平	魏　昶
贾建华	林荣跃	李仲文	郭亚会
谭　宁	陶金文	陈时应	李志强
谭世雄	郭天立	赵震宇	

内容提要

这是一本铜冶金工厂职工技术培训教材。全书共分 13 章,涵盖了铜冶金的基本原理、生产工艺与设备及操作要领。对现代铜冶金新方法——闪速熔炼、顶吹浸没熔炼、诺兰达法与白银法均作了详细介绍。对细菌浸出与溶剂萃取—电积法生产铜与传统炼铜方法,包括大型炼铜厂采用的不锈钢永久阴极铜电解精炼也作了适当的介绍。

本书内容丰富,编写简明,适合于铜冶金工厂的生产管理人员和生产工人作技术培训教材用,也可供其他生产技术人员参考。

序

　　进入 21 世纪，我国有色金属工业继续持续稳定地发展，十种有色金属年产量超过 1000 万吨，其中铜、镍、铅、锌、锡、锑等重有色金属的产量占一半以上，稳居世界第一，重有色金属冶炼企业在不断对现有工艺进行技术改造、挖潜增效、节能降耗、强化管理的同时，广泛采用闪速熔炼及顶吹、底吹、侧吹类的熔池熔炼，热酸浸出，深度净化，L－SX－EW 湿法炼铜，永久阴极电解等新工艺、新技术、新设备逐渐取代能耗高、污染大、效益差的落后工艺，有色金属工业面貌焕然一新。

　　我国有色金属工业的发展，竞争与机遇并存。我们应清醒地看到，我国的人均有色金属量占有率仍然很低，除了资源严重短缺外，在核心技术创新方面，在管理模式、管理水平、经营理念、总体装备水平、劳动生产力、自动化程度、资源有效利用、职工素质等多方面与世界有色金属强国相比，还存在很大的差距。我们必须百尺竿头，继续奋斗，不断增强我国有色金属工业的国际竞争能力。

　　国家综合实力的竞争归根结底是人才的竞争，发展有色金属工业迫切需要提高企业职工的整体素质。近年来，我国有关方面相继启动了"国家高技能人才培训工程"，目的在于培养千百万具有一定专业理论知识、动手能力强、技术娴熟的技能型人才。为满足工厂职工教育和培训的需要，中国有色金属学会重有色金属冶金学术委员会组织一批教授、专家和资深技术人员编写了《重有色金属冶金工厂技术培训丛书》，经过近一年的努力，现在终于可将这套丛书奉献给广大读者了。为了编好这套丛书，全国各重有色金属冶炼工厂都竭尽全力给予了极大的支持，在此，我代表中国有色金属学会重有色金属冶金学术委员会向为编写这套丛书作出辛勤劳动的教授、专家及广大企业领导及工程技术人员致以衷心的感谢！我们相信，这套丛书的出版发行，必将为我国重有色金属冶炼企业技术工人综合素质的提高，促进我国重有色金属工业的发展起着重要的作用，并为增强我国国民经济综合实力作出重要贡献。

中国有色金属学会重金属冶金学术委员会主任委员
中国有色工程设计研究总院院长

编者的话

进入 21 世纪，铜冶金技术无论在强化熔炼，设备改进和操作管理上都有了突飞猛进的发展。为了适应这一形势的要求，特编写了这一技术培训教材。

为了适应广大技术工人读者的要求，以总结生产实践知识为主，对生产过程的基本原理和操作技术要求也作了必要的叙述。以国内先进生产方法为主，对国外先进技术和传统炼铜法也作了简单的介绍；在分析现有方法优缺点的基础上，对今后技术发展的趋向也作了应有的提示。通过本书的学习，有益于造就读者成为既有良好的理论素养，又能付诸实践、勇于创新的新型人才。

全书共分 13 章，除造锍熔炼基本原理专辟一章叙述外，各种新熔炼方法的特点均在各自章节中叙述。由于强化熔炼方法都会产出含铜较高的炉渣，因此炉渣贫化处理显得日益迫切，专辟一章来介绍。国内各铜厂采用的新冶炼方法不尽相同，如侧吹熔池熔炼就有白银法与诺兰达法，顶吹浸没熔炼又有艾萨炉与澳斯麦特炉，甚至还包括有北镍法，书中不可能对这么多新方法都作详细介绍，如艾萨炉与澳斯麦特炉便合为一章称顶吹浸没熔炼法，只能在顶吹浸没熔炼的共性基础上，略述其特点。因此，在教学培训过程中，可根据工厂具体情况作适当增删。对于各操作过程亦然，只能叙述原则要求，至于岗位的具体操作要点也有待补充。

本书内容有一定的深度与广度，但学员的文化水平不一，要求在教学过程中应根据具体情况，如自由能、活度、电极电位等热力学概念，以及化学势图的应用等应作适当解释，否则部分学员难以接受。

在本书编写过程中，得到了各厂的大力支持，在此表示深深的谢意。

本书的主要内容虽然来自各厂的生产实践，但参编人员水平有限，书中难免出现某些缺点与错误，敬请批评指正，竭诚感激。

编者

目　录

1 铜冶金一般知识

    铜是人类最早发现和应用的金属之一，据考证，西亚地区是世界上最早应用铜并掌握炼铜技术的地区。在靠近西亚的土耳其南部的查塔尔萤克发现的含有铜粒的炉渣距今已有8000~9000年的历史。我国是世界四大文明古国之一，大批出土文物表明，我国在夏代就进入了青铜时代，在甘肃马家窑文化遗址发现的青铜刀，距今已达5000年，湖北大冶铜绿山矿附近的古矿冶遗址距今已达2500~2700年。该矿址已出土8座炼铜竖炉，炉周边堆放着大量炼铜炉渣和金属铜。湿法炼铜更是源于我国。1698年英国开始采用反射炉炼铜，真正引起炼铜工艺大变革的是19世纪后期即1880年出现转炉以后，用转炉吹炼铜锍，简化了流程，缩短了冶炼周期。1865年欧洲出现了电解精炼，从而使铜的纯度大大提高，从19世纪末到20世纪20年代，鼓风炉熔炼占主导地位。而20世纪20年代到20世纪70年代则以反射炉熔炼为主。自上世纪60年代以来，以闪速熔炼为代表的一批强化冶炼新工艺，逐渐取代了反射炉熔炼。我国虽然很早就生产和应用铜，但直到1949年新中国建立前，我国炼铜工业一直处于落后地位，全国仅有几个小再生铜冶炼厂。自新中国成立后我国整个工业水平迅速提高，从20世纪50年代后期开始，我国逐渐建立起几座现代化炼铜厂，近20年来，几乎世界上的各种先进炼铜工艺都在我国得到了应用，近年来我国的铜产量已跃居世界前列。

1.1 铜及其主要化合物的性质

1.1.1 铜及其主要合金的性质

    铜是一种具有金属光泽、组织致密、磨光时呈红色、柔性和可锻性很好的金属，铜的导电性仅次于银，表1-1列出了铜的一些物理性质。

表 1-1　铜的物理性质

原子量	63.54
熔点 $t/℃$	1083.6
熔化热 $Q/(kJ \cdot mol^{-1})$	13.0
沸点 $t/℃$	2567
铜液的蒸气压/Pa	
1141~1142℃	1.3×10^{-1}
1272~1273℃	1.3
2207℃	$1.3 \cdot 10^{4}$

续表 1－1

汽化热 $Q/(\text{kJ} \cdot \text{mol}^{-1})$	306.7
比热容/$(\text{J} \cdot \text{g}^{-1} \cdot ℃^{-1})$	$C_p = 0.3895 + 9100 \times 10^{-5}T (T = 100 \sim 600℃)$
铜液密度/$(\text{g} \cdot \text{cm}^{-3})$	$9.351 - 0.996 \cdot 10^{-3}T (T = 1250 \sim 1650℃)$
线膨胀系数 a_t/K^{-1}	$16.5 \times 10^{-6}(293\ \text{K})$
电阻率 $\mu/(\Omega \cdot \text{m})$	$1.673 \times 10^{-8}(293\ \text{K})$
热导率 $\lambda/(\text{W} \cdot \text{m}^{-1} \cdot \text{K}^{-1})$	$401(300\ \text{K})$
莫氏硬度/$(\text{kg} \cdot \text{mm}^{-2})$	$42 \sim 50$

铜在熔点($1083℃$)时的蒸气压低于 1.3×10^{-1} Pa,因此,在冶炼温度下,铜几乎不挥发。

铜液能溶解很多气体,如 H_2,O_2,SO_2、水蒸气等,这些气体对铜的机械性质和电气性质均有影响。

铜在干燥的空气中不起变化,但在含有 CO_2 的潮湿空气中表面会氧化生成碱性碳酸铜薄膜,俗称铜绿,这层膜能阻止铜再被腐蚀,铜绿有毒。铜在空气中加热至 $185℃$ 以上时开始氧化,表面生成一层暗红色的铜的氧化物,当温度高于 $350℃$ 时,铜表面的颜色变成黑色。外层为 CuO,中间层为 Cu_2O,内层则仍为金属铜。铜的电位比氢的电位正,属正电性元素,故不能从酸中置换出氢,因此不溶于盐酸,但能溶于硝酸或有氧化剂存在的硫酸中。铜能溶于氨水中。铜能与氧、硫及卤素等元素直接化合,铜及其化合物与各种溶剂的作用情况见表 1－2。

表 1－2 铜及其主要化合物与各种溶剂的作用

铜及其化合物	HCl	HNO_3	H_2SO_4	HCN	H_2SO_3	NH_3	$Fe_2(SO_4)_3$	$FeCl_3$
Cu	+(有 O_2 存在时)	+	+(有 O_2 存在时)	+	+(有 O_2 存在时)	+(有 O_2 存在时)	+	+
CuO	+	+	+	+	+	+	+	+
Cu_2O	+	+	+	+	+	+	+	+
$Cu_2O \cdot SiO_2$	+	+	+	±	±	±	－	－
$Cu_2O \cdot Fe_2O_3$	+(加热)	+	+(加热)	+	－	－	－	－
CuS	－	+	－	+	－	－	+	+
Cu_2S	－	+	－	+	－	－	+	+
$CuFeS_2$	－	+	－	+	－	－	±	±
Cu_5FeS_4	－	+	－	+	－	－	±	±

注:＋溶解,－不溶解,±部分不溶解。

铜能与多种元素形成合金,从而大大改善铜的性质,使之易于进行冷、热加工,并增加抗疲劳强度和耐磨性能。目前已能制备 1600 多种铜合金,主要的系列有:

黄铜。铜锌合金,含 Zn5% ～50%,若黄铜含 Sn 为 1%、含 Zn30% ～40% 则称为锡黄铜,这种合金抗蚀能力强，广泛用于船舶制造。

青铜为铜锡合金，含 Sn1% ~20%，常含 Zn1% ~3%，若合金中含一定量的 P 或 Si，则可称为磷青铜、硅青铜。青铜在机械制造、电器等各行业中有广泛的用途。

此外，还有白铜(铜镍合金)、锰铜(锰铜合金)、铍铜合金等等。

1.1.2　铜的硫化物、氧化物及其性质

1.1.2.1　铜的主要硫化物

(1)硫化铜(CuS)

硫化铜呈墨绿色，以铜蓝矿物形态存于自然界中，纯固体硫化铜密度为 4.68 g/cm³，熔点为 1110℃，比热容为 0.5204 J/(g·℃)(25℃)。硫化铜为不稳定的化合物，在中性或还原性气氛中加热时，按下式分解：$4CuS \longrightarrow 2Cu_2S + S_2$

在熔炼过程中，炉料受热时 CuS(铜蓝)即可完全分解，生成的 Cu_2S 进入锍中，CuS 与各种溶剂的作用见表 1-2。

(2)硫化亚铜(Cu_2S)

硫化亚铜是一种蓝黑色物质，在自然界以辉铜矿形态存在，固态硫化亚铜的密度为 5.785 g/cm³，熔点为 1130℃，比热容为 0.066 J/(g·℃)(25℃)。在常温下，Cu_2S 稳定，几乎不被空气氧化，但加热到 200 ~300℃时，可氧化成 CuO 和 $CuSO_4$，加热到 330℃以上时，可氧化成 CuO 和 SO_2，在高温(1150℃)下，向熔融 Cu_2S 中吹入空气时，Cu_2S 可强烈氧化，最终产出金属铜和二氧化硫：$Cu_2S + O_2 \longrightarrow 2Cu + SO_2$

H_2 可以使 Cu_2S 缓慢还原，在 CaO 存在下，可加速 Cu_2S 的还原，Cu_2S 与 FeS 及其他硫化物共熔时形成锍。

1.1.2.2　铜的主要氧化物

(1)氧化铜

氧化铜是黑色无光泽的物质，在自然界以黑铜矿形态存在，固态氧化铜的密度为 6.3 ~6.48 g/cm³，熔点为 1447℃，比热容为 0.54 J/(g·℃)(25℃)，在高温(超过 1000℃)下，CuO 可分解成暗红色的氧化亚铜和氧气：$4CuO \longrightarrow 2Cu_2O + O_2$

在高温下 CuO 易被 H_2、C、CO 等还原成 Cu_2O 或 Cu。CuO 呈碱性，不溶于水，但能溶于硫酸、盐酸等酸中。

(2)氧化亚铜(Cu_2O)

致密的氧化亚铜呈缨红色，有金属光泽。粉状 Cu_2O 呈洋红色，在自然界 Cu_2O 以赤铜矿形态存在。固态 Cu_2O 的密度为 5.71 ~6.10 g/cm³，熔点为 1230℃，比热容随温度变化而变化，存在如下关系式：$C_p = 14.34 + 6.2 \cdot 10^{-2}T$(77 ~1227℃，J/(g·℃))，熔化热为 391.69 J/g。

1.1.2.3　铜的主要盐类化合物

(1)硫酸铜($CuSO_4$)

硫酸铜在自然界以胆矾($CuSO_4 \cdot 5H_2O$)形态存在，纯胆矾为天蓝色三斜晶系结晶，失去结晶水后为白色粉末。硫酸铜易溶于水，用铁、锌等物质可从硫酸铜溶液中置换出金属铜。

(2)铜的硅酸盐

自然界中铜的硅酸盐有孔雀石($CuSiO_3 \cdot 2H_2O$)和透视石($CuSiO_3 \cdot H_2O$)，它们在高温下分解成稳定的氧化亚铜硅酸盐($2Cu_2O \cdot SiO_2$)，这种硅酸盐易被 H_2、C 或 CO 还原。

1.2　铜的产量及消费量

1.2.1　近10年世界各国的铜产量

（1）矿铜产量

全世界有40多个国家和地区生产铜，近10年来铜的产量呈持续增长趋势，表1-3列出了近几年全世界的铜产量。

表1-3　近几年世界铜产量（kt）

年　份	1994	1995	1996	1997	1998	1999	2000	2001	2002
矿铜产量	9727.5	9726.9	10426.7	10811.0	12284	12787	13312	13745	13518
精铜产量	1196.0	11849.7	12709.2	13384.4	14141	14467	14819	15686	15336

（2）再生铜产量

从二次铜资源生产出的铜称为再生铜，当今，随着地球资源的大量消耗，矿铜资源越来越少，因此从二次铜资源回收铜变得更加重要。目前再生有色金属在有色金属总产量中所占的比例约为30%，再生铜所占比例更高，美国占47.83%，德国占54.11%，日本占53.74%。

1.2.2　铜的用途及铜消费量的变化

（1）铜及其产品的用途

铜的用途十分广泛，一直是电气、轻工、机械制造、交通运输、电子通讯、军工等行业不可缺少的重要的原材料。

在化学等工业中用来制造真空器、阀门等。实际上应用最多的还是铜的各种合金，如黄铜、青铜等等。铜的化合物是电镀、原电池、农药、颜料等工业不可缺少的重要原料。

据统计目前铜在各领域的应用情况大致为：电气工业48%～49%，通信工程19%～20%，建筑14%～16%，运输7%～10%，家用及其他机具7%～9%。

（2）世界各国铜的消费量变化

近10年来铜的消费量一直呈上升趋势，不仅消费量增加，而且消费结构也发生了变化，发达国家消耗到建筑业的铜增多，发展中国家仍主要消耗在电力电子工业上。表1-4示出了近年来铜消费量变化。图1-1示出了近几年世界铜消费结构情况。

表1-4　世界精炼铜消费量变化

年　份	1994	1995	1996	1997	1998	1999	2000	2001	2002
消费量/kt	11560.1	12092.4	12377.8	12606.9	13350	14037	15175	14676	14951

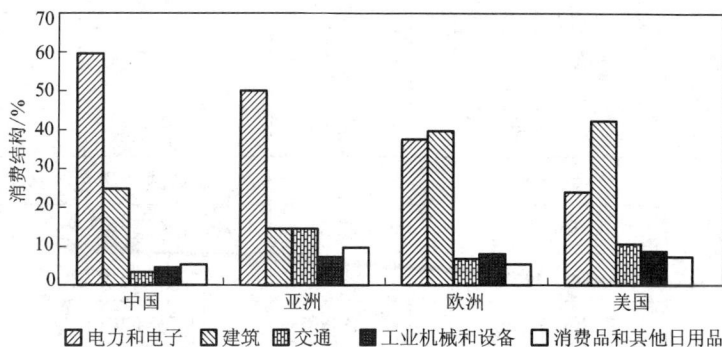

图 1 - 1　美国 1997 年、欧洲与亚洲 1995 年和我国 1998 年的铜消费结构

（3）铜的价格变化

近几年铜的价格变化较大，表 1 - 5 示出了伦敦金属交易所 A 级铜价格变化情况。

表 1 - 5　伦敦交易所 A 级铜价格（美元/t）

年份	1994	1995	1996	1997	1998	1999	2000	2001	2002
平均	2312.72	2936.52	2290.46	2275.09	1652.48	1764.75	1813.47	1578.28	1559.47
最高	3088.00	3235.00	2841.00	2719.00	1879.00	1846.00	—	—	1647.53
最低	1720.00	2716.00	1830.00	1698.00	1437.50	1708.00	—	—	1478.71

1.3　铜冶金原料

1.3.1　铜的矿物、矿石与精矿

自然界已发现的含铜矿物有 200 多种，但重要的矿物仅 20 来种，除了少量的自然铜外，主要有原生硫化铜矿物和次生氧化铜矿物，常见的具有工业开采价值的铜矿物如表 1 - 6 所示。

工业上可应用的铜矿中，铜的最低含量已由 2% ~ 3% 降至 0.4% ~ 0.5%。硫化铜矿中常见的伴生金属矿物是黄铁矿，其次为镍黄铁矿、闪锌矿、方铅矿。依伴生矿物的种类及数量不同，分别称为铜锌矿、铜铅矿、铜镍矿等等。氧化铜矿中常见的伴生矿为褐铁矿、赤铁矿、菱铁矿等。

铜矿中伴生的脉石矿物常见的是石英、石灰石、方解石等。

原矿中含铜量一般都很低，不宜直接用于提取铜，需经选矿处理得到含铜量较高的铜精矿。表 1 - 7 列出了我国某些铜矿山所产硫化铜精矿的化学成分。铜精矿常含有较多的 Au，Ag 及铂族元素等贵金属元素。

表1-6 重要的铜矿物

类别	矿物	组成	铜含量/%	颜色	密度/(g·cm⁻³)
硫化铜矿	辉铜矿	Cu_2S	79.8	铅灰至灰色	5.5~5.8
	铜蓝	CuS	66.4	靛蓝或灰黑色	4.6~4.76
	斑铜矿	Cu_5FeS_4	63.3	铜红色至深黄色	5.06~5.08
	砷黝铜矿	$Cu_{12}As_4S_{13}$	51.6	铜灰至铁黑色	4.37~4.49
	黝铜矿	$Cu_2As_4S_{13}$	45.8	灰至铁灰色	4.6
	黄铜矿	$CuFeS_2$	34.5	黄铜色	4.1~4.3
氧化铜矿	赤铜矿	Cu_2O	88.8	红色	6.14
	黑铜矿	CuO	79.9	灰黑色	5.8~6.4
	蓝铜矿	$2CuCO_3 \cdot Cu(OH)_2$	68.2	亮蓝色	3.77
	孔雀石	$CuCO_3 \cdot Cu(OH)_2$	57.3	亮绿色	4.03
	硅孔雀石	$CuSiO_3 \cdot 2H_2O$	36.0	绿蓝色	2.0~2.4
	胆矾	$CuCO_3 \cdot 4H_2O$	25.5	蓝色	2.29

表1-7 国内某些铜矿厂的铜精矿成分(%)

	Cu	Fe	S	SiO₂	CaO	Al₂O₃	MgO
永平铜矿	16.27	34.10	41.20	2.40	0.53	1.63	0.33
铜陵凤矿	20.14	20.83	30.28	3.88	1.82	0.85	0.48
东川落雪	29.10	11.14	—	18.07	4.90	4.48	4.62
白银公司	16.29	28.64	30.79	7.82	2.08	1.20	0.64
胡家峪	24.92	28.26	24.90	1.58	0.72	1.38	7.76
云南狮子矿	29.10	20.70	23.50	3.86	2.32	2.74	11.98
东乡矿	17.46	39.38	34.89	0.15	0.15	1~2	3~5
德兴矿	25.00	28.00	30.00	7.0		—	—
铁山矿	13.21	38.76	38.06	1.98	0.67	—	—

1.3.2 铜精矿的组成与冶炼工艺的关系

铜精矿的组成对冶炼工艺的选择极为重要。可以说是关键性因素。硫化铜矿可选性好，易于富集，选矿后产出的铜精矿大多采用火法冶炼工艺处理。氧化铜矿可选性差，不经选别常直接采用湿法冶金处理。

如果铜精矿中 MgO 等高碱性脉石成分含量高，产出的炉渣则熔点高，常用电炉处理。

高砷铜精矿(As 含量 >0.3%)，适于用强化冶炼新工艺(如浸没顶吹熔炼等)处理，所产高砷细尘应开路单独进行脱砷处理，或在制酸过程中经洗涤使砷进入酸泥而脱除。

复杂铜矿如含 Pb，Zn 伴生元素高，原则上应通过选矿分离，分别产出单一的铜、铅、锌精矿送不同的冶炼厂处理。如果分选效果不理想，则在处理高锌或高铅铜矿时，应尽量创造条件使矿中的铅锌或造渣或挥发分别从炉渣和烟尘中排出，然后再分别处理烟尘和渣来回收。一般含锌高的硫化铜矿不宜加入密闭鼓风炉处理，否则会使渣的流动性变坏，且产生横隔膜。

对于氧化铜矿，常用硫酸浸出法处理。对于一些铜品位很低的硫化铜矿可用细菌浸出或实行堆浸法处理等。

近年来，由于对环境保护提出了更高的要求，大多数工厂用火法处理硫化铜矿时，都遇到含 SO_2 烟气的逸散问题。所以试图用湿法来处理硫化铜矿。例如澳大利亚西方矿业公司试验用高压氨浸法处理富硫化铜矿取得了良好效果。

总之，铜精矿成分千差万别，在确定冶炼工艺前必须进行充分论证。首先要看精矿的组成，同时要从经济、地域条件等多种因素加以综合考虑。

1.3.3 再生铜原料

（1）再生原料来源

为了增加铜的产量，许多工厂在以矿铜生产为主的同时，也向转炉或阳极炉中加入相当数量的废杂铜（二次铜资源）。这些二次铜资源主要来自两个方面，一方面来自报废的含铜料，如电线电缆、废电子器件、废设备部件、废军用品等；另一方面来自铜及铜合金、铜材加工中产生的弃渣、垃圾、浮渣、铜屑，在铜件铸造中产生的浇口、浮渣等，在电线电缆生产中产生的线头、乱线团等等。

近两年我国从国外进口的废杂铜量已达 230×10^4 t 左右，已成为我国铜生产的重要原料。

（2）再生铜原料的预处理

由于再生原料来自四面八方，化学成分和外形结构很复杂。一般在冶炼前均要进行预处理作业，主要包括：①废件的解体、分类、切割、打包、破碎等；②废屑的筛选、干燥、破碎、磁选、压块；③含易爆物废件的火检验和无害处理等。

经过预处理分类的物料，有的可直接利用，有的可以简化处理工艺，从而为经济、有效地处理铜再生料创造了有利条件。

预处理方法的选择视含铜废料的品种而定，像大型设备、部件，要进行拆卸、切割解体，对废电线缆则要用各种方法（机械法、化学法、冶炼法、高温法等）先去除包裹的绝缘物等。

1.4 铜冶金方法

用铜矿石或铜精矿生产铜的方法较多，概括起来有火法和湿法两大类。

火法冶金是生产铜的主要方法，目前世界上 80% 的铜是用火法冶金生产的。特别是硫化铜矿，基本上全是用火法处理。

火法处理硫化铜矿的主要优点是适应性强，冶炼速度快，能充分利用硫化矿中的硫，能耗低，特别适于处理硫化铜矿和富氧化矿。图 1 - 2 示出了用火法处理硫化铜矿提取铜的原则工艺流程。

硫化铜矿(含Cu为0.5%~2%)

↓

| 浮 选 |

↓

铜精矿(含Cu为18%~30%)

| 干 燥 | | 混捏制团 |

| 反射炉 | | 电炉 | 闪速炉 | 各种熔池熔炼炉 | | 密闭鼓风炉 |

↓

铜　　锍(30%~65%)

↓

| 吹炼炉 | 　(P-S)转炉等

↓

粗　　铜(含Cu为98.5%)

↓

| 火法精炼炉 |

↓

阳极铜(含Cu为99.5%)

↓

| 电解精炼 |

↓

电　铜(含Cu为99.99%)

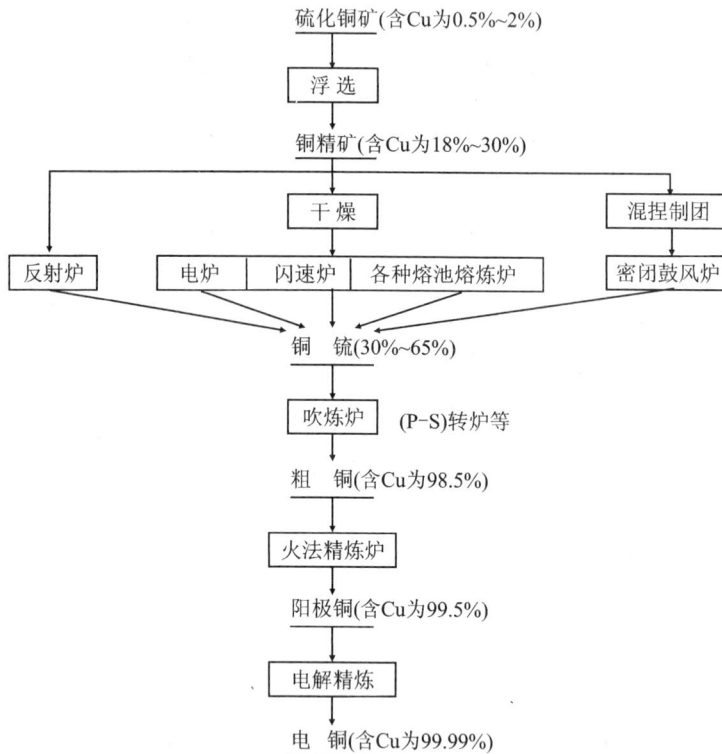

图 1-2　硫化铜矿火法冶炼原则流程

目前世界上 20% 左右的铜是用湿法提取的。该法是在常温常压或高压下，用溶剂浸出矿石或焙烧矿中的铜，经过净液，使铜和杂质分离，而后用萃取—电积法，将溶液中的铜提取出来。对氧化矿和自然铜矿，大多数工厂用溶剂直接浸出；对硫化矿，一般先经焙烧，而后浸出。湿法生产铜的原则流程如图 1-3 所示。

前已述及废杂铜已成为生产阴极铜的重要原料之一。由于废杂铜来源各异，化学成分与物理规格各不相同，因而处理的工艺也不同。

用废杂铜生产阳极铜一般都用火法。火法处理废杂铜的工艺有三种，即一段法、二段法和三段法。

一段法是将经过选分的黄杂铜与

铜矿石

↓

| 破 碎 |

↓

| 选 矿 |

↓

精矿　　　　　脉 石

↓

| 焙 烧 |

↓

焙烧矿

↓

| 浸 出 |

↓

| 液固分离 |

↓

净液　　　　残 渣

↓　　　　　　↓

(萃取电积)| 提出铜 |　　杂 质
　　　　　　　　　　(综合利用)

↓

纯 铜

图 1-3　铜矿石湿法冶炼原则流程

紫杂铜直接投入到反射炉或倾动炉或回转炉中进行火法熔炼(实际上是进行精炼)，一步产出

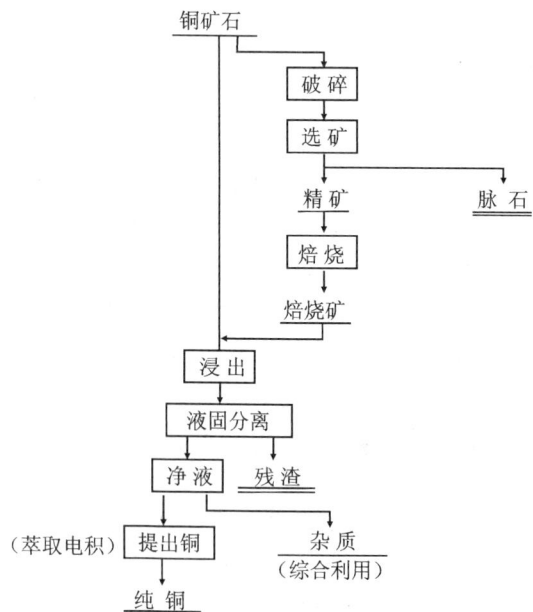

阳极铜,此法的优点是工艺流程短,建厂快,投资少,但该法仅能处理成分不复杂的废杂铜。

二段法分两步进行。第一步,将废杂铜投入到鼓风炉中进行还原熔炼,或投入到转炉中进行吹炼,产出粗铜。第二步,在反射炉或其他精炼炉中精炼粗铜,产出阳极铜。鼓风炉熔炼和转炉吹炼产出的是黑色的铜,亦称黑铜,为了与矿粗铜相区别,我们称它为次粗铜。含锌高的黄杂铜、白杂铜适用于鼓风炉熔炼—反射炉精炼流程处理,而含铅、锡高的杂铜宜在转炉中进行吹炼,使铅和锡进入炉渣。鼓风炉熔炼时,铜的直收率可达96%,锌入烟尘率可达80%。

三段法是将杂铜先经鼓风炉熔炼,产出黑铜,将黑铜送转炉吹炼成次粗铜,然后在反射炉进行精炼,产出阳极铜。鼓风炉熔炼主要是脱锌,转炉吹炼主要是除铅、锡等杂质。三段法虽然工艺流程长,但它能处理成分复杂的再生铜料,而且能很好地综合回收原料中的有价成分,所以很多大型再生铜厂应用三段法处理废杂铜。

1.5 近 20 年来国内外铜冶金技术的发展

自 20 世纪 60 年代以来,世界铜冶金技术有了长足的进展,主要表现是:①传统的冶炼工艺正迅速被新的强化冶炼工艺所取代,到目前为止世界上约有 110 座大型炼铜厂,其中采用传统工艺的工厂仅剩下 1/3,其余 2/3 的工厂已采用新的强化工艺进行铜的生产。现在,奥托昆普闪速熔炼和各种熔池熔炼工艺(澳斯麦特/艾萨法、诺兰达法、特尼恩特法、瓦纽柯夫法等)已成为主流炼铜工艺;②氧气的利用更为广泛,富氧浓度已大大提高;③各炼铜厂的装备水平和自动化程度都有较大的提高;④以计算机为基础的 DCS 集散控制系统已为更多的炼铜厂采用,使冶炼工艺的控制更为精确;⑤冶金工艺参数(如温度、加料量等)的测定手段更为先进,测得的数据也更可靠,如艾萨炉熔池,温度直接连续测定的实现可使熔池温度控制在 ±5℃左右;⑥有价金属的综合回收率进一步提高,综合能耗进一步降低,劳动生产率进一步提高,冶金环境进一步改善;⑦湿法炼铜工艺有了更大的发展,现在世界上已有 20% 的铜用湿法生产。

闪速熔炼技术经过 50 多年的改进,在技术装备上更加完善,近 20 年来,最大的改进是鼓风中富氧浓度大大提高,现在最高已达 90%,其次是炉体强化冷却结构更加先进,越来越多的工厂采用中央精矿喷咀,实行"四高"(高投料量、高富氧浓度、高热强度、高锍品位)操作,使单炉生产能力大大提高,如美国犹他冶炼厂新建的闪速炉,富氧浓度为 80% ~ 85%,锍品位为 69%,单炉精矿处理量高达 160 ~ 170 t/h。

近 10 年来新开发的浸没顶吹熔池熔炼工艺(包括艾萨法和澳斯麦特法),迅速被世界上很多工厂采用,其推广速度超过了原有的诺兰达法和特尼恩特法的推广速度。特别是艾思达(Xstrata)公司的艾萨法更为成熟、可靠,受到大家的重视。印度思特来特公司炼铜厂新建的艾萨炉采用的富氧浓度达 78% ~ 80%,产出的锍品位为 65%,精矿投入速度平均达 137 t/h。单炉产铜能力达 30×10^4 t/a。到目前为止全世界已有四台大型艾萨炉在运转中,还有三台炉正在建设中。特别是南秘鲁的依罗冶炼厂原计划采用的是闪速熔炼炉和特尼恩特炉生产铜,但是他们在改造现有炼铜工艺的时候毅然关闭反射炉,改用艾萨炉,规模为年处理铜精矿 120 万吨,很值得深思。除艾萨熔炼外,澳斯麦特法近几年也在炼铜方面有较大进展。现在,已有二台澳斯麦特炉在进行生产(两座炉均在我国)。

　　三菱法是世界上唯一的真正的连续炼铜法，虽然早在 20 世纪 70 年代已开发成功，但是由于多种原因，始终推广不开，近几年有了惊人的变化，特别是 1998 年在经济欠发达的印尼投产了一座年产 20×10^4 t 铜的设备后，使人们对三菱法的认识有了变化，现在世界上已有 4 座三菱法工厂在运转。

　　至于诺兰达法、瓦纽柯夫法、特尼恩特法，近几年都无太大变化。

　　近 20 年来国内的铜工业，可以说发生了翻天覆地的变化。贵溪冶炼厂（以下简称贵冶）和金隆公司的闪速炉熔炼经过改造，技术水平有了更大的提高。如贵冶的闪速炉熔炼已采用中央精矿喷咀，实行常温富氧熔炼和"四高"操作，锍品位从 50% 提高到 63%，富氧浓度从 50% 提到 70%，精矿投入量已从 1128t/d 提高到 3488 t/d，矿铜生产能力已达 30×10^4 t/a。云铜已用艾萨法取代了电炉熔炼，金昌冶炼厂和侯马冶炼厂已采用澳斯麦特法生产铜，特别是云铜的艾萨炉一次顺利投产成功，各项指标均达到世界同类工艺先进水平。葫芦岛东方铜业公司也正准备用浸没顶吹熔炼工艺取代密闭鼓风炉熔炼工艺。我国自己开发的白银炼铜法，也取得了较大的进展，他们正准备进一步改造，大冶的诺兰达炉自投产以来，运转一直正常。

　　除上述火法炼铜工艺外，近 20 年来湿法炼铜工艺也取得了长足的进步，湿法工艺不仅可以处理一些难选的氧化矿和表外矿、铜矿废石等，而且随着细菌浸出和加压浸出的发展，亦可以处理硫化铜矿石，并能获得较好的经济效益，从而大大拓宽了铜资源的综合利用。现在西方国家采用萃取电积工艺生产的铜已达 200×10^4 t/a 以上，约占世界铜产量的 20%。智利是世界上最大的湿法炼铜生产国，其年产量在 1169 kt 以上。

　　湿法炼铜在我国虽然规模还不大，但是近 20 年来也有了较快的发展，从 1983 年我国建成第一座萃取电积工厂以来，现在已有约 200 个工厂采用萃取电积工艺处理铜矿或铜精矿生产阴极铜，生产能力已达到 20 kt/a。德兴铜矿用细菌浸出废铜矿石产出高纯阴极铜，为我国低品位硫化铜矿的处理闯出了一条新路。

撰稿人：贺家齐
审稿人：李维群　彭容秋

2 铜精矿造锍熔炼的基本原理

2.1 概 述

造锍熔炼是目前世界上广泛采用的生产工艺。

该工艺是在 1150~1250℃ 的高温下,使硫化铜精矿和熔剂在熔炼炉内进行熔炼,炉料中的铜、硫与未氧化的硫化亚铁形成以 $Cu_2S - FeS$ 为主,并溶有 Au,Ag 等贵金属和少量其他金属硫化物和微量铁氧化物的共熔体(铜锍),炉料中的 SiO_2,Al_2O_3 和 CaO 等脉石成分与 FeO 一起形成液态炉渣,炉渣是以铁橄榄石 $2FeO \cdot SiO_2$ 为主的氧化物熔体。铜锍与炉渣基本不互溶,且炉渣的密度比锍的密度小,从而达到分离。

造锍熔炼的基本原则是:①在适当的温度和气氛(氧势)下,使铜尽量富集到铜锍中,而铁和精矿中的脉石成分则富集到炉渣中,使炉料中的有价元素依其物理化学性质不同分别富集到铜锍、炉渣和烟尘中,以利于进一步利用;②要确保烟气中有足够的 SO_2 浓度,以利于硫的回收利用;③保持适当的熔体温度;既要使熔体适当过热,又不能太高。

造锍熔炼的原则流程参见图 1-2。

造锍熔炼用的原料以硫化铜精矿为主,其他原料为渣精矿、返料、再生铜料等。由于各种含铜炉料成分相差较大,为确保冶金过程顺利进行,通常需将多种精矿及杂料配合使用,我国目前几个工厂使用的混合铜精矿成分如表 2-1 所示。

表 2-1 国内炼铜厂混合铜精矿成分(%)

厂名及工艺		Cu	Fe	S	Pb	Zn	As	SiO₂
贵冶	闪速炉	21.5	29.0	32.5	0.4	0.9	0.25	6.5
大冶	诺兰达炉	23.5	23.5	21.7	1.06	1.03	0.31	11.40
云冶	艾萨炉	21.12	24.25	22.04	0.67	0.48	—	15.74
侯马	澳斯麦特炉	24.5	28.0	31.0	—	—	—	9.5
金隆	闪速炉	29.5	27.5	28.3	—	—	0.1	7.0
白银	白银炉	18.5	28.9	31.1	0.81	2.55	0.34	7.6
葫芦岛	密闭鼓风炉	25.1	27.9	29.0	<1.3	<1.5		7.5

造锍熔炼所需熔剂为石英石(SiO_2)和石灰石($CaCO_3$)。

2.2 造锍熔炼的基本原理

2.2.1 主要物理化学变化

造锍熔炼过程的主要物理化学变化为：水分蒸发，高价硫化物分解，硫化物直接氧化，造锍反应，造渣反应。

（1）水分蒸发

目前除闪速熔炼、三菱法等处理干精矿外，其他方法的入炉精矿，水分都较高（为 6% ~ 14%）。这些精矿进入高温区后，矿中的水分将迅速挥发，进入烟气。

（2）高价硫化物的分解

铜精矿中高价硫化物主要有黄铁矿（FeS_2）和黄铜矿（$CuFeS_2$），在炉中它们将按下式分解：

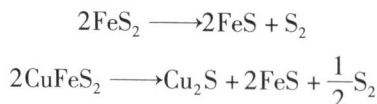

$$2FeS_2 \longrightarrow 2FeS + S_2$$

$$2CuFeS_2 \longrightarrow Cu_2S + 2FeS + \frac{1}{2}S_2$$

在中性或还原性气氛中，FeS_2 于 300℃ 以上分解，$CuFeS_2$ 于 550℃ 以上分解。在大气中，FeS_2 于 565℃ 开始分解。分解产出的 Cu_2S 和 FeS 将继续氧化或形成铜锍，分解出的 S_2 将继续氧化成 SO_2 进入烟气中：

$$S_2 + 2O_2 \Longrightarrow 2SO_2$$

（3）硫化物直接氧化

在现代强化熔炼中，炉料往往很快进入高温强氧化气氛中，所以高价硫化物除发生分解外，还可能被直接氧化。

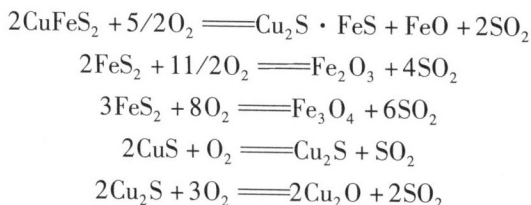

$$2CuFeS_2 + 5/2O_2 \Longrightarrow Cu_2S \cdot FeS + FeO + 2SO_2$$

$$2FeS_2 + 11/2O_2 \Longrightarrow Fe_2O_3 + 4SO_2$$

$$3FeS_2 + 8O_2 \Longrightarrow Fe_3O_4 + 6SO_2$$

$$2CuS + O_2 \Longrightarrow Cu_2S + SO_2$$

$$2Cu_2S + 3O_2 \Longrightarrow 2Cu_2O + 2SO_2$$

在高氧势下，FeO 可继续氧化成 Fe_3O_4：

$$3FeO + 1/2O_2 \Longrightarrow Fe_3O_4$$

（4）造锍反应

上述反应产生的 FeS 和 Cu_2O 在高温下将发生下列反应：

$$FeS + Cu_2O \Longrightarrow FeO + Cu_2S$$

一般说来，在熔炼炉中只要有 FeS 存在，Cu_2O 就会变成 Cu_2S，进而与 FeS 形成锍。这是因为 Fe 和 O_2 的亲和力远远大于 Cu 和 O_2 的亲和力，而 Fe 和 S_2 的亲和力又小于 Cu 和 S_2 的亲和力。

（5）造渣反应

炉料中产生的 FeO 在有 SiO_2 存在时，将按下式反应形成铁橄榄石炉渣：

$$2FeO + SiO_2 \Longrightarrow (2FeO \cdot SiO_2)$$

此外，炉内的 Fe_3O_4 在高温下也能与 FeS 和 SiO_2 作用生成炉渣。

$$FeS + 3Fe_3O_4 + 5SiO_2 \Longrightarrow 5(2FeO \cdot SiO_2) + SO_2$$

2.2.2 铜熔炼有关反应的 $\Delta G^{\ominus} - T$ 图

在造锍熔炼等一系列冶金作业中，都会发生许多化学反应，作为冶金工作者很希望知道，在一定条件下，哪些反应可以进行，哪些反应不能进行，反应能进行到什么程度，反应在进行过程中有无热量的变化(是吸热，还是放热)，改变条件对化学反应有什么影响，这类问题正是化学热力学要探讨的范围。化学热力学就是研究化学反应中能量的转化、化学反应的方向和限度，以及外界条件对化学反应方向和限度的影响的科学。

热力学中反应的吉布斯标准自由能变化是等温等压下过程能否自发进行的判据。如果过程自发进行，则过程的吉布斯自由能变化 $\Delta G < 0$；反之，如果过程的吉布斯自由能变化 $\Delta G > 0$，则过程不可能自发进行；当 $\Delta G = 0$ 时，则过程正反两个方向进行的速度相等，也即过程达到平衡状态。实际冶金反应多在等温等压下进行，所以讨论 ΔG 对我们极为重要。

设反应为：

$$a\mathrm{A} + b\mathrm{B} = d\mathrm{D} + h\mathrm{H}$$

则反应的吉布斯自由能变化与温度存在下列关系：

$$\Delta G = \Delta G^{\ominus} + \Delta G_p$$

此式称为反应的等温方程式。

式中

$$\Delta G^{\ominus} = -RT\ln K_p$$

$$K_p = \frac{p_{\mathrm{D}}^d \cdot p_{\mathrm{H}}^h}{p_{\mathrm{A}}^a \cdot p_{\mathrm{B}}^b} \qquad (称平衡常数表达式)$$

$$\Delta G_p = -RT\ln J_p$$

$$J_p = \frac{p'^d_{\mathrm{D}} \cdot p'^h_{\mathrm{H}}}{p'^a_{\mathrm{A}} \cdot p'^b_{\mathrm{B}}} \qquad (称压力商)$$

$\Delta G^{\ominus}$ 为反应的标准吉布斯自由能变化，即反应在标准状态下进行时的自由能变化。所谓标准状态，在热力学中定义为：反应体系中原始物(A 和 B)和产物(D 和 H)的分压各为 101 kPa 的情况。在此状态下，$p'_{\mathrm{A}} = p'_{\mathrm{B}} = p'_{\mathrm{D}} = p'_{\mathrm{H}} = 101$ kPa，所以 $\Delta G_p = RT\ln\frac{1}{1} = 0$。从而有

$$\Delta G = \Delta G^{\ominus} = -RT\ln K_p$$

或

$$\Delta G^{\ominus} = -RT\ln K_p$$

在恒温下，K_p 是一个定值。

等温方程将恒温下反应的自由能变化与反应的平衡常数，以及实际阶段体系中各物质的分压联系了起来。从反应的 K_p 和 J_p 值对比就可判断反应进行的方向：

若　　$J_p < K_p$，则 $\Delta G < 0$，反应自发向右进行；

　　　$J_p > K_p$，则 $\Delta G > 0$，反应不能自发向右进行；

　　　$J_p = K_p$，则 $\Delta G = 0$，反应向左和向右进行的速度相等，即反应达平衡状态。

从上述分析即可看出，要想使化学反应向右进行，可以采取以下措施：①减小产物分压或增大反应物分压，使 $J_p < K_p$；②改变温度，使 K_p 值增大，从而使 $J_p < K_p$。当然也可同时采用这两种措施，使 $J_p < K_p < 0$。

图 2-1 示出了铜熔炼过程中有关反应的 $\Delta G^{\ominus}-T$ 关系，由图可以看出，有关造锍熔炼反应，例如 FeS 氧化成 FeO，Fe_3O_4；Cu_2S 氧化成 Cu_2O；以及 $Cu_2O+FeS \longrightarrow Cu_2S+FeO$ 等向右进行反应的趋势大小；有关铜锍吹炼过程 $Cu_2S+2Cu_2O \longrightarrow 6Cu+SO_2$，$Cu_2S+O_2 \longrightarrow 2Cu+SO_2$ 向右进行的趋势大小；有关 SO_2 被 C，CO 还原制取元素硫的趋势；有关 FeS 还原 Fe_3O_4 的困难程度等。

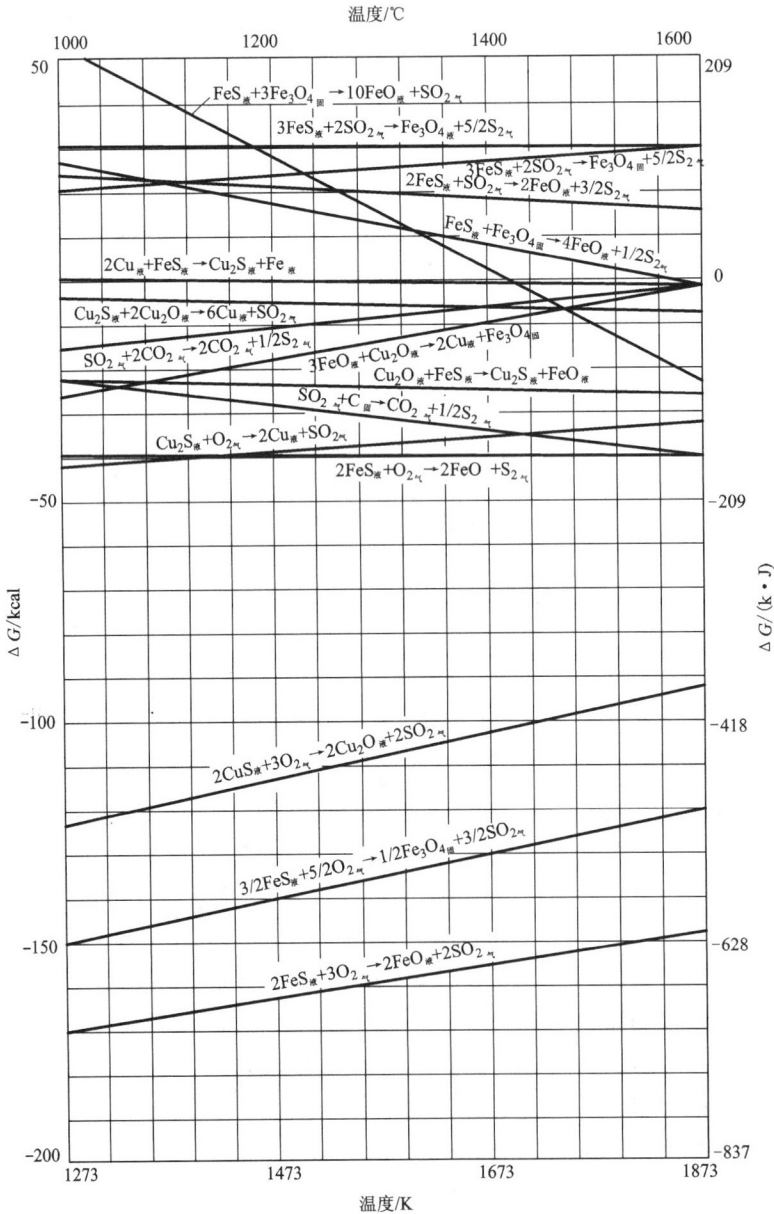

图 2-1　铜熔炼条件下有关反应的 $\Delta G^{\ominus}-T$ 图

（反应物摩尔数见反应式）

2.2.3 M–S–O 系化学势图

M–S–O 系化学势图是用于表征金属硫化物 MS 在有 O_2 参与的化学平衡状态的一种热力学平衡状态图，广泛用于硫化矿冶金过程，如硫化精矿的焙烧、硫化精矿的造锍熔炼和锍的吹炼等，可指导选择有关过程的技术条件。

在硫化物冶金过程中，当 M–S–O 系达到平衡时，各相中氧的化学势必须相等。在一定的温度下氧势与气相中氧的平衡分压的对数 $\ln p_{O_2}$ 成正比。同样可知 M–S–O 系平衡时的硫势是与气相中硫的平衡分压的对数 $\ln p_{S_2}$ 成正比。在一定的温度下，当 M–S–O 系平衡时，气相和凝聚相中各组分的稳定性与其化学势有关，也就是说与气相中的氧势($\lg p_{O_2}$)和硫势($\lg p_{S_2}$)有关。于是可以作出以 $\lg p_{S_2}$ – $\lg p_{O_2}$ 为坐标的 M–S–O 系平衡状态图，亦称为硫势氧势图。

在一定的温度下 M–S–O 系以 $\lg p_{S_2}$ – $\lg p_{O_2}$ 表示的化学势图如图 2–2 所示。图上的每一条线表示一平衡反应的平衡条件，如 2 线表示下面的平衡反应式：

$$M + O_2 \Longrightarrow MO_2$$

$$K = \frac{1}{p_{O_2}}, \ \lg K = -\lg p_{O_2}$$

图上的每一区域表示体系中各种物相的热力学稳定区。如 1 线和 2 线与横轴、纵轴所包围的区域是 M–S–O 系中 M 相稳定存在的区域。1，2，3 线相交的 a 点是 MS，M，MO 三凝聚相共存的不变点。

平衡状态图的坐标，根据需要可以用 SO_2 和 SO_3 的分压或者 H_2S/H_2 的比值来代替 S_2 的分压，也可用 CO_2/CO 或 H_2O/H_2 的比值来代替 O_2 的分压。当有两种以上的金属硫化物同时参与同类反应时，便可将其叠加成四元系如

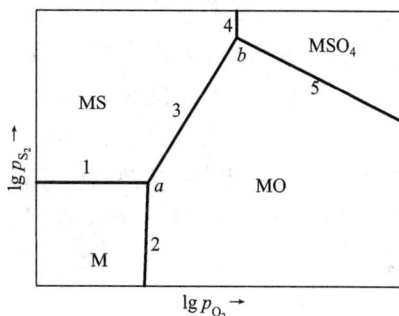

图 2–2　在一定温度下的 M–S–O 系化学势图

$Cu–Fe–S–O$ 系、$Cu–Ni–S–O$ 系等。如在 MS 的氧化熔炼过程中还有 SiO_2 参与熔炼造渣反应，则硫化铜精矿的造锍熔炼也可作出 $Cu–Fe–S–O–SiO_2$ 五元系的硫势氧势图。

2.2.4 矢泽彬的铜熔炼硫势–氧势图

20 世纪 60 年代，矢泽彬(Yazawa)提出的铜熔炼硫势–氧势状态图(也就是 $Cu–Fe–S–O–SiO_2$ 系硫势–氧势图，见图 2–3，图中有关反应式及其 $\Delta G^{\ominus}$ 计算，读者可参阅有关铜冶金专著。)一直是火法炼铜热力学分析的基本工具。

图 2–3 中 pqrstp 区为锍、炉渣和炉气平衡共存区，斜线 pt 为 $p_{SO_2} = 10^5$ Pa 的等压线，它是造锍熔炼中的 SO_2 分压的极限值。rq 线是造锍熔炼中 SO_2 分压的最小值，即 $p_{SO_2} = 0.1$ Pa。当进行空气熔炼时，p_{SO_2} 约为 10^4 Pa，硫化铜精矿氧化过程可视为沿 ABCD 线($p_{SO_2} = 10^4$ Pa)进行，即炉气中 p_{SO_2} 恒定，但 p_{O_2} 逐渐升高，p_{S_2} 逐渐降低。A 点是造锍熔炼的起点，从理论上讲，在 A 点处，锍的品位为零，随着炉中氧势($\lg p_{O_2}$)升高，硫势($\lg p_{S_2}$)降低，锍的品位升高，当过程进行到 B 点位置时，锍的品位升高到 70%，显然 AB 段即为造锍阶段。从图中可看出，在 AB 段，炉中氧势升高幅度虽然不太大，但锍的品位升高幅度大，从 B 点开始，随着氧势的

继续升高,锍的品位虽然也升高,但升高的幅度不大,可以认为从 B 点开始过程转入锍吹炼第二周期(造铜期),当氧势升高到 C 点时炉中开始产出金属铜。这时粗铜、锍、炉渣和烟气四相共存,直到锍全部转为金属铜,即造铜期结束。当氧势进一步升高时,超过 C 点,过程进入粗铜火法精炼的氧化期,由此可见, $ABCD$ 这条直线能表示从铜精矿到精铜的全过程。

图中的 st 线相当于铁硅酸盐炉渣为 SiO_2 和 Fe_3O_4 所饱和,其中 a_{FeO} 为 0.31。高于此线,铁硅酸盐炉渣不再是稳定的,便会析出固体的 Fe_3O_4 来。qr 线表示铜锍、炉渣与 SiO_2 和 $\gamma - Fe$ 的平衡,相当于造锍熔炼的极限情况,是在低的 p_{S_2},p_{O_2} 和 p_{SO_2} 还原条件下进行的,可以看作是炉渣的贫化过程。rs 线表示 Cu_2S 脱硫转变为液态铜,即铜锍的吹炼阶段,渣层上氧压的变化范围很大,从与 $\gamma - Fe$ 平衡的 r 点 $p_{O_2} = 10^{-6.6}$ Pa 变化到 s 点的 $p_{O_2} = 10^{-0.8}$ Pa,同时渣中饱和了 Fe_3O_4。

2.2.5　斯吕德哈、托格里和斯米尔诺夫的铜熔炼氧势－硫势图

应用图 2－3 氧势硫势图来分析铜熔炼过程的热力学是简明的。但是用它来分析一些实际生产现象时也遇到了一些难以说清楚的问题。例如各炼铜厂进行熔炼时,虽然硫的分压变化很大,而产出的铜锍品位相同,其中硫含量应该不同,但在生产实际中,硫含量差别不大。又如图 2－3 表示当氧势相同时,可以产出不同品位的锍,这就意味着产出的平衡炉渣相中 Fe_3O_4 含量相同时,可以产出相同品位的锍;可是生产数据表明,锍的品位不同时,渣含 Fe_3O_4 的量也不同。鉴于这些问题,斯吕德哈(R. Sridhart)等人对世界上 42 家炼铜厂的生产数据,铜锍中铁含量与硫含量、铁含量与氧势、炉渣中的 Fe_3O_4 含量与氧势,以及渣含铜与铜锍含铁的关系,并结合有关热力学数据与实验室测定数据进行分析整理,提出了一种新型的比较实用的氧势－硫势图,又称 STS 图(图 2－4)。

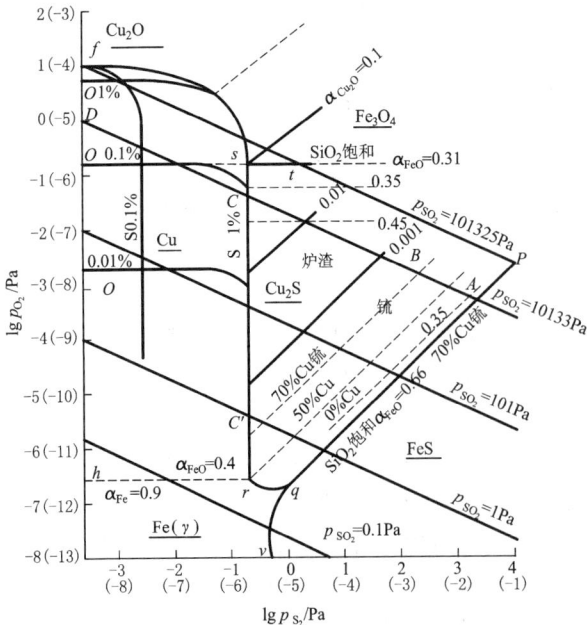

锍中含量/%		熔炼区	渣中含量/%		
Fe	Cu		Cu	Fe_3O_4	S
11	65	→ M	0.62	8	0.2
18	55	→ T	0.39	6	0.25
22	50	→ C	0.33	4	0.3
25	45	→	0.29	3	0.5
29	40	→	0.25	2.5	0.7
32	35	→ I	0.21	2	0.9

M:三菱法　T:闪速熔炼　C:艾萨法　I:Inco法

图 2－3　矢泽彬的铜熔炼氧势－硫势状态图(1573 K)

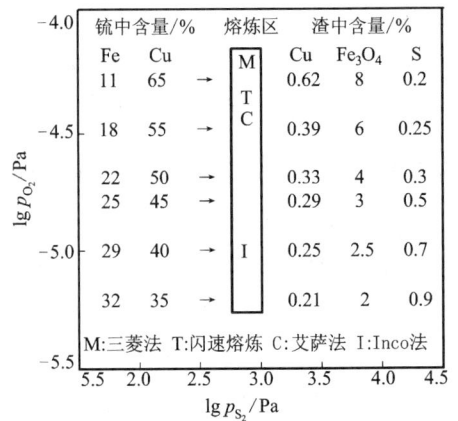

图 2－4　铜熔炼的氧势－硫势图
(STS)($t = 1300℃$)

　　图 2-4 表示了各冶炼厂进行铜精矿造锍熔炼生产时，产出的铜锍品位与过程进行的硫势、氧势的关系，以及产出相应的炉渣中 Fe_3O_4，Cu，S 的含量。图中标示的熔炼区，硫势的变化范围很窄，$\lg p_{S_2}$ 值为 2.5～3.0，而氧势的变化范围很大，$\lg p_{O_2}$ 值为 -5.2～-4.2。熔炼区中的符号标示了几种熔炼方法所处的硫势与氧势的位置。利用此图可以方便且较准确地预测和评价造锍熔炼过程。在应用这个图来评估生产结果时，其偏差在工业应用允许的范围内。某些炼铜厂的实际生产数据与 STS 图预测的数据列于表 2-2 中。

表 2-2　某些炼铜厂的实际数据与 STS 图预测数据之比较

厂名与冶炼方法	斯吕德哈状态图数值/%						工厂实际数值/%				比较
	Cu	S	[Fe]	(Fe_3O_4)	(Cu)	(S)	[Fe]	(Fe_3O_4)	(Cu)	(S)	
玉野闪速炉	60	23	14.5	7	0.51	0.23	15	6	0.55	0.8	基本吻合
菲利浦闪速炉	62	24	18.9	7.4	0.54	0.22	14		1.0	0.33	夹杂 Cu 为
										~1.3	1-0.54=0.46
奇诺闪速炉	55	24.2	18	6	0.39	0.25	18		0.7		夹杂 Cu 为
											0.7-0.39=0.31
因科闪速炉	45	25	26	3	0.29	0.5	26	8	0.57		夹杂 Cu 为 0.28，
											分析为 0.25
直岛三菱炉	65.7	21.9	<11	~8	0.62	0.2	9.2		0.6	0.3	基本吻合
迈阿密艾萨炉	58	23.8[①]	14.5	~7	0.51	0.23	15.9		0.6	0.3	基本吻合
安纳康达电炉	52	24.2[①]	20	5	0.36	0.27	20		0.75		夹杂 Cu 为 0.39

注: ①按(S%)=28.0-0.00125×[Cu%]² 算出。

2.3　熔炼产物

　　造锍熔炼主要有四种产物：铜锍、炉渣、烟尘和烟气。

2.3.1　铜锍的形成及其特性

　　在高温熔炼条件下造锍反应可表示如下：

$$[FeS] + (Cu_2O) \Longrightarrow (FeO) + [Cu_2S]$$
$$\Delta G^{\ominus} = -144750 + 13.05T \quad (J)$$

$$K = \frac{a_{(FeO)} \cdot a_{[Cu_2S]}}{a_{[FeS]} \cdot a_{(Cu_2O)}}$$

　　该反应的平衡常数在 1250℃ 时 $\lg K$ 为 9.86，说明反应在熔炼温度下急剧地向右进行。一般来说只要体系中有 FeS 存在，Cu_2O 就将转变为 Cu_2S，而 Cu_2S 和 FeS 便会互溶形成铜锍（$FeS_{1.08}-Cu_2S$）。两者的相平衡关系如图 2-5 所示。该二元系在熔炼高温下（1200℃），两种硫化物均为液相，完全互溶为均质溶液，并且是稳定的，不会进一步分解。

　　FeS 能与许多金属硫化物形成共熔体的重叠液相线, 其简图见图 2 - 6。FeS - MS 共熔的这种特性, 就是重金属矿物原料造锍熔炼的重要依据。

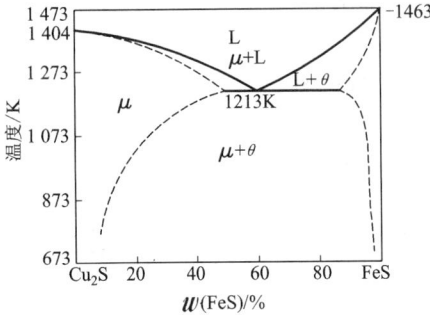

图 2 - 5　Cu₂S - FeS 二元系相图

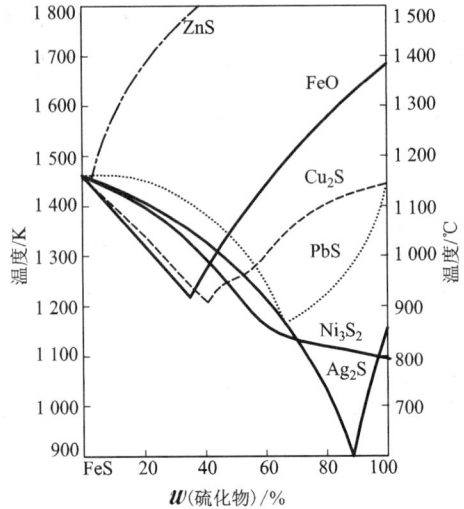

图 2 - 6　FeS - MS 二元系的液相线

　　铜锍主要组成是 Cu, Fe, S, 其三元系的状态图可用图 2 - 7 来简单叙述。

　　在 Cu - Fe - S 三元系中可以形成 CuS, FeS_2 或 $CuFeS_2$ 等, 所有这些高价硫化物在造锍熔炼高温 (1200 ~ 1300℃) 下都会分解, 而稳定存在的只有低价硫化物 Cu_2S 与 FeS。所以在 Cu - Fe - S 三元系状态图中, 位于 Cu_2S - FeS 连线以上的区域, 对于铜精矿造锍熔炼是没有意义的。因此, 铜锍的理论组成只会在 Cu_2S - FeS 连线上变化, 即铜锍中 Cu, Fe, S 的百分含量变化可在连线上确定。

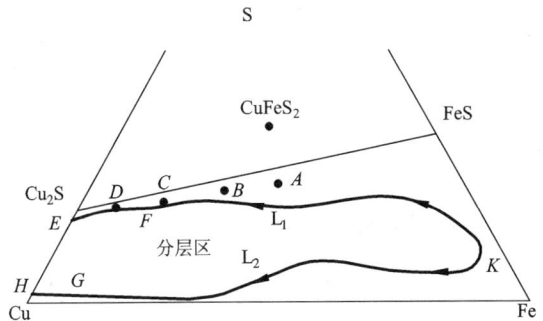

图 2 - 7　Cu - Fe - S 系简化状态图

　　Cu - Fe - S 三元系状态图的另一特点是, 存在一个大面积二液相分层区 $EFKGH$, L_1 代表 Cu_2S - FeS 二元系均匀熔体铜锍, L_2 为含有少量硫的 Cu - Fe 合金。当熔锍中硫含量减少到分层区时, 便会出现金属 Cu - Fe 固溶体相, 这是造锍熔炼过程中所不希望发生的。所以造锍熔炼产出的铜锍组成位于 Cu_2S - FeS 连线与分层区之间, 才会得到单一均匀的液相。所以工业生产上产出的铜锍组成应该是位于此单一均匀的液相区, 既不会发生液相分层或析出固相铁, 也不会发生分解挥发出硫。

　　工业生产中产出的铜锍中溶解有铁的氧化物, 铜锍中部分硫会被氧取代, 故工业铜锍中硫的含量应低于 Cu_2S - FeS 连线上的理论硫含量, 如图中的 A 点, 此点可作为反射炉熔炼产出低品位铜锍的组成。当闪速熔炼产出品位为 50% 的铜锍时, 铜锍中的 FeS 大部分被氧化造渣,则铜硫组成会向 B 点变化,FeS 继续被氧化,铜锍品位可提高到 C 点(Cu 65%),以至 D 点(Cu 75%),当 D 点铜锍进一步氧化脱硫至 E 点便会产出粗铜来。

各种品位的铜锍吹炼是沿着 $A—B—C—D—E$ 的途径,使铜锍中的 FeS 优先氧化后形成硅酸盐炉渣,这一自发反应为:

$$[FeS]_{\text{锍}} + (Cu_2O)_{\text{渣}} = (FeO)_{\text{渣}} + [Cu_2S]_{\text{锍}}$$

的进行并不会使 Cu_2S 氧化。只有当锍中 FeS 含量很少,接近 E 白铜锍组成时,铜才会被大量氧化。

铜锍是金属硫化物的共熔体,工业产出的铜锍主要成分除 Cu,Fe,S 外,还含有少量 Ni,Co,Pb,Zn,Sb,Bi,Au,Ag,Se 等及微量 SiO_2,此外还含有 2% ~4% 的氧,一般认为熔融铜锍中的 Cu,Pb,Zn,Ni 等重有色金属是以硫化物形态存在,而 Fe 除以 FeS 存在外,还以 FeO、Fe_3O_4 形态存在。表 2-3 列出了某些炼铜方法所产铜锍的组成实例。

表 2-3　部分熔炼方法的铜锍化学组成

熔炼方法	化学组成/%						厂　名
	Cu	Fe	S	Pb	Zn	Fe_3O_4	
密闭鼓风炉							
富氧空气	41.57	28.66	23.79	—	—		金昌
普通空气	25 ~ 30	36 ~ 40	22 ~ 24	—	—		沈冶
奥托昆普	58.64	11 ~ 18	21 ~ 22	0.3 ~ 0.8	0.28 ~ 1.4	0.1(Bi)	贵冶
	52.46	19.81	22.37	0.23	0.01(Bi)		金隆
闪速熔炼	66 ~ 70	8.0	21.0	—	—		哈亚瓦尔塔
	52.55	18.66	23.46	0.3	1.8		东予
诺兰达熔炼	69.84	6.08	21.07	0.64	0.28		大冶
	64.70	7.8	23.00	2.80	1.20		霍恩
白银法	50 ~ 54	17 ~ 19	22 ~ 24	—	1.4 ~ 2.0		白银
瓦纽柯夫法	41 ~ 55	25 ~ 14	23 ~ 24	4.5 ~ 5.2(Ni)			诺利尔斯克
澳斯麦特法	44.5	23.6	23.8		3。2		
	41 ~ 67	29 ~ 12	21 ~ 24	—	—		侯马
艾萨法	50.57	18.76	23.92	0.03(Ni)	0.16(As)		云铜
三菱法	65.7	9.2	21.9	—	—		直岛

统计表明,铜锍中 Cu + Fe + S + Ni + Pb + Zn 的总量占铜锍总量的 95% ~98%。

随着铜锍品位的不同,铜锍的断面组织、颜色、光泽和硬度也发生变化,如表 2-4 所示。

表 2－4　不同品位的铜锍断面性质

铜锍品位/%	颜 色	组 织	光 泽	硬 度
25	暗灰色	坚实	无光泽	硬
30 ~ 40	淡红色	粒状	无光泽	稍硬
40 ~ 50	青黄色	粒柱状	无光泽	
50 ~ 70	淡青色	柱状	无光泽	
70 以上	青白色	贝壳状	金属光泽	

铜锍的一些物理性质：

熔点：950 ~ 1130℃（Cu 30%，1050℃；Cu 50%，1000℃；Cu 80%，1130℃）

比热容：0.586 ~ 0.628 J/(g·℃)

熔化热：125.6 J/g(Cu$_2$S 58.2%)；117 J/g(Cu$_2$S 32%)

热　焓：0.93 MJ/kg(Cu 60%，1300℃)

密度(固态、液态)如下：

铜锍品位/%		30	40	50	70	80	粗铜
密度/(g·cm^{-3})	20℃	4.96	4.99	5.05	5.46	5.77	8.61
	1200℃	4.13	4.28	4.44	4.93	5.22	7.87

注：粗铜含 Cu 98.3%。

粘度：~0.004 Pa·s 或由 $3.36 \times 10^{-4} \exp(5000/T_m)$ 计算

表面张力：约为 330×10^{-3} N/m(Cu 53.3%，1200 ~ 1300℃)

电导率：$(3.2 ~ 4.5) \times 10^2 \ \Omega^{-1} \cdot m^{-1}$(Cu 51.9%，1100 ~ 1400℃)

FeS – Cu$_2$S 系铜锍与 2FeO·SiO$_2$ 熔体间的界面张力约为 0.02 ~ 0.06 N/m，其值很小，故铜锍易悬浮于熔渣中。

铜锍除上述性质外，还有两个特别突出的性质，一是对贵金属有良好的捕集作用，二是熔融铜锍遇潮会爆炸。

铜锍对贵金属的捕集主要是由于铜锍中的 Cu$_2$S 和 FeS 对 Au，Ag 都具有溶解作用，如 1200℃时，每吨 Cu$_2$S 可溶解金 74 kg，而 FeS 能溶解金 52 kg。一般来说，铜锍品位只要为 10% 左右，就可完全吸收 Au，Ag，但研究也发现当铜锍品位超过 40% 时，铜锍吸收 Au，Ag 的能力增长不大。

铜锍遇潮会爆炸，主要是发生了下列化学反应：

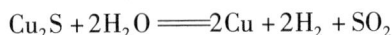

$$Cu_2S + 2H_2O =\!=\!= 2Cu + 2H_2 + SO_2$$

$$FeS + H_2O =\!=\!= FeO + H_2S$$

反应产生的 H$_2$，H$_2$S 等气体与 O$_2$ 作用，很激烈，从而引起爆炸。在操作中，要特别注意防止铜锍的爆炸。

2.3.2 炉渣的组成及其性质

造锍熔炼所产炉渣是炉料和燃料中各种氧化物相互熔融而成的共熔体，主要的氧化物是 SiO_2 和 FeO，其次是 CaO，Al_2O_3 和 MgO。固态炉渣主要由 $2FeO \cdot SiO_2$，$2CaO \cdot SiO_2$ 等硅酸盐复杂分子组成。熔渣由各种离子（Na^+，Ca^{2+}，Mg^{2+}，Mn^{2+}，Fe^{2+}，O^{2-}，S^{2-}，F^- 等）和 SiO_2 等组成。表 2 - 5 列出了各种造锍熔炼工艺所产生的炉渣的化学组成实例。

表 2 - 5 典型熔炼炉渣的化学成分实例

熔炼方法	化学成分（%）							
	Cu	Fe	Fe_3O_4	SiO_2	S	Al_2O_3	CaO	MgO
密闭鼓风炉	0.42	29	—	38	—	7.5	11	0.74
奥托昆普闪速炉（渣不贫化）	1.5	44.4	11.8	26.6	1.6	—	—	—
奥托昆普闪速炉（渣贫化）	0.78	44.06	—	29.7	1.4	7.8	0.6	—
因科闪速炉	0.9	44.0	10.8	33.0	1.1	4.72	1.73	1.61
诺兰达炉	2.6	40.0	15.0	25.1	1.7	5.0	1.5	1.5
瓦纽柯夫炉	0.5	40.0	5.0	34.0	—	4.2	2.6	1.4
白银炉	0.45	35.0	3.15	35.0	0.7	3.8	8.0	1.4
特尼恩特炉	4.6	43.0	20.0	26.5	0.8	—	—	—
艾萨炉	0.7	36.61	6.55	31.48	0.84	3.64	4.37	1.98
澳斯麦特炉	0.65	34	7.5	31.0	2.8	7.5	5.0	—
三菱法熔炼炉	0.60	38.2	—	32.0	0.6	2.9	5.9	—

$FeO - SiO_2 - CaO$ 系状态图见图 2 - 8。从图可以确定某组成的炉渣的熔化温度是多少。利用这些氧化物的共晶组成，可以得到熔点最低的炉渣组成。例如 $FeO - SiO_2$ 系中 Fe_2SiO_4 铁橄榄石附近的熔点比较低，约1200℃。加入 CaO 后，熔点有所降低，降至图 2 - 8 中的 $S - K$ 点附近，熔化温度降至1100℃左右。

图 2 - 9 表明，在1300℃下，实线表示的 $FeO - Fe_2O_3 - CaO$ 系液相区比虚线表示的 $FeO - Fe_2O_3 - SiO_2$ 系液相区范围要宽得多，可见 $FeO - Fe_2O_3 - CaO$ 系炉渣具有很大的容纳铁氧化物的能力，从而可避免高氧势下 Fe_3O_4 的麻烦问题。

炉渣的性质对熔炼作业的进行有着十分重要的意义。熔炼过程都希望得到流动性好即粘度小的炉渣。随着炉渣中 SiO_2 含量的增加，粘度也增加。因此应加入碱性氧化物 CaO 及 FeO 等来破坏炉渣的网状结构，使其粘度降低。图 2 - 10 表示1573 K 时 $FeO - CaO - SiO_2$ 系熔体的等粘度线。一般有色冶金炉渣的粘度在 0.5 Pa·s（5 泊）以下便认为是流动性良好的炉渣，1 Pa·s（10 泊）以上其流动性便很差。

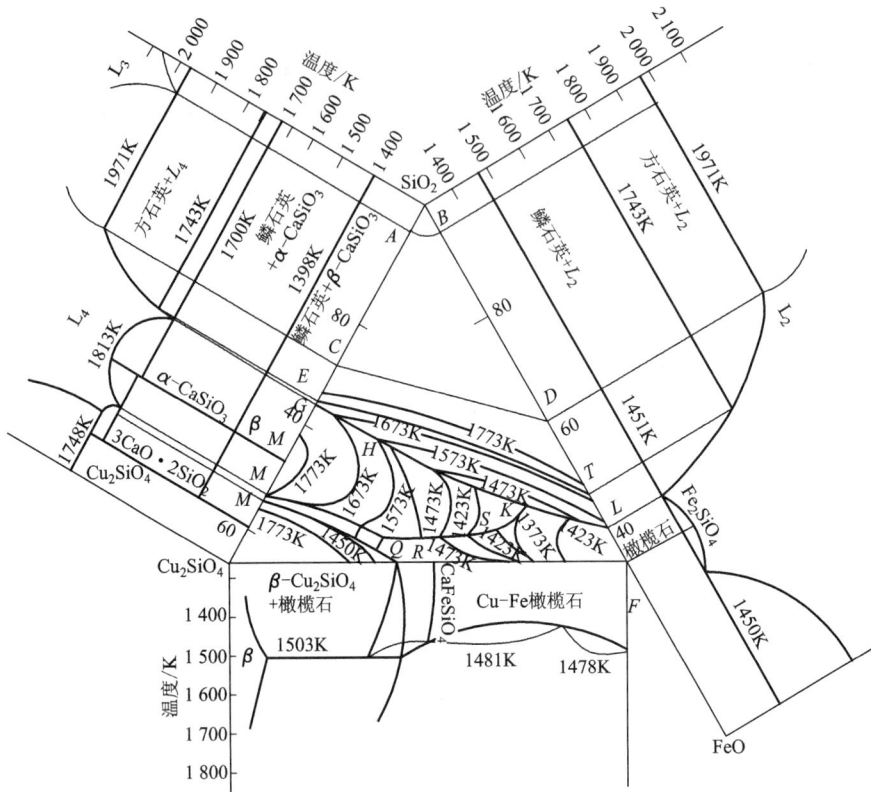

图 2 - 8　FeO - SiO₂ - CaO 系状态图

　　结合炉渣的熔点与粘度来分析，FeO·SiO₂ - 2FeO·SiO₂ 组成附近的炉渣具有较低熔点和较小的粘度。在此基础上增加过多的 FeO 量，虽可降低粘度，但熔点升高了。再提高 SiO₂ 的含量更是不利，不仅熔点升高，粘度也增大。炉渣的粘度是随固相成分的析出而显著增大。所以应调整炉渣的组分以得到低熔点的炉渣，使其在熔炼温度下得到均一的熔体。添加氟化物(例如 CaF₂)对降低粘度非常有效。MgO，ZnS 在炉渣中的含量虽然不高，但也能升高熔点，增大粘度。少量的 ZnO 和 FeO₃(Fe₃O₄)存在使炉渣有降低粘度的趋势，过多的含量则会显著提高粘度。

　　炉渣的酸碱性过去多用硅酸度表示，它的含义是：

$$炉渣硅酸度 = \frac{渣中酸性氧化物中氧的质量和}{渣中碱性氧化物中氧的质量和}$$

考虑造锍熔炼炉渣中的主要酸性氧化物是 SiO₂，所以，硅酸度的计算方式也可表示如下：

$$硅酸度 = \frac{O_{SiO_2}}{O_{(CaO + FeO + MgO)}}$$

　　工厂为了方便，常用所谓硅铁比(SiO₂/Fe)来反映炉渣的酸碱性：

$$硅铁比 = \frac{渣中 SiO_2 的质量(\%)}{渣中 FeO 的质量(\%)}$$

　　硅铁比愈高，表示渣的酸性愈强。近年来国外许多冶金学家认为不能只考虑 SiO₂，实际

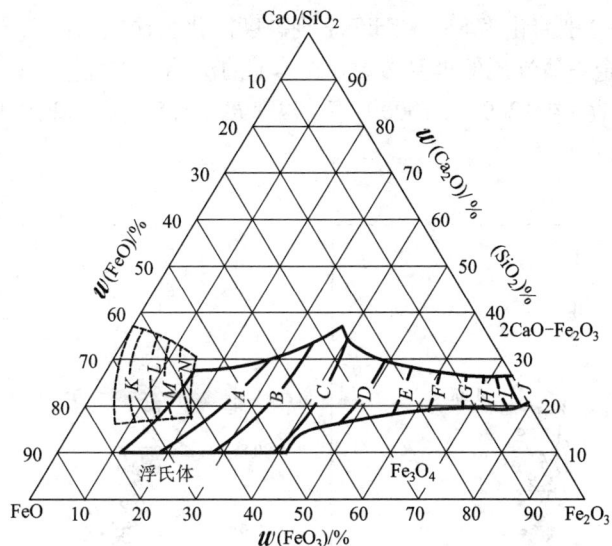

图 2-9　1573 K 时 $FeO-Fe_2O_3-SiO_2$ 系(虚线)

和 $FeO-Fe_2O_3-CaO$ 系(实线)的液相区和等氧势线(Pa)

A—(-5), B—(-4), C—(-3), D—(-2), E—(-1), F—0,

G—1, H—2, I—3, J—4, K—(-5), L—(-4), M—(-3), N—(-2)

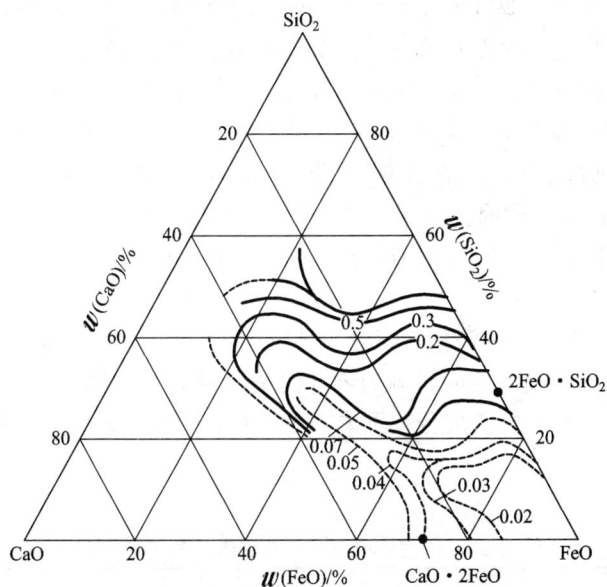

图 2-10　$FeO-CaO-SiO_2$ 系熔体在 1573 K 时的等粘度线(单位 Pa·s)

Al_2O_3 也应归入酸性氧化物,所以建议用碱度来表示炉渣的酸碱性。渣的碱度计算式如下:

$$渣的碱度(K_v) = \frac{(FeO) + b_1(CaO) + b_2(MgO) + (Fe_2O_3)}{(SiO_2) + a_1(Al_2O_3)}$$

式中　(FeO)、(CaO)等是渣中各氧化物的含量(%),a_1,b_1 等是各氧化物的系数。在工厂中常把 CaO，MgO 等分别简化为 FeO 和 SiO$_2$，则碱度简化为铁硅比：Fe/SiO$_2$ 比[或 FeO/SiO$_2$ 比]。该比值是铜冶金炉渣性质的重要参数。$K_v = 1$ 的渣称为中性渣，$K_v > 1$ 的渣称碱性渣，$K_v < 1$ 的渣称为酸性渣，在 1200℃，1300℃下，碱度 $K_v > 1.5$ 时，工业炉渣粘度都低于 0.2 Pa·s（见图 2－11 所示）。

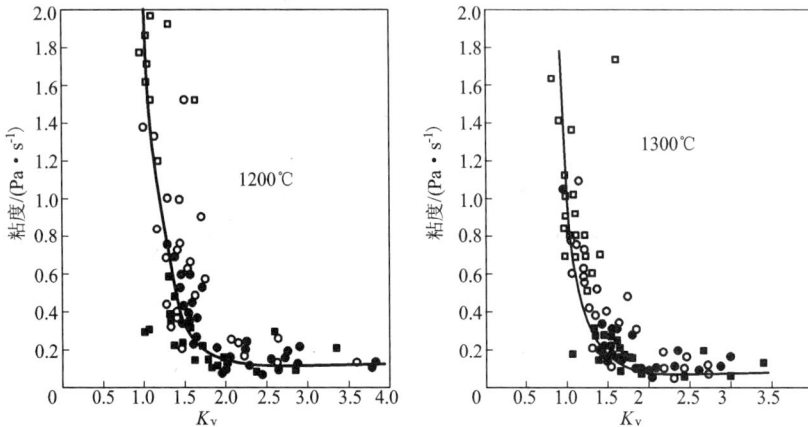

图 2－11　不同温度下工业炉渣粘度与碱度的关系

炉渣的电导率对电炉作业有很大的意义。炉渣的电导率与粘度有关。一般来说，粘度小的炉渣具有良好的电导性。含 FeO 高的炉渣除了有离子传导以外，还有电子传导而具有很好的电导性。铜炉渣的热导率为 2.09 W/(m·K)。铜炉渣的表面张力可由 0.7148 － 3.17 × 10^{-4} (T_s －273) 求得，其单位为 N/m。实测的熔锍－熔渣系的界面张力依铜锍品位而异，在 0.05 ~ 0.2 N/m 之间变化，远远小于铜－渣系的界面张力 (0.90 N/m)。这表明熔锍易分散在熔渣中，这也就是炉渣中金属损失的原因之一。一般硅酸盐渣熔体的比热容为：1.2 kJ/(kg·K)（酸性渣）或 1.0 kJ/(kg·K)（碱性渣）。熔渣的热焓为：1250(1373 K) ~ 1800(1673 K) kJ/kg，熔化热为 420 kJ/kg。

炉渣成分的变化（即常称的渣型变化），对炉渣的性质有重要影响。但各成分对炉渣性质的影响情况非常复杂，某些成分的影响仍未弄清楚。表 2－6 列出了几种主要成分及温度对液态炉渣性质的影响。在一定渣成分范围内表中箭头表示提高某组分含量时，性质升高（↑）或降低（↓）。

表 2－6　炉渣成分对炉渣性质的影响

成分 性质	SiO$_2$	FeO	Fe$_3$O$_4$	Fe$_2$O$_3$	CaO	Al$_2$O$_3$	MgO	温度升高
粘　度	↑	↓	↑	↑	↓	↑	↑	↓
电导率	↓	↑	—	↓	↑	↑	↑	↑
密　度	↓	↑	↑	↑	↓	↓	↓	↓
表面张力	↓	↓	↓	↓	↑	↓	—	↓

2.3.3 炉渣-铜锍间的相平衡

在造锍熔炼中,炉渣的主要成分为 FeO 和 SiO_2,铜锍的主要成分为 Cu_2S 和 FeS。所以当炉渣与铜锍共存时,最重要的相间的关系为 $FeS-FeO-SiO_2$ 和 $Cu_2S-FeS-FeO$。图 2-12 为 $FeS-FeO-SiO_2$ 三元相图(富 FeO 相)。

从图 2-12 可看出,无 SiO_2 存在时,FeO 和 FeS 完全互溶,但当加入 SiO_2 时,均相溶液出现分层,两层熔体的组成用 ABC 分层线上的共轭线 a,b,c,d 表示。随着 SiO_2 加入量的增多,两相分层愈显著,当 SiO_2 达饱和时两分层相达最大。SiO_2 饱和时,两相的组成分别用 A(渣相)和 B(锍相)表示。表 2-7 示出了 SiO_2 饱和时 A,B 两相的组成。

表 2-7 饱和时 Fe-O-S 系两层液相的组成(1200℃)

体　系	相	组成(%)					
		FeO	FeS	SiO_2	CaO	Al_2O_3	Cu_2S
$FeS-FeO-SiO_2$	渣	54.82	17.90	27.28			
	锍	27.42	72.42	0.16			
$FeS-FeO-SiO_2$ + CaO	渣	46.72	8.84	37.80	6.64		
	锍	28.46	69.39	2.15			
$FeS-FeO-SiO_2$ + Al_2O_3	渣	50.05	7.66	36.35		5.94	
	锍	27.54	72.15	0.31			
$Cu_2S-FeS-FeO-SiO_2$	渣	57.73	7.59	33.83			0.85
	锍	14.92	54.69	0.25			30.14

由表 2-7 所列数据可知,当渣中存在 CaO 或 Al_2O_3 时,将对 $FeO-FeS-SiO_2$ 系的互溶区平衡组成产生很大影响。它们的存在均降低 FeS 在渣中的溶解度,实际上它们的存在也使其他硫化物在渣中的溶解度降低。所以渣中含有一定量的 CaO 和 Al_2O_3 时,可改善炉渣与锍相的分离。

炉渣与锍相平衡共存时之所以互不相溶,从结构上讲是因为炉渣主要是硅酸盐聚合的阴离子,其键力很强。而锍相保留明显的共价键,两者差异甚大,从而为形成互不相溶创造了条件。向硅酸铁渣系中加入少量 CaO 或 Al_2O_3 时,它们也几乎完全与渣相聚合,因而它们的存在使渣相与锍相的不溶性加强。

撰稿人:贺家齐　任鸿九
审稿人:李维群、刘朝辉、彭容秋

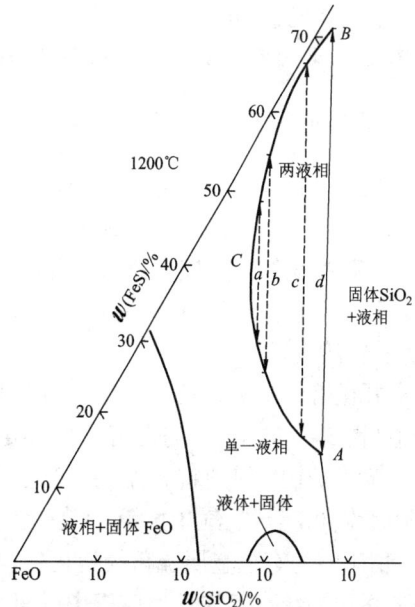

图 2-12 $FeS-FeO-SiO_2$ 系相平衡图

3　闪速熔炼

3.1　概　述

3.1.1　闪速熔炼的产生及发展

自从 1949 年芬兰第一座奥托昆普闪速炉和 1953 年加拿大国际镍公司因科闪速炉工业应用 50 多年来，闪速熔炼已发展为不仅可以作铜精矿的熔炼，而且可以作镍和铅的熔炼；在熔炼产物方面，不仅可生产出高品位的金属锍，甚至可生产出粗铜。在生产过程控制方面，使用了计算机在线控制。在工艺介质方面，由原来的使用中高温空气熔炼，已发展为如今的常温富氧甚至纯工业氧的熔炼。在闪速炉精矿喷嘴的研制发展方面，更是经历了革命性的变化，对于基本上同一大小的炉体，仅仅由于精矿喷嘴的优化，就可以使闪速炉的生产能力提高 3~4 倍。特别是由于精矿喷嘴的发展和水冷金属构件的完善，闪速炉寿命可高达 10 年。到 1999 年的不完全统计，全世界有 27 个国家已建成和将建设的闪速炉共 56 座，其中奥托昆普型炼铜炉 41 台、炼镍炉 7 台、处理黄铁矿炉一台、Inco 型炼铜炉 7 台。闪速熔炼生产能力已达到，甚至超过世界矿铜产量的 50%，某些超大型的闪速炉厂家十年前仅有 10 多万吨的年产量，如今已达 30~40 多万吨。

50 多年来闪速熔炼的发展本身已经证明了该工艺的巨大优越性。

3.1.2　铜精矿闪速熔炼的工艺流程及生产过程

将硫化精矿悬浮在氧化气氛中，通过精矿中部分硫和铁的氧化以实现闪速熔炼，其方式与粉煤的燃烧十分相似。将精矿和熔剂用工业氧或富氧空气或预热空气喷入专门设计的闪速炉中，用硫和铁的闪速燃烧获得熔炼温度，精矿在闪速燃烧过程中完成焙烧与熔炼反应。

获得工业应用的闪速炉有加拿大国际镍公司的因科(氧气)闪速炉和芬兰奥托昆普公司的奥托昆普闪速炉。

奥托昆普闪速炉，是一种直立的 U 型炉，包括垂直的反应塔、水平的沉淀池和垂直的上升烟道(图 3-1)。干燥的铜精矿和石英熔剂与精矿喷嘴内的富氧空气或预热空气混合并从上向下喷入炉内，使炉料悬浮并充满于整个反应塔中，当达到操作温度时，立即着火燃烧。精矿中的铁和硫与空气中的氧的放热反应提供熔炼所需的全部热量(当热量不足时喷油补充)。精矿中的有色金属硫化物熔化生成铜锍，氧化亚铁和石英熔剂反应生成炉渣。燃烧气体中的熔融颗粒在气体从反应塔中以 90° 角拐入水平的沉淀池炉膛时从烟气中分离出来落入沉淀池内，进而完成造锍和造渣反应，并澄清分层，铜锍和炉渣分别由放锍口和放渣口排出，烟气通过上升烟道排出。放出的铜锍由溜槽流入铜锍包子并由吊车装入转炉吹炼，炉渣通过溜槽进入贫化炉处理，或经磨浮法处理以回收渣中的大部分铜。

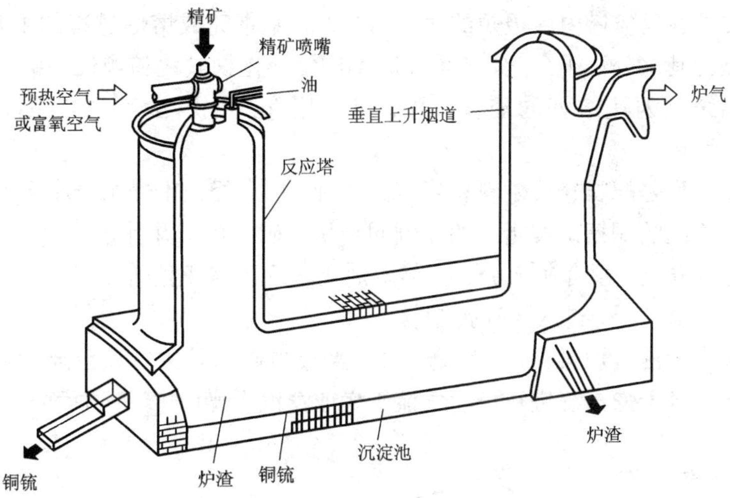

图 3-1　奥托昆普闪速熔炼炉剖视图

闪速熔炼工艺流程如图 3-2 所示。

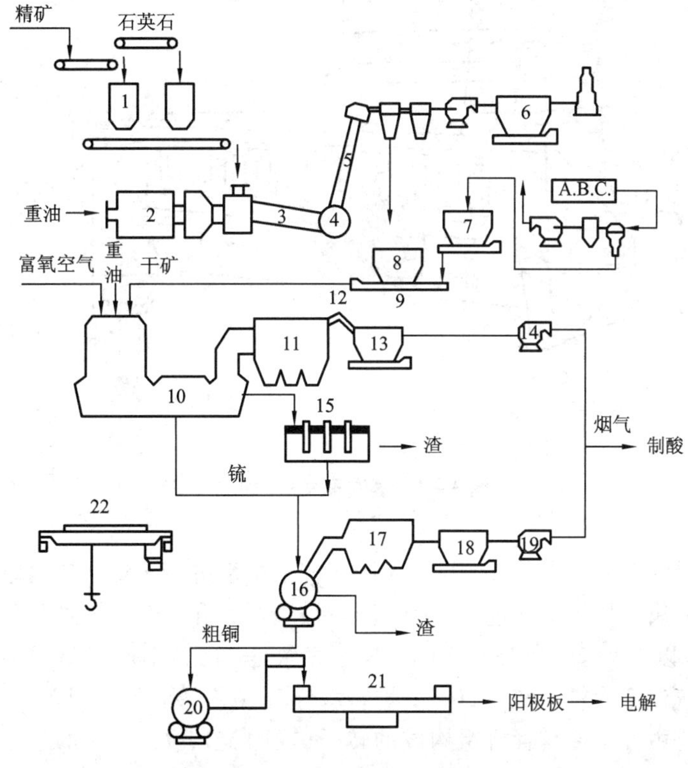

图 3-2　闪速熔炼工艺流程图

1—配料仓；2—热风炉；3—回转窑；4—鼠笼；5—气流干燥管；6—干燥电收尘；7—烟尘仓；8—干矿仓；
9—埋链刮板；10—闪速炉；11—闪速炉余热锅炉；12—烟道；13—闪速炉电收尘；14—闪速炉排烟机；15—贫化电炉；
16—转炉；17—转炉余热锅炉；18—转炉电收尘；19—转炉排烟机；20—阳极炉；21—圆盘浇铸机；22—吊车

　　闪速熔炼要求在反应塔内以极短的时间(1~2 s)基本完成熔炼过程的主要反应,因此炉料必须事先干燥使其水分小于0.3%。干燥时不应使硫化物氧化和颗粒粘结。

　　配料干燥系统是闪速熔炼的准备工序,可采用仓式配料法和气流三段式干燥或蒸汽干燥。

　　干燥的工艺过程是配料仓按配料单指定的矿种,加入经预干燥水分小于10%的铜精矿和熔剂。仓内各种不同的铜精矿按指定的比例同步从各矿仓排出并计量。熔剂比率根据计划的铜锍品位、目标铁硅比、混合矿成分、石英熔剂比率反馈修正值等由计算机计算出来,并自动设定到熔剂仓调节计上,进行自动控制。

　　从配料仓给出的混合炉料,通过输送皮带,经过电磁铁除去铁质杂质和振动筛除去块状物料等杂物后,送到干燥系统进行三段气流干燥或蒸汽干燥(图3-3所示)。

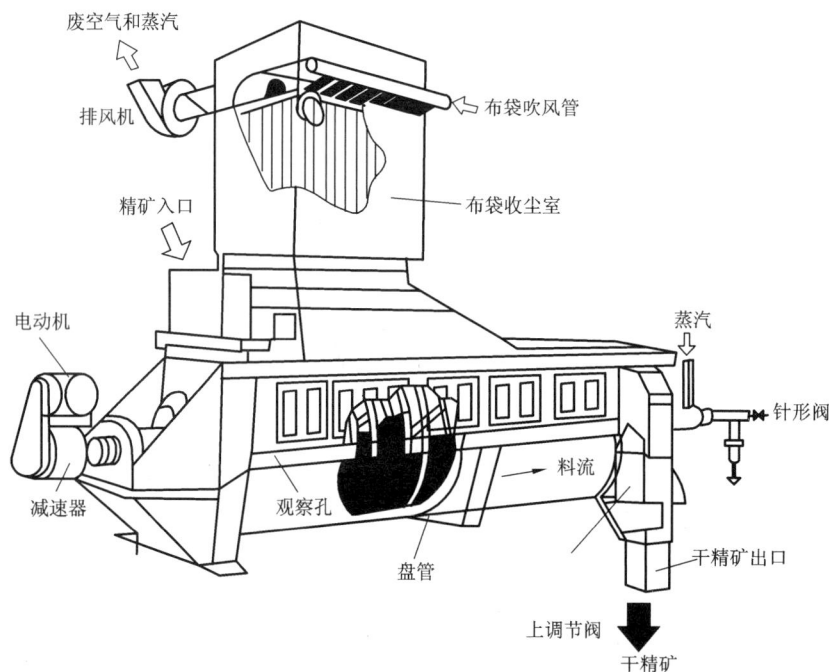

图3-3　蒸汽干燥机剖视图

　　三段气流干燥的工艺流程是,炉料首先用回转干燥窑进行干燥,其次通过鼠笼破碎机把由于附着水分结成块状物的炉料进行破碎,同时被干燥,再由气流输送到气流干燥管内,将水分干燥到0.3%以下。三段气流干燥的干燥率大致是:回转干燥窑20%~30%,鼠笼破碎机50%~60%,气流干燥管20%~30%,炉料水分由10%降至0.3%以下。

　　蒸汽干燥机是由一个多盘管机组构成的转子(或固定),及一个固定(转动)的壳体组成的,干燥机由设置在一侧的一台大功率马达驱动,另一侧是蒸汽进、出口的连接器,蒸汽从转子的中心管进入,穿过辐射状的联箱,然后分配给盘管所有环路,加热盘管后,由盘管外壁与精矿接触,将热量传递给精矿,使精矿干燥。蒸汽中的冷凝水在转子离心力的作用下,流向每组盘管的最低点,当冷凝水到达最低点时,汇集进入中心集水管,冷凝水通过虹吸管及疏水阀排出回收利用。干矿温度一般控制在 120 ℃，炉料水分由 10% 降至 0.3% 以下。炉料经过加料阀进入干燥机内进行蒸汽干燥，干燥后的炉料经过出料阀储存于中间仓内。干燥机内炉料蒸发的含尘水蒸气经过顶部布袋收尘器由排气风机排至大气，中间仓内的干炉料经两套交替运行的正压输送系统，将干炉料输送至干矿仓内，输送空气经布袋收尘器由排风机排放大气。

3.2 闪速炉反应塔内的传输现象和主要氧化反应

闪速熔炼过程的化学反应与传统工艺没有实质的区别，只是通过熔炼设备与冶金工艺上的改进来强化熔炼过程。闪速熔炼用富氧空气或热风，将干燥的精矿、石英熔剂(一定的比例)通过反应塔顶部的精矿喷嘴，以很大的速度(80~120 m/s)喷入闪速炉的反应塔空间，使炉料颗粒悬浮在高温氧化性气流中迅速氧化和熔化。反应塔内平均气流速度为 1.4~4.7 m/s 时，相应的气体在塔内停留时间为 1.4~4.7 s。悬浮在气流中的细粒精矿流经反应塔的速度与在塔内的停留时间几乎与气流同步。由于反应塔内精矿颗粒与气流之间的传热和传质条件优越，使硫化矿物的氧化反应闪速进行，并放出大量的反应热。熔炼铜精矿一般发生的主要氧化反应有：

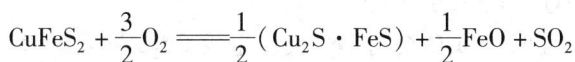

$$CuFeS_2 + \frac{3}{2}O_2 \Longrightarrow \frac{1}{2}(Cu_2S \cdot FeS) + \frac{1}{2}FeO + SO_2$$

$$\Delta H_{298}^{\ominus} = -(3.3 \times 10^5) \ kJ/(kg \cdot mol \ CuFeS_2)$$

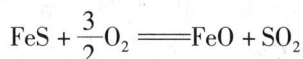

$$FeS + \frac{3}{2}O_2 \Longrightarrow FeO + SO_2$$

$$\Delta H_{298}^{\ominus} = -(4.8 \times 10^5) \ kJ/(kg \cdot mol \ FeS)$$

$$2FeO + SiO_2 \Longrightarrow 2FeO \cdot SiO_2$$

$$\Delta H_{298}^{\ominus} = -(0.42 \times 10^5) \ kJ/(kg \cdot mol \ SiO_2)$$

这些反应放出大量的热以加热、熔化和过热炉料。由图 3-4 看出，在距入口 0.5 m 附近有燃烧峰面(与现场观察到的明亮峰面一致)，反应一般在离喷嘴 1.5 m 以内迅速进行。从半工业试验闪速炉反应塔中心线处气相和颗粒温度的分布(图 3-5)表明，硫化矿粒子的反应大部分在距入口 1.5 m 以内进行，反应塔上部颗粒温度比气相温度高，提高鼓风温度和富氧浓度可以加速反应。由于氧化反应迅速，单位时间内放出的热量多，加快了炉料的熔化速度，强化了生产，使熔炼的生产率提高到 8~12 t/(m²·d)，提高富氧浓度后，有的工厂达到了 15~21 t/(m²·d)。

由于硫化物粒子的氧化反应非常迅速，有一部分 FeS 氧化为 FeO 后可进一步氧化为 Fe_2O_3 和 Fe_3O_4，不可避免地有一部分铜要被氧化为 Cu_2O。氧化产物中 Fe_3O_4，Fe_2O_3 和 Cu_2O 的数量，取决于铜锍品位与原料中 SiO_2 的含量。生成的 Fe_2O_3 在有硫化物存在时容易转化为磁性氧化铁：

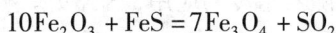

$$10Fe_2O_3 + FeS = 7Fe_3O_4 + SO_2$$

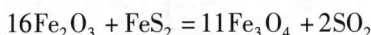

$$16Fe_2O_3 + FeS_2 = 11Fe_3O_4 + 2SO_2$$

在温度达 1300~1500 ℃ 的反应塔内，Fe_3O_4 很快被 SiO_2 和 FeS 所分解：

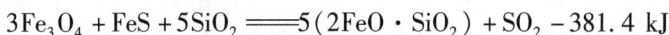

$$3Fe_3O_4 + FeS + 5SiO_2 \Longrightarrow 5(2FeO \cdot SiO_2) + SO_2 - 381.4 \ kJ$$

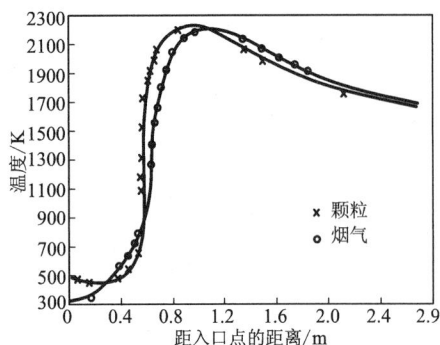

图 3－4　颗粒和气相的温度沿反应塔高度的变化

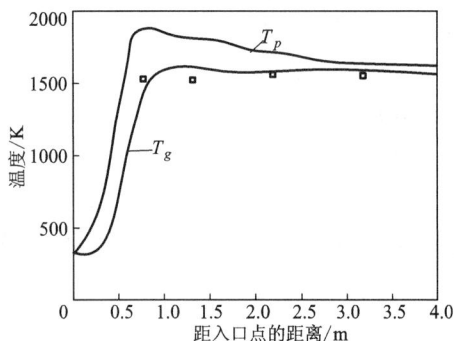

图 3－5　反应塔中心线气相和颗粒温度的分布
（曲线中□代表实测值）

在反应塔内由于氧化反应强烈，炉料在炉内停留的时间很短，各组分之间的接触不良，Fe_3O_4 不能完全被还原，而溶解于炉渣和铜锍中，一同进入沉淀池。

少量的硫化亚铜依下列反应氧化：

$$2Cu_2S + 3O_2 === 2Cu_2O + 2SO_2$$

当有足量的 FeS 存在时，Cu_2O 会与 FeS 反应生成 Cu_2S 进入铜锍。由上述反应可看出，炉料中 FeS 的存在能阻止铜进入炉渣。但正如同前述的 Fe_3O_4 一样，由于反应塔内氧化反应强烈，因此，仍有少量的 Cu_2O 熔于炉渣。由反应塔降落到沉淀池表面的产物是铜锍与炉渣的混合物，在沉淀池内进行澄清和分离，在分离过程中铜锍中的硫化物与炉渣中的金属氧化物还进行如下反应，从而完成造铜锍和造渣过程。

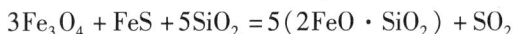

$$Cu_2O + FeS === Cu_2S + FeO$$
$$2FeO + SiO_2 === 2FeO \cdot SiO_2$$
$$3Fe_3O_4 + FeS + 5SiO_2 = 5(2FeO \cdot SiO_2) + SO_2$$

闪速炉炉渣中含铜高的原因是由于：

（1）反应塔内氧势较高，熔炼脱硫率高，产出的铜锍品位高，铜锍品位愈高，渣含铜量也愈高。

（2）闪速熔炼，原料多为高硫高铁精矿，而配加的石英熔剂少，渣中铁硅比高，这种炉渣密度较大且对硫化物有较大的溶解能力。

（3）闪速炉烟尘率高，熔池表面难免有烟尘夹带，这无疑也会增加渣中含铜量。

3.3　奥托昆普闪速炉的炉体结构和精矿喷嘴类型

奥托昆普闪速炉由反应塔、沉淀池和上升烟道三部分组成，内衬耐火材料。最初的闪速炉耐火材料因没有冷却装置，其寿命仅 8 周左右。随着水冷的应用，闪速炉炉期已达 10 年左右。

3.3.1　闪速炉的外形结构尺寸

贵溪冶炼厂奥托昆普闪速炉的外形结构如图 3－6 所示。

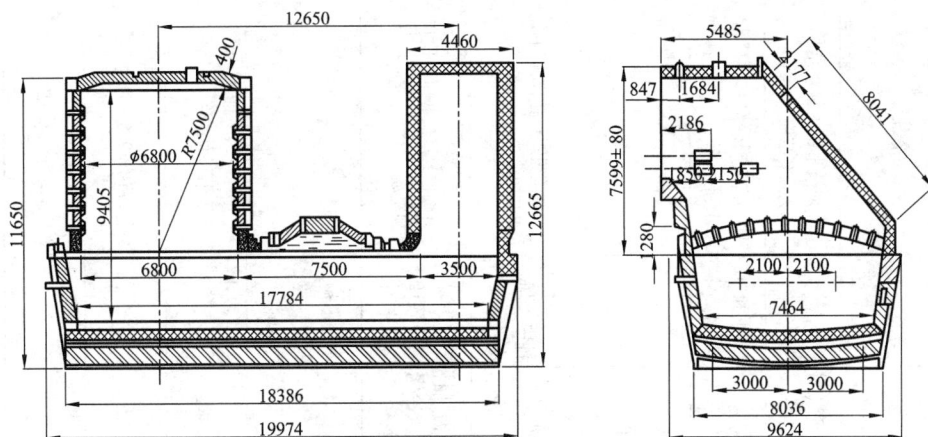

图 3－6 贵溪冶炼厂闪速炉主要尺寸

贵冶闪速炉的主要结构特点：反应塔顶为平斜结合拱顶，沉淀池为吊挂拱顶，上升烟道为吊挂顶，由平顶和斜顶组成；反应塔壁立体冷却，反应塔与沉淀池的连接部为直筒形。我国金隆公司闪速炉结构同贵冶闪速炉相似。

表 3－1 介绍了世界上数家闪速冶炼厂炉体结构的特征。

3.3.2 闪速炉炉体各部位的结构

（1）反应塔顶

反应塔顶有拱顶和平吊挂顶两种结构，拱顶又有球拱顶（如汉堡冶炼厂、韦尔瓦冶炼厂等）和平斜结合顶（金隆公司、贵冶等），其结构特征如表 3－1 所示。拱顶密封性好，漏风小，但砖体维修困难，一般寿命为 3~5 年；吊挂顶密封性较差，但可以在炉子热态下更换部分砖体。随着富氧浓度、干矿装入量和反应塔热负荷的提高，越来越多的冶炼厂采用吊挂顶改造拱顶。

（2）反应塔壁

反应塔壁经受带尘高温烟气和高温熔体的冲刷，几乎没有任何的耐火材料能够承受反应塔内的苛刻条件。为提高炉寿命，各冶炼厂不断地改进反应塔的结构，使用优质耐火材料，并采用水冷却系统，冷却强度不断提高，形成了各自不同的反应塔结构特征。

反应塔冷却装置有喷淋冷却和立体冷却两种，喷淋冷却结构简单，它通过外壁淋水冷却和内侧挂磁铁渣，使炉衬得到保护而不被继续腐蚀。这种结构便于反应塔检修，炉寿命可达8 年左右。但是，干矿装入量和富氧浓度提高后，喷淋冷却方式冷却强度不够，通过反应塔壁的热损失大，操作费用高。立体冷却系统由铜水套和水冷铜管组成。反应塔壁被铜水套分成若干段，水套之间砌砖，在砖外侧安装有水冷铜管，形成对耐火材料的三面冷却。这种结构冷却强度大，能适应富氧浓度、熔炼能力和热负荷提高后对反应塔冷却的要求，而且热损失小，操作费用低（反应塔燃油量降低），炉寿命长（可达 10 年左右）。

玉野闪速炉反应塔 1993 年和 1994 年先后进行过两次改造，见图 3－7。1993 年增加一层铜水套，并用垂直铜水套代替部分水套间铜管。1994 年除反应塔上部铜管保留外，其余铜管全部改为垂直铜水套。连接部铜管改为垂直铜水套（24 块）和 H 形梁结构。

表 3-1　世界上几家冶炼厂闪速炉炉体结构特征

冶炼厂	反应塔直径 φ/m×高/m	沉淀池 长/m×宽/m×高/m	上升烟道 /m	反应塔冷却方式	反应塔水平水套层数	反应塔顶结构	沉淀池水平水套层数	沉淀池熔体区冷却	沉淀池顶冷却	沉淀池顶结构	铜口数	渣口数	沉淀池与反应塔	沉淀池与上升烟道	备注
玉野	6×9.1	19.75×7×2.6	φ2.5×9.4	立体	5	斜平拱顶	1				6	2	垂直水套（24块）+H梁	矩形铜水套	上升烟道上部为锅炉结构，下部为水套结构
圣玛纽尔	5.97×6.68	25.24×8.36×3.38	φ4.07×9.2	喷淋		吊挂顶				吊挂顶	8	4	"Ⅰ"形水套	"Ⅰ"形和"L"形水套	1994年前连接部均匀"Ⅰ"形和"L"形水套
韦尔瓦	6.5×6.8	22.13×7.62×3.5	7.62×4.88×10.735(L)×(W)×(H)	喷淋		球拱顶		倾斜水套	H形梁	吊挂拱顶	6	4	"L"形水套	上升烟道	
贵冶	6.8×7.05	18.65×8.3×2.37	出口：4.5×3.5	立体	11	平斜结合拱顶	2	倾斜水套	H形梁	吊挂拱顶	3	2	倒"F"形铜水套	不定形捣打料中预埋水冷铜管	上升烟道为矩形截面由斜面斜顶顶组成
金隆公司	5×7	22.35×6.7×2.24	出口：4.0×2.5	立体	7	平斜结合拱顶	2	倾斜水套	H形梁	吊挂拱顶	4	2	不定形捣打料中预埋水冷铜管,H梁	不定形捣打料中预埋水冷铜管	上升烟道为矩形截面斜面斜顶和平顶组成
东予	6×6.6	20×7.5×2.28		立体	9	平斜拱顶	1	倾斜水套	H形梁	吊挂拱顶	3	2	倾斜水套,H形梁	不定形捣打料中预埋水冷铜管	
巴亚马雷	4.05×6.0	17.9×5.88×1.852	φ3.0×8.732	喷淋	4	平吊顶	2	垂直水套		平吊顶			倒"F"形水套	倒"F"形水套	反应塔下部为水套
佐贺关	6.2×5.9	20.1×6.8×2.4		立体	7	拱顶		倾斜水套	H形梁	拱吊挂顶	5	3			2号闪速炉1996年3月改造
希达尔哥	8.23×11.59	25.31×10.37×6.71（外尺寸）		喷淋		平吊挂顶				平吊挂顶	5	5		上升烟道	上升烟道为喷淋冷却

注：当 90 kt/a 时，贵冶闪速炉反应塔容积热强度取 857 MJ/(m³·h)，反应塔热损失取 10450 MJ/h，沉淀池热损失取 10032 MJ/h。

贵冶闪速炉反应塔塔底采用吊挂方式砌筑 RRR – C 耐火砖,砌砖厚度 350 mm,耐火砌砖至环形 H 梁,不能砌砖处,则在 H 梁上焊筋爪,并在各空隙处吊挂"宝塔形"耐火砖,然后浇注不定形耐火材料 C – CrMgS。

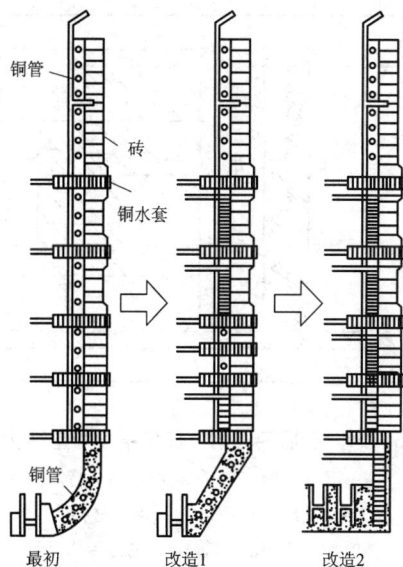

图 3 – 7　玉野闪速炉反应塔冷却结构示意图

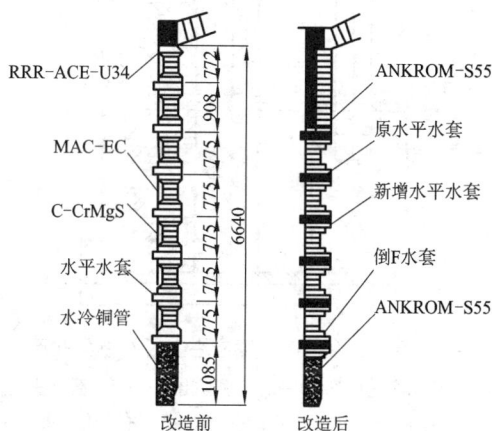

图 3 – 8　贵冶闪速炉反应塔炉壁结构改造前后比较图

贵冶闪速炉反应塔塔壁是由 20 mm 厚的钢板围成的筒体,砌砖高度 5555 mm,共分七段湿砌,塔壁上部砌筑高温烧制铬镁砖 RRR – ACE – U$_{34}$,而中下部砌筑电铸铬镁砖(MAC – EC),砌砖厚度为 395 mm 和 445 mm(靠近水平水套处)。塔壁沿高度方向装有六层 65 mm 厚的铜板水平水套,每层 24 块,水套凸出塔壁 50 mm(如图 3 – 8,3 – 9,3 – 10 所示)。砌砖前,先将 20 mm 厚的波纹板贴在壳体内侧,然后浇注不定形耐火材料 C – CrMgS,并埋设 19 圈(每圈 4 根)ϕ32 mm 带翅片的水冷铜管,其中在两层水平水套之间各分配 2 圈带翅片的水冷铜管,以立体冷却方式保护反应塔塔壁。反应塔与沉淀池的连接部全部用不定形耐火材料 C – CrMgS 浇注而成。浇注高度 1 065 mm,厚度 395 mm,内埋 2 排(每排 6 圈,每圈 4 根)带翅片的水冷铜管。

(3) 沉淀池

铜锍和炉渣在沉淀池中储存并澄清分离;夹带烟尘的高温烟气(达 1 400 ℃左右)经沉淀池进入上升烟道,因此沉淀池的结构必须能够防止熔体渗漏,同时有利于保护炉衬。

沉淀池顶一般为平吊挂顶或拱吊挂顶。沉淀池顶的冷却有 H 梁冷却和垂直水套冷却。H 梁安设在砌体中,耐火砖被圈定而不致发生变形,并能防止砖的脱落。为防止漏水,H 梁中的铜管必须是整根的,不得用数根短管焊接起来。

沉淀池位于反应塔正下方部位的侧墙,可以看作是反应塔的延长。这一部位热负荷较高,而且沿着砖的表面往下流的高温熔体量很大。因此,这一部位很容易被侵蚀。目前,一般在砖体内插入水平铜水套冷却,有的冶炼厂水套与铜管并用,构成立体冷却(如金隆公司、贵冶厂等),而且水平水套的层数越来越多,如:贵冶 1998 年前设一层水平水套,1998 年后增设一层；金隆公司设二层；1996 年新建的巴亚马雷厂新闪速炉及 1996 年扩产的佐贺关厂 2 号闪速炉在这一部位设垂直水套以强化冷却。

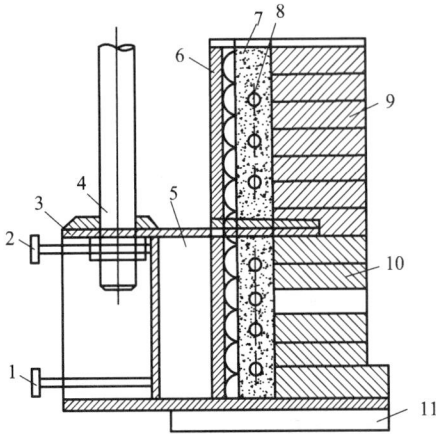

图 3 – 9　贵冶闪速炉反应塔上段炉壁结构图

1—钢板水套进水管；2—钢板水套出水管；3—筒体法兰；
4—吊挂螺杆；5—钢板水管；6—筒体；7—不定形耐火材料；
8—带翅片铜管；9—烧结铸砖；
10—电铸砖；11—铜板水套

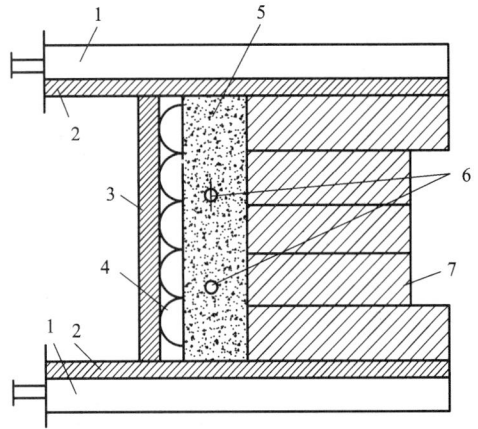

图 3 – 10　贵冶闪速炉反应塔中段炉壁结构图

1—钢板水套；2—筒体法兰；3—筒体；
4—波纹板；5—不定形耐火材料；
6—带翅片铜管；7—电铸砖

沉淀池渣线区域易被熔体侵蚀，受熔体冲刷较大。这一区域沿沉淀池一周设垂直铜水套或倾斜水套冷却。1983 年佐贺关冶炼厂为了适应高富氧熔炼，防止由于沉淀池拐角处耐火砖熔损和炉体膨胀变形而引起熔体泄漏，在沉淀池拐角处的耐火砖处安设了"L"形水套(见图 3 – 11)，强化了以渣线为中心，高度方向约 600 mm 范围内的耐火砖的冷却。

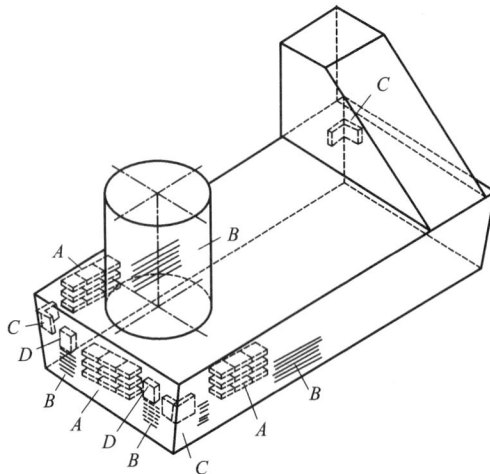

图 3 – 11　佐贺关闪速炉沉淀池侧墙冷却系统

A—水平铜水套；B—水冷铜管；C—L 形铜水套；D—带翅片水冷铜管

另外，含渣、尘的烟气在进入上升烟道时对渣口侧端墙的冲击使该墙受到机械损耗，因此，工厂也不断增设水套，加强对该部位砌体的冷却。

为了防止沉淀池底漏铜，减少散热，人们对沉淀池底部的耐火材料的选择都作了研究，而且都筑得很厚，见表 3-2。

表 3-2 闪速炉沉淀池底厚度/mm

冶炼厂	炉底总厚度	镁铬砖	粘土砖	保温砖	备注
韦尔瓦	940	375	115	300	
贵 冶	1825	650	230	690	
巴亚马雷	1300	770	230	124	
金 隆	1825	805	113	690	

在熔炼铜锍过程中会生成大量的 Fe_3O_4，为减少散热，以减少 Fe_3O_4 的析出形成炉底结，炉底要很好地保温，而且砌得很厚。

贵冶闪速炉炉底是在炉底钢板上浇注一层耐火混凝土和一层石棉板，并砌筑七层砖结构，各层耐火均砌成反拱形，炉体砌筑分为四部分，如表 3-3 所示。

表 3-3 贵冶沉淀池底部砌筑结构

层次		材质	高度/mm	砌筑方式
工作层	第一层（最上部一层）	RRR-C	400	立砌湿砌
加固层	第二层	RRR-C	250	立砌湿砌
	第三层	周围砌筑 RRR-A 定型砖，中间为镁砂捣打料 S-MH	114	湿砌捣打
保温层	第四层	普通粘土砖 SK-34	230	立砌湿砌
	第五~七层	轻质绝热砖 PX-C3	每层 230	立砌湿砌
	第八层	石棉板	40	平铺 4 层，每层 10mm
基础层		耐热混凝土	中心高 90 mm，圆周方向拱脚高 391 mm	浇注

贵冶沉淀池四面侧墙钢板均向外倾斜 10°，共砌 20 层砖。整个侧墙可分为铜锍区域、渣线区域和气体流动区域三部分。耐火砖根据工作状况选择不同的材料，在渣线区域侵蚀严重，选用了抗渣性、抗冲刷性强的电铸铬镁砖 MAC-EC，在气流区域选用抗冲刷、耐剥落性强的高温烧制铬镁砖 RRR-ACE-U_{34}，而铜锍区域选用普通烧制铬镁砖 RRR-C。为保护炉衬，延长耐火砖的使用寿命，沿渣线一周设有 39 块倾斜铜板水套，在反应塔下面沉淀池的三面墙及渣口附近端墙渣线上方设有 19 块水平铜板水套，并在反应塔下面沉淀池的三面墙上，在渣线区域的砖与炉壳内侧波纹板之间设有 6 排计 18 根带翅片的水冷铜管，以加强对炉墙的保护。

在沉淀池侧墙一面设有 6 个放铜口,形状为菱形,侧面有两个放渣口,这两个部位使用的耐火砖为 MAC – EC,渣口中心线比放铜口高出 600 mm。沉淀池的两端侧墙还分布有 4 个点检孔,各点检孔使用的材质均为 RRR – ACE – U_{34},此外,在沉淀池侧墙的渣线区域与气流流动区域之间设有 11 个重油烧嘴孔,使用的材质均为 RRR – ACE – U_{34},每个烧嘴水平向下倾斜 10°,其中端墙两个烧嘴还向炉中心线倾斜 6°07′。

贵冶沉淀池拱顶全部采用吊挂砌筑。为防止拱顶耐火砖轴向变形、脱落,以延长其使用寿命,在炉顶圆峒方向安有弧形"H"梁,以固定拱顶砖。该"H"梁预埋 2 根带翅片的水冷铜管后浇注不定形耐火材料 C – CrMgS,上部为水槽,冷却水经水冷铜管后排放到水槽内,经水槽再进入排水管。对于拱形"H"梁,为使上部水槽各片保持一定的水位,在槽内不同高度设置了挡水板。

沉淀池拱炉顶耐火砖选用普通烧制铬镁砖 RRR – C(外表面用铁皮包裹),拱顶上设有 6 个 ϕ250 mm 的点检孔和 2 个 ϕ150 mm 温度计孔,每个孔的耐火砖都是用 4 块呈 1/4 圆弧形的高温烧制铬镁砖 RRR – ACE – U_{34} 组合而成,各组合砖均由吊具固定。

(4) 上升烟道

上升烟道是闪速炉中夹带着渣粒、烟尘高温烟气的排出通道。对上升烟道结构上的要求是:防止熔体粘附而堵塞烟气通道;尽量减少沉淀池的辐射热损失。

上升烟道有垂直圆形(如犹他闪速炉等)、椭圆形(如希达尔哥闪速炉)和断面为长方形的倾斜形(东予、佐贺关、金隆、贵冶等)。上升烟道壁一般不设冷却。

侧墙砌砖断面结构尺寸见表 3 – 4 所示。

表 3 – 4　贵冶上升烟道侧墙砌筑结构

段数	每段层数	材质	耐火砖工作面长度/mm	砌筑高度/mm
第 1 段最上部一段	7 层	RRR – C	460	700
第 2~10 段	5 层	RRR – C	460	每段 500
第 11~12 段	5 层	RRR – C	460	每段 555

侧墙一面有 2 个 500 mm × 300 mm 的重油烧嘴孔,1 个操作孔,另一面也有 2 个重油烧嘴孔,一个点检孔。

贵冶上升烟道后墙(余热锅炉侧的沉淀池侧墙顶部至上升烟道开口处)砌筑分三段湿砌,各段砌筑情况见表 3 – 5 所示。后墙最下部沿外壳钢板处浇注不定形耐火材料 C – CrMgS,内埋 8 根带翅片的水冷铜管。

表 3 – 5　贵冶上升烟道后墙砌筑结构

段数	耐火砖工作面长度/mm	材质	砌筑高度/mm	倾斜角度
第 1 段最上部一段		SK – 34	700	29°19′
第 2 段	350	RRR – C	1110,共砌 14 层	12°31′
第 3 段	375	RRR – C	1280,共砌 13 层	12°31′

（5）连接部

由于高温火焰和含尘烟气的冲刷，闪速炉反应塔与沉淀池及沉淀池与上升烟道的连接部都易遭到破坏。为提高这些部位的寿命，必须提高其冷却强度。

连接部的结构比较复杂，各厂也不尽相同，主要结构有：不定形耐火材料中埋设水铜管，"L"形水套结构，"T"形水套结构（图3-12），倒"F"形水套结构（图3-13）等。

圣玛纽尔冶炼厂于1994年用"T"形水套取代"L"形和"I"形水套。这种水套将碳钢支撑环铸到水套中，安装中将水套直接焊到反应塔钢壳上，这种结构安装简单，最主要的是，可在炉子热态下更换水套。

巴亚马雷、贵冶等厂改造后的连接部为倒"F"形水套结构，图3-13是巴亚马雷闪速炉反应塔与沉淀池连接部的配置图，其沉淀池与上升烟道的连接部也有类似的结构。

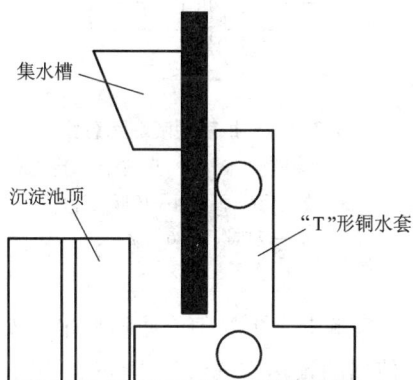

图 3-12 "T"形水套连接部结构

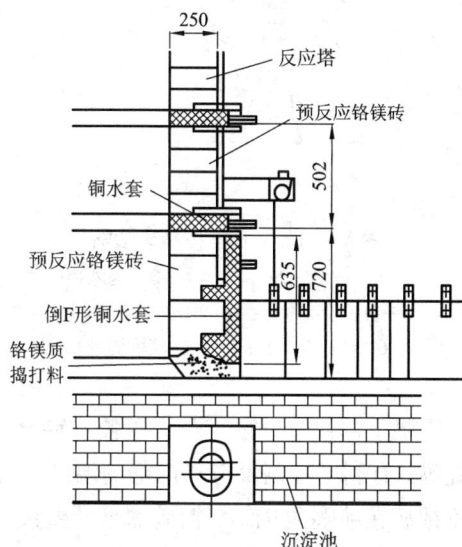

图 3-13 倒 F 形水套连接部结构

贵冶上升烟道与沉淀池的连接部在靠近沉淀池拱顶一侧其断面为圆弧形过渡，该部位因受气流冲刷、侵蚀严重，采用不定形耐火材料 C-CrMgS 浇注，浇注高度为1100 mm，厚度为300 mm，内埋双排（每排7根）带翅片的水冷铜管。另一侧为垂直相交，砌筑普通烧制铬镁砖 RRR-C，在砖与上升烟道侧墙交界处内埋2根水冷铜管并浇注不定形耐火材料 C-CrMgS。

3.3.3 闪速炉精矿喷嘴类型与结构

在闪速炉中，干燥的铜精矿与熔剂、燃料以及富氧空气（或预热空气）是通过设置在反应塔上部的精矿喷嘴喷入炉内进行混合的，若混合不好，就会有局部未反应物料落入沉淀池，影响锍温度和品位，烟尘量也增大。精矿喷嘴的形式会影响精矿粉的着火点、反应塔内的回流量、死区的位置、结瘤、灰渣生成以及 Fe_3O_4 生成等，即精矿喷嘴的好坏实际上会影响整个熔炼炉的运行，故闪速熔炼从1949年发展至今，喷嘴也在不断地发展、完善。

20世纪70年代以前，精矿喷嘴都是文丘里型喷嘴，结构如图3-14所示。精矿喷嘴本体4下部有文丘里状收缩部5,收缩部下面是逐渐扩大的圆锥7。精矿喷嘴中心设置有精矿溜管2,溜管的前端比文丘里状收缩部的下方稍突出一点。一支重油喷嘴1自精矿溜管的中心贯通而下,其前端一直通到圆锥出口附近。在精矿溜管出口下方的重油喷嘴上设置有分散精矿的分散锥6。反应用空气从送风管3供入,在文丘里收缩部增加速度,与精矿粉混合后吹入反应塔内。

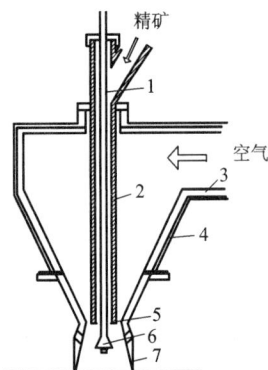

图3-14 文丘里型精矿喷嘴

1—重油喷嘴;2—精矿溜管;3—送风管;
4—精矿喷嘴本体;5—文丘里状收缩部;
6—精矿分散锥;7—精矿喷嘴圆锥

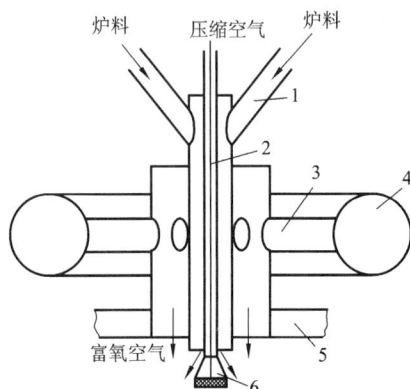

图3-15 扩散型喷嘴示意图

1—加料管(2根);2—压缩空气管;
3—支风管(6根);4—环形风管;
5—反应塔顶;6—喷头

喷嘴下部设置分散锥是为了使炉料分散更好,与空气的混合更均匀。而喷嘴中心安装重油烧嘴,有利于控制反应塔内部的温度。有些冶炼厂使用的预热空气温度高(800 ℃),为了防止精矿在喷嘴内烧结,精矿溜管外壁设有水冷铜管,并用耐火混凝土保护。整个精矿溜管还可以在喷嘴内上下移动调节速度。

文丘里型精矿喷嘴是利用文丘里管形状产生紊流,促使空气和颗粒混合,故这种喷嘴只适用于空气或低浓度富氧空气闪速熔炼。

1971年,闪速炉开始实行富氧熔炼,反应塔鼓风量越少,气流速度降低,文丘里型喷嘴生成的紊流不足以使富氧空气和精矿粉充分混合,达不到富氧熔炼的效果。为此各国经过研究,便开发出了多种适于富氧熔炼的喷嘴。

(1)中央扩散型精矿喷嘴(CJD型)

这种喷嘴是芬兰奥托昆普公司研制成功的,结构示意如图3-15所示。该喷嘴不是文丘里管型而是倒锥型,由壳体、料管、风管、混合室等组成。炉料从中央料管流入混合室,富氧空气则从空气管以一定的速度喷入混合室内,精矿与空气在此处进行充分的混合。混合室呈圆筒型,其底部在喷嘴的最下端与闪速炉顶相接。在精矿喷嘴中心安装一根小管,其端部设有锥形喷头,喷头周围分布有直径3.5 mm的许多小孔。压缩空气由中间小管通入,尔后从小孔沿水平方向喷出,将精矿粉迅速吹散到整个反应塔内。与文丘里喷嘴比较见表3-6。

表 3-6 文丘里型和中央喷射扩散型精矿喷嘴的比较

项目	文丘里型	CJD 型
结构示意图	(a) 文丘里型	(b) CJD型

1—干矿；2—油枪；3—富氧空气；4—精矿溜管；5—分散锥；
6—喷嘴锥；7—调风锥；8—中央氧枪；9—工业氧；10—压缩空气

项目	文丘里型	CJD 型
喷嘴个数	3～4	一般设 1 个(最初设 4 个)
油烧嘴个数	3～4	2～4
油烧嘴的设置	安装在喷嘴内	与喷嘴分开，也可安装在喷嘴内
精矿分散原理	1. 出口的高速气流； 2. 分散锥	1. 出口的高速气流； 2. 分散锥； 3. 径向分布空气
轴向气流速度	$120\ m\cdot s^{-1}$ 以上，最高达 $250\ m\cdot s^{-1}$	$80～120\ m\cdot s^{-1}$
径向气流速度		$120～180\ m\cdot s^{-1}$
干矿处理能力	$<20\ t\cdot h^{-1}\cdot$ 只$^{-1}$	$～200\ t\cdot h^{-1}\cdot$ 只$^{-1}$
工艺空气富氧浓度	<45%	～95%
对炉衬的作用	炉衬易被侵蚀，局部易损坏	对炉衬作用小
装料控制	难	易

中央喷射扩散型精矿喷嘴是 20 世纪 70 年代后期开始应用的，经过不断的改进，已成为标准化设计的一部分。

金隆公司采用这种精矿喷嘴的工艺风有内环和外环两个通道，根据工艺风量可以自动或手动选择使用三种通道，即内环、外环、内环＋外环，保证工艺风出口速度为 80～120 m/s。精矿下料管为水套结构(图 3-16)。

玉野厂 1994 年安装的 CJD 喷嘴结构与金隆公司相同，但该厂进行了改进，如图 3-17 所示。该厂将内环去掉，在外环内壁安装一块固定的衬板，并安装三圈上下移动式的滑块用以调节工艺风速。这样可以选择 6 级工艺风通道操作，可以根据风量和风温控制风速。

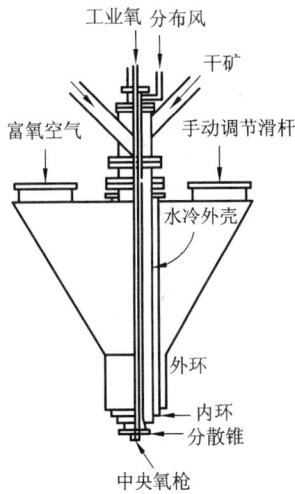

图 3 - 16　金隆公司精矿喷嘴

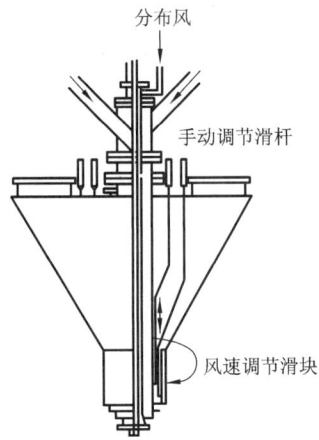

图 3 - 17　玉野厂精矿喷嘴

（2）分配式喷嘴

日本东予冶炼厂从 1982 年开始采用富氧熔炼，对喷嘴进行了改造，使之能应用富氧送风，改造后的喷嘴结构如图 3 - 18 所示。在精矿溜管内，除重油喷嘴外，还有呈同心圆设置氧气吹入管。在氧气吹入管出口部，通过一衬套调节其开口面积和氧气吹出速度。为了克服因鼓风量减少而发生流速降低问题，在喷嘴锥入口处设置了一个风速调节装置。风速调节装置由固定在喷嘴本体上的吊杆吊起。改变吊杆在喷嘴内的长度可使风速调节锥沿精矿溜管上下移动调节喷嘴喉部的有效断面以达到调节风速的目的。

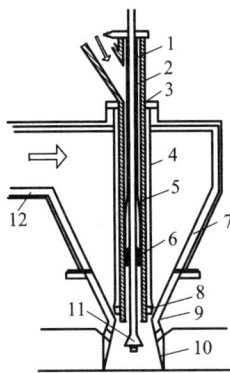

图 3 - 18　分配式富氧精矿喷嘴

1—重油喷嘴；2—氧气管；3—固定件；
4—吊杆；5—精矿溜管；6—调节衬套；
7—精矿喷嘴本体；8—风速调节装置；9—文丘里状收缩部；
10—精矿喷嘴圆锥；11—精矿分散锥；12—送风管

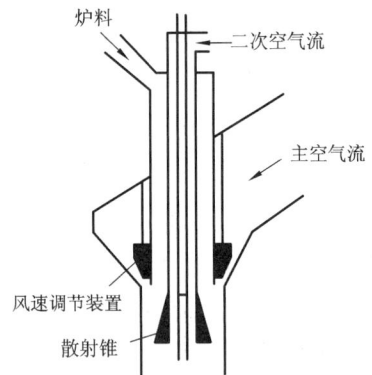

图 3 - 19　喷气流式喷嘴示意图

（3）喷气流式喷嘴

这种喷嘴是澳大利亚西方矿业公司的 Kalgoorlie 冶炼厂开发的，图 3 - 19 是结构示意图。这种喷嘴运用了全新的精矿散射方式，在精矿溜管出口处安置了一个大散射锥，以便给下落的精矿颗粒一个水平吹力，使之与空气更好混合。另外喷嘴锥由文丘里型改为漏斗形。

3.4　闪速熔炼作业的技术管理

闪速熔炼，生产的正常运行和良好指标的取得依赖于设备完好状态和各种条件的精确控制，而生产技术管理则是这两个关键的保障基础。与传统工艺相比，闪速熔炼要复杂和严格得多。由于各闪速炉熔炼厂家的炉型、原料成分、生产规模、技术指标要求、能源种类、富氧浓度、设备性能、生产经验以及其上下游工艺与设备各方面的差异，因此管理中的侧重点各有所不同。而基本原则是相同的。本节主要结合国内铜闪速熔炼生产实践经验予以叙述。

3.4.1　闪速炉熔炼过程的管理

3.4.1.1　精矿喷嘴的管理

精矿喷嘴是闪速炉的核心设备。近年来，多数厂家都采用了中央喷射型喷嘴。这种喷嘴具有熔炼能力大、反应性能好、对塔壁损害小、烟尘率小、燃料消耗少等优点，是目前最为流行的喷嘴形式。生产实践表明，如果喷嘴的参数控制不当，如氧料比（O_2/料）变化，也会产生一系列问题，表现为反应不充分，生料堆积在沉淀池，喷嘴下部结瘤，熔体温度、铜锍品位、渣型和烟尘率等出现异常，反应塔异常高温，塔顶耐火材料损耗严重，甚至外部钢支架也产生变形。这些情况严重困扰着生产。针对这种状况，多数厂家都在摸索符合本厂情况的精矿喷嘴的管理经验。涉及的因素有工艺风速、分布风流量与中央氧枪氧气流量。

工艺风速是使物料在塔内轴向上尽量分布均匀的动力。它受投矿量的制约。投矿量大时，风速应大些，反之可小些。一般情况下风速可基本稳定在 100～150 m/s 之间。

对于一个给定的喷嘴，也可以把分布风流量看作为分布风速的等效参数。它是使物料在塔内呈径向分布的主要动力。该参数的选定要考虑投矿量与工艺风速的变化。分布风流量主要影响着反应时间和反应的完全性。参数值若过大，则使反应高温区过度上移，对塔顶的热辐射较严重。但若过小，则会产生反应不充分而造成下生料。

中间氧枪的氧是工业氧（95% 左右）。其主要作用是防止塔体中心轴区域由于过密的物料而得不到充足的反应氧。中间氧枪的氧量主要受投矿量的制约，应保持一定氧料比。

以上三个参数是相互关联的，以某冶炼厂为例，在通常给料量为 110 t/h 左右、工艺风速为 100 m/s 时，分布风流量 V_{dis} 与中间氧枪流量 V_0 分别由下面公式求出：

$$V_{dis} = 10w_{ch} + 15u - 1000 \quad (m^3/h)$$

$$V_0 = 10w_{ch} + 400 \quad (m^3/h)$$

式中　w_{ch} 投料量（t/h）；u 为工艺风速（m/s）。

由于反应塔内部的高温气流分布、颗粒燃烧温度及其气相浓度等是由精矿喷嘴的工作状态决定的，国内闪速熔炼厂与高等学校联合开发的《铜熔炼闪速炉数值仿真与操作优化》技术,可以通过改变工况技术条件,进行数值仿真。从反应塔内气粒两相流的流场、温度场、浓度场和释热场特征,找出烟尘率相对较低的操作条件。凡是有利于形成高温集中、氧集中与颗粒群浓度集中("三集中")的"高效反应区"的技术条件,如中央供油、加大工艺风氧浓度、中央氧量加大、适当减少分散风,都能明显减少烟气中的颗粒量。三集中的"高效反应区"最佳位置的范围,高度在中央喷嘴以下 0.5 ~ 3.0 m,半径约为工艺风出口环半径的 2.0 ~ 3.0 倍。

3.4.1.2 沉淀池的管理

反应塔连续产出的大量熔体落入沉淀池内,在继续进行反应的同时,渣与锍借助于密度差相互分离。显然,沉淀池是熔炼产物最终形成的场所。沉淀池的这种作用,要求它必须保持有一定的工作容积,以便为大量铜锍与渣的分离提供充分时间,这是沉淀池管理的首要任务;

其次是必须使沉淀池中的熔体保持足够的温度,为渣、锍的分离创造条件。

闪速炉沉淀池的工作容积和熔体温度是由其自身的特点决定的。沉淀池是属于一种平静的熔池类型。熔体保温及其过热所需的热量主要依靠从反应塔来的高温烟气的对流与辐射传热。因此,在熔体层内都存在着较大的温度梯度。渣中的 Fe_3O_4 会在熔池内某些局部区域处于饱和或接近饱和状态,形成粘渣,严重时会成为炉结,使熔池容积减小;在锍与渣之间形成粘渣隔膜层阻碍锍粒的沉降。减小温度梯度,合理控制熔体温度,减轻粘渣危害是沉淀池技术管理的关键问题。这方面的主要管理措施有以下几点:

(1) 合理地组织铜锍与炉渣的排放,准时、足量地向转炉提供铜锍,这就要求闪速炉与转炉在生产配合时,熔池铜锍的储存量要有一个基准(铜锍层厚度),以避免在排放铜锍结束时,渣、锍之间的隔膜粘渣层沉落而粘附在炉底上,使炉底上涨而减少熔池的有效容积。在制定这个基准时,要考虑转炉的吹风制度、各造渣期所需铜锍量、闪速炉投料量与铜锍产出量、熔池截面状况、排放需用时间等因素。

(2) 合理使用铜锍口,防止沉淀池中粘渣隔膜层形成的热量来自于铜锍和炉渣的传导传热。向渣口方向渣锍温度呈降低的趋势。为尽量减少磁性氧化铁粘渣隔膜层变厚以及炉结的形成,就必需增大新铜锍的流动,加强传热效果。因此,要尽量并优先从靠近渣口侧的铜锍口排放铜锍。

(3) 当熔体从反应塔带来的热量不够时,向沉淀池烧油补充热量,这就要求闪速炉采用薄渣层操作,以使燃烧火焰的辐射热尽量多地传给熔体。再者,薄渣层有利于隔膜层减薄或消失。

(4) 正确的渣口操作,要求在渣面上升到渣口位置前就把渣口打开,疏通干净,并点燃烧嘴保温,一旦渣面上来,立即排出。排渣过程中始终保持流动顺畅,不允许"憋渣"现象发生。此外,闪速炉一般有两个渣口,通常的使用比率为 1:1。当特意为使某一侧(常有排渣障碍时)多排渣时,也可采用 2:1 的制度。

(5) 在沉淀池燃烧重油为熔体保温时,重油喷嘴的工作配置,即某个位置的喷嘴在何时烧是十分重要的。正面两只烧嘴的燃烧应优先考虑。因为它处在沉淀池前端,不仅对熔池面加热,还可对从反应塔下落产物进行空中加热,加热效果最好。此处烧嘴一般是经常燃烧着的，且油量比两侧墙上的四只烧嘴高出 20~30 L/h。两侧墙上各有两只烧嘴一般为交叉结合型配置，即两面斜对角对烧。而且要定期交换，以防止对炉墙热冲击太厉害。燃烧的顺序为从前到后，重油量为 100~120 L/h。烧嘴的雾化风压一般比油压大 50 kPa。正常生产时，风油比设定为 1（即 1 L 油对 10 m^3 空气）。根据炉子的实际情况，如炉子的实际漏风多时，可调挡减少到 0.7。

目前闪速熔炼都倾向于闪速炉高投料量、高热负荷、高熔体温度操作，对沉淀池燃烧重油的管理不太重视，甚至不烧重油，也能控制炉底上涨。这种高温操作方式对熔池管理固然有利，但对炉体耐火材料寿命影响较大，修炉周期缩短。由于生产能力的大幅度提高，可以完全弥补其不足点。芬兰奥托昆普公司也采用提高目标铜锍温度的方法，使熔体过热，防止炉底上涨。

生产高品位的铜锍，必然会造成更多的 Fe_3O_4 在沉淀池底沉积，从而使其有效容积减小。传统的处理方法是往沉淀池加入生铁。贵冶多年前采取在混合料中配入焦粉的办法，有效地控制了沉淀池底 Fe_3O_4 的沉积，并取代了部分燃油。日本东予采用向沉淀池喷入粉煤和烟灰使炉底过热后，将炉结熔化，也有效地控制了沉淀池的上涨。

3.4.1.3 重油的管理

一般闪速炉都要燃烧一定的重油以补充不足的热量，重油的品质对炉况的控制有重要意义。一般从炼油厂出来的重油其化学成分变化不大，但重油进入冶炼厂后，还将经过油水分离—现场小油罐—泵—计量系统，才进入炉子。重油脱水问题是生产运行的必要前提。

含水多的重油进入系统后，除了油泵会振动、油压极不稳定、达不到设定值外，在闪速炉的控制上会产生一系列反常现象，使炉况无法控制，操作困难。表现为熔体、烟气和炉内壁的温度都偏低；喷嘴燃烧不良，甚至灭火；铜锍品位大幅度超目标值；炉渣发粘，粘渣层明显增厚，炉底上升，储存铜锍能力明显下降；排放锍、渣困难，出现渣带锍、锍带渣现象；上升烟道出口面积越来越小。发生这些现象时，若按照常规的操作方法，用增加重油量来提高温度，是收不到效果的，甚至不良状况愈演愈烈，面临停炉的危险。

重油雾化不良影响燃烧效果，一般要求雾化风压高于油压 0.05 MPa，雾化风温度控制在 180~220 ℃。

3.4.1.4 冷却水管理

冷却水为闪速炉的长寿命提供了可靠保证。冷却水给水温度最好控制在 25 ℃ 以上，生产中给水温度定在 30~40 ℃。工厂将排水温度控制在 60 ℃ 以下，给水、排水温度差依炉内挂渣状况而波动，一般温度差控制在 3~8 ℃。

3.4.1.5 炉内压管理

闪速炉的炉内压是靠排烟机的转速和沉降室前的压力调节阀开启度来控制的。正常生产时，是将风机转速调节到使调节阀开启度为 70% 左右的情况下运行。

炉内压的设定是在不使烟气外逸的前提下，尽量减少环境空气的吸入。正常生产时设定为 −30 Pa 左右的微负压。当负压值过小时，虽无烟气外泄，但漏入过多的冷空气，势必增加油耗；多余空气进入反应塔，增加了计算外的空气中的氧量，将会提高铜锍品位，干扰正常的操作运行；排烟系统的漏风量相应增加，愈靠近风机的区段愈厉害，并且空气的低温与其

所含水分使 SO_3 露点下降，造成腐蚀状况加剧，反过来又加剧漏风，迫使风机增速，如此恶性循环，破坏电收尘的正常运行，殃及制酸系统等。除了负压控制外，应保证上升烟道开口部正常工作时，有合理的排烟截面积，一般为设计值的 2/3 左右。

3.4.1.6　闪速炉的保温

闪速炉保温期前，即闪速炉停料之前一周，其控制参数应做以下的变化：降低铜锍品位最低达 45% 左右；提高铜锍温度到 1215 ~ 1220 ℃；提高渣中 $m(Fe)/m(SiO_2)$ 至 1.25 ~ 1.30。改变参数的目的是使炉壁挂渣变薄，不至于在降温时由于较厚的挂渣脱落带下耐火材料。此期间沉淀池内需加入生铁，让炉底沉结物尽量溶解，以便在最末一次排铜锍时，尽可能多地排出炉内残余物，保持熔池有效容积。

保温期间的重点是防止炉温较大的波动，保护好耐火材料，不致由于剧烈热胀冷缩造成炉体损伤。保温期间反应塔的重油消耗量约 200 L/h，沉淀池重油消耗量约 600 L/h，上升烟道温度测点一般为 600 ℃ 即可。

保温后期，即计划投料的前 6 天开始升温，以 3.5 ℃/h 的速度升温，确认达到 1150 ℃ 时，可重新投料生产。

3.4.2　贫化电炉的管理

贫化电炉的作用是降低渣中含铜量使之达到排放的要求；此外也可以处理一些生产中产生的固体物料，调节铜锍的排放。贫化电炉的技术管理任务有：

（1）控制渣层厚度与锍层厚度

渣层厚度一般应不少于 400 mm，否则因渣层太薄而澄清不充分，弃渣含铜会升高，在水淬时容易发生爆炸。一般贫化电炉是溢流放渣，渣层厚度是通过控制锍层厚度来实现的。

贫化电炉的容积有限，放渣时不允许有大量的铜锍带入其内。锍面增高会增加弃渣中的含铜量，以保证有 400 mm 以上的渣层为目标，进行锍面控制。当有大量的铜锍向电炉排放使电炉渣层小于 400 mm 时，要迅速放出铜锍。

（2）分批加入冷料

电炉加冷料的时间应尽量在放完锍后在低液面时进行，以使固体物料有充分熔化和分离时间。冷料要分批加入，不能一次加入过多。

（3）调节电炉功率

铜闪速熔炼贫化电炉正常工作时的操作功率通常是在二次电压选择后确定，根据入炉渣温、侧墙及炉底温度、固体冷料与块煤加入量和保温电功率等综合因素，即包括保温电功率、固体冷料熔化所需功率和块煤发热量（负值）确定。

一般情况下，固体料熔化电能耗为 350 kWh/t，块煤发热值为 26 MJ/kg，块煤热效率为 50%，保温电功率为 800 ~ 1300 kW。加入固体冷料与块煤的量依实际情况确定。炉子的保温电功率波动范围较大，分为正常生产过程中的保温（取 1000 kW）和年度大修时的保温（取 800 kW）。在冬季生产时，保温电功率要提高些，取 1300 kW。新旧炉子和炉体改造前后（特别有扩容改造时）的保温电功率也应作调整。

电功率的调节是通过改变二次电压和电极插入渣层的深度来进行的。

如果要提高熔体表面温度，加速固体物料熔化，则应提高二次侧电压，可根据炉壁温度（<200 ℃）和排烟温度（<450 ℃）来决定具体的电压级别，同时将电极浅插入。此时，要特

别注意渣线处耐火砖的腐蚀。若炉底温度偏低，铜锍温度低，熔池有效容积减少，则宜降低二次电压，使电极稍深插入。但应防止炉底过热，以450 ℃为上限。在深插电极时不宜太快，以免熔池面上升过快。

每相电流不应超过15 kA，以防局部过热烧损其周围炉墙。

3.5　闪速熔炼的主要技术经济指标

（1）干矿水分

一般来说，炉料从精矿喷嘴加入到落入沉淀池，在反应塔内的停留时间大约为2s左右，如果炉料含水分高，炉料中的水分从物料颗粒内部运行到颗料表面，进而从表面蒸发出去，此时，炉料尚未及时与空气或富氧空气反应就已经落入沉淀池内，造成生料堆积。所以，在生产中常把干矿的水分控制在0.3%以下。但是，干矿水分太低时（低于0.1%），精矿中的硫会在干燥过程中与氧反应造成燃烧着火。炉料中的水分与沉尘室的烟气温度有相对应的关系（表3-7），一般沉尘室烟气温度控制在80 ℃左右，则干矿水分可控制在0.3%左右。

在正常生产操作过程中，如果沉尘室温度稳定在80 ℃，而干矿水分不能达到要求，则有可能是沉尘室温度测点或信号转换等方面发生了故障，应及时联络仪表维护人员检查、校核，尽快恢复正常状况。也有可能是风矿比偏小，在气流干燥过程中无足够的空气脱除精矿携带的水分。

表3-7　沉尘室烟气温度与炉料含水量的关系

温度/℃	70	80	85	90	95	100
含水量/%	0.5~0.6	0.27	0.22	0.16	0.11	0.05

（2）铜锍品位

一般冶炼厂闪速炉铜锍品位控制在50%~65%之间。某一特定熔炼作业条件下的铜锍品位，可根据以下要求来确定：

①最大限度地利用Fe和S在闪速炉内氧化所放出的热量。

②冶炼厂要最大限度地回收SO_2。

③下道工序转炉作业要求铜锍保留足够的"燃料"——Fe和S。

④避免生成过多的Cu_2O和高熔点Fe_3O_4炉渣。

S和Fe在闪速炉大量氧化有利于满足①、②两项要求（稳定的闪速炉烟气流与间断的转炉烟气流相比，SO_2的回收率要高些）。

在闪速炉铜锍中保留适量的FeS，有利于满足③、④两项要求。铜锍中的FeS即是转炉吹炼的"燃料"，也能抑制Cu_2O的形成。

（3）炉渣含铜

闪速炉炉渣是金属氧化物和硅酸盐的熔体，含有少部分硫化物、硫酸盐。主要成分有Fe和SiO_2，Fe/SiO_2一般为1.15~1.25，渣中含Cu0.8%~1.5%，须贫化处理后方可废弃。

一些工厂的主要技术经济指标列于表3-8。

表3-8　一些铜厂的技术经济指标

指标名称	单位	贵溪冶炼厂	金隆公司	佐贺关冶炼厂	东予冶炼厂
精矿处理量	t/d	3314	72 t/h	3840	2303
鼓风中含氧量	%	40~60	52~57	70~85	40~50
铜锍品位	%	58~63	58	65	60~64
入炉干矿水分	%	<0.3	<0.3	0.2	<0.2
烟尘率	%	6.5	6	4~5	4.5
渣含铜	%	1~2	0.8~1.4	0.8	0.8~1.5
烟气 SO_2 含量	%	11			11.5
电耗(干矿)	kWh/t[①]	45			30

注：①一吨干矿所需电耗。

3.6　铜闪速熔炼的配料计算

闪速炉的稳定作业，是建立在物料和热量的基本平衡方程基础上的，即：

（1）在稳定状态下，各种元素的装入和产出物料平衡；

（2）炉子在稳定状态下总的热量平衡。

闪速熔炼最重要的物料是精矿、熔剂、鼓风和矿物燃料（可选择）。精矿、熔剂的化学成分、矿物组成是已知的，闪速炉鼓风是空气和工业氧气组成的 N_2 和 O_2 的混合气体，鼓风的成分和温度是闪速熔炼的重要作用参数和控制参数。

闪速熔炼的主要产物是铜锍、炉渣和烟气。

烟气是 N_2，SO_2，CO_2 和 H_2O 按任意比例混合的混合气体，闪速炉烟气中的 CO，H_2，NO，O_2，SO_3 都忽略不计。

入炉物料温度既可以测得，也可以按照计算要求规定。另一方面，各种产物的温度取决于入炉物料及其装入量以及炉子的炉体几何尺寸和隔热性能。工业闪速炉的正常操作温度一般为 1500 ± 50 K。

对铜精矿的闪速熔炼而言，元素 i 的装入量 = 元素 i 的产出量，其主要元素的物料平衡方程为：

装入 Cu 量 = 产出 Cu 量

装入 Fe 量 = 产出 Fe 量

装入 S 量 = 产出 S 量

装入 O 量 = 产出 O 量

装入 SiO_2 量 = 产出 SiO_2 量

其他元素的物料平衡方程可根据需要列出。在物料平衡的基础上方能计算出相关的热量平衡结果。

要使炉子稳定地运行，必须保持相应的热量平衡，即：

炉子的热收入 = 炉子的热支出 + 炉子的热损失

热量平衡方程可表为:

$$\Sigma H_{反应物} = \Sigma H_{产物} + 炉子的传导、对流和辐射热损失$$

式中　$\Sigma H_{反应物}$——各种入炉物料热焓的总和;

　　　$\Sigma H_{产物}$——各种产物热焓的总和。

热损失包括各种途径损失的热量,如热量通过炉壁向炉子周围的散热,热量通过炉壁和炉顶的一些开口处直接向外辐射散热。此项数值大小,与炉子的尺寸、形状以及炉子的传热特性(包括水冷构件和炉内温度)有关。对于某一特定的闪速炉来说,其热损失往往是已知的并可由热量平衡方程求得。

求解物料平衡和热量平衡方程有多种方法,诸如本书介绍的计算机法是从日本引进的软件包,基于矩阵计算方法的软件包有的是美国开发的。此外,还有列线图法、手算法等等。其中手算法通俗易懂,但较为繁琐,是各种方法的基础,是初学者的入门训练。本节将重点介绍物料平衡计算的基础——配料计算。

实例:铜精矿成分:Cu 28%,Fe 27%,S 30%,SiO_2 7%。石英熔剂含 SiO_2 95%。熔炼1000 kg 铜精矿,产出品位60%的铜锍(含 Fe 15.5%,S 22.7%)和含 SiO_2 33%的炉渣。假定铜锍、炉渣和烟气在1573 K 离炉,求其热平衡。

解:以表格形式(表3-9)表示1000 kg 铜精矿闪速熔炼时的主要物质的收支平衡。

表3-9　1000 kg 铜精矿闪速熔炼时的物料平衡

			Cu	Fe	S	SiO_2
装入	铜精矿	含量,%	28.0	27.0	30.0	7.0
		装入1000 kg 时的质量(kg)	280	270	300	70
	熔剂	含量,%	—	—	—	95.0
		100 kg	—	—	—	95.0
产出	铜锍	含量,%	60.0	15.5	22.7	—
		462 kg	277	72	105	—
	炉渣	含量,%	0.58	40.0		33.0
		500 kg	3	198		165
	烟气	kg			195	

在铜精矿中 Fe 的含量为27%(270 kg),其中未被氧化进入铜锍中的 Fe(占锍的15.5%)为72 kg。当熔剂和炉渣中的 Fe 以 FeO 形态存在,则熔炼时被氧化的铁为:270 - 72 = 198 kg

在铜精矿中 S 含量为30%(300 kg),未氧化进入铜锍中的硫占锍的22.7%,为105 kg,其余的硫为300 - 105 = 195 kg 全被氧化。

当铁氧化成 FeO,硫氧化成 SO_2 时,需理论氧量为:

对198 kgFe 为:$198 \times 22.4/(56 \times 2) = 40\ m^3$

对195 kgS 为:$195 \times 22.4/32 = 137\ m^3$

合计：177m³

反应需空气量为：$177 \times 100/20.9 = 847$ m³

所得烟气量为：SO_2 137m³（占17%）

　　　　　　N_2 670 m³（占83%）

　　合计：807 m³

假定精矿中的 Cu，Fe，S 全部以 $CuFeS_2$ 形态存在，受热离解析出 1/4 的 S。由反应

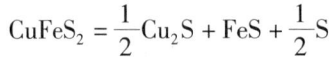

$$CuFeS_2 = \frac{1}{2}Cu_2S + FeS + \frac{1}{2}S$$

$\Delta H = 38.98$ MJ/（kmol）

此时 850 kg$CuFeS_2$ 需吸热为：

$$850 \times 39.98/183 = 181 \text{ MJ}$$

$\frac{1}{4}$ S 游离出来，并氧化成 SO_2，每公斤 S 氧化成 SO_2 放热为 9.25 MJ 则有

$$\frac{1}{4} \times 300 \times 9.25 = -694 \text{ MJ}$$

故净放热为：

$$-694 + 181 = -513 \text{ MJ}$$

FeS 氧化放热：

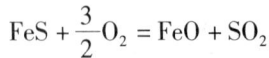

$$FeS + \frac{3}{2}O_2 = FeO + SO_2$$

$\Delta H = -470.49$ MJ/（kmol）

现有 198 kgFe（即 311 kgFeS）氧化，因而有：

$$311 \times (-470.49/88) = -1663 \text{ MJ}$$

而且 198 kgFe（氧化成 254 kgFeO）与 SiO_2 进行造渣反应时，对 1 kg Fe 的放热量为 0.418 MJ，则有

$$198 \times (-0.418) = -83 \text{ MJ}$$

因而热收入有：

硫的氧化　513 MJ

FeS 的氧化　1663 MJ ｝共计 2259 MJ

造渣反应　83 MJ

考虑热支出时，在 1573 K 下铜锍、炉渣、SO_2 和 N_2 的热含量分别为 0.93 MJ/kg，1.42 MJ/kg，2.99 MJ/m³SO_2 及 1.86MJ/m³N_2，各自显热为：

铜锍显热　　0.93×462＝430 MJ

炉渣显热　　1.42×500＝710 MJ

SO_2 显热　　2.99×137＝410 MJ

N_2 显热　　1.86×670＝1246 MJ

1000 kg 精矿由于辐射对流及其他热损失共 418 MJ，故总热支出为：

$$430 + 710 + 410 + 1246 + 418 = 3214 \text{ MJ}$$

由此可知，热收入不足热支出的热量，相差量为 3214 − 2259 ＝955 MJ。

由于烟气带走显热大，故可考虑在炉外预热 847 m^3 空气以补偿不足热量，995 MJ ÷ 847 m^3 = 1.13 MJ/m^3，这不足热量相当于预热到大约 1098 K 的空气。若用 55% O_2 富氧气空气代替热风则可减少大量 N_2 带走的显热，烟气量大为减少。

理论上需 O_2 为 177 m^3，$177m^3 = 847\ m^3 \times 20.9\% = 55\% V_{air}$

$$V_{air} = 177/0.55 = 322\ m^3\ 富氧空气$$

322 m^3 空气中有工业氧气（95% O_2）也有空气中的 20.9% O_2。

$$322 \times 55\% = 95\% \times V_{O_2} + 322 \times 20.9\%$$

工业氧气　$V_{O_2} = 1/0.95 \times (177 - 67.3) = 115.5\ m^3$

322 m^3 空气中带有 N_2 为 $322 \times 79.1\% = 255\ m^3$，故 N_2 显热由原来的 1245 MJ 减少到 474 MJ，不足热量由原来的 995 MJ 减少到 183 MJ（减少到原来的 20%）。

3.7　闪速熔炼的计算机控制及数学模型实例

闪速熔炼是连续化生产过程，而且闪速炉内的冶金化学反应迅速、激烈，影响其产出物性能的因素很多，这些因素之间又互相影响，变化频繁。在常规手动操作条件下，要考虑若干因素之间的相互关联，并迅速作出响应，力求生产控制参数稳定、准确是相当困难的。使用计算机对闪速炉炼铜生产过程进行在线控制，能够快速、准确和适时地检测生产过程的工艺参数，并利用所收集的工艺参数作为输入条件，按照先引入的数学模型自动地进行精确的计算，迅速而准确地改变控制变量。这样就可以减少人的影响因素，使被控变量波动减少，闪速炉作业状况稳定，同时也为后续工序创造了良好的作业条件。

控制用计算机除具有自动处理复杂问题的能力和极快的响应速度外，还具有很强的数据贮存和逻辑判断能力。利用它收集的原始数据，可以帮助工艺人员查寻和判断引起设备故障的因素，并且为优化工艺过程创造良好的条件。

生产实践表明，当闪速炉处理料量不变时，闪速炉产出的铜锍品位、铜锍温度、渣中铁硅比这三大参数是闪速炉熔炼过程的综合判断指标，只要稳定这三大参数就可以基本上实现熔炼、吹炼以至硫酸生产的稳定。因此，计算机对闪速炉熔炼过程进行控制的关键就在于对这三大参数（铜锍品位、铜锍温度、渣中铁硅比）进行在线控制，其控制模型是基于金属平衡和热平衡方程而建立的静态数学模型。所谓金属平衡是指投入闪速炉中的物料量、物料中的成分量与闪速炉产出物的量及产出物的成分量是平衡的；热平衡指构成闪速炉的各个部分（反应塔、沉淀池和上升烟道）的热量收支平衡。

计算机在线控制采用前馈—反馈的控制方式：以静态前馈控制为主，通过静态数学模型预求出使控制变量稳定在目标值上的操作变量的基本值，进而再根据控制变量的实测值和目标值的偏差，通过反馈数学模型求出操作变量的修正值，将操作变量的基本值和修正值综合输出，以 SCC（设定控制）方式作用于仪表控制系统，自动调节操作变量，达到稳定控制变量的目的。即通过前馈与反馈控制回路使操作变量产生变化，最终使控制变量稳定在目标值。计算机在线控制的具体过程由用户软件控制系统实现，它共有 3 个控制变量和 3 个操作变量，其对应关系如表 3 - 10。控制概念如图 3 - 21 所示。

表 3-10　在线控制变量的对应关系

工　序	控制变量	操作变量
配　料	渣中 Fe/SiO_2	石英熔剂比率 R_f
熔　炼	铜锍温度 t_m	反应塔重油量 F_{cil}
	铜锍品位[Cu]	反应塔工艺氧量 O_{PT}
		反应塔工艺风量 V_S

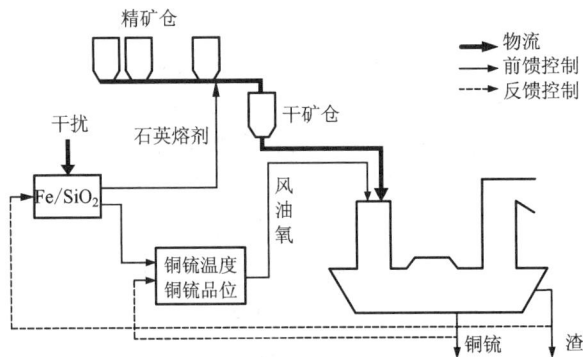

图 3-20　计算机在线控制示意图

从图中可以看到，每个控制变量的控制均由前馈和反馈两个控制环节实现，因此系统中共有 6 个控制回路，即熔炼渣中铁硅比前馈与反馈控制回路、铜锍温度前馈与反馈控制回路、铜锍品位前馈与反馈控制回路。

3.7.1　熔炼渣中 Fe/SiO_2 控制

Fe/SiO_2 控制是以熔炼渣中的 $Fe(\%)$ 与 $SiO_2(\%)$ 的比值作为控制变量，石英熔剂输出比率作为操作变量并以配料计算作前馈控制，熔炼渣的成分检查作反馈控制来实现的。

在发生以下的外界干扰，比如计划铜锍品位和熔炼渣 Fe/SiO_2 目标值改变、使用中的配料仓原料给出比率、输出原料品种及其成分变更，当熔炼渣分析值输入计算机后，计算机进行反馈修正计算时，石英熔剂比率设定由离线至在线或由在线至离线时，所有的每一种变更发生时，都应由操作人员发出配料计算启动命令，一方面使用配料计算的结果制作出

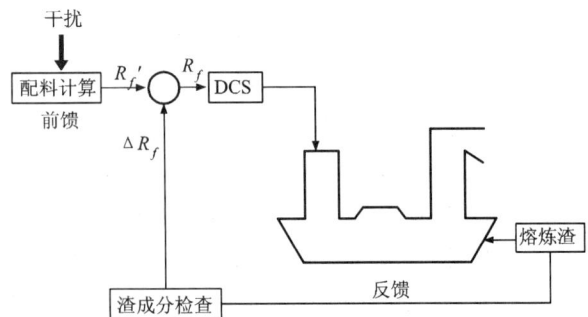

图 3-21　熔炼渣中 Fe/SiO_2 前馈与反馈控制

装入干矿成分时序表，最终进入控制用成分表，以供铜锍品位、铜锍温度控制使用。另一方面将求得的石英熔剂比率理论值(R_f')与由渣成分检查计算得到的石英熔剂比率修正值(ΔR_f)

相加，并转换为湿矿比率后向石英熔剂比率设定器输出，如图 3 – 21 所示。

3.7.1.1　配料计算

配料计算由操作人员在控制用计算机 CRT 显示器上启动，作为其结果：计算结果表、石英熔剂比率及 MB_1 结果报表。内部功能包括三个部分：精矿量及成分计算、渣精矿量及其成分计算、MB_1、石英熔剂比率及渣精矿比例计算。

配料计算的输入数据为：铜精矿仓和渣精矿仓输出的 5 min 累计值、各矿仓铜精矿成分、渣精矿成分、石英熔剂成分（各成分偏差允许值为 0.01%）、计划铜锍品位、渣目标 Fe/SiO₂、石英熔剂比率修正值、各矿仓精矿水分率及求解金属平衡方程 MB_1 所需的常数。

计算处理内容包括：

（1）求铜精矿、渣精矿的量和成分

①各个矿仓给料量的干重 =（各矿仓 5 min 的给料量的积算值 × 12）×（1 – 物料的水分率）。

②计算铜精矿、渣精矿的总重量，其值为各矿仓中铜精矿或渣精矿的干重之和。

③计算铜精矿、渣精矿中各成分的加权平均品位。

铜精矿、渣精矿中的成分主要有：Cu、S、Fe、SiO₂、CaO、MgO 等，各成分的加权平均品位可由下式求得：

$$C = \frac{\sum_{i=1}^{n} (C_i \times W_{\text{No}i})}{\sum_{i=1}^{n} W_{\text{No}i}} \times 100\%$$

式中　C——Cu, S, Fe, SiO₂, CaO, MgO 成分；

$\quad i$——矿仓的编号；

$\quad C_i$——i 号矿仓中 C 成分的百分含量；

$\quad W_{\text{No}i}$——i 号矿仓输出矿量。

（2）计算混合精矿中水分率

$$w(\text{H}_2\text{O}) = \frac{\sum_{i=1}^{n} W_{\text{Wet}}^{\text{No}i} - \sum_{i=1}^{n} W_{\text{dry}}^{\text{No}i}}{\sum_{i=1}^{n} W_{\text{wet}}^{\text{no}i}} \times 100\%$$

式中　$w(\text{H}_2\text{O})$ 为混合精矿的水分（%）；

$\quad W_{\text{dry}}^{\text{No}i}$ 和 $W_{\text{Wet}}^{\text{No}i}$ 分别为 N_{oi} 号矿仓输出的干矿量和湿矿量。

（3）金属平衡方程 MB_1 求解

MB_1 为 11 元一次方程，解此方程组可求出精矿量 W_C，渣精矿量 W_{SC}，石英熔剂量 W_f，供石英熔剂比率计算之用。

（4）计算干石英熔剂比率

$$R_f = \left(\frac{W_f}{W_C + W_{SC}} + \Delta R_f \right)$$

W_C，W_{SC}，W_f 是 MB_1 计算结果，ΔR_f 为石英熔剂比率修正值，它来自反馈回路的渣成分检查的计算结果。

（5）石英熔剂比率输出处理

　　上面计算机得到的石英熔剂输出比率为干矿比率，所以在输出前要先换算成湿矿比率后再输出。

$$石英熔剂湿比率 = 石英熔剂干比率 \times \frac{1 - 混合精矿水分率}{1 - 石英熔剂水分率}$$

　　配料计算输出数据为配料计算结果表，内容为：石英熔剂比率、铜精矿、渣精矿、石英熔剂及干矿成分（包括元素 Cu、S、Fe、SiO_2、CaO、MgO），渣精矿比率。

　　附：有关 R_f 简易计算法

　　a. 理论 R_f 的计算法（即 R_f 的前馈计算）

$$R_f = \frac{\{Fe\}_C - 0.633 \dfrac{\{Cu\}_C}{\{Cu\}_m} + 0.82 \{Cu\} - \{SiO_2\}_C \cdot R_{fs}}{\{SiO_2\}_f \cdot R_{fs} - [Fe]_f}$$

式中　$\{Fe\}_C$——精矿中的 $Fe\%$；

　　　　$\{Cu\}_C$——精矿中的 $Cu\%$；

　　　　$\{SiO_2\}$——精矿中的 $SiO_2\%$；

　　　　$\{Fe\}_f$——石英熔剂中的 $Fe\%$；

　　　　$\{SiO_2\}_f$——石英熔剂中的 $SiO_2\%$；

　　　　R_{fs}为目标渣中 Fe/SiO_2

　　　　(-0.633)、(0.82)为经验常数

　　b. 熔剂率反馈修正计算

$$R_f = 旧 R_f - 10\% \{(Fe/SiO_2)_{目标} - (Fe/SiO_2)_{分析}\} + 0.7 \{(MG)_{目标} - (MG)_{分析平均}\}$$

$(MG)_{分析平均}$为 S_1 与 S_2 期铜锍品位分析平均值

　　3.7.1.2　渣成分检查

　　渣成分检查用于完成对闪速炉渣中 Fe/SiO_2 的反馈控制。当输入渣的分析值时，先检查同时期产生的铜锍分析值，用铜锍分析值与其目标值的偏差来修正渣的品位，计算出 ΔFe 值，再计算修正的 Fe/SiO_2，如果修正的 Fe/SiO_2 与目标 Fe/SiO_2 的偏差在允许的范围内，就不动作，否则就要求出修正石英熔剂量 ΔW_f，求取石英熔剂比率的修正值 ΔR_f，以便修正与目标 Fe/SiO_2 的偏差。

　　当渣成分检查开关接通时，发生下列条件之一就会启动计算：X 萤光送来闪速炉渣分析数据；通过计算机显示终端 CRT 画面输入闪速炉渣成分。

　　输入数据为金属平衡方程 MB_3 过去 n 小时计算得到的趋向数据、过去 n 小时铜锍分析数据平均值、渣分析数据、目标铜锍品位、常数。

　　计算处理内容包括：

　　（1）解金属平衡方程 MB_4，MB_4 为三元一次方程组，求解 MB_4 并算出产出铜锍量 W_m，渣量 W_s，渣中 Fe 量和 SiO_2 的量。

　　（2）计算出由于分析铜锍品位与目标铜锍品位的偏量而产生的铜锍中 Fe 量的偏差 ΔFe，即铜锍品位达到目标值时，应从铜锍中移入渣中的 Fe 量（ΔFe），即

$$\Delta Fe = W_m \times \left([Fe]_m' - [Fe]_m \times \frac{[Cu]_m'}{[Cu]_m} \right)$$

式中　W_m——根据分析铜锍品位由 MB_4 求出的铜锍产量；

$[Fe]'_m$——分析铜锍中 Fe%；

$[Fe]_m$——目标铜锍中 Fe%；

$[Cu]'_m$——分析铜锍品位；

$[Cu]_m$——目标铜锍品位。

其中：$[Fe]'_m = a_2 \times [Cu]'_m + b_2$

$\qquad [Fe]_m = a_2 \times [Cu]_m + b_2$

$\qquad [S] = a_1 \times [Cu] + b_1$

其中：$a_2(-0.82)$、$b_2(0.633)$ 为经验常数；

$\qquad a_1(-0.12)$、$b_1(0.292)$ 为经验常数。

（3）修正的 Fe/SiO₂ 计算

$$修正的 \ Fe/SiO_2 = \frac{W_s \times (Fe)'_s + \Delta Fe}{W_s \times (SiO_2)'_s}$$

式中　W_s——由 MB_4 求出的产渣量；

$\qquad (Fe)'_s$——分析渣中 Fe%；

$\qquad (SiO_2)'_s$ 为分析渣中 SiO₂%。

（4）石英熔剂比率修正判定

当同时满足以下两个条件时，可进行修正石英熔剂比率 ΔR_f 计算：

① 从上次闪速炉渣输入而变更石英熔剂比率修正量 ΔR_f 至现在的时间是否在石英熔剂比率修正允许时间以上；

② $|修正的 \ Fe/SiO_2 - 目标 \ Fe/SiO_2| > 允许值(0.05)$

（5）石英熔剂比率修正量 ΔR_f 计算

$$\Delta R_f = 旧 \ \Delta R_f + r \times \frac{\Delta W_f}{W_c + W_{SC}}$$

式中　W_C——精矿量；

$\qquad W_{SC}$——渣精矿量；

$\qquad r$——放大系数（0.7）；

$\qquad \Delta W_f$——石英熔剂量修正值。

$$\Delta W_f = \frac{W_s \times [(SiO_2)'_s \times R_{fs} - (Fe)'_s] - \Delta Fe}{(Fe)_f - (SiO_2)_f \times R_{fs}}$$

式中　$(SiO_2)'_s$——渣中 SiO₂%；

$\qquad (Fe)'_s$——渣中 Fe%；

$\qquad (SiO_2)'_f$——石英熔剂中 SiO₂%；

$\qquad (Fe)'_f$——硅熔剂中 Fe%；

$\qquad F_{fs}$——目标渣中 Fe/SiO₂。

所计算得到的 ΔR_f 将旧的 ΔR_f 更新后供配料计算修正石英熔剂比率给定值之用。

3.7.2　铜锍品位和铜锍温度控制

铜锍品位与铜锍温度的控制是以反应塔空气量和反应塔重油量作为操作参数，以装入量设定值变更、装入干矿成分变更、目标铜锍品位变更、过程量变化和对分析铜锍成分及铜锍温度的检查作为启动反应塔风油氧计算的六大因素。计算得到的风、油、氧作为给定值送给 TDC - 3000 集散控制系统(简称 DCS),用于控制现场调节器。六大干扰因素中前四个为前馈控制,后两个为后馈控制。铜锍品位、铜锍温度的控制的大概情况说明如下:

首先用"装入量设定值检查"、"装入干矿成分检查"、"目标铜锍品位检查"来检查进入闪速炉的装入物的量或装入物的成分变更,需要的数据输入后,进行物料平衡计算(MB_2),根据 MB_2 的结果和进行必要的精矿空气量的计算后,计算热平衡(HB_1)。HB_1 计算所得到的反应塔必要的重油量 F_{oil} 和其修正量 ΔF_{oil} 相加后得到反应塔重油量。反应塔工艺风量、工艺氧量可根据反应塔必要的精矿空气量和工业供氧浓度计算出,计算所得到的反应塔重油量、工艺风和工艺氧均可在线输出到 DCS 上相应的调节器控制回路上。以上是前馈控制部分。而反馈控制部分是当铜锍分析品位(铜锍测定温度)输入计算机后,它就要判断是否要修正反应塔自由空气 ΔV_s 修正项(反应塔重油修正项 ΔF_{oil}),在需要修正的情况下,变更反应塔空气修正项 ΔV_m(反应塔温度修正项 ΔT_g),进行热平衡 HB_1 计算,变更反应塔重油量、工艺风和工艺氧的输出。

3.7.2.1　前馈控制回路

(1)装入量设定值检查

该检查以 20 s 为周期,将本次读入的干矿和烟灰装入量设定值与前次读入的值比较,若超过各自允许的偏差(0.1 t/h)便启动反应塔风、油、氧计算,并将计算结果向反应塔风、油、氧调节器输出。

(2)装入干矿成分检查

若 n 小时以前,因过程干扰启动了配料计算,并将计算结果输出进行新的配料,经 n 小时后,新的配料已到达反应塔的中央喷嘴。如配料计算所述,在进行配料计算和配料处理时,亦将配料计算结果存入配料计算结果表中,到整点时,配料计算结果表中的内容进入干矿成分时序表,干矿成分时序表可保存 10 个有序记录,每个记录均对应于配料计算结果所得到的干矿成分,干矿成分时序表中每隔一个整点就向前推动、刷新一次。如果滞后时间 n 的取值得当,那么干矿成分时序表的内容就与进入反应塔中央喷嘴的原料成分同步。基于这一思想,就可以隔一段时间检查干矿成分时序表的内容是否与前一次控制用的成分一致,如果不一致而且偏差超过允许范围就说明当前进入反应塔的物料是经过重新配置的,需要重新进行风、油、氧计算。为便于将已在实行控制的旧干矿成分与时序表中的干矿成分进行比较,又设置了一个干矿控制用成分表。配料计算结果表、干矿成分时序表、干矿控制用成分表的关系如图 3 - 22 所示。

每小时检查一次由配料计算结果制成的干矿成分时序表中 n 小时前的记录值是否与干矿控制用成分表中的值一致,如果不一致且偏差超过允许范围除启动金属热平衡计算,变更反应塔风、油、氧外,且将干矿成分时序表中第($n + 1$)个记录值转移到控制用成分表中,以便下一小时到来时进行再一次检查。

(3)目标铜锍品位检查

目标铜锍品位变更分为两种情况:一是计划铜锍品位变更,二是由操作人员通过计算机控制显示终端 CRT 来改变目标铜锍品位。这两种情况的处理方法有所不同,前者是将计划铜锍品位作为新的目标铜锍品位予以更新,同时将干矿成分时序表和干矿控制用成分表中的内容更新,若干小时后自动启动金属热平衡计算,变更反应塔风、油、氧。后者是直接变更

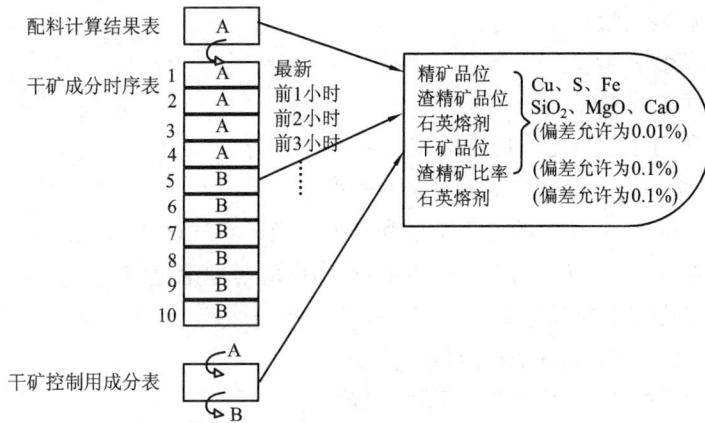

图 3 - 22 配料结果、干矿成分时序表与控制用成分表的关系

目标铜锍品位,启动金属热平衡计算,变更反应塔风、油、氧,并将计算结果输出。在实际生产中,前者是基本的、正常的程序,而后者仅为临时的、偶然性的措施。

(4)过程量变化检查

每隔 20 s 自动检测一次过程量变化情况,包括反应塔所用工业氧气的浓度(偏差允许2%),反应塔氧油烧嘴的氧气浓度,当本次检测值与上次检测值相比较,大于偏差允许范围,就启动金属和热平衡计算,变更反应塔风、油、氧。

(5)反应塔重油量、反应塔工艺风和工艺氧的计算

反应塔重油量、反应塔工艺风和工艺氧的计算包含有 7 个功能模块:

①求解金属平衡方程 MB_2

MB_2 为 10 元一次方程组,解 MB_2 求出理论矿石空气量计算所需要的数据,即氧量和烟气中的 S 量。

②精矿的理论空气量的计算

炉料中的 S 及 Fe 氧化时所必要的空气量的理论值 A'_{ore} 的计算,即

$$A'_{ore} = \frac{(烟气中 S 量 \times 22.4/32.6 + 氧量 \times 22.4/32) \times 10^3}{0.21}$$

③精矿必要的空气量 A_{ore} 计算,即

$$A_{ore} = \frac{A'_{ore}}{\eta} - \Delta V_s - \frac{V_{rel}}{1 + W_a}$$

式中　　η——反应塔氧效率,%;

　　　　ΔV_s——反应塔空气修正量;

　　　　V_{rel}——反应塔一次风量;

　　　　W_a——空气含水率。

其中:反应塔一次风量空气水分率(经验数据)ΔV_s,即

$$\Delta V_s = a \times (W_o + W_d)^2 + \Delta V_m$$

式中　　a——放大系数(取值为 1.7);

ΔV_{m}——铜锍品位反馈修正项;

W_{o}——干矿装入量;

W_{d}——烟灰装入量。

④求解热平衡方程 HB_1

求解 HB_1 方程可求出理论反应塔的重油量 F'_{oil}。

a. 指定重油时,F'_{oil} = 重油指定值 × 重油密度

b. 未指定重油时,用 MB_2 的计算结果和必要的精矿空气量 A_{ore}、工艺风或工艺氧的指定值、铜锍温度反馈修正项 ΔT_{g} 等作输入数据,求出反应塔理论重油量 F'_{oil}。

⑤计算反应塔必要的重油量 F_{oil}

a. 当指定重油时,F_{oil} = 重油指定值

b. 未指定重油时,$F_{\mathrm{oil}} = F'_{\mathrm{oil}}$/重油密度 + ΔF_{oil}

式中　F'_{oil} 为反应塔理论重油量。

ΔF_{oil} 为铜锍温度检查时计算出的反应重油修正量,反应塔重油输出到 DCS 控制回路时,需检查计算结果:

当 $F_{\mathrm{oil}} > P_{\mathrm{h}}$($P_{\mathrm{h}}$ 为燃油最大值)时,$F_{\mathrm{oil}} = P_{\mathrm{h}}$;

当 $F_{\mathrm{oil}} > P_{\mathrm{l}}$($P_{\mathrm{l}}$ 为燃油最小值)时,$F_{\mathrm{oil}} = P_{\mathrm{l}}$;

当 $P_{\mathrm{l}} < F_{\mathrm{oil}} < P_{\mathrm{h}}$ 时,F_{oil} 为计算值。

⑥反应塔工艺风的计算及输出

由于反应塔重油燃烧风由 DCS 根据工艺人员设定的氧油烧嘴燃烧风的富氧浓度和反应塔重油量计算出,通过氧油烧嘴进入反应塔。因此,工艺风可不包括反应塔重油燃烧风。具体来讲,反应塔工艺风包括反应塔工艺氧(包括中央氧量)、反应塔送风机送来的常氧空气、冷却风(含内、外环冷却风和精矿喷嘴冷却风)以及精矿喷嘴的分配风四部分。根据操作指定方式的不同,反应塔工艺风的计算有所变化。

a. 指定反应塔工艺氧时

工艺量 V_{s} = (精矿必需的空气量 A_{ore} - 工艺氧指定值 O_{pr} × 工业供氧浓度 N_{o})/0.21

　　　　× (1 + 空气水分率 W_{a}) + 工艺氧指定值 O_{pr}

b. 指定反应塔重油时

工艺风 V_{s} = (精矿必需的空气量 A_{ore} - 工艺氧计算值 × 工业供氧浓度/0.21) × (1 + 空气水分率) + 工艺氧计算值 O'_{pr}

其中工艺氧计算值为 HB_1 的计算结果。

c. 指定反应塔工艺风时

工艺风量 = 反应塔工艺风指定值

反应塔工艺风算出后,要进行上下限检查,当工艺风 > P_{a} 时,取值 P_{h};当工艺风 < P_{l} 时,取值 P_{l}。

计算所得到的反应塔工艺风在线输出到 DCS,由 DCS 进行分配,先由 DCS 扣除反应塔工艺氧,再进行分配风量和反应塔送风机风量的分配。

其中分配风量由 DCS 进行计算,公式:分配风量 = 3.15 × ($W_{\mathrm{o}} + W_{\mathrm{d}}$) + 758 $\mathrm{Nm^3/h}$

⑦反应塔工艺氧的计算及输出

反应塔工艺氧不包括反应塔重油燃烧所需的氧气,其计算亦需根据操作指定方式的不同

而有所变化。

a. 指定反应塔工艺氧时

$$工艺氧 = 反应塔工艺氧的指定值$$

b. 指定反应塔工艺风时

$$工艺氧 = \frac{工艺风量 - 必要矿石空气量 \times (1 + 空气水分率)}{1 - \dfrac{工业供氧浓度}{0.21} \times (1 + 空气水分率)}$$

c. 指定反应塔重油时

$$工艺氧 = 工艺氧的计算值(HB_1 计算结果)$$

计算结果检查：当反应塔工艺氧当工艺风 $> P_h$ 时，取值 P_h；当工艺氧 $< P_1$ 时，取值 P_1。

中央氧量计算：中央氧 = 工艺氧量 $\times K$（K 为常数）

3.7.2.2 反馈控制回路

（1）铜锍成分检查

铜锍成分检查的输入数据为：输入的铜锍品位时序表、铜锍吹炼工序的造渣期数及其判定开并、目标铜锍品位、干矿控制用成分表、推定铜锍品位与目标铜锍品位的偏差允许值 ΔA、装入干矿设定值等。

计算处理内容如下：

①判断铜锍吹炼工序的造渣期

由于转炉吹炼铜锍的造渣期是分期进行的，造渣一期（S_1 期）和造渣二期（S_2 期）数据是交替传送的，所以可用软件开关来判断。

②根据铜锍成分分析数据（S_1，S_2 期）求分析铜锍品位的平均值

$$A = (S_1 \text{ 期铜品位} + S_2 \text{ 期铜锍品位}) \div 2$$

这个结果一直保存到三次分析值。

③求推定铜锍品位 A_m

$$A_m = \frac{A_n - \alpha \cdot A_{n-1} - \beta \cdot A_{n-2}}{1 - \alpha - \beta}$$

式中　α——转炉吹炼前周期铜锍在闪速炉沉淀池中的残存率（常取值 45%）；

　　　β——转炉吹炼前二周期铜锍中沉淀池中的残存率（常取值 -5.0%）；

　　　A_n——转炉吹炼本周期分析铜锍品位平均值；

　　　A_{n-1}——转炉吹炼上周期分析铜锍品位平均值；

　　　A_{n-2}——转炉吹炼上上周期分析铜锍品位平均值。

（注：当 A_{n-2} 缺少时，可使 $A_{n-2} = A_{n-1}$；当 A_{n-1}、A_{n-2} 均缺少时，可使 $A_{n-2} = A_{n-1} = A_n$）。

④推定铜锍品位和目标铜锍品位的偏差检查

当 $|$推定铜锍品位 $-$ 目标铜锍品位$| \geq \Delta A$（ΔA 为推定铜锍品位的偏差允许范围）时，进行 ΔV_m 计算，最后进行金属和热平衡计算，变更反应塔风油氧。

当 $|$推定铜锍品位 $-$ 目标铜锍品位$| \leq \Delta A$（取值常为 0.3%）时，不作任何变更。

⑤计算反应塔自由空气修正项 ΔV_m

$$\Delta V_m = \Delta V'_m + a_m (\mathrm{Cu}_{ob} - \mathrm{Cu}_d)$$

式中　$\Delta V'_m$——先前的 ΔV_m；

Cu_{ob} 和 Cu_d——目标铜锍品位和推定铜锍品位；

a_m——相当于每变化 1% 铜锍品位对应的反应塔空气补正量。

a_m 由下式计算：

$$a_m = r \times (a_0 + a_1 W_c + a_2 Cu_c + a_3 + S_c + a_4 Fe_c + a_5 SiO_{2c})$$
$$= 0.8 \times (-783.5 + 13.39 W_c + 32.37 Cu_c - 5.12 S_c + 4.82 Fe_c + 25.69 SiO_2)$$

式中　r——放大系数；

　　　W_c——装入干矿量；

　　　a_0，a_1，a_2，a_3，a_4，a_5——回归系数(取规定值)；

　　　Cu_c，S_c，Fe_c，SiO_{2c}——干矿用控制成分表中 Cu、S、Fe、SiO_2 的含量，通过变更反应塔自由空气修正项，即铜锍品位反馈修正项 ΔV_m，启动金属和热平衡计算，就达到了变更反应塔风油氧的目的，从而使分析铜锍品位趋向于目标铜锍品位。

（2）铜锍温度检查

铜锍温度检查的输入数据为：测量铜锍温度、测量铜锍温度与目标铜锍温度的偏差允许值 Δt_0、反应塔气体温度一次性修正量 Δt_1、铜锍温度测量值修正界限值 Δt_2、相当于铜锍温度变更 1℃ 对应的反应塔重油修正量 f_{oil}。

计算处理内容如下：

①检验(测量铜锍温度 – 目标铜锍温度)的绝对值是否在允许范围之内($-\Delta t_0 \tilde{} + \Delta t_0$)

当在允许范围之内，即 |测量铜锍温度 – 目标铜锍温度| ≤ Δt_0(Δt_0 取值 5℃)时，不变更反应塔气体温度修正量，即铜锍温度反馈修正项 ΔT_g；

当在允许范围之外，即 |测量铜锍温度 – 目标铜锍温度| 时，就按下述方法来变更铜锍温度反馈修正项 ΔT_g：

当(测量铜锍温度 t_{mc} – 目标铜锍温度 t_{ob}) ≥ Δt_0 时，

$\Delta T_g = \Delta T_g - \Delta t_1$($\Delta t_1$ 取值为 4℃)，若($\Delta T_g \geq -\Delta t_2$)($\Delta t_2$ 分别取值为 25℃)，

则 $\Delta T_g = -\Delta t_2$　($\Delta T_g < -\Delta t_2$)

当(测量铜锍温度 t_{mc} – 目标铜锍温度 t_{ob}) < $-\Delta t_0$ 时，计算

$\Delta T_g = \Delta T_g' + \Delta t_1$，若 $\Delta T_g \leq \Delta t_2$，则 ΔT_g 不变；若 $\Delta T_g > \Delta t_2$，则 $\Delta T_g = \Delta t_2$。

②计算反应塔重油修正量 ΔF_{oil}

$$\Delta F_{oil} = -f_{oil} \times \Delta T_m$$

式中　f_{oil}——相当于铜锍温度变更 1℃ 对应的反应塔重油修正量；

　　　ΔT_m——测量铜锍温度与目标铜锍温度的偏差值。

由①项计算所得到的 ΔT_g 作为 HB_1 的输入数据来处理，计算出反应塔理论重油量 F_{oil}'；

由②项计算的 ΔF_{oil} 作为 HB_1 之后的必要重油 F_{oil} 量计算来使用，其计算公式：

$$F_{oil} = F_{oil}'/重油密度 + \Delta F_{oil}$$

3.7.3　冶金计算实例

3.7.3.1　启动金属平衡和热平衡计算的条件

在下列任何一种情况下，须进行 MB，HB 计算

① $T \cdot MG$ 变更时；

②R/S 烟气温度修正项 ΔT_g 变化时；

③R/S 自由空气修正项 ΔV_m 变化时；

④R/S 风、油、氧设定的 L/C 开关由"$L \rightarrow C$"或"$C \rightarrow L$"变更时；

⑤计算机故障停机后恢复正常后；

⑥R/S 氧效率（YFR60004A）变更时。

3.7.3.2 金属平衡和热平衡的六大功能模块

金属平均与热平衡计算包括六大功能模块：MB_1，MB_2，MB_3，MB_4，HB_1，HB_2 其功能分别如下所述。

（1）MB_1

功能：根据矿仓输出的精矿量、渣精矿量、不定物料量及各自的成分，求石英熔剂量。它有 11 个未知数，用于配料计算。未知数 $x_1 \sim x_{11}$。

x_1 石英熔剂量；x_2 铜锍量；x_3 渣量；x_4，x_5 渣中 Fe，SiO_2 量；x_6 锅炉烟灰粉量；x_7 锅炉烟灰块量；x_8 电收尘烟尘量；x_9 排烟中 S 量；x_{10} 排烟中其他量；（$x_9 + x_{10}$）为排烟量；x_{11} 氧量。

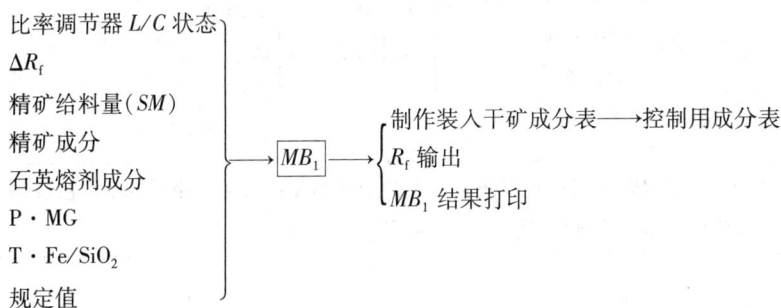

比率调节器 L/C 状态

ΔR_f

精矿给料量（SM）

精矿成分

石英熔剂成分 $\Bigg\} \rightarrow \boxed{MB_1} \rightarrow \Bigg\{$ 制作装入干矿成分表——控制用成分表

P・MG

T・Fe/SiO_2

规定值

R_f 输出

MB_1 结果打印

> 说明：计划 MB_1 的目的是根据配料仓的给料量及其成分，求出产出 P・MG 的铜锍时，使渣 Fe/SiO_2 达到目标值所需的 R_f 值，即配料计算。

（2）MB_2

功能：根据当前入炉物料量及其成分，求出产出铜锍量、渣量及所需的氧量。有 10 个未知数，用于工艺风、工艺氧、重油量的控制。

x_1 铜锍量，x_2 渣量，x_3 渣中 Fe 量，x_4 渣中的 SiO_2 量，x_5 锅炉烟灰粉量，x_6 锅炉烟灰块量，x_7 电收尘烟尘量，x_8 排烟中 S 量，x_9 排烟中其他量，x_{10} 氧量。

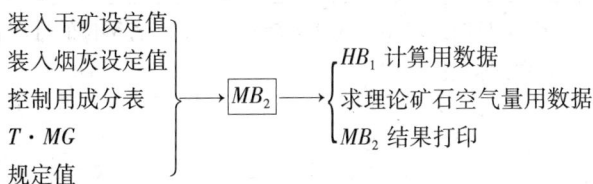

装入干矿设定值

装入烟灰设定值

控制用成分表 $\Bigg\} \rightarrow \boxed{MB_2} \rightarrow \Bigg\{$ HB_1 计算用数据

$T・MG$

规定值

求理论矿石空气量用数据

MB_2 结果打印

> 说明：计划 MB_2 的目的是以装入量和其成分为基础，求出产出 $T・MG$ 的铜锍时的铜锍量、渣量和渣成分，以提供计算热平衡 HB_1 的基础数据。

（3）MB_3

功能：根据装入物料的积算值，求铜锍产量和铜锍品位，它有 11 个未知数，用于铜锍产量计算。

x_1 铜锍量, $x_铜$ 锍中 Cu 量, $x_3 \sim x_{11}$ 同 MB_1。

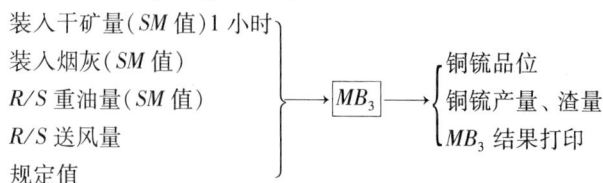

装入干矿量(SM 值)1 小时
装入烟灰(SM 值)
R/S 重油量(SM 值) $\}\rightarrow \boxed{MB_3} \rightarrow \{$ 铜锍品位
R/S 送风量 　　　　　　　　　　铜锍产量、渣量
规定值 　　　　　　　　　　　　MB_3 结果打印

> 说明:实际 MB_3 的目的是以装入量及其成分、反应塔送风量、自由空气量以
> 及反应塔重油量的累积值为基础,求出产出铜锍量、渣量和铜锍品位。

(4) MB_4

功能:

根据铜锍分析值、渣分析值,求铜锍产量和渣量,有 2 个未知数,用于 Fe/SiO$_2$ 的控制。

x_1 铜锍量, $x_渣$ 量。

MB_3 用 n 小时平均值
铜锍分析值 　　　　　　　　　　　铜锍产量
渣分析值 $\}\rightarrow \boxed{MB_4} \rightarrow \{$ 渣产量
规定值 　　　　　　　　　　　　渣中 Fe 量
　　　　　　　　　　　　　　　　渣中 SiO$_2$ 量
　　　　　　　　　　　　　　　　MB_4 结果打印

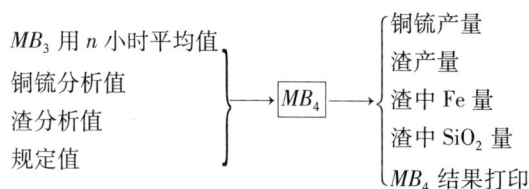

> 说明:实际 MB_4 的目的是以在 MB_3 使用过的数据的过去 n 小时的平均值及铜
> 锍与渣的分析值作基础,求出产出的铜锍量、渣量。

(5) HB_1

功能:

根据要求达到的炉内温度的一定分布,求出反应塔、沉淀池、上升烟道的重油量,用于工艺风、工艺氧、重油的计算,是 3 个一元一次方程。

x_1 反应塔重油量, x_2 沉淀池重油量, x_3 上升烟道重油量。

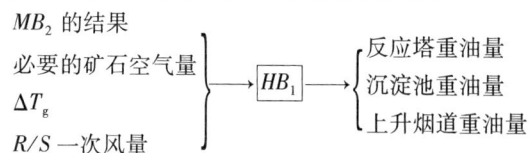

MB_2 的结果
必要的矿石空气量 $\}\rightarrow \boxed{HB_1} \rightarrow \{$ 反应塔重油量
ΔT_g 　　　　　　　　　　沉淀池重油量
R/S 一次风量 　　　　　　　上升烟道重油量

> 说明:计划 HB_1 的目的是以热平衡计算结果为基础,各部位的排烟温度作为
> 给定值,求必要的重油量。

(6) HB_2

功能:

根据已知的反应塔重油量、沉淀池重油量、上升烟道重油量,求出反应塔、沉淀池、上升烟道的烟气温度,有 3 个一元一次方程(中间含有 3 元一次方程),用于 L/C 调整计算。

x_1 反应塔烟气温度, x_2 沉淀池烟气温度, x_3 上升烟道烟气温度。

MB_2 的结果

必要的矿石空气量

R/S 重油设定值

R/S, S/T, U/T 重油应答值

R/S, S/T, U/T 一次空气量

规定值

$\Bigg\} \rightarrow \boxed{HB_2} \rightarrow \begin{cases} \text{反应塔气体温度} \\ \text{沉淀池气体温度} \\ \text{上升烟道气体温度} \\ HB_2 \text{ 结果报表} \end{cases}$

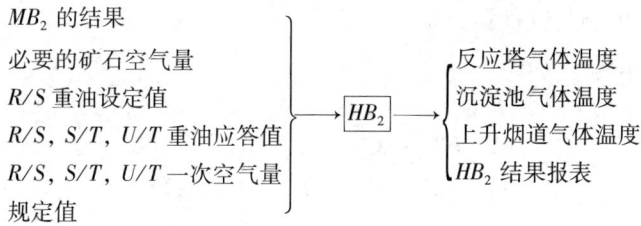

> 说明：实际 HB_2 的目的是以金属平衡的结果为基础，以重油作用量作为给定条件，求 R/S, S/T, U/T 的烟气温度。

附：MB_2 求解氧量和排烟中的 S 量计算公式

三个平衡方程式：

$$\begin{cases} W_{Cu} = X \cdot [Cu]_m + W \cdot (1 + R_f) \cdot P_1 \cdot P_2 \cdot (1 - P_3) \cdot [Cu]_D \\ W_{Fe} + W \cdot R_f \cdot [Fe]_f = X \cdot [Fe]_m + R_{fS} \cdot Y + W \cdot (1 + R_f) \cdot P_1 \cdot P_2 \cdot (1 - P_3) \cdot [Fe]_D \\ W_{SiO_2} + W \cdot R_f \cdot [SiO_2]_f = Y + W \cdot (1 + R_f) \cdot P_1 \cdot P_2 \cdot (1 - P_3) \cdot [SiO_2]_D \end{cases}$$

求解得：

$$X = \frac{W_{Cu} - (1 - R_f) \cdot W \cdot P_1 \cdot P_2 \cdot (1 - P_3) \cdot [Cu]_D}{[Cu]_m}$$

$$Y = W_{SiO_2} + W \cdot R_f \cdot [SiO_2]_f - W \cdot (1 + R_f) \cdot P_1 \cdot P_2 (1 - P_3) \cdot [SiO_2]_D$$

$$W_f = W \cdot R_f$$

各式中　　X——铜锍产量；

Y——渣中 SiO_2 量；

W——铜精矿量；

W_f——石英熔剂量；

W_{Cu}——铜精矿中 Cu 量；

W_{Fe}——铜精矿中 Fe 量；

W_{SiO_2}——铜精矿中 SiO_2 量；

P_1——烟灰发生率（对干矿）；

P_2——锅炉烟灰率（对发生烟灰）；

P_3——锅炉烟灰返回率；

$[Cu]_m$——铜锍中 Cu 品位；

$[Fe]_m$——铜锍中 Fe%；

$[S]_m$——铜锍中 S%；

$[Cu]_D$——锅炉烟灰块中 Cu%；

$[Fe]_f$——石英熔剂中 Fe%；

$[SiO_2]_f$——石英熔剂中 SiO_2%；

$[S]_D$——锅炉烟灰块中 S%；

$[SiO_2]_D$——锅炉烟灰块中 SiO_2%；

$[Fe]_D$——锅炉烟灰块中 Fe%；

$[S]_D$——锅炉烟灰块中 S%；

W_{D1}——锅炉烟灰块量;

W_S——铜精矿中 S 量。

排烟中 S 量 W_{GS}

$$W_{GS} = W_S - X \cdot [S]_m - W_{D1} \cdot [S]_D$$
$$W_{D1} = (W + W_f) \cdot P_1 \cdot P_2(1 - P_3)$$

氧量 W_{O_2}

$$W_{O_2} = O_{2M} + O_{2S} + O_{2D}$$

式中 O_{2M}——铜锍中 Fe_3O_4 中的氧量;

O_{2S}——渣中 FeO、Fe_3O_4 中的氧量;

O_{2D}——产出烟灰中的氧量。

$$O_{2M} = X \cdot \{ [Fe]_m - [[S]_m - [Cu]_m \times 32.06/(63.55 \times 2)]$$
$$\times 1.05 \times 55.85/32.06 \} \times 64/(55.85 \times 3)$$
$$O_{2S} = Z \times 85\% \times 16/55.85 + Z \times 15\% \times 16 \times 4/(55.85 \times 3)$$

式中 Z 为渣中的 Fe 量,$Z = Y \cdot R_{fS}$

$$O_{2D} = W_{D1} \cdot ([Cu]_D \times 0.286 - [S]_D \times 0.655 + [Fe]_D \times 0.497)$$

式中   (0.286)、(0.655)及(0.497)为经验常数。

3.8 闪速熔炼发展的成就

3.8.1 闪速熔炼的"四高"发展趋势

20 世纪 80 年代以后新建的闪速炉及旧闪速炉的改造,基本上走着一条共同的道路,即高生产能力、高铜锍品位、高富氧浓度及高热强度。

高生产能力并不意味着炉体尺寸的扩大,而基本是取决于精矿喷嘴的优化,使入炉精矿燃烧更有效化。许多国家从闪速炉开始生产以来,一直致力于更有效的精矿喷嘴的研制和使用。芬兰和日本的厂家都从一台炉四个文丘里型喷嘴演变为单一的中央喷嘴,从内外腔调节气流速度变为可升降风锥调节气流速度。目前,芬兰的闪速炉学者和专家们侧重于在使炉料和气流均匀混合方面充分利用反应塔的整个空间,而日本则在使气流和物料均匀混合的同时,尽量增加粒子间的相互碰撞(依据双粒子模型理论),且在中央设置了一根输送过量氧的氧油烧嘴。双方在提高生产能力上都达到了预期的目标,但日本人强调,日本的喷嘴还可有效降低耐火砖的消耗,降低烟尘发生率,减少闪速炉后面余热锅炉的烟尘粘结。

关于铜锍品位,理论上讲,闪速炉可生产任意品位的铜锍、白铜锍,直至粗铜。但在实际中,由于原始设计上所决定的设备能力、实际生产中使用精矿成分等因素的制约,为使生产达到平衡,铜锍又不能大幅度变更。但是,当新设计或改造一套新生产系统时,就要充分考虑闪速熔炼炉和吹炼炉各应脱多少硫较合适,即闪速炉的目标铜锍品位定为多少适当。理论研究和实践都证明:对于精矿中硫的脱除、精矿中化学能的释放以及设备投资和成本,闪速炉比吹炼炉更合适。因此,当今的大型闪速炉的铜锍品位,已不是 10 年前的 45% ~ 55%,而达到了 65% ~ 68%,甚至更高或接近白铜锍的品位 78%。

从技术和操作的观点来看,富氧技术是闪速炉冶炼中最重要的特点。几乎所有的闪速炉都使用富氧,富氧的浓度无一例外地逐年上升。以贵冶为例,富氧浓度已从最初的30%多提高到如今的55%~60%。富氧技术的使用,减少了入炉的无用氮量,排烟量也大为减少,节能效果是勿庸置疑的。排烟系统的规模也可大幅度缩小。这无疑为在同样规模设备前提下大幅度提高生产能力创造了更大的空间。当然,富氧技术要增加制氧设备的投资和电能消耗,但节省了昂贵的重油燃料,同时,被缩小规模的设备(如余热锅炉、电收尘和湿法烟气处理系统)的运转费用也将减少。最重要的收益仍是提高了生产能力,因而生产成本也相应较多地下降。

尽管使用了富氧,但高投料量和高铜锍品位会导致炉体,特别是反应塔的高热负荷。这在客观上对提高炉子寿命不利。解决这一问题的应对措施为:改善精矿喷嘴性能,尽量减小对炉壁的热侵蚀和粒子及气流对砖体的冲刷,如前述日本东予厂精矿喷嘴的研制就注意到了这一因素,因而该厂的闪速炉寿命比使用芬兰奥托昆普型喷嘴的闪速炉寿命要长。提高了操作技术水平,减少了剧冷剧热造成的挂渣脱落的砖体损失。提高了炉体冷却元件的功能,包括冷却元件的配置、数量、形状、更换方便性等。贵冶闪速炉反应塔的铜板水套已在原有的每两层之间增加了一层;塔与池的连接部,已由原来的翅片铜管浇注不定型耐火材料改为倒F型水套,即改善了冷却效果,也方便更换;反应塔下区域的沉淀池壁(烟气层)增设了水平铜板水套;上升烟道烟气折流冲刷区,增设了水套。各种耐火材料的配置要根据不同区域受热强度、熔体性质、气流冲刷程度等因素合理安排。

闪速炉熔炼的"四高"发展还会给生产技术管理上带来新的研究课题,例如高的投料能力和高的铜锍品位必将增加弃渣中的含铜量,增加了铜资源的损失;投料能力的大幅度增加,虽然相对于干矿量的烟尘发生率会降低,但产生的总烟尘量仍要增加很多,给余热锅炉的除尘操作带来了许多麻烦。高的铜锍品位带来闪速炉沉淀池底 Fe_3O_4 炉结上升,熔池有效容积减小。

3.8.2　闪速炉熔炼发展的新技术新设备

(1) 精矿蒸汽干燥　传统闪速炉是采用回转窑、鼠笼和气流干燥管来完成精矿的干燥,并将尾气经过排烟道、排烟风机和电收尘送入大烟囱排空的。近年来,芬兰的奥托昆普公司将挪威食品公司的蒸汽干燥设备移植到铜精矿的干燥。经过改进,实现了圆筒外壳与蒸汽盘管的同步旋转,减少了盘管的磨损。用低压蒸汽法 $(7 \sim 10) \times 10^5$ Pa(由冶炼余热锅炉产生)取代了传统的三段干燥法,使干燥设备规模大为缩减,不需要电收尘和大烟囱,精矿输送高度大幅减小,对环境影响也小,占地面积和空间减少,干燥效率提高,初期投资和运转及维护费用大幅减少,干燥能源取消了重油和煤,仅使用低品位级的冶炼余热。因此,该设备堪称为环保节能的绿色干燥设备。

(2) 干矿的密相气流输送　含石英熔剂的干铜精矿是一种高磨损性物料。原来的稀相流态化输送气固比100:1管道内的气流速度约为20 m/s左右,对管道的磨损很大。现在采用密相输送,气固比为10:1,管内气流速度仅为2~3 m/s,管道的磨损速率大为减小。

(3) 闪速给料计量装置　闪速炉的给料速率是稳定闪速炉生产的重要参数。过去曾采用控制下料刮板机或下料螺旋机转速的手段来控制闪速炉的给料速率。近年来,芬兰奥托昆普公司将食品工业的失重计量装置移植到闪速炉给料速率计量上。该方法计量准确可靠,误差小于1%。该装置是在原有的干矿仓下设置一个计量仓,再通过螺旋机将计量仓的料排入精矿喷嘴。其计量控制是通过排料和装料两个周期完成的。在排料周期，干矿仓与计量仓之间的装料阀门自动关闭，计量仓中的干矿由螺旋机以设定的转速排出，该转速也即为闪速炉给料速率(t/h)。此周期一直持续到计量斗的总重量减小到预先设定好的装料低位线。然后，干矿仓与计量仓之间的装料阀门自动打开，干矿从干矿仓装入计量仓，开始装料周期。在此期间，计量仓下的螺旋机一直运行(闪速炉不能停止加料)，计量仓一边排料、一边装料，控制系统无法准确称量计量仓的排出料量(也即螺旋机的排出量，闪速炉的装料速率)。但是螺旋机是以原来稳定的速度旋转，所以此时计量仓的排出量是可以推算出来的。当计量仓料量达到预先设定的高料位重量时，干矿仓与计量仓之间的装料阀门又自动关闭，又开始了下一个排料周期。由于达到预设的高低料位线时总重量是可以准确称量的，两个周期的时间是精确测定的，装料期螺旋的排出量是可以推算的，所以单位时间螺旋机的排出矿量，即闪速炉装入速率就可以得知了。再借助于系统的前馈和反馈控制，就可以将闪速炉投矿速率控制在一个相当准确的水平上。上述装料周期的螺旋机排出量由于是推算值，为了计量更准确，装料周期应尽量短。一般来说，在设计上，装料周期只占总周期的10%。

(4) 密集型干矿仓和Stamet给料器　传统闪速炉的干矿仓和刮板给料机给闪速炉送料时，料仓内形成一漏斗形式，而干矿的含水率为0.3%，很容易造成流态化冲泻给料，使给料严重失控，难以控制炉况。美国的圣·玛纽尔(Sam Manuel)冶炼厂于1999年采用了一种称为Stamet的多盘给料器，并配以密集型料仓，克服了上述的给料流态化现象，保证了闪速炉的高效稳定运行。

(5) 新型精矿喷嘴　闪速炉精矿喷嘴的性能直接左右着闪速熔炼的发展和进程。奥托昆普公司研制的中央喷射式精矿喷嘴已被广泛采用，这种喷嘴的工艺风喷出速度是由内外套环调节的，内环用于小风量，外环用于中风量，大风量时内外环同时通风。这种喷嘴对反应塔壁的侵蚀小。该公司最新研制的精矿喷嘴生产内外环改为调风锥，可以比较平稳地调节工艺风喷出速度，精矿处理量可达3 000 t/d以上。

(6) 闪速炉炉体　一般说来，早期设计的闪速炉炉体大小，特别是反应塔的直径和高度，是随设计的精矿投入量来决定的。精矿投入量大的炉子，其各部尺寸也大一些。但是，由于精矿喷嘴的不断优化，相同的投料量，已不需要那么大的尺寸了。换言之，在相同炉体尺寸的前提下，对于新精矿喷嘴，可允许更大的投矿量。

如前节所述，由于热强度的增加，炉体的冷却系统也必然相应强化，这反映在炉体冷却方式(如原来的喷淋式冷却已变为水套式立体冷却)、水套的数量(如贵冶闪速炉反应塔，原两层水套间增加一层水套，沉淀池烟气层新增水平水套)、冷却元件的形式(原来的预埋铜管的捣打料方式变为倒F型水套)以及只需停料而不需将炉子冷下来就可以更换水冷元件等方面。

在炉体造型上，即在典型的闪速炉外加独立贫化电炉的格式，也有废除贫化电炉，而直接在沉淀池插电极的方式。后者在节能方面更优越一些。

为了减少上升烟道粘结造成的故障，也有将闪速炉的上升烟道设计为锅炉式的结构，依靠振打除去粘结物。

(7) 上升烟道的管理　上升烟道是容易被熔融或半熔融的矿尘颗粒粘附的，其后果是上升烟道逐渐变狭窄，甚至堵死出口部而停炉。传统办法是在上升烟道加燃烧重油烧嘴，将粘结物烧化流入沉淀池。这种办法容易造成渣口被堵塞以及余热锅炉壁上大块坚硬物的生成。

为了解决这个问题,日本佐贺关公司设计了一种新装置,从上升烟道顶孔插入一可旋转升降的、可调节焦粉量的氮气喷枪,将焦粉喷洒在结瘤上使其还原熔化。为了不让焦粉喷入炉子出口部进入锅炉,喷枪被设计成只能在背离出口部的240°范围内旋转喷洒,而不将焦粉喷入余热锅炉。通过控制焦粉用量和喷枪的使用频率,可使上升烟道的结瘤控制在一定厚度,即不给排烟带来较大的阻力,也不使结瘤太薄而损伤耐火材料。这种方法甚为有效且合理。

(8) 余热锅炉防粘结技术　早期闪速炉余热锅炉的除尘措施为吹灰器的机械振打锤。在今天,闪速炉投料速率已为原来的 3~4 倍,原来的除尘措施已不能满足当今生产的需要,已成为阻碍提高闪速炉能力的瓶颈。因此,烟尘的硫酸盐化和弹簧锤的应用技术应运而生。

所谓硫酸盐化技术,就是将余热锅炉出口的烟气抽出一部分再返回余热锅炉入口,或干脆把冷风送入锅炉入口,降低烟温,使氧化性烟尘生成松脆的硫酸盐尘,以便于清除。

弹簧锤的采用,由于能有效地控制对设备起破坏作用的低频振动和衰减快的高频振动,因此可以提高每一锤的振动力度,提高除尘效果。

(9) 烟气制酸和 SO_2 排放　闪速炉和转炉混合烟气的制酸工艺和设备也有重大的改进。美国孟山都环境化学公司的动力波烟气净化技术、高 SO_2 浓度的转化技术、硫酸吸收工序回收蒸汽技术已被许多厂家采用。AP(阳极保护)冷却器、板式换热器和铯触媒的使用,也都促进了制酸技术的发展,有效地保护了生态环境。

撰稿人:裴书照　吴　军　陈先斌　陈羽年　任鸿九
审稿人:黄建国　符进武　彭容秋

4 诺兰达熔池熔炼

诺兰达熔炼工艺系加拿大诺兰达矿业公司所发明,1968 年在加拿大霍恩冶炼厂建立了一台日处理 90 t 精矿的半工业性设备,运行了四年,冶炼精矿总量达 90 kt 以上,直接产出粗铜或高品位铜锍。在半工业试验的基础上,建设了日处理精矿 726 t 的诺兰达工业炉,于 1973年 3 月投产,将精矿直接熔炼成粗铜。1975 年,由于直接产粗铜导致诺兰达炉炉寿低和粗铜含杂质高等原因,改为生产高品位铜锍,然后送转炉吹炼成粗铜。

经过二十多年的探索和不断改进,特别是富氧空气的使用和处理废杂铜能力的大增,以及风口高温计的使用,到 20 世纪 90 年代初,诺兰达炉已达到 2930 t/d(铜精矿 2563 t,外购废杂铜和含铜料 367 t)处理能力。全年产铜 180 ~ 200 kt。诺兰达熔炼法已成为一种稳定可靠、指标先进的具有竞争力的比较成熟的铜熔炼方法。

4.1 诺兰达熔炼生产工艺过程

4.1.1 生产工艺流程简述

诺兰达熔炼工艺流程如图 4 - 1 所示。现以大冶诺兰达系统为例,简要说明反应炉内的熔炼过程。

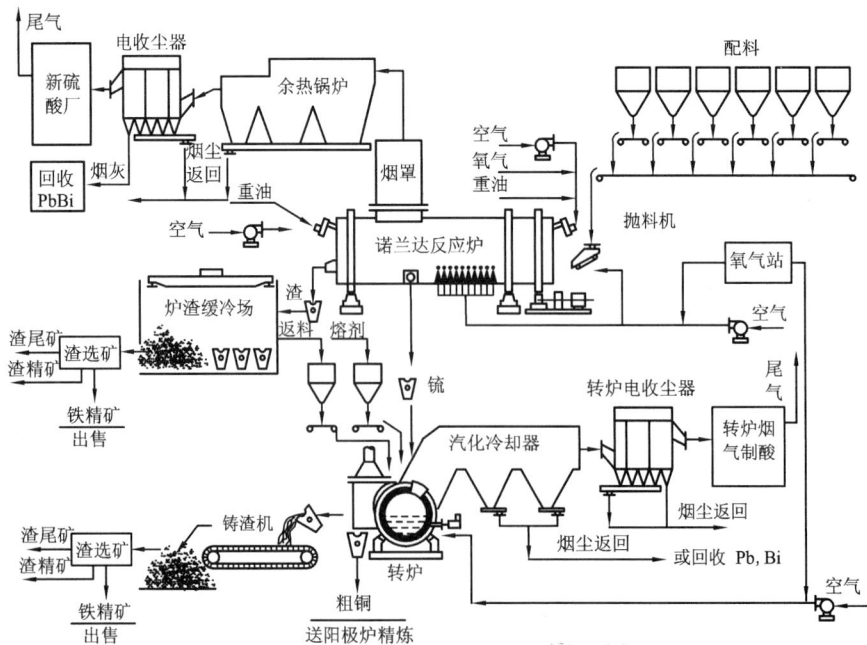

图 4 - 1 大冶冶炼厂诺兰达熔炼工艺流程

诺兰达反应炉类似于铜锍吹炼的转炉，沿长度方向将炉内空间分为吹炼区(又称反应区)和沉淀区，整个生产过程见图 4-2。由各配料仓的电子配料秤按需求控制下来的精矿、熔剂和少量固体燃料经带式输送机送往抛料机，由抛料机从炉头加料口抛往炉内熔池反应区。富氧空气由炉体一侧的风口鼓入反应区熔池，产生的冲击力以及气泡上升和膨胀给熔体带来很大的搅动能量，保证熔体与炉料迅速融合，造成良好的传热与传质条件，使氧化反应和造渣反应激烈地进行，释放出来的大量热能使炉料受热熔化生成高品位的铜锍和炉渣。加料端烧嘴使用重油或柴油为反应补充一定的热量。加料口气帘输入部分空气可适当增加熔体上方烟气中氧量，一方面和飞溅到熔池面上的熔体、炉料反应，另一方面使炉料中的炭质燃料及未完全燃烧的一氧化碳能充分燃烧。65% ~73% 或更高品位的铜锍从铜锍放出口放入铜锍包中，再送往转炉吹炼。熔炼炉渣(含 Cu5% 左右)在炉内沉淀区初步沉淀后从炉尾端排入渣包，然后送往渣缓冷场冷却、破碎，再运往选厂选出铜精矿(即渣精矿)和铁精矿，缓冷渣包底部铜锍及渣精矿返回熔炼系统。

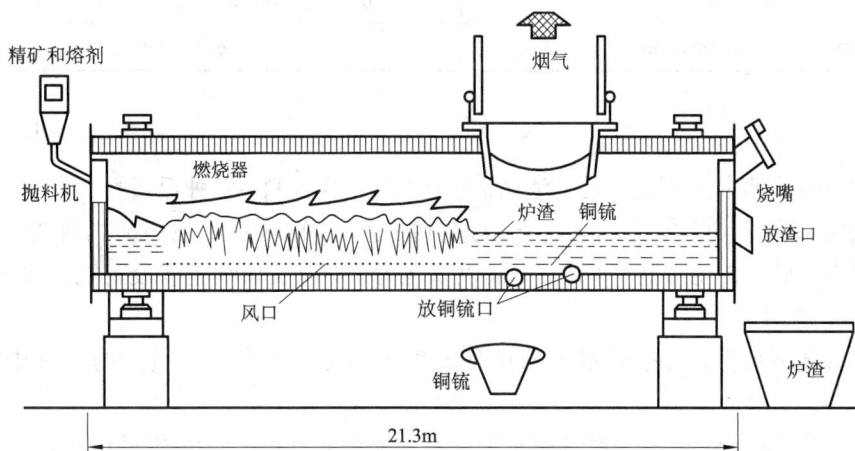

图 4-2　诺兰达生产过程示意图

从反应炉的尾部炉口排出的烟气，经上升烟罩进入锅炉冷却，回收其中的余热。降温后的烟气进入静电除尘器除尘，第 4 电场收集的烟尘送综合回收系统回收铅、铋、锌等，其余电场烟尘用气动输送装置送到精矿仓配料。净化后的烟气送硫酸系统生产硫酸。

转动诺兰达炉使风口在熔池面上，就可使熔炼过程停下来，在停炉后，由烧嘴供热保持炉温，反应炉转动到鼓风位置立即能恢复熔炼过程。

4.1.2　炉料和燃料

4.1.2.1　对炉料粒度和水分的要求

铜冶炼工厂的精矿来源广泛，种类较多，成分偏差大。相对于闪速熔炼，诺兰达工艺对物料粒度和水分的要求不严，精矿不必深度干燥，这是诺兰达法熔池熔炼的优点。

诺兰达工艺的加料系统简单且可靠，精矿湿度达到 13% 料仓也几乎不挂料，粒度小于 50 mm 的任何物料都能通过进料系统。

霍恩厂控制精矿水分低于 15%，块矿、杂铜料和返料粒度小于 100 mm，但是熔剂粒度不大于 20 mm，固体燃料粒度一般为 6～50 mm。大冶厂入炉精矿含水一般为 7%～10%，霍恩厂入炉炉料的特性列于表 4－1。

表 4－1　霍恩厂诺兰达炉炉料特性

种　类	粒　度	水分/%	化学成分（%）			
			Cu	Fe	S	SiO$_2$
铜精矿	从滤饼到 100 mm 块矿	4～15	15～50	15～35	15～35	0～10
杂铜料	最大 100 mm	3～15	5～100	0～95	0～95	0～95
渣精矿	最大 100 mm	8～15	30～45	9～30	7～15	5～15
返　料	最大 100 mm	0～20	0～80	0～35	0～35	0～70
熔　剂	最大 20 mm	3～7	0～5	0～10	0～10	60～95
烟　尘	结块 <50 mm	3～7	0～50	0～20	0～20	0～10
焦（煤）	95% >1 mm，最大 50 mm	3～7	灰分小于 25%			

4.1.2.2　混合炉料配料原则

诺兰达炉炉料除铜精矿外，还有渣精矿、废杂铜、含铜料、各种返回料、烟尘、熔剂及补热用的固体燃料。入炉前需要对各种物料进行搭配。主要根据进厂精矿的种类、数量、成分、供应状况、矿仓占用情况、生产、供氧供风能力、炉况及后续工艺设备能力等统筹考虑。具体考虑的因素有：

（1）储料仓不足时，可把数量少的矿种先配入与之成分相近、量大的矿种中，再参加配料。

（2）一般 S/Cu 比保持 ≥1，铁和硫总量应占精矿总量 50% 以上，以确保有足够的反应热产生。比例适宜的 S/Cu 比，可实现自热熔炼，有利于节约能源和稳定诺兰达炉与硫酸的生产。过低的 S/Cu 比在熔炼时需要补充较多的热量，不利于节能；过高的 S/Cu 比则反应热过剩，无法进行温度控制，在加料量不变的情况下势必影响铜的产量。

（3）要根据杂质情况进行合理搭配，避免杂质特别是挥发性杂质对生产过程和产品质量产生较大影响。熔炼过程中铅、锌将大部分挥发进入烟气，其过高时，将使烟尘易粘结于烟道壁。原料含砷太高，其随烟气到达制酸转化器时，将引起触媒中毒。诺兰达熔炼铜锍品位达 70% 以上时，脱除砷、锑、铋的能力下降，亦即砷、锑、铋进入粗铜中的比例会增大，在火法精炼时不能有效脱除，从而影响电解生产。原料中上述元素控制范围见表 4－2 中。

（4）根据精矿的 SiO$_2$ 含量，炉料中 Fe/SiO$_2$ 比值应 ≥2.0。

表 4－2　诺兰达炉原料中杂质元素内控标准

杂　质	Bi	As	Sb	Se	Cd	F
含量/%	0.07	0.10	0.02	0.005	0.02	0.06

4.1.2.3 熔剂

为了获得合理的渣型，熔炼时还应加入适量的熔剂，一般都是加石英石熔剂。大冶厂现使用河沙调节渣型，而霍恩厂使用别的工厂的副产品单质硅作部分熔剂。

大冶厂使用的渣精矿、烟尘和熔剂的典型化学成分列于表 4-3 中。

表 4-3　大冶厂渣精矿、烟尘、熔剂的典型成分(%)

物　料	Cu	Fe	S	SiO₂	Pb	Zn	As	Bi	CaO	Al₂O₃
渣精矿	30.55	24.61	11.12	13.57						
锅炉尘	32.42	19.83	13.32	7.18	2.93	1.14	1.17	0.49		
电收尘	18.95	12.23	9.6	3.33	14.82	6.62	5.86	3.00		
熔剂 1#		0.70		92.00					0.25	5~6
熔剂 2#		6.73		61.87					2.11	9.01
熔剂设计		6.00		72.00	0.20	0.20	0.12		3.00	5.00

4.1.2.4 燃　料

诺兰达炉生产工艺需要一定的燃料来补充热量，固体燃料可以是块状或粉状的烟煤、无烟煤、焦粉或石油焦炭，加到炉料中通过熔体燃烧，燃烧产品在接近熔体温度的情况下逸出，热交换率高；同时作为一种还原剂还原渣中的 Fe_3O_4。固体燃料和炉料一起加入炉内，霍恩厂使用过几种煤和焦。大冶反应炉选择了廉价的石化厂副产品石油焦，其发热值为 41.29 MJ/kg，含 C 85.135%，H 12.03%，S 1.14%，灰分 0.04%，密度为 0.95 kg/L。通过燃烧器还可使用气体或液态燃料，如天然气、柴油、重油。大冶燃烧器用的燃料主要是重油。

4.1.3　熔池中的物理化学变化

诺兰达熔炼是一种典型的富氧强化侧吹熔池熔炼。富氧空气由炉体一侧风口鼓入熔池，混合炉料从炉头端墙通过抛料机抛到熔池表面后，被强烈翻动的熔体迅速加热熔化并进行氧化和造渣，放出大量的热量，维持过程进行，最后形成的铜锍和炉渣在沉淀区进行澄清分离。在上述过程中，炉料的加热、熔化、氧化、造渣及铜锍的形成过程都与熔池内熔体的流动特性及传质传热情况有关。

如图 4-3 所示，气流从诺兰达炉子一侧风口鼓入熔池中时，受到熔体的阻碍被击散立即形成若干小流股和气泡，并夹带周围的熔体上浮，发生动量交换。由于喷口区的负压与其他区域的正压造成的压力差，使流体向与流股界面成垂直的方向流动。滞留气体在熔池面上形成的这种穹面的喷流或羽状卷流是熔池熔炼的基本条件，也可以说，熔池熔炼的主要问题就是羽状流的形成和控制的问题。

与闪速熔炼过程类似，熔池熔炼也是一

图 4-3　诺兰达熔炼炉内的流体运动示意图

个悬浮颗粒与周围介质的热和质的传递过程。不同的是，在诺兰达熔池熔炼过程中，悬浮粒子是处在一种强烈搅动的液 – 气介质中，受液体流动、气体流动、两种流体间的作用以及动量交换等因素的影响，因而熔池熔炼的流体动力学比较复杂。目前研究报道的资料不多，下面仅从影响羽卷流的基本因素如液 – 气界面积、搅动能以及固体颗粒与流体间的质量传递和热量传递等方面，简单分析熔池内液体与气体间的相互作用。

在诺兰达熔池熔炼过程中，滞留在熔体中的气体与熔体间的界面积是影响传热和传质的主要参数，而决定气 – 液界面积的因素有单位熔体鼓风量、气泡在熔体内停留的时间、气泡直径及熔体温度等，在内径为 $\phi 4.35 \times 20.58(m)$ 的诺兰达炉内，有关液 – 气界面积计算结果见表 4 – 4。

表 4 – 4　$\phi 4.35 \times 20.58$（m）的诺兰达炉内液 – 气界面积

	项　　目		数　　据	
生产条件	总鼓风量/(Nm³ · h⁻¹)		76500	
	单位熔体鼓风量/(Nm³ · h⁻¹ · t⁻¹)		193.2	
	风口浸没深度/m		1	
	卷流速度/(m · s⁻¹)		5.9	
	气泡滞留时间/s		0.17	
计算结果	气泡直径/cm	2.5	5	10
	气泡 – 熔体界面面积/m²	3820	1910	955
	气体滞留体积/m³		15.9	
	滞留体积占熔池体积率/%		19	

由上表 4 – 4 可知，诺兰达反应炉内，气泡与熔体界面面积较大，因而炉料的熔化与气 – 液间化学反应具有良好的条件。由于气体鼓入的冲击及气泡上升的膨胀，给熔体带来很大的搅动能量（亦称混合能），此能量 P_m 与喷入气体流量 $Q(m^3/s)$、熔体温度 $T(K)$、熔体密度 ρ_m (g/cm^3)、风口浸没深度 $Z(cm)$ 存在下列关系：

$$P_m = 0.74QT\ln(1 + \rho_m Z/P_a)$$

式中　P_a——大气压（101.3 kPa）。

用高银精矿进行示踪实验研究诺兰达炉内的搅动状况，结果表明，整个炉内熔体呈三种流动状态，见表 4 – 5。

表 4 – 5　诺兰达反应炉内的流体流动状况

区　　域	体积百分率/%		
	活塞流区	全混流区	"死区"
铜锍示踪试验	1	45	54
炉渣示踪试验	21	53	26

表 4-5 说明: 在沉淀区, 有一半铜锍层和 1/4 的渣层, 相对来说, 处于不活动状态(即死区), 另外一半铜锍层几乎处于良好的搅拌器中(全混流区), 而渣有近 1/5 的部分处于活塞流区, 诺兰达炉内流体的这种分布特点, 满足了强化熔炼的需要。

熔池中鼓入空气带进了高混合能, 造成气体-铜锍-炉渣液体间的巨大表面积, 因而产生非常高的反应速率。据资料报道, 氧气鼓入量为 8 m^3/s 时, 氧气反应速率可达 290 m^3/s, 可见, 过程的质量传递是非常快, 虽然气泡在熔体中停留时间非常短(<1 s), 但氧的利用率高达 98%以上。

诺兰达熔池内物料与熔体间传热相当复杂, 有些学者研究了在相对静止的熔池内炉料与熔体的传热情况, 并在此基础上粗略计算了强制鼓风熔池熔炼情况, 计算结果表明, 2 cm 颗粒熔化时间为 35 s, 5 cm 颗粒为 90 s, 10 cm 颗粒为 210 s。霍恩和大冶的生产实践也表明, 诺兰达熔池内炉料的熔化速度相当快。

单就传热和传质而言, 诺兰达单位容积处理量有很大潜力, 但由于受熔炼烟气量、粉尘率、炉寿命等因素的影响, 其处理量受到一定限制。

由于诺兰达熔池熔炼具有良好的动力学条件, 因而化学反应速度很快。在熔池中发生的主要化学反应有高价化合物的分解, 硫化物的氧化, MS 与 MO 之间的交互反应, Fe_3O_4 的还原分解, MS 的造锍, MO 与脉石组分的造渣等, 关于这些反应的分析可参阅造锍熔炼基本原理章节。

4.1.4 熔炼产物

4.1.4.1 铜锍

熔炼过程中, 控制鼓入的风量或风料比, 可以产出任意品位的铜锍直至粗铜。铜锍品位影响燃料消耗、熔炼与吹炼和精炼的工艺条件、经济指标及产物的产量、质量。选定铜锍品位应根据原料杂质成分以及对产品质量的要求, 选出经济效益最佳的方案。一般控制铜锍品位在 65%~73%, 一些工厂所产铜锍的成分列于表 4-6。

表 4-6 诺兰达法各工厂的铜锍成分(%)

工厂	Cu	Fe	S	Pb	Zn	As	Sb	Bi	Fe₃O₄	SiO₂
霍恩厂	72.4	3.5	21.8	1.8	0.7					
犹他厂	73.0	4.2	20.8							
南方厂	69.33	5.96	20.76	1.28	0.43					
大冶实例 1#	69.84	6.08	21.07	0.64	0.28	0.05	0.04	0.03		
大冶实例 2#	71.4	3.5	21.5	2.5	0.7				1.8	0.2
大冶实例 3#	64.7	7.8	23.0	2.8	1.2				2.2	0.2
大冶实例 4#	55.6	13.7	23.2	4.0	2.6				4.1	0.3

提高铜锍品位可以提高反应炉的脱硫率, 使炉料的化学反应热得到较充分的利用, 降低反应炉的燃料消耗, 在某些情况下, 熔炼可以完全自热。提高铜锍品位, 铜锍产量下降, 转炉吹炼时间缩短, 可以大大减轻吹炼工序的压力。同时, 提高铜锍品位, 烟气中二氧化硫浓

度增加，对制酸也有利。

霍恩冶炼厂研究了在不同铜锍品位下诺兰达法冶炼过程的操作数据，见表4-7。

表4-7　不同铜锍品位下的反应炉操作数据

项　目	单位	平均铜锍品位/%			
		55.6	57.5	64.7	71.4
新料加入量	t/d	2240	1850	1740	1820
返料和渣精矿	t/d	506	380	323	345
熔　剂	t/d	263	235	230	270
消耗煤量	t/d	103	113	93	96
每吨新料耗热	MJ/t	1590	1880	1840	1710
鼓富氧空气量	m³/h	58700	55500	59500	69000
氧　量	t/d	460	330	300	305
富氧浓度	%(O₂)	38	33	31	30
产铜锍量	t/d	1020	772	642	603
产渣量	t/d	1610	1230	1320	1460

铜锍品位变化，铜锍产率、渣率和熔剂率相应变化，这是因为铜锍品位降低时，铁的氧化量减少，当加料量不变时，铜锍量增加，渣量和熔剂加入量减少，见图4-4。不同铜锍品位时铜锍和渣的成分见表4-8。

铜锍品位和风口鼓风氧浓对燃料消耗的关系如图4-5。结果表明当铜锍品位从70%降到55%时，燃料消耗增加20%。

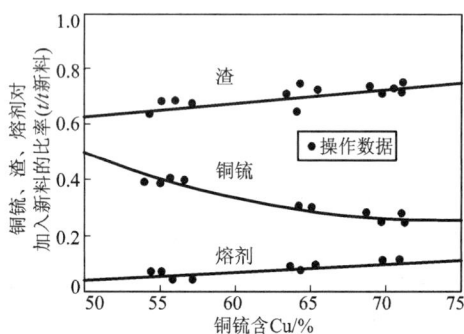

图4-4　铜锍品位对铜锍产率、渣率和溶剂率的影响

通过计算还可以确定铜锍品位、用氧量和瞬时加料量的关系，见图4-6。

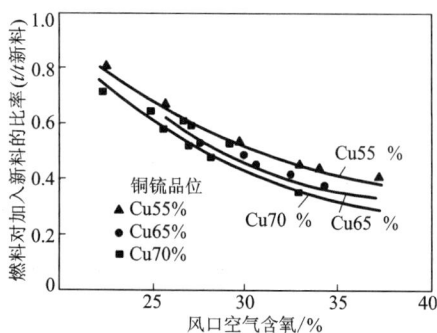

图4-5　铜锍品位、富氧浓度和燃料消耗的关系

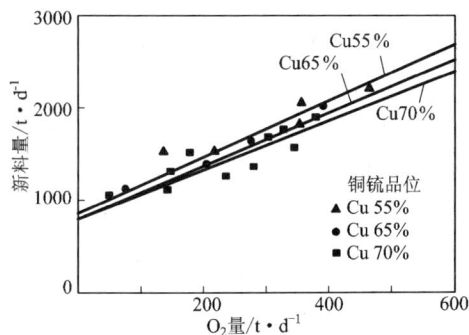

图4-6　铜锍品位和送氧量、加料量的关系

表 4 - 8　铜锍和炉渣成分(%)

公称铜锍品位/%		Cu	Fe	S	Fe₃O₄	SiO₂	Pb	Zn	CaO	Al₂O₃
铜锍分析	70	71.4	3.5	21.5	1.3	0.2	2.5	0.7		
	65	64.7	7.8	23	2.2	0.2	2.8	1.2		
	55	55.6	13.7	23.2	4.1	0.3	4.1	2.6		
渣分析	70	5.4	39	1.8	22.4	21.9	0.9	3.6	2.1	5
	65	5.2	39.8	1.6	20.4	23.3	0.9	4.1	1.6	5.1
	55	4.4	39.6	2.2	18.4	23	0.7	3.9	1.5	5.2

生产低品位的铜锍,有利于除去铋、锑等杂质。随着铜锍品位上升,铜锍中砷、锑、铋的含量缓慢上升,当接近白铜锍时,三者在铜锍中的含量急剧上升,这也就是人们一般将铜锍品位控制在≤73%的主要原因之一。

根据霍恩厂的经验,为保证阳极铜中若干杂质的含量不超过允许极限,反应炉产出的铜锍中铋含量控制在≤0.015%,锑应控制在≤0.05%,而铅含量控制在≤3%。

铜锍是周期地从炉内放出,周期的设定与炉子的尺寸、锍面与渣面允许波动范围、转炉的大小等因素有关。大冶厂控制的铜锍层厚度是在 970~1300 mm 范围内波动。

4.1.4.2　炉　渣

炉渣要定期排放,以控制渣层厚度在 250~300 mm 之间波动。

诺兰达反应炉炉渣的特点是:渣含铁高,渣中铁硅比可在 1.0~2.0 范围变化,一般为 1.60~1.80。因此,磁性氧化铁含量高,但熔剂用量少,渣量也不大。炉渣中四氧化三铁的铁量占渣中总铁量的 30%~40%,铜锍品位高时其值高。由于反应炉熔池搅动激烈,炉温较均匀,一般熔炼过程中未发现四氧化三铁或难熔物在炉底沉结或产生隔层现象。

诺兰达炉渣中含铜也较高,这是由于该法生产的铜锍品位较高,炉内熔体搅动激烈,沉淀分离区域小,炉渣含铜 3.5%~7.0%。因其含铜高,必须贫化处理。贫化方法一般选择缓冷—磨浮—选矿法。

铜锍品位下降,将引起渣量(渣率)减少,燃料率上升,相应数据见图 4-4、图 4-5 和表 4-7。

4.1.4.3　烟气与烟尘

某厂采用空气鼓风,反应炉炉口处的烟气体积分数实测值为 SO_2 7.7%,O_2 0.7%,N_2 74.2%,CO_2 6.1%,H_2O 11.3%。

大冶反应炉炉口、余热锅炉进口烟气参数设计及实测值见表 4-9。

表 4 - 9　大冶反应炉烟气参数设计及实测值

部　　位		烟气组成(%)						烟气量 /(m³·h⁻¹)	烟温 /℃	含尘量 /(g·m⁻³)
		SO₂	SO₃	CO₂	H₂O	O₂	N₂			
设计①	反应炉出口	15.26	0.30	10.00	18.65	1.50	54.30	50176		
	锅炉进口	9.25	0.19	6.10	13.00	8.76	62.10	82791	700~800	27.12
实测②	反应炉出口	15.00						55000	~1240	
	锅炉进口	8.38		3.49	17.58	8.35	62.20	82000	830	28.87

注:①反应炉出口至锅炉进口设计漏风率为65%;②从硫酸三系增湿塔进口测定值推算所得。

某厂用30%富氧鼓风的生产实际资料及漏风后锅炉进口烟气成分实例见表4-10。

表4-10　某厂烟气成分实测值

部　位	烟气组成(%)					烟气量/(m³·h⁻¹)	烟温/℃
	SO₂	O₂	CO₂	H₂O	N₂		
反应炉出口	15.82	1.43	3.03	19.06	60.66	68220	1316
锅炉进口	9.04	9.82	1.73	10.90	68.52	118920	693±14

诺兰达炉烟尘率为干炉料量的2.3%~4.8%，随炉料成分、水分及粒度、炉膛压力不同而波动。与闪速熔炼相比，其烟尘低得多，这是它的一大优点。

大冶厂与霍恩厂的烟尘成分列于表4-11。

表4-11　大冶厂与霍恩厂的烟尘成分(%)

	Cu	Fe	S	SiO₂	Pb	Zn	As	Sb	Bi
霍恩厂烟尘	14.0	4.6	12.1	1.0	27.6	7.7			
大冶厂锅炉尘	34.42	19.83	13.32	7.2	2.93	1.14	1.17	0.08	0.49
大冶厂电收尘	18.95	12.23	9.6	3.33	14.82	6.62	5.86		3.0

诺兰达熔池熔炼过程中杂质元素在各产物中的分配率实例列于表4-12。

表4-12　杂质元素在熔炼产物中的分配率(%)

元素	烟　尘		炉　渣		铜　锍	
	锍品位70%	锍品位72%	锍品位70%	锍品位72%	锍品位70%	锍品位72%
Pb	74	68	13	11	13	22
Zn	21	46	68	45	6	9
As	85	83	7	5	8	12
Sb	57	53	29	10	15	37
Bi	70	69	21	19	9	13

4.1.5　诺兰达炉熔炼的生产数据与主要的技术经济指标

霍恩冶炼厂近年来的生产数据列于表4-13。

表 4-13　霍恩冶炼厂诺兰达炉的典型操作参数

序号	项目名称	单位	参数(平均值)	序号	项目名称	单位	参数(平均值)
1	精矿处理量	t/d	2494	9	渣产量	t/d	1692(52 包)
2	风口平均鼓风量	m^3/h	76000	10	炉渣 Fe/SiO_2		1.7~1.8
3	平均富氧浓度(O_2)	%	36.8	11	渣含 SiO_2 量	%	21~22
4	风口鼓风压力	kPa	215	12	烟尘率	%	4~5[①]
5	加煤量	t/d	49	13	炉口烟气速度	m/s	10~17
6	熔剂 SiO_2 含量	%	65~80	14	操作温度	℃	1230~1250
7	熔剂 Al_2O_3 含量	%	1~2	15	锍面高度	mm	最低 970 最高 1170
8	铜锍产量	t/d	806(44 包)	16	渣层厚度	mm	最低 220 最高 330

注:① 挥发物与颗粒各占一半。

主要技术经济指标分述如下:

(1)床能力　床能力指一昼夜内每平方米炉床面积上处理的精矿量。影响床能力的因素有混合精矿成分、性质,鼓风时率,风口氧气浓度,操作技能等。诺兰达炉床能力按熔池面积计算,一般为 30~50 $t/(m^2 \cdot d)$(大冶诺兰达炉熔池面积为 42.8 m^2)。

(2)渣含铜　诺兰达熔池熔炼工艺渣含铜较高,这与诺兰达炉的高锍品位、高铁渣型及反应炉结构等因素有关。大冶诺兰达炉渣含铜量目前为 3%~5%。诺兰达炉渣性质较稳定,成分变化不大,渣中铜主要以硫化物形态存在。有关炉渣成分见表 4-14,渣中铜、铁的物相组成见表 4-15。

表 4-14　大冶诺兰达炉渣成分(%)

Cu	S	Fe(T)	Au	Ag	SiO_2	CaO	MgO	Al_2O_3	Zn
4.57	1.71	42.14	1.01	24.1	23.38	5.25	2.74	2.52	0.57

注:Au,Ag 单位 g/t。

表 4-15　大冶诺兰达炉铜、铁渣物相组成(%)

Cu 物相组成				Fe 物相组成				
Cu_2S	Cu	CuO	Cu_2O	Fe	Fe_3O_4	FeS	Fe_2SiO_4	Fe_2O_3
73.8	20.31	4.8	0.23	1.25	44.18	2.27	47.83	4.47

(3)铜锍品位　诺兰达炉产出的铜锍品位较高,一般控制在 65%~73%。更高的铜锍品位,必然会导致渣含铜显著提高与耐火材料消耗增加。铜锍品位降低到 55%,虽然能顺利生产,但燃料消耗增多,烟气量与铜锍产量增大,从而影响经济效益。

(4)燃料率　消耗燃料量与处理混合精矿量之比,用百分数表示。诺兰达熔池熔炼工艺所需热量主要来自混合精矿的化学反应热，燃料仅作补充热源。因而燃料率较低，大冶诺兰达炉使用石油焦作燃料，目前燃料率为 2% ~ 3% 。

(5) 鼓风时率　指诺兰达炉送风熔炼时间占整个生产周期的百分率。它是反映诺兰达炉生产能力的一项重要指标。它与操作水平、管理水平及诺兰达炉系统本身等诸多因素有关。大冶诺兰达炉鼓风时率目前在 82% ~ 87% 之间。

(6) 直收率　指铜锍中铜量与同期投入物料中的总铜量之比。由于诺兰达熔池熔炼工艺渣含铜量较高，因而直收率不高，一般不到 80% 。

(7) 耐火材料单耗　指某次大修开炉至停炉这段时间内，耐火材料消耗量与所产铜锍量之比。可用下式表示：

$$耐火材料单耗 = \frac{(大修所用耐火材料量 + 本段时间内各次中小修用耐火材料量)}{本段时间内所产铜锍量}$$

耐火材料单耗是一项综合技术经济指标，它与铜锍品位、耐火材料质量、砌筑技术、砌筑质量及工艺制度等许多因素有关。大冶诺兰达炉某次大修耐火材料用量见表 4 - 16。

表 4 - 16　诺兰达炉炉衬检修情况

序号	开炉时间 (年、月、日)	停炉时间 (年、月、日)	修炉性质	生产时间/d	耐火材料用量/t	备 注
1	1997. 9. 24	1998. 8. 5	中修	316	新炉用砖 335 66.7	
2	1999. 2. 23	1999. 4. 23	小修	60	7. 16	事故停炉
3	1999. 5. 15	1999. 9. 16	中修	125	23. 27	
4	1999. 10. 15	1999. 11. 22	小修	39	12. 66	
5	2000. 1. 18	2000. 8. 11	大修	217	335	

从近几年来的生产实践看，诺兰达炉炉衬易损部位主要是风口区，其次是炉口、放渣口端墙与沉淀区两侧的上下圆周炉衬及抛料口与烧嘴所对应的相关炉衬。

风口区由于熔体处于激烈的搅拌状态，化学反应剧烈，熔体对耐火材料侵蚀严重。此外，由于炉温冷热交替变化而产生热震以及捅风口的机械损伤也是导致风口砖易损的原因。

炉口砖易损的原因主要是因高温烟气冲刷，以及清炉口时机械撞击。放渣口端墙与沉淀区两侧的上下圆周炉衬损坏的原因是受高温烟气冲刷及渣层频繁波动，熔渣对炉衬的严重侵蚀。抛料口周围炉衬受炉料中的水分及冷空气作用而损坏。烧嘴周围炉衬则主要为火焰直接冲刷而损坏。

4.2　诺兰达反应炉结构及其装备

4.2.1　诺兰达反应炉的炉体结构

诺兰达反应炉是一个卧式圆筒形可转动炉体，筒体用 50 mm 厚 16 Mn 钢卷制，内衬镁铬质高级耐火砖。炉体支承在托轮上,可在一定范围转动。炉体基本结构见图4-7,有关主要尺寸见表4-17。

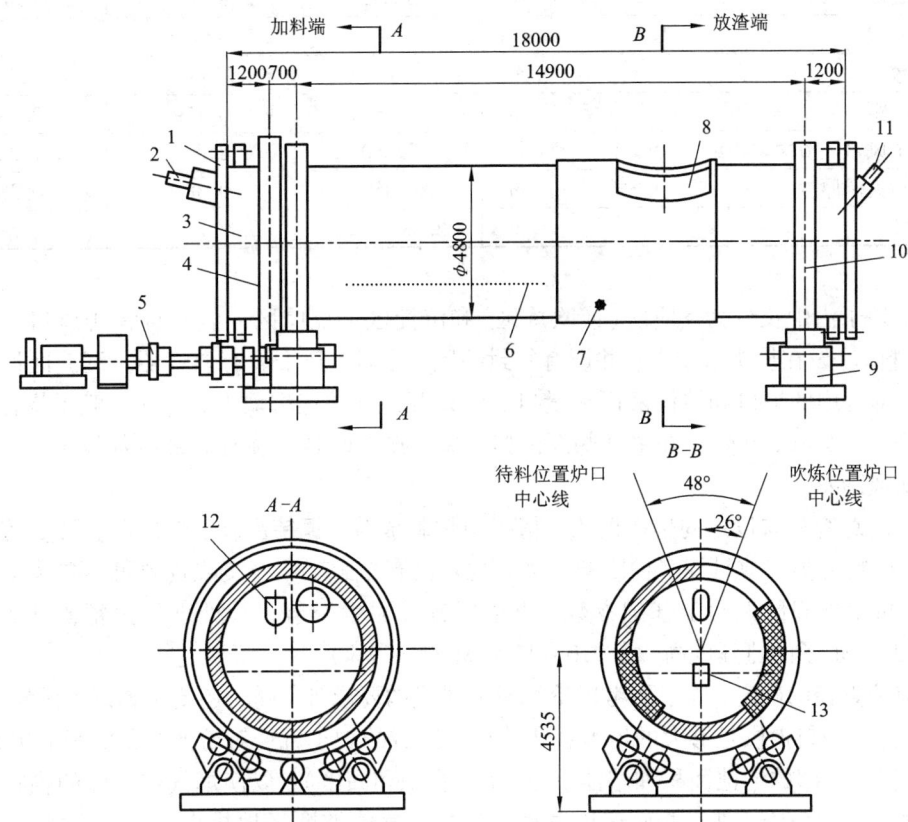

图 4-7　大冶冶炼厂诺兰达炉结构

1—端盖;2—加料端燃烧器;3—炉壳;4—齿圈;5—传动装置;6—风口装置;7—放锍口;
8—炉口;9—托轮装置;10—滚圈;11—放渣端燃烧器;12—加料口;13—放渣口

表 4-17　诺兰达反应炉炉体结构尺寸实例

项　目	单位	大冶冶炼厂	霍恩冶炼厂(加)	南方冶炼厂(澳)
炉壳内直径/砖体内直径	m	4.70/3.94	5.11/4.35	4.50/3.74
炉壳内长/砖体内长	m	18.00/17.06	21.34/20.58	17.50/16.74
炉子内容积	m³	210.0	305.1	183.9
熔池表面积	m²	42.8	50.3	36.0
吹炼区(反应区)长	m	10.0	12.3	10.0
吹炼区容积	m³	121.8	183.1	110.3
加料端耐火砖厚	m	0.381	0.381	0.381
加料端墙到第一风口距离	m	2.948	2.978	3.00

续表 4-17

项 目	单位	大冶冶炼厂	霍恩冶炼厂(加)	南方冶炼厂(澳)
风口区长度	m	5.832	8.731	6.40
风口孔径	mm	52	54	
风口个数	个	37	56	37
风口中心距	m	0.162	0.159	0.180
最后一个风口到渣端墙距离	m	8.280	8.870	7.260
渣端墙耐火砖厚度	m	0.457	0.381	0.381
炉口尺寸	m	2.58×2.29	3.66×2.44	

整个炉子沿炉长分为反应区(或吹炼区)和沉淀区。反应区一侧装设一排风口。加料口(又称抛料口)设在炉头端墙上,并设有气封装置,此墙上还安装有燃烧器。沉淀区设有铜锍放出口、排烟用的炉口和熔体液面测量口。渣口开设在炉尾端墙上,此处一般还装有备用的渣端燃烧器。另外,在炉子外壁某些部位如炉口、放渣口等处装有局部冷却设施,一般均采用外部送风冷却。

炉子的总容积与设定的生产能力、精矿与炉料成分、铜锍品位、渣成分、风量及鼓风含氧浓度、燃料种类与数量等多种因素有关。现在已有多个工厂的实践资料可供参考。在一般情况下,可由处理量先确定基础参数,再根据各种因素调节。其处理量按精矿计为 9~10 $t/(m^3 \cdot d)$。炉子的热强度高,为 970~1100 $MJ/(m^3 \cdot h)$。

反应炉直径的确定,除了要考虑熔炼及鼓风量的要求外,同时还要考虑以下因素:

(1)为入炉料提供足够大的熔池容积。风口区域的炉子直径对熔池容积的影响更大。

(2)提供足够的熔池面积和熔池上方空间(容积和高度),以使烟气中悬浮的颗粒在进入炉口前能大部分沉降下来,并使熔炼过程产生的烟气能够顺畅地排出,保持炉内正常负压,避免引起烟气外逸及其他不良后果。

(3)能及时为后续转炉提供足够的铜锍,满足转炉进料要求,放出锍后不会使反应炉内熔体面有过大的波动。

(4)当反应炉处于停风状态时,熔体面与风口之间应有适当的距离,这一距离还受反应炉(从鼓风吹炼位置到停风待料位置的)转动角度的影响。

现在已建成的几台诺兰达炉的直径在 4.5~5.1 m 之间。

反应炉长度在满足炉子总容积的前提下,还要考虑在炉子各部位合理布置加料口、燃烧器、风口、炉口、放出口和熔体面测量口等的需要以及工艺操作、抛料机与燃烧器、捅风口机与泥炮等在安装诸方面的要求。目前现已建成的诺兰达炉,长度在 17.50~21.34 m 之间。

诺兰达反应炉目前主要使用三种耐火材料:直接结合镁铬砖、再结合镁铬砖、熔铸镁铬砖。直接结合镁铬砖具有高温体积稳定性好、热稳定性好、抗渣侵蚀性能好等优点。再结合镁铬砖具有耐压强度高、抗侵蚀,高温强度高等优点。熔铸镁铬砖抗拉强度高,抗冲刷性能好,显气孔率低。根据炉内不同的工作状况选用不同的耐火材料,能延长炉寿,降低耐火材料消耗。大冶诺兰达反应炉各部分砌筑耐火材料种类见表 4-18。

诺兰达反应炉内衬耐火材料厚度一般为 381 mm,少数部位加厚,如风口、放渣口端墙为 457 mm。

表 4 –18 大冶诺兰达反应炉各部分砌筑耐火材料种类

部　位	材　质	数　量	备　注
加料端端墙、风口区、炉底上层、炉顶	直接结合镁铬砖	263 t	进口，国内青花厂有产
渣端端墙、渣线区	再结合镁铬砖	69 t	进口，国内青花厂有产
铜锍放出口及溜槽	熔铸镁铬砖	0.1 t	进口，共三层
炉底下层	高铝砖	7.7 t	实际用国产高铝砖

4.2.2　诺兰达反应炉的装置及其结构

(1)抛料口与风帘

抛料口开设在炉头端墙上部，偏风口区一侧，另一侧布置燃烧器。抛料口的宽度与抛料机抛出的料量宽度相适应，抛料口的顶部距炉顶应有足够的距离，以减少炉料对炉顶的冲刷，抛料口的下沿距熔体面应有一定的高度，以使炉料有足够的抛撒距离，同时还可以减少熔体在抛料口的喷溅。

抛料口的风帘主要起气封作用，防止炉内烟气逸出，风量一般为 5000 ~ 8500 Nm^3/h。

反应炉加料由专用抛料机完成，因皮带易损坏，故一般备用几台。抛料口系统见图4 –8。

(2)风口及风口区

风口及风口区是反应炉重要部位，这是因为反应所需氧气主要是通过风口鼓入，而风口区是反应炉化学反应最主要、最激烈的区域。

风口直径、风口中心距、风口区长度等参数主要取决于各工厂的生产能力及生产条件。大冶诺兰达反应炉风口及风口区的有关参数见表4 –17，鼓风压力一般在 100 ~ 120 kPa，鼓风量则根据给定加料量及预定的铜锍品位计算决定。单个风口的鼓风量平均在 1000 m^3/h 左右，富氧浓度为 36% ~ 45%，氧的利用率近 100%。风口位置可参考下列因素确定：①第一个风口到加料端的距离，一般取 3 m 适宜；②最后一个风口与炉口的距离。该距离适当可减少炉口和烟罩的粘结，并降低烟尘率，同时该距离影响炉结的生成及放锍口的位置；③最后一个风口与渣端墙的距离，该距离须满足渣锍的沉清分离要求及放锍、炉口、熔体测量孔位置要求；④风口高度，风口高度适中，以保证风口上方有足够铜锍层，创造良好的气 - 液反应条件，风口下方有足够深度，避免鼓入的气体对炉底的冲刷，腐蚀耐火材料。实践中，风口中心线与反应炉水平中心线的垂直距离控制在 1.3 ~ 1.6 m 间(大冶为 1.435 m)。

风口装置见图4 –9，主要由 U 形风箱、金属软管、弹子阀、消音器、风口管组成。风口结构与转炉的风口相似。风口用捅风口机捅打以保证送风畅通。

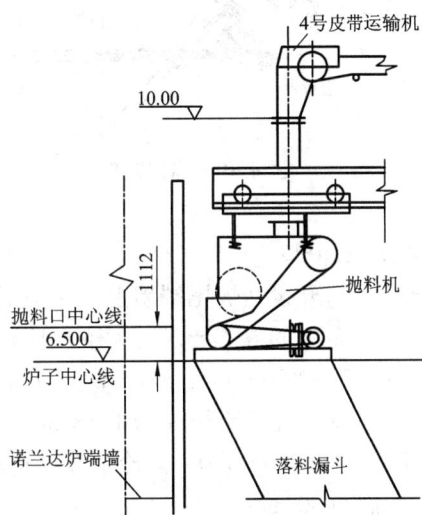

图 4 –8　抛料系统示意图

（3）炉口

炉口在炉壳上的位置，主要考虑其能有效集纳和排走烟气，减少喷溅与粘结。炉口尺寸主要取决于反应炉的烟气量及气流速度、实际生产经验，一般控制气流速度 13 ~ 17 m/s。为保护炉口周围筒体，设有炉口裙板及风冷装置。正常吹炼时，炉口中心线与水平面的夹角为 64° ~ 74°。

（4）放铜锍口

放铜锍口结构见图 4 - 10。此处采用熔铸镁铬砖砌筑，增强耐火材料抗锍腐蚀性能。大冶厂的放锍口位置在距最后一个风口 1.814 m 处，直径为 76.2 mm。放铜锍时用氧气将该口烧开，结束时用泥炮机将口堵住。

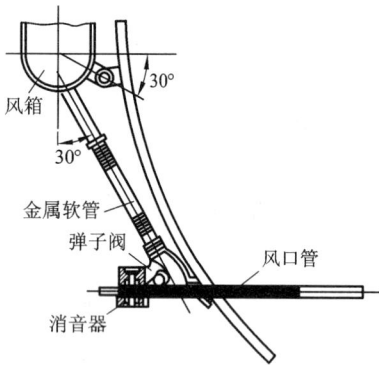

图 4 - 9   风口装置

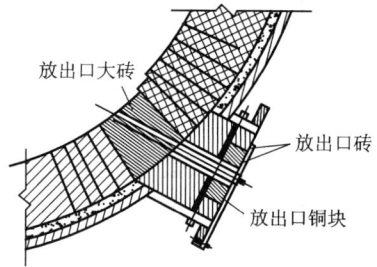

图 4 - 10   铜锍放出口

（5）放渣口

放渣口开设在炉尾端墙上。它应满足熔体面在正常波动范围的放渣要求。大冶反应炉铜锍面波动范围为 970 ~ 1300 mm，渣层厚度为 200 ~ 350 mm，因此，渣口中心线距炉底为 1318 mm。放渣口结构见图 4 - 11。放渣口为一风冷铜套，放渣口宽为 300 mm，高为 600 mm。

（6）熔体测量孔

及时准确测量炉内熔体深度，是熔炼工艺的要求。熔体测量孔开设在炉顶脊线上，大冶反应炉熔体测量孔直径为 90 mm，以炉口中心线为中心，距前后 3.3 m 处各设一个。

4.2.3 诺兰达反应炉的附属装置

（1）密封烟罩

大冶诺兰达反应炉密封烟罩为常压汽化密封烟罩，密封烟罩主要由以下几部分组成：①钢架，由两片组成，分别装在炉口两侧，其作用是固定密封烟罩的位置并承担全部重量；②

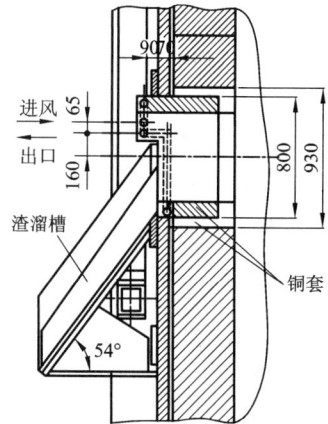

图 4 - 11   炉渣放出口

组装水套,烟罩的主体部分,共有44块,高度方向有5排,宽度方向最多4块;③铸造活动挡板;④密封小车和传动装置,活动密封小车可将小车提起,进行清理或其他作业。密封小车由卷扬驱动,为减少驱动功率,设有配重系统;⑤集气管。

密封烟罩主要技术性能如下:炉口烟气量50000~55000 Nm³/h,烟气温度约为1240℃,烟气流速10~17 m/s,烟罩出口面为4.3 m×3.5 m,软水消耗量为5~6 t/h。

(2)支承及传动机构

反应炉炉体重量及炉内熔体重量共约1100 t,全部通过托圈支承在四对托轮上。反应炉从正常的吹炼位转至停风位,由传动机构完成。大冶诺兰达反应炉传动机构为电机—减速机—小齿轮—大齿轮。电机功率186 kW。炉体转速为0.632 r/min。采用蓄电池组作备用电源,一旦突然停电,备用电源可将炉体旋转48°,使风口露出熔体面,防止熔体灌入风口。

(3)供风系统

大冶诺兰达反应炉设有3个供风(氧)点:风口、燃烧器、抛料口气封,以上3个供风(氧)点的风量及富氧参数见表4-19。

表4-19 大冶各送风点的风量及富氧参数

制氧机组供氧方式	风口用风			燃烧器用风		抛料口气封用风	
	风量/(km³·h⁻¹)	风压/MPa	富氧浓度(O₂)/%	风量/(km³·h⁻¹)	风压/kPa	风量/(km³·h⁻¹)	富氧浓度(O₂)/%
1台机组	32~34	0.096~0.11	36	5000	10	3000	21
2台机组	33~35	0.105~0.12	40	4000	10	3500	23

制氧机产出的氧气经氧压机加压后,由输氧管道送至反应炉。在反应炉附近,氧气与高压鼓风机产出的高压风在混氧器中混合。混氧器结构见图4-12。混氧时,氧气的压力应略高于高压风的压力。为防止高压鼓风机因故突然停风,氧气直接进入反应炉或高压供风系统造成事故,在混氧器之前,设置高压风机停风时氧气自动放空阀。

(4)配料及定量给料系统

为满足熔炼工艺对混合炉料及燃料的要求,在反应炉炉前设置6个储料仓供精细配料用,其中3个铜精矿仓、1个返料仓、1个熔剂仓、1个燃料仓。由于铜精矿粒度小、粘结性强,在精矿仓内易发生堵料现象,为此,精矿仓内壁材质采用高分子聚乙烯板,仓外设有压缩风空气炮振打器。在各储料仓的下口都装有定量给料机。物料量由料仓下口的开启度来控制,物料的计量则由重力式皮带秤完成。大冶厂采用Schenck秤,该秤包括称重系统及皮带变频调速系统,形成物料量给定、检测、调节等闭路调节系统。

给料系统由定量机和预给料机两部分组成。

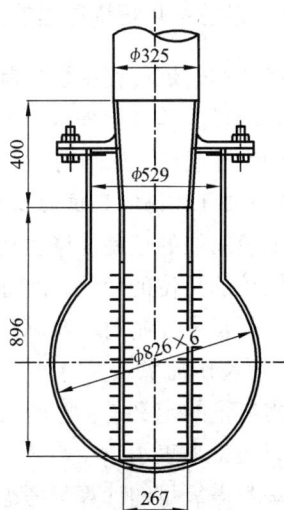

图4-12 混氧器示意图

预给料机由 DEM1257 秤体、非标漏斗、专用溜槽及 FDA 加外围电路仪表扩展箱组成。DEM1257 秤体包括秤架、5.7m×1.2m 皮带、FCA30 速度传感器、变频调速器、交流电机及减速机。非标漏斗设置了防堵过渡段，可有效防止大块物料堵住料口或发生冲料堵死皮带，确保给料的连续性。专用溜槽的功能是使预给料机的物流均匀平衡地滑到定量机皮带上，使物流连续、稳定、均匀，且沿中心线对称分布。

定量机由 DEL0850 秤体、MICRCONT RCO 仪表、卸料罩及全密封电控柜组成，由 DEM1257 秤体、包括秤架、5.0 m×0.8 m 皮带、FCA30 速度传感器、Z6 – 4/100 称重传感器、变频调速器、交流电机及减速机。

（5）捅风口机

捅风眼机安装于炉体风口区外侧平台上，一般采用 Gaspe 型，主要由五个部分组成：机架、行走结构、捅打机构、钢钎冷却及电器部分。根据需要其可安装 1~3 根钢钎，可以全自动作业，即自动测距、定位、捅打、返回和为了满足给定风量自动调整捅打风口频率，也可以人工操作。

（6）泥炮

用于诺兰达反应炉铜锍放出口堵口的泥炮是一种悬挂式设备。它由机架、液压马达、油箱、油缸、油泵、蓄能器、泥管及驾驶室等组成。其工作原理是液压缸驱动机架移动至铜锍口位置，将出泥口中心对准铜锍口中心并使泥管完成压炮、吐泥动作，从而堵住铜锍口，阻止铜锍流出，并设有紧急后退装置。

4.3 诺兰达炉正常操作的控制及常见故障的处理

4.3.1 诺兰达炉熔炼过程的主要控制参数及控制方法

诺兰达熔炼过程主要控制四项工艺指标：铜锍品位、炉温、渣型和熔体液面，其他参数为次要因素。其过程采取压抑性方针，实行压升抬降的控制方法，以保持稳定的铜锍品位、稳定的熔池温度、正确的渣型、合适的熔体液面。

4.3.1.1 铜锍品位的控制

铜锍品位的控制是诺兰达炉工艺控制的中心，诺兰达炉可产任何品位的铜锍，它能迅速适应铜锍的品位的变化，目前典型操作生产的铜锍品位为 65% ~73%。铜锍品位是由调节吹炼所需氧量来控制的。吹炼过程所需氧量可以通过精矿氧化反应耗氧量来计算。

（1）精矿需氧量

需氧量的定义是：将单位质量的该精矿冶炼成某一特定品位的铜锍所需氧量的体积。有时也以质量来表示。

炉料需氧量的计算只考虑铁和硫的氧化。这里不计铅、锌、镍等杂质的氧化。并假设炉料中的铜全部变成铜锍。从理论上讲，这样的简化处理是不准确的，但事实上引起的误差不大，对宏观控制一个大工业熔炼炉的需要而言，其精度已足够。

设某精矿及熔炼该精矿所产铜锍及炉渣成分如表 4 – 20。

表 4 – 20　物料设定成分(%)

	Cu	Fe	S	SiO$_2$
精　矿	21	25	24	10
铜　锍	70	6.4	19.6	–
炉　渣	5	40	–	22.2

设加入 100 t 精矿,则铜锍的产量(含渣中夹带的铜锍)为:

铜锍产量 = 精矿量×精矿中 Cu 含量(%)/铜锍中 Cu 含量(%) = 100×21%/70% = 30(t)

S 氧化耗氧的计算:

$$被氧化的 S 量 = 精矿中的 S 量 - 铜锍中的 S 量$$
$$= 100×24\% - 30×19.6\% = 18.12(t)$$

根据 S 氧化的基本反应式: S + O$_2$ = SO$_2$ 计算出需氧量 x = 12658.7m^3/100t 精矿。

Fe 氧化耗氧的计算:

$$被氧化的 Fe 量 = 精矿中 Fe 量 - 铜锍中的 Fe 量$$
$$= 100×25\% - 30×6.4\% = 23.08 t$$

根据霍恩厂的经验,被氧化的 Fe 中有 60% 氧化成 FeO,另 40% 则氧化成 Fe$_3$O$_4$。

Fe 氧化成 FeO 按反应式 Fe + 1/2 O$_2$ = FeO 计算出需氧量:

$$y = 2777.2m^3/100t 精矿。$$

Fe 氧化 Fe$_3$O$_4$ 按反应式 3Fe + 2O$_2$ = Fe$_3$O$_4$ 计算出需氧量:

$$z = 2468.6m^3/100t 精矿。$$

Fe 氧化耗氧量之和:

$$W = y + z = 5245.8(m^3/100 t 精矿)$$

精矿发生氧化反应的总需氧量 M 为:

$$M = x + W = 17905(m^3/100 t 精矿) = 179.05(m^3/t 精矿)$$

在实际生产中,往往是两、三种精矿混合在一起加入反应炉内,各种精矿各自需氧量按在混合精矿中的百分含量计算出的加权平均值即混合精矿的需氧量。

(2)熔池特性

在诺兰达炉铜锍品位的控制过程中,炉料实际需氧量与理论计算需氧量的差异导致了铜锍品位的变化,在过程控制上,"需氧量"有着特定的含义,它是反映熔池内锍品位变化时的需氧量或供氧量的变化。这种变化在输入氧量保持定值的情况下,可以通过增加或减少精矿量来调控铁与硫的氧化数量,实现锍品位的控制。另一方面,锍品位变化时,需氧量或供氧量的变化是受着熔池的容积容量影响的。因此,将这种变化关系称之为熔池特性,即库存铜锍的过剩氧量,下面将以具体的例子来说明。

在没有新炉料加入炉内的情况下,且炉内所积蓄的锍量不变,此时若铜锍品位变化,将会使需氧量变化,并与炉内积蓄的铜锍量有关。

设有 100 t 含 Cu 为 70% 的铜锍,当品位上升到 71% 时,铜锍量为 100×70%/71% = 98.59t,前后的质量差额为 1.41t(忽略次要元素),这个质量变化完全由铜锍中 FeS 的氧化所致。计算该 FeS 氧化的需氧量,即得该铜锍品位变化时铜锍的需氧量。

$$FeS 氧化的需氧量 = 563 m^3$$

这意味着品位上升到 71% 时应向炉内多加精矿,炉内积蓄的铜锍可以向炉内反应提供 563 m^3 过剩氧量,即供氧量已经比锍品位为 70% 时多出 563 m^3。若铜锍品位下降,则此值为负,意味着炉内脱硫少了，供氧量不够，欲保持原来品位，在不调节供氧流量时，则需减少精矿加入量。

（3）铜锍品位控制计算实例

铜锍品位的控制是以氧平衡为基础，可以采用改变加料量或鼓风量的方法来实现。任何一种控制调节只要与氧平衡有关，就必需重新进行一次氧平衡计算。氧平衡式表达为

$$\begin{pmatrix}鼓入的\\总氧量\end{pmatrix}\times\begin{pmatrix}氧利用\\系数\end{pmatrix}=\begin{pmatrix}加入精\\矿量\end{pmatrix}\times\begin{pmatrix}精矿需\\氧量\end{pmatrix}+燃料量\times燃料需氧量+过剩氧量$$

例：设定目标铜锍品位为 70%，半小时前得到铜锍品位结果 70.2%，加料速率为 80 t/h，煤的加入量为 1.5 t/h，鼓风量为 37000 Nm³/h，氧浓度为 44%，熔池上方鼓入空气量 4000 Nm³/h，现得到铜锍结果为 69.8%，请计算加料率，使品位在半小时内回到目标值。

此时其他相关参数为：氧综合利用率 95%，煤的耗氧量 1650 Nm³/t 煤，熔池中铜锍积蓄量 200 t，铜锍品位提高 1% 所对应的需氧量为 1112 Nm³。

首先，计算出原先的精矿需氧量：

$$需氧量 = (37000\times44\% + 4000\times21\%)\times95\% - 1650\times1.5 = 13789（Nm^3）$$
$$实际吨精矿需氧量 = 13789/80 = 172.36（Nm^3/t 精矿）$$

炉中积蓄的铜锍的品位每提高 1%，所对应的需氧量为 1112 Nm³。本例中，铜锍品位在半小时内下降了 0.4%，说明熔池中实际供氧量比理论耗氧量小，相对应在半小时内：

$$每吨精矿过剩氧量 = 熔池过剩氧量/加料速率 = (70.2-69.8)\times1112/(80\times0.5)$$
$$= 11.12（Nm^3/t 精矿）$$
$$新的精矿需氧量 = 172.36 + 11.12 = 183.48（Nm^3/t 精矿）$$

以下的工作就是调整进料率，以使新产出的铜锍品位为 70%，并将炉内积蓄的所有铜锍的品位全部从 69.8% 提升到 70%。

$$新加料速率 = (总氧量 + 熔池过剩氧量)/新的精矿需氧量$$
$$= [13789 + (69.8-70)\times1112]/183.48$$
$$= 73.94（t\cdot精矿/h）$$

实际操作中，加料速率由 80 t/h 突然减至 73.94 t/h 会引起炉温剧烈波动，可采取增加冷料量或逐步改变加料速率缓慢调节铜锍品位的方法，以稳定生产。

（4）不同铜锍品位控制方式

定时从风口取铜锍样（放铜时以铜口样为主），送炉前 X 荧光分析仪快速分析铜、铁、硫、二氧化硅及有关杂质元素，根据结果判定炉况。有偏差时，计算机提出新的加料速度或新配料比的建议，经操作者确认后输入计算机执行。

铜锍品位控制分三种情况作业：正常、异常和铜锍样被污染时。以大冶反应炉为例叙述如下。

① 铜锍品位正常时，在控制范围内（如设定铜锍品位 70%），品位每升（降）0.1%，加料速度增（减）3 t/h 左右。计算加料量时应考虑漏料、炉料水分等因素。

② 变化异常时，品位波动大于 2%，且实际品位达 71%～73% 时，将高硫精矿的比例增加 10%，低硫矿减少 10%，总加料量增加 10%。

品位高于 73% 时，增加取样分析频率为 15 min/次，全部采用高硫矿，并将总加料量增加 10%。

品位高于 74% 时，将风口风量降低 10%，氧浓度不变，取样分析 15 min/次，全部采用高硫矿，并将总加料量增加 10%。

品位高于 75% 时，风量不变，氧浓度降到 35% 左右（正常为 39% 左右），取样 15 min/次，

全部采用高硫矿,总加料量增 10%。

以上几种情况,因加料量增加较多,而风量、氧浓度还减少,此时要密切注意炉温的变化。

品位达 76% 甚至更高时,只有停炉处理(大冶厂在反射炉同时生产时,偶尔采用加入反射炉低品位铜锍来调节诺兰达反应炉铜锍品位的方法,但须谨慎操作)。

③ 铜锍样被污染时

铜锍样中熔融的铜锍中机械夹杂少量的渣。当铜锍样品分析时,SiO_2 含量 $\leqslant 0.3\%$,这是正常值(霍恩厂正常值为 SiO_2 含量 $\leqslant 0.1\%$)。

如果样品中 SiO_2 含量 $> 0.3\%$,我们即认为铜锍样被污染,出现这种情况,往往是炉况不正常,如铜锍品位低和渣流动性过好、铜锍面低等。此时,必须对分析结果进行判定并校正,将校正后结果应用于炉子操作控制,校正公式为:

$$[Cu]_{校} = [Cu]_{锍}/\{1 - [SiO_2]_{锍}/[SiO_2]_{渣}\}$$

式中　$[Cu]_{校}$——校正后的炉内铜锍品位,%;

　　　$[Cu]_{锍}$——铜锍样品位,%;

　　　$[SiO_2]_{锍}$——铜锍样中 SiO_2 含量,%;

　　　$[SiO_2]_{渣}$——当时炉渣中中 SiO_2 含量,%。

例:某铜锍样,含铜 63.12%,含 SiO_2 2.18%,此时渣含 SiO_2 为 22.45%,求校正后的铜锍品位。

$$[Cu]_{校} = 63.12\%/[1 - (2.18\%/22.45\%)] = 69.93\%$$

即校正后的铜锍品位为 69.93%。

由上可见,铜锍样被污染后,误差很大,操作中必须注意铜锍样是否被污染,发生污染情况可能说明炉况有问题,要谨慎作业。

铜锍样被污染时作业模式:

① 铜锍样中 $1.0\% > [SiO_2]_{锍} > 0.3\%$ 时,应采用校正后的铜锍品位来作业。

② $[SiO_2]_{锍} > 1.0\%$ 时,重新取样,最好从放铜锍口取样(该口接近炉子底部,又不在风口区,可采集到纯净的铜锍样),若铜锍口样 $[SiO_2]_{锍} > 1.0\%$ 时,首先要检查分析结果、检查取样制样工具。若分析结果真实可靠,此时要针对具体情况采取相应的工艺措施:若铜锍面低,应多加铜锍含量高的物料;若铜锍品位偏高,渣很粘,则可适当减氧;若是炉温低导致渣铜分离不好,应提高炉温。在整个处理过程中,要勤量铜锍面高度,增加取样分析频率;勤放渣,压低渣层厚度。

4.3.1.2　炉温的控制

炉温是诺兰达熔炼工艺重要参数之一。炉温过高,耐火材料本身的强度下降,熔体对炉衬的冲刷、侵蚀加重,并增加能耗。炉温过低,渣的粘度增加,流动性差,难以排放,操作困难,而且炉料入炉反应不完全,往往随渣排出,在保持操作稳定和渣能顺利排放的情况下,通常维持低温运行。一般控制在 1220~1230℃。而铜锍品位的增加会产生更多的化学反应热量,因而会引起炉温的升高,反之亦然。因此,稳定铜锍品位直接影响到炉温的控制,故每半小时采集一个铜锍试样直接送化验室分析。这样,操作人员就可以在取样后 15~30min内获得所需结果。若因某种原因不能进行试样分析,操作人员就可利用前一次试样的数据来调节生产参数,使铜锍品位回到目标值,这样,就可减少过热意外现象的发生。

诺兰达炉炉温的测量可以使用风口高温计与辐射式高温计。辐射式高温计只能测量炉渣的表面温度,因而用它测量熔池的表面温度有局限性,其测量可能受炉口辐射的影响,还可能受到熔体氧化产生的含重金属(如铅)烟雾以及在熔池表面燃烧的煤和废金属物料颗粒的干扰。与此相反,风口高温计只测量主要反应区熔池的温度,生产参数的变化通过它可以很快地测知。

风口高温计实时测量值直接传送到DCS控制系统,显示在操作计算机屏幕上。因其测量的是风口区铜锍的温度,所以测得的温度对鼓入的富氧浓度很敏感,如富氧浓度为21%时测得的温度为1180℃,31%时为1205℃,而38%时则为1260℃,为防止偏差,需定时用快速热电偶进行校正。

调控炉温,采用如下措施:冷料(返料)率随炉温高(低)而增(减);炉料配比随炉温高(低)而减(增)高硫矿比例(此时若增加高硫精矿比率,则氧浓度就相应地上调);石油焦加入量随炉温高(低)而减(增),同时调整氧量;氧浓度随炉温高(低)而减(增);加料端燃油供应量随炉温高(低)而减(增),同时调供风、供氧。其中,调节冷料(返料)量最为简单、快速、有效。

4.3.1.3 渣型控制

控制合理的渣型是诺兰达炉工艺控制的又一重要任务,因诺兰达法能在渣含磁性氧化铁高的条件下操作。通过改变熔剂率来产生 Fe/SiO$_2$ 为 1.5~1.9 的炉渣,其优点在于需要熔剂少,减少了渣量,从而增加了炉子的处理量,减少了渣中铜损失,并为其后的渣贫化工作减轻负担。

在生产中,炉渣 Fe/SiO$_2$ 往往会偏离标定值,须对加入熔剂率进行调整。根据大冶厂生产经验,铁硅比升(降)0.1,熔剂率相应增(减)1%。

渣的流动性与原料成分、炉温、渣成分、炉料中是否掺有煤、氧浓度、炉内搅拌程度、渣端燃烧器是否开启、渣层厚度等因素有关。当渣流动性从较好状态达到临界状态时,应采取措施使其向好的方向发展,否则渣的性质可能会继续恶化,这些措施有:

(1)当炉温偏低或 Fe/SiO$_2$ 偏离目标值时,渣流动性不好,应将炉温适当提高并将 Fe/SiO$_2$ 调节到目标值,一般渣性可好转。

(2)当炉温和 Fe/SiO$_2$ 都正常,但渣流动性不好时,一方面检查炉渣分析结果,以理论熔剂率加入石英,另一方面适当提高炉温,增加高硫精矿比例。

(3)作为燃烧与还原剂的煤,对渣流动性的影响较大,一般流动性好的渣都伴有煤的加入。

(4)渣端烧嘴的启用对改善渣流动性有利,但对炉寿的负面影响较大。

(5)渣中微量元素的含量对渣的性质有很大的影响,如 PbO 对流动性有好处而 ZnO 则会使渣流动性变差;当 Al$_2$O$_3$ 含量 <8% 时对渣流动性有利,反之则有害;在 Fe/SiO$_2$ <1.8 时加 CaO 有益于改善渣流动性;Na$_2$O 对反应造渣有好处,但 Fe/SiO$_2$ >1.6 时对渣选厂就有很大的影响。通常炉料中微量元素较多时将 Fe/SiO$_2$ 控制在 1.6 以下。

在熔池熔炼过程中产生的高度氧化的低硅渣含铜量为 4%~6%,它取决于熔炼炉产的铜锍品位,与 Fe/SiO$_2$ 的关系不大。

4.3.1.4 液面控制

在反应炉顶部设有简单的液位测量孔,定时或根据需要插入钢钎进行液面测量。控制铜锍面最低值是为了保证氧气的利用率并防止风口鼓入的风直接鼓入渣层,从而引发喷炉事故;控制最高铜锍面是为了防止铜锍从渣口中放出,造成铜的不必要损失。总熔体液面控制得好,一方面可以保证炉内铜锍—渣—炉料间有充分的传质传热空间,铜锍能很好沉淀,渣能顺利放出;另一方面,可以保证发生突发事故时,反应炉风口能转出液面,有足够的空间处理问题,不会造成风口堵死的事故。

大冶厂控制铜锍面为970~1100 mm,总液面<1650 mm;霍恩厂控制铜锍面为970~1170 mm,总液面<1500 mm。当液面波动时可采取的措施有:

(1)当铜锍面<970 mm时,马上停止放铜锍;改变配料比,在保持铜锍品位和炉温波动不大的前提下减少高需氧量物料,增加低需氧量或含铜高的物料比例;在特殊情况下,增大含铜高的高需氧量物料,适当降低铜锍品位,增加炉内铜锍积蓄量。

(2)当铜锍面>1100 mm时,马上放铜锍,停止放渣作业,如遇转炉暂不需要铜锍等特殊情况时则降低加料量控制铜锍量的增加或将炉子转到待料位置,保温等待。

(3)总液面的控制一般不能超过1650 mm,当超过1600 mm时,必须马上放渣。视放渣速度,采取措施控制炉内液面上涨;当总液面已达到或超过1650 mm,且15 min内由于外因无法放渣时则转出,停炉等待。

4.3.2　常见故障及处理

诺兰达炉熔炼过程中,可能发生的事故有喷炉、死炉、炉体局部烧穿及炉子误转等。

4.3.2.1　喷　炉

喷炉是诺兰达反应炉最严重的事故。

发生喷炉事故的原因分析如下:

(1)铜锍面过低导致大量空气鼓入渣层内,使大量FeO氧化成Fe_3O_4,炉渣粘度增大,为熔体喷发准备了最重要的条件。

(2)炉温过高,则熔体温度高,铜锍粘度变小,鼓风阻力小,风口过于畅通。此时往往供氧量大于炉料需氧量,因此使铜锍品位升高,相应地铜锍体积减小,铜锍面下降,造成渣层内鼓风更加剧烈。

(3)炉渣过吹

由于铜锍面过低,且铜锍粘度小,从风口鼓入的氧气有一部分本应在铜锍层中消耗,此时却进入渣层,与渣中FeO反应,使Fe_3O_4生成速率比正常时大得多,其使渣性变粘,放渣困难,因而渣层越来越厚,渣层内储存的氧越来越多,如此积累到一定程度时,风口鼓入的风参与反应产生的正常烟气和渣内储存的氧与硫化物等反应产生的额外烟气同时释放出来,喷炉就发生了。

预防喷炉事故发生的措施有:

(1)严格控制铜锍面高度和渣层厚度

大冶反应炉铜锍面高度严格控制在970~1300 mm之间,要求按制度及时测量熔体面高度。若铜锍层与渣层分界线不清时,应重复测准。若铜锍面高度低于970 mm,停止放铜锍,同时适当增加高硫精矿的加入比例,或多加些炉料,并相应调节供氧量。若铜锍面高于1300 mm,则应多放铜锍。渣层厚度应控制在200~350 mm之间。低于200 mm放渣时易带铜锍,使渣含铜增加,降低反应炉的直收率;高于350 mm时,应多放渣,严禁高液面作业。

(2)控制好渣型和渣性

炉渣铁硅比控制在1.6~1.8,严禁Fe/SiO_2<1或Fe/SiO_2>2,严格按制度取渣样分析

Fe/SiO₂，若其波动较大时，要适当增减石英石的加入量或调整加入的各种精矿的比例。若炉渣发粘，在使用空气枪的情况下仍难放渣时，可适当增加石油焦加入量，提高炉温，不得已时，可开启渣端燃烧器。

（3）注意铜锍品位的变化

若铜锍品位升、降异常，首先要检查供氧量与加料量是否匹配，同时按铜锍品位异常时规定的运作模式处理。若铜锍样 SiO₂ 含量超过1%，应尽快再从风口采集铜锍样，加以验证。如果两个风口取的铜锍样污染程度相同，则第二个样必须从放铜锍口采取。铜锍样被污染严重，往往是炉内铜锍品位低和铜锍面低到危险程度的表现，必须高度重视，应按铜锍样被污染时的运作模式采取措施。

（4）严格控制炉温

严格要求炉温控制在1220～1230℃作业，若出现温度变化异常，首先要及时校正风口高温计，若确实是炉温变化超过限度，应采取增减冷料量等措施。

4.3.2.2　死　炉

炉渣发粘很难放出，甚至放不出，而总液面持续上涨时，将导致铜锍从渣口流出，最终引起死炉事故的发生。

造成死炉的原因较多，主要有两种：一是渣性不好，炉渣发粘，停滞流不动，渣表面形成糊状层。这可能是炉温过低或炉渣中 Fe/SiO₂ 失控；二是停炉保温时间过长，炉温下降过多，炉渣结壳而放不出来，或者是渣口被渣块堵死而造成死炉。

当一台反应炉出现种种濒临死炉的征兆时，可以采用以下"急救"措施，可能将其"救活"，转入正常生产：

（1）此时炉子不能停风，而应当在加料量减少的情况下，继续鼓入适量的风，以保持熔体的搅动；

（2）提高炉温，采取只加入高硫精矿、适当增加石油焦量、开启渣端燃烧器等提温措施；

（3）调节炉渣的 Fe/SiO₂，使之保持在1.6～1.8之间；

（4）开启最靠近渣端的几个风口（平常一般关闭），使其搅动放渣端熔体；

（5）来回转动反应炉。

预防死炉的措施有：

（1）严格控制炉温。炉温偏低时，减少或停止加入冷料，增加高硫精矿比例。同时，相应提高供氧量，让炉温慢慢升高；

（2）严格控制一次配料难熔物较多的铜精矿或烟灰，要均匀配入，避免集中处理。同时，要保证炉前料仓储存有一定量的高硫精矿，供二次配料调整炉况时使用；

（3）严格控制渣型使铁硅质量比在规定范围内波动，并增加石油焦量，改善渣性，均衡控制铜锍面和总熔体面高度，防止大起大落；

（4）在有计划的停炉保温前，要先将渣型调整好，并保留有一定厚度的渣层，在料面中适当多加一些石油焦、加入烧嘴的供油供风量。有条件时，每隔2～3 d 将反应炉转到鼓风位置，鼓几个小时的风，同时加入适量的高硫矿，使炉内熔体得到搅动，让炉内温度均衡和补充一些热量，并视情况放些炉渣后，再将炉子转出。有条件的工厂（如有反射炉在生产）保温后的开炉可以谨慎地向反应炉中加入适量的低品位热铜锍，然后转入鼓风状态，能使炉温迅速恢复正常。

4.3.2.3 炉体局部烧穿

炉体局部烧穿多发生在作业尾期。烧穿部位一般在炉底和风口区。由于炉结存在,炉底砖厚度测量不准,易造成炉底局部烧穿。其次,生产过程中,有时铜锍品位太高,产出粗铜,加剧了耐火砖的蚀损,也易引起局部炉底烧穿;风口区是反应中心区域,是受高温冲击、机械冲刷最严重的部位,该部位耐火砖蚀损严重。到后期,残砖易脱落,钢壳易被烧穿。

为了避免炉体烧穿,可采取如下措施:

(1)在日常生产中,严格按规程作业,严格控制好铜锍品位和炉温;

(2)严格按规定测量和记录炉体钢壳外壁各点温度。风口区钢壳外壁温度不得超过230℃,其余部位不得超过300℃;严格按规定测量和记录炉底砖和风口砖厚度,以便及时了解残砖状况;

(3)为了避免炉体局部烧穿,反应炉风口区的耐火砖一般每炉期更换一次,炉底砖每二炉期更换一次。此外,诺兰达反应炉在生产中还会发生渣口跑渣、跑铜锍或铜锍口跑铜锍等事故,遇到这种情况,只要将炉子转出,在降低熔体压力的情况下,漏洞容易堵上。

4.4 诺兰达炉生产过程的物料平衡及热平衡

4.4.1 诺兰达熔炼过程物料平衡实例

诺兰达熔池熔炼物料平衡可根据下列三个方程及给定的有关参数确定:

精矿中铜量 + 渣精矿中铜量 = 锍中铜量 + 炉渣中铜量

精矿中铁量 + 渣精矿中铁量 = 锍中铁量 + 炉渣中铁量

(精矿中铁量 + 渣精矿中铁量 + 石英中铁量 - 锍中铁量) ÷ (精矿中 SiO_2 量 + 渣精矿中 SiO_2 量 + 石英中 SiO_2 量) = Fe/SiO_2

大冶诺兰达熔池熔炼物料平衡见表4-21。

表4-21 大冶诺兰达炉熔炼物料平衡实例

名 称		数量 /(t/d)	Cu		Fe		S		SiO₂	
			%	t	%	t	%	t	%	t
加入	铜精矿	1200	21.00	253.76	26.00	316.72	24.00	288.00	10.00	122.56
	渣精矿	164.64	25.00	41.00	26.00	42.80	9.00	14.80	14.00	23.00
	石英石	60			4.00	2.40			85.00	51.00
	返尘	41	21.47	8.80	13.90	5.70	10.00	4.10	4.18	1.71
	返料	54	57.00	30.78	12.00	6.48	18.00	9.72	5.00	2.70
	合 计	1519.64		334.34		374.10		316.62		200.97
产出	铜锍	359	70.00	251.16	5.00	17.94	22.00	78.94		
	炉渣	854	5.00	43.60	40.95	343.98	1.50	12.60	23.40	196.56
	烟尘	41	21.47	8.80	13.90	5.70	10.00	4.10	4.18	1.71
	冷料	54	57.00	30.78	12.00	6.48	18.00	9.72	5.00	2.70
	烟气	211.26						211.26		
	合 计	1519.26		334.34		374.10		316.62		200.97

4.4.2 大冶诺兰达炉热平衡实例

大冶诺兰达炉热平衡见表 4-22。

表 4-22 大冶诺兰达炉熔炼热平衡实例

热 收 入			热 支 出		
项 目	数量/(MJ·h⁻¹)	%	项 目	数量/(MJ·h⁻¹)	%
炉料反应热	149764	59.73	炉料分解热	24803	9.90
炉料显热	1456	0.58	锍显热	15656	6.42
鼓风显热	2917	1.16	渣显热	59076	23.56
石油焦燃烧热	69060	27.54	尘显热	6380	2.54
重油燃烧热	27566	10.99	水蒸发热	11776	4.70
			烟气显热	116332	46.38
			炉体散热	16720	6.69
合 计	250763	100	合 计	250743	100

4.5 诺兰达炉生产控制过程自动化

大冶诺兰达熔炼系统采用 MAX1000 DCS（分散式计算机网络系统）加冶金模型优化计算机进行程控和生产管理，实现熔炼系统的自动控制。

MAX1000 DCS 系统设五个工作站，分别为熔炼工作站、余热锅炉工作站、硫酸工作站、制氧工作站和调度工作站，其中诺兰达炉 DCS 控制系统为核心，它能实施过程检测和控制、过程报警与连锁。

冶金模型优化计算机：

冶金模型计算机具有指导、控制等功能。其控制的大致程序是：利用 X 荧光分析仪进行快速分析，冶金模型计算机采集来自 X 荧光分析仪的精矿、熔剂、返料及铜锍、炉渣的组分数据，同时也采集来自 DCS 系统的精矿、石油焦、熔剂、返料的给料量及炉体给料端烧嘴和风口中供风、供氧等实时参数，根据冶金物理化学反应理论，完成氧平衡、硅平衡和热平衡这三项计算，通过调节生产工艺可调控的物料（铜精矿、熔剂、燃料、返料、空气、氧气等）进行诺兰达反应炉的反馈前馈控制，实施对主要工艺参数铜锍品位、炉渣铁硅比和炉温的控制。

图 4-13 为操作冶金模型优化计算机的工作流程图。数据是由键盘输入计算机的，系统启动时，操作人员将所有的数据输入，作为工作参数。数值代表每个输入物流的期望值。但是当第一个铜锍化验结果输入计算机后，计算机将应用实际数值，而不再应用期望值，必须的输入的工作参数包括：

①铜锍品位期望值；

②铜锍品位当前值；

③工作氧及空气的流量；

④输入燃料率；

⑤每批混合炉料的需氧量理论值。

在冶金模型计算中使输入的氧与炉料和燃料耗氧理论值相等达到氧平衡来计算出适当的混合炉料率，此值显示在视频终端上，并询问操作人员是否采纳此值，若不采纳，就要求操作人员输入新的炉料率期望值。

操作人员每 30 min 对铜锍采样一次。将数据输入该系统后，如前所述，计算机就修正炉料的需氧量，并改变炉料率，全部改变值都提供给操作人员，然后再决定是采纳还是修改。一旦此值被确定下来，全部皮带的工作方式就据此改变，并进入下一次的控制循环。

在整个冶炼生产系统中，各种外部工作

图 4-13　冶金模型优化计算机工作流程图

条件的变化都会影响到诺兰达炉的工艺生产，针对各类不同的工作条件影响工作参数的改变，模型优化机均能很好地适应。

在过程控制中可改变输入的燃料、空气或工业氧的量，重新计算氧平衡。基于前面的铜锍品位控制操作，此混合炉料需氧量将作为炉料需求量的最新值。然后，系统会给出新的炉料率提示。

操作人员也可决定改变各料仓的原料比率，以获得新的整体炉料配比。在最新炉料需氧量计算中将考虑理论需氧量值，且重新计算氧平衡，预计新的炉料率。

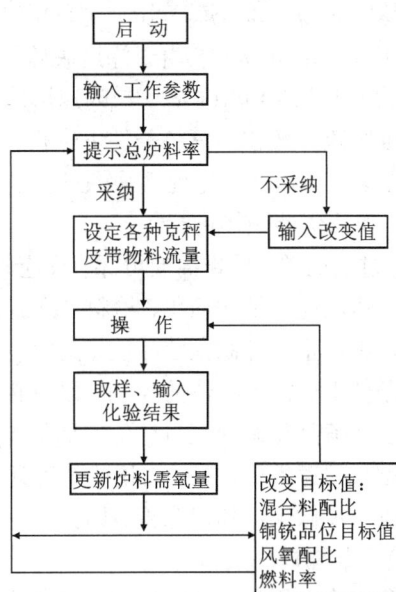

4.6　诺兰达熔池熔炼的特点及发展趋势

诺兰达熔池熔炼作为一种先进的炼铜工艺，具有如下特点。

(1)床能力高

诺兰达熔池处于强烈的搅拌状态，传热传质极为迅速，其物理化学变化非常剧烈，故诺兰达熔池熔炼床能力很高。从大冶厂实践来看，精矿处理量高达 90 t/h(湿)，其床能力达 50 t/(m² · d)。

(2)备料工艺简单，对原料、燃料适应性强

诺兰达熔池熔炼对物料的粒度和水分要求不严，块矿、返料粒度小于 100 mm，熔剂粒度不大于 20 mm，固体燃料粒度一般为 6~50 mm，水分在 7%~10%，生产都可正常进行。

诺兰达炉还可处理废杂铜、各种返料、渣精矿和其他含铜物料。

诺兰达炉燃料选择范围广，既可使用液体燃料(柴油、重油)，也可加固体燃料(粉煤、焦粉、石油焦)。燃料率低仅 3% 左右。

(3)脱硫率高，铜锍品位高

诺兰达熔池熔炼工艺脱硫率一般在 72% 以上，深度脱硫主要有三点好处：①铜锍量少，

转炉吹炼时间短；②熔炼产出烟气 SO_2 浓度高，可达 16% 以上，有利于两转两吸制酸工艺，硫的利用率可达 96%；③由于深度脱硫，可充分利用硫化物反应热，易于实现自热熔炼，综合能耗约为 17585 kJ/t(Cu)，与闪速熔炼相当。

深度脱硫一般在强氧势条件下进行，大量 Fe_3O_4 生成易造成炉结沉积严重，危害正常作业，但在诺兰达熔池熔炼处于强烈的搅拌状态条件下，Fe_3O_4 造渣条件好，即使是生产高品位铜锍，作业仍能顺畅进行。

(4)过程简单，操作简便可靠，反应易于控制

诺兰达反应器结构简单，给料、放锍、放渣操作简便。反应炉采用分散式计算机网络进行过程控制。主要控制铜锍品位、温度、铁硅比三项指标。实际生产中，在一定的给料量和氧量的条件下，铜锍品位的控制，以分析锍品位数据为依据，根据计算需氧量，用增减物料量的办法把锍品位调控到目标值。而炉温、铁硅比则由操作人员凭经验控制。

但是与闪速熔炼比较，无论是炉寿还是铜的直收率，均需要进一步研究提高。还有以下方面需进一步做工作加以完善，如：

(1)烟罩漏风率大

尽管大冶采用先进的常压汽化密封烟罩，烟罩两侧与炉口护板接触的弧面采用不锈钢增强陶瓷纤维布作为软接触密封，密封效果一般较迷宫密封好，但实际烟罩漏风仍达 50% 以上。

(2)作业率低

大冶设计鼓风时率为 88%，实际为 87%。作业率低的原因有两方面，一是常规例检停风、清理炉口作业停风、洗炉从炉口加生铁球停风等；二是生产系统设备故障造成停风，如锅炉系统故障、硫酸系统故障等。作业率低直接导致精矿处理量降低，也造成氧气浪费。

(3)风口氧气浓度有限制

风口氧气浓度过高，风口区的耐火材料寿命受到影响。大冶诺兰达炉风口氧气浓度正常值为 39%，短期最高值曾达到 48%，如要继续提高，要在风口耐火材料寿命上做工作。

(4)诺兰达炉周围环境状况需改善

诺兰达炉周围环境污染点主要有：捅风口机噪声、抛料机周围的粉尘，及放锍、放渣时散逸出来的烟气。改进诺兰达炉周围环境状况也应从上述几个方面着手。

诺兰达熔池熔炼是强化造锍熔炼的一种方法，可以作为传统炼铜法老厂改造时的选择方案。

撰稿人：刘朝辉

审稿人：李维群　骆　祎　李田玉　彭容秋

5　顶吹浸没熔炼法

5.1　概　述

顶吹熔炼法是澳斯麦特熔炼法与艾萨熔炼法的统称。澳斯麦特法和艾萨法都拥有"赛洛"喷枪浸没熔炼工艺技术，按各自的优势和方向，延伸并提高了该项技术，形成了各具特色的澳斯麦特法和艾萨法。

这两种方法在备料上具有共同点，原料均不需要经过特别准备。含水量 < 10% 的精矿制成颗粒或精矿混捏后直接入炉。当精矿水分含量 > 10% 时，先经干燥窑干燥后，再制粒或混捏，然后通过炉顶加料口加入炉内，炉料呈自由落体落到熔池面上，被气流搅动卷起的熔体混合消融。澳斯麦特与艾萨法的主要区别是：

（1）喷枪的结构不同　澳斯麦特喷枪有五层套筒，最内层是粉煤或重油，第二层是雾化风，第三层是氧气，第四层是空气，最外层是用于保护第四层套筒的套筒空气，同时供燃烧烟气中的硫及其他可燃组分之用，最外层在熔体之上，不插入熔体。艾萨炉喷枪只有三层套筒，第一层为重油或柴油，第二层是雾化风，第三层为富氧空气。

（2）排料方式不同　澳斯麦特炉采用溢流的方式连续排放熔体，而艾萨炉采用间断的方式排放熔体。

（3）喷枪出口压力不同　艾萨炉喷枪的出口压力为 50 kPa，澳斯麦特炉喷枪的出口压力为 150 ~ 200 kPa。

（4）澳斯麦特炉与艾萨炉在炉衬结构上的思路是完全不同的　澳斯麦特炉的思路是让高温熔体粘结在炉壁砖衬上，即使用挂渣的方法对炉衬进行保护，于是，澳斯麦特炉子采用了高导热率的耐火材料砌筑，并且在炉壁和外壳钢板之间捣打厚度为 50 mm 左右高导热性石墨层，钢板外壳表面又用喷淋水或铜水套冷却水进行冷却。艾萨炉除放出口加铜水套冷却水进行冷却以保护砖衬外，炉体其余部位不加任何冷却设施，耐火砖与炉壳钢板之间填充一层保温料。

在炉底结构上，艾萨炉采用封头形及裙式支座结构，炉底裙式支座平放在混凝土基础上，用螺栓连接在一起，施工安装较方便；澳斯麦特炉采用平炉底，炉底与混凝土之间加钢格栅垫，用螺栓相连，这种结构较复杂，施工较难。

艾萨炉采用平炉顶，澳斯麦特炉采用倾斜炉顶，平炉顶制造安装比倾斜炉顶简单。

澳斯麦特/艾萨法与其他熔池熔炼一样，都是在熔池内熔体—炉料—气体之间造成的强烈搅拌与混合，大大强化热量传递、质量传递和化学反应的速率，以便熔炼过程能产生较高的经济效益。与浸没侧吹的诺兰达法不同，澳斯麦特/艾萨法的喷枪是竖直浸没在熔渣层内，喷枪结构较为特殊，炉子尺寸比较紧凑，整体设备简单，工艺流程和操作不复杂，投资与操作费用相对较低。

5.2 生产工艺流程

顶吹浸没熔炼对于老厂改造有很大的灵活性与适应性。一般来说，原先使用电炉熔炼的工厂基本上保持了已经有的工序，只是在电炉前面加上澳斯麦特炉或艾萨炉熔炼铜精矿，仍可利用原来的电炉进行炉渣贫化。炉料准备系统亦可以不动，可保留干燥部分。迈阿密厂和云南铜业公司就属于这一类。

迈阿密冶炼厂的工艺流程如图 5 - 1 所示。精矿和大部分熔剂在配料车间混合后，用铲车运送到五个中间储料仓，按需要控制从各中间料仓下来的精矿、熔剂、煤和返料的料流量。这些物料经过一个叶片混合器(搅拌机)混合后，送到制粒机中进行制粒，制好的粒料加入艾萨熔炼炉。粒料的优点是可以大幅度降低烟尘量。从艾萨炉出来的铜锍和炉渣的混合熔体通过溜槽进入电炉进行沉淀分离。

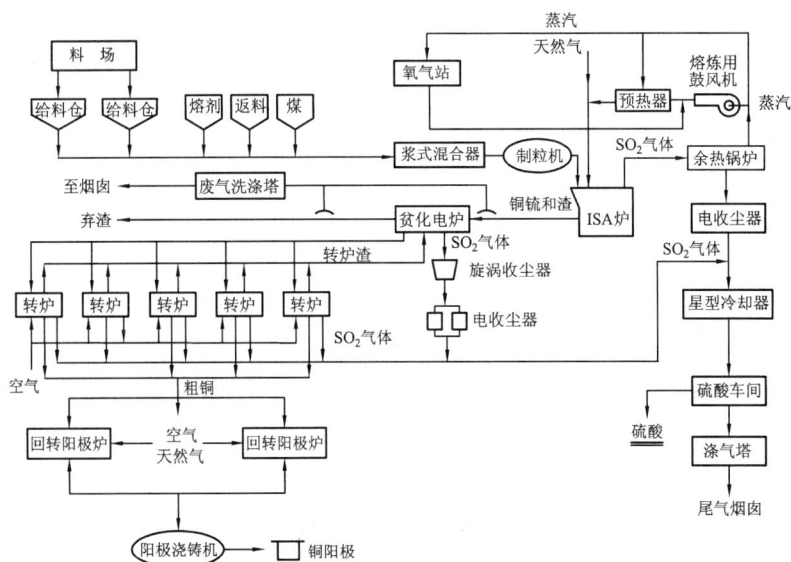

图 5 - 1 迈阿密冶炼厂的艾萨炉熔炼工艺流程

氧气浓度为 50% 的富氧空气通过喷枪外管喷入炉内，内管喷天然气，喷枪末端有一个旋流器将两者混合。天然气和煤是用来做补充热源的。

艾萨熔炼炉内，熔池内液面距炉底 1219 ~ 2134 mm，每半小时将熔体排入电炉一次，每次排入时间约 10 min。

从艾萨炉上部出口出来的烟气经上升烟道的烟罩排出。烟罩由冷凝管构成。从上升烟道来的烟气通过余热锅炉的辐射段和对流段后进入静电除尘器。余热锅炉中收集的粗尘经粉碎后，用气动输送装置送到一台精矿储料仓。电收尘的烟尘则由螺旋运输机送到一个布袋收尘器中。上升烟道从炉顶出口算起，总长 15.24 m，角度为 70°。这种设计允许烟气能充分冷却，以减少熔化的烟尘粒附在余热锅炉的炉壁上。设计时烟道使用了单独的冷却系统。但与余热锅炉共用同一水源。把两个系统分开的目的是想降低上升烟道烟罩的烟气温度，最大限度地减少结瘤。在上升烟道和余热锅炉四壁安装了一套机械振打锤，以清除挂渣。余热锅炉采用了常规设计，由辐射、对流和内部过热三段构成。安装内部过热系统的目的是提供发电的蒸汽，也用作艾萨炉的空气预热。

从艾萨炉流出的铜锍和炉渣混合熔体，经过溜槽流进一台 51 m^3 有 6 根自焙电极的电炉内进行贫化。如有必要，可在电炉内加熔剂以调整渣型。烟气中的粉尘经烟道下部的集尘斗收集后返回电炉。电炉渣用渣包运送到渣场弃去。铜锍送转炉进行吹炼。

除尘后的艾萨熔炼炉烟气和转炉烟气混合在一起，SO_2 浓度为 7.5%，送往双接触法制酸厂。酸厂尾气的烟囱处安装了一台二次苏打洗涤器，以确保尾气中 SO_2 浓度达到环境排放标准。

山西华铜铜业有限公司(华铜公司)是典型的澳斯麦特工艺新建厂，熔炼与吹炼都用澳斯麦特炉。熔炼炉使用的是四层套管喷枪，使用的燃料为粉煤车间制备的粉煤。富氧浓度为40%~45%，烟气中 SO_2 浓度为 7%~9%。加料口加入混合精矿。炉内熔体由堰体流入贫化电炉进行炉渣与铜锍的分离，Fe/SiO_2 为 1.0~1.2，CaO 含量为 5%~7% 的熔炼渣经 3 000 kVA 贫化电炉处理后，产出含铜 0.6% 的炉渣经水淬弃去。品位为 58%~62% 的铜锍间断地流进吹炼炉，也可以将熔融铜锍冷却制粒后加到吹炼炉。烟气通过炉顶烟道和余热锅炉后，经电收尘器后进入制酸车间。根据烟尘中铅含量的高低，或开路处理或返回熔炼炉。华铜公司的工艺流程如图 5-2 所示。

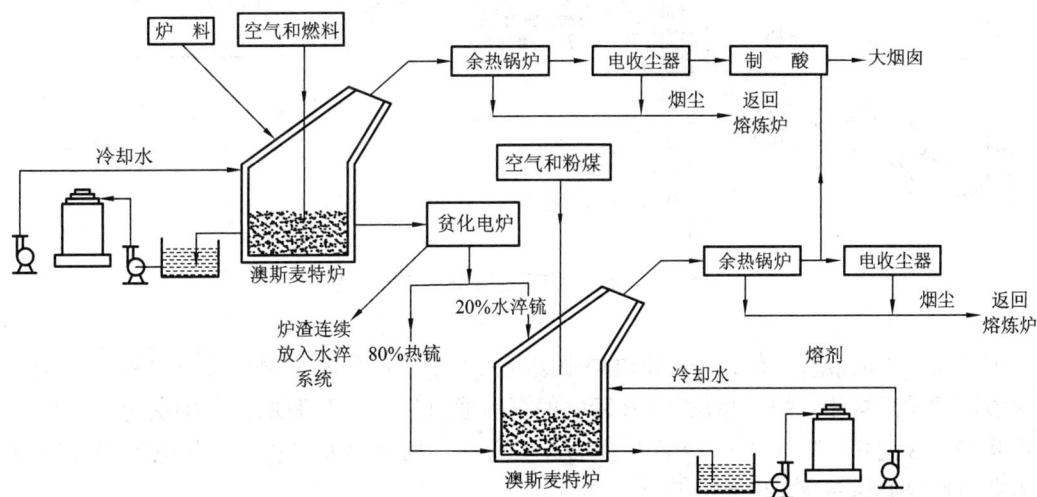

图 5-2 华铜公司澳斯麦特工艺流程

金昌冶炼厂工艺流程如图 5-3 所示。

正常生产中每 5~7 天更换一次喷枪，每次更换喷枪时间一般约半小时。此期间炉子通过炉顶备用烧嘴孔插入烧嘴烧柴油保温。当余热锅炉发生事故时，也用备用烧嘴烧柴油保温，炉子在保温期间的烟气，通过副烟道和掺入冷空气，使烟气温度由 1300 ℃降到 200~300 ℃，接着送往环保系统，通过风机和烟囱排入大气。在熔炼过程中产生的尚未燃烧的可燃物，如一氧化碳、单体硫等，通过喷枪套筒鼓入空气，在熔池上方和锅炉垂直段燃烧。

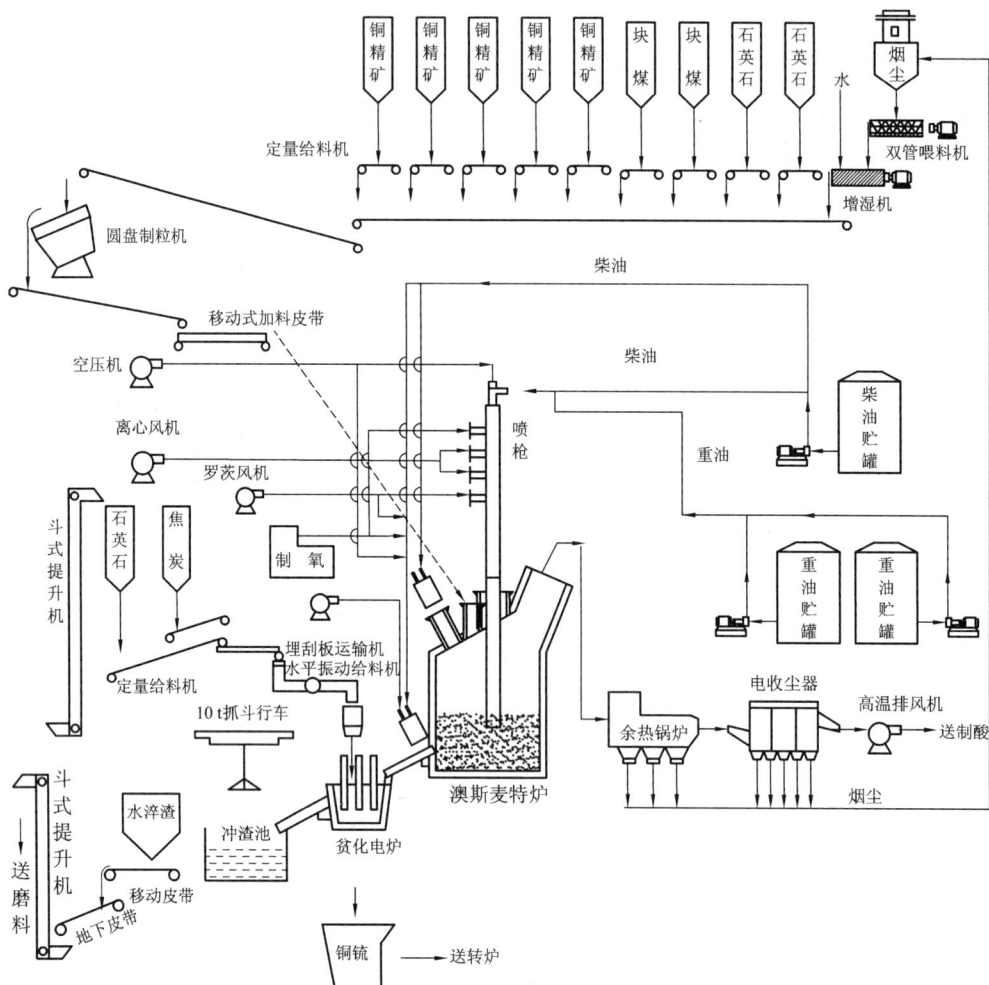

图 5 - 3　金昌冶炼厂澳斯麦特工艺流程

　　铜锍和炉渣的混合熔体，在贫化电炉中按其密度不同而分离为铜锍层和炉渣层。转炉渣由返渣溜槽返回贫化电炉。品位达 51.72% 的铜锍通过放出口和溜槽流入铜锍包子，并送往转炉吹炼。含铜 0.6% 的炉渣，水淬后作为弃渣送往渣场堆存或出售。贫化电炉烟气经旋涡收尘器由环保通风系统 120 m 烟囱排入大气。

　　澳斯麦特/艾萨炉的特点之一就是生产过程比较简单，控制容易，不复杂。

　　迈阿密厂的熔池温度控制在 1 167 ~ 1 171 ℃ 范围内，熔体温度是通过安置在炉衬内位于渣层与铜锍之间的热电偶测量的。通过调节天然气的流量来控制温度的波动。华铜公司控制的温度略高一些，为 (1 180 ± 20)℃，在炉子开始操作时需要 1 180 ℃。可以从粉煤率、富氧浓度以及加料量等方面的控制来实现。

　　铜锍品位一般控制在 (60 ± 2.0)%，是通过调整风料比来实现的。

　　从贫化炉内易形成炉结考虑，熔炼炉渣中的 Fe_3O_4 含量应限制在 10% 以下。若熔炼炉中 Fe_3O_4 含量控制不当，贫化炉内的磁性氧化铁炉结生成后是很难消除的。

　　熔池深度的稳定对熔炼炉的正常操作起着关键的作用。如果熔池高度超过正常高度 200

mm，必须立刻停止生产，否则会导致炉子的剧烈喷溅，并在烟气出口的上部、炉顶、加料口和喷枪孔等处形成渣堆积，此外还会在熔池面上形成泡沫渣。当熔池高度低于正常值200 mm时，需要加入水淬渣熔化，以使熔体高度增加。这种情况在正常生产时不会发生，只有在炉子内物料排放完后需要恢复生产时才会遇到。

喷枪浸没深度不合适时，会造成熔渣喷溅或喷枪顶部熔化。喷枪从炉顶开口处插入炉内，喷枪的顶部以插入熔体层200～300 mm处较为合适，以防止插入铜锍层使喷枪顶部被熔化。

给料控制系统提供的混合料包括有：铜精矿（主要成分为黄铜矿 $CuFeS_2$）；冶炼炉系统的返料；循环烟尘；熔剂；团煤。这些物料落于熔池的熔体面上，快速被喷枪强烈搅拌的熔体所熔没，在高温熔体中发生铜精矿造锍熔炼的全部反应，包括有高价金属硫化物与氧化物、硫酸盐与碳酸盐等的分解，金属硫化物（MS）的氧化、碳的燃烧、多种 MS 的共熔形成铜锍、各种金属氧化物（MO）与脉石矿物（SiO_2，CaO，MgO 等）的造渣。这些反应进行的基本原理，可参阅造锍熔炼过程基本原理的有关章节。

澳斯麦特熔炼炉采用富氧空气，吹炼炉只采用压缩空气。喷枪的末端插入渣层下200～300 mm处，在渣层中熔炼。熔体除受到喷吹气流的剧烈搅动外，由于在管壁间设有双螺旋的螺道，还产生旋转运动。喷枪出口处压力为50～250 kPa，压力较低，动力消耗较少。燃煤通过喷枪中心的管子向下供给熔池，并在浸没于熔池中的喷枪出口处燃烧，而空气和氧气则在喷枪出口处混合，将气体喷射与浸没燃烧结合起来。在这个过程中，通过环行通道的气体使喷枪外壁保持较低温度，以使靠近枪壁的液态熔渣冷却而凝结，在喷枪外壁上形成一层固态凝渣保护层，使喷枪免受熔池中高温熔体的烧损和侵蚀。

对于工艺过程有直接意义的是喷入气体与熔体的混合状况。喷枪喷入的气体进入熔体，

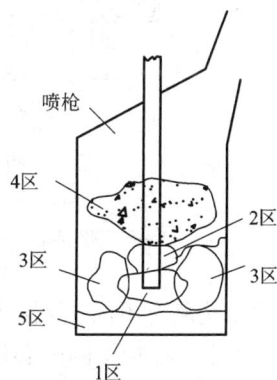

图 5－4　炉内熔池反应区域

1 区：在喷枪出口处，燃烧氧化区，
　　　燃料迅速燃烧，能量迅速传递。
2 区：在 1 区的稍上方，熔炼还原区。
3 区：物料发生强烈的氧化反应。
4 区：二次反应区，套筒风和 S，CO 等发生反应。
5 区：相对静止区。

这些充满了滞留气泡的熔体不断地"吞没"和熔蚀加在熔渣层上面的固体炉料，实现硫化物的氧化和造渣等反应。因此，喷枪对熔炼过程的作用决定于喷出气体在熔体中的行为。研究表明，从喷枪口每秒钟喷出的气体体积在标准状态下为 $3.4\ m^3$，在熔池温度下膨胀为 $16\ m^3$。可见，这样大的体积肯定要导致气泡从熔池中排出，造成熔池内的翻腾，形成图 5－4 所示的5 个不同的反应区。

5.3　顶吹浸没熔炼炉的结构及主要附属设备

5.3.1　炉子结构

顶吹熔池熔炼炉是一种圆筒型竖式炉，钢板外套，内衬耐火材料（图 5－5）。澳斯麦特炉

的炉顶为一个斜顶上升段，斜顶设有加料孔、喷枪孔、辅助烧嘴孔和烟道出口，圆筒炉体底部设有熔体放出口，见图5-5(a)。

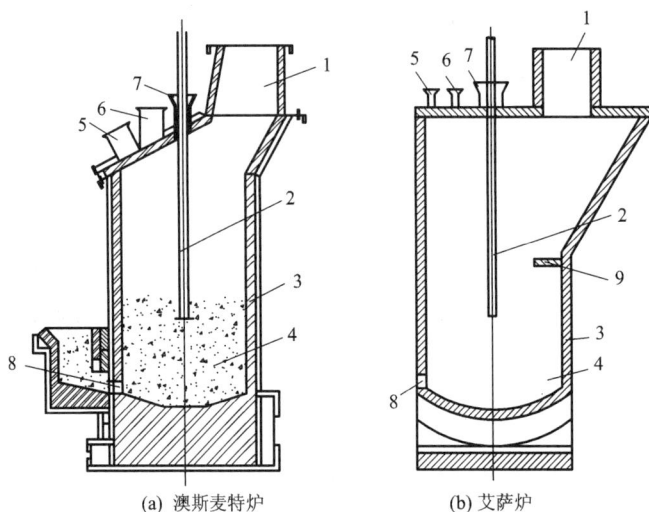

图5-5 顶吹熔池熔炼炉结构

1—上升烟道；2—喷枪；3—炉体；4—熔池；
5—备用烧嘴孔；6—加料孔；7—喷枪孔；8—熔体放出口；9—挡板

艾萨炉的结构略有不同，见图5-5(b)。该炉的喷枪孔位于炉圆柱体的几何中心。喷枪从该孔插入，并定位在炉子的中心位置。

备用烧嘴孔设于喷枪口旁边偏中心位置。该备用烧嘴孔是对准的，以使烧嘴火焰与垂直位置呈小角度喷入炉内。交接的顶盖封住了该烧嘴孔。

加料孔位于与备用烧嘴口相对的炉顶侧。加料导向设备位于加料孔上。

炉子顶部的烟道出口孔与余热锅炉入口处连接，烟气在余热锅炉降温再经电收尘器除尘后送制酸厂。

澳斯麦特炉与艾萨炉在炉衬结构上的思路是完全不同的。从使用效果来看，艾萨炉的寿命比澳斯麦特炉长。艾萨炉的炉衬构筑又分两种形式，一种是芒特艾萨公司的艾萨炉，另一种是美国塞浦路斯迈阿密冶炼厂的艾萨炉。

(1) 芒特艾萨公司的艾萨炉

芒特艾萨公司炉子的主要构筑特点是除入出口加铜水套进行冷却以保护砖衬外，炉体其余部分不加任何冷却设施。炉身(侧墙)及炉底采用奥地利RADEX公司生产的铬镁砖，底部砌砖型号为CMS镁铬砖，其余为DB505镁铬砖，砖厚450 mm，与炉壳钢板之间填充一层保温料。炉壳为炉子的承重结构。该炉于1992年投产，至2000年8月第7个炉期，炉寿命已达18个月。

(2) 迈阿密冶炼厂的艾萨炉

该厂的艾萨炉侧墙下部砌厚度为450 mm的耐火砖(DB505-3)，再在外面砌铜水套。铜水套的使用效果良好。在运行后期，该砖层的厚度还有100 mm，并一直稳定，不再腐蚀。侧墙上部结构为单一的(DB605-13)铬镁砖砌筑。炉寿命(两次重砌炉墙之间的间隔)为15个月，其间分 3 个阶段，中间有过两次修补。炉底为 CMS 镁铬砖砌筑，寿命长达 8 年多。

（3）澳斯麦特炉

澳斯麦特炉的内衬是让高温熔体粘结在炉壁砖衬上，即用挂渣的方法对炉衬进行保护。要在炉衬壁上留下一层固体渣，就要求炉壁从炉内吸收的热量及时向炉壳外传递出去，使炉衬内表面的温度低于熔体的温度。于是，澳斯麦特炉子采用了高导热率的耐火材料砌筑。并且在炉壁和外壳钢板之间捣打厚度为 50 mm 左右高导热性石墨层。钢板外壳表面用喷淋水进行冷却。在运行初期，喷淋水的温度差控制在 7 ~ 8 ℃，后期为 10 ~ 15 ℃。

炉底采用 EADEX 公司镁铬砖砌成反拱形，向安全口倾斜。砌砖下面用捣打料打出约 600 ~ 700 mm 厚的反拱形状。

与一般熔炼炉的炉渣和铜锍分开不同，澳斯麦特/艾萨炉的炉渣和铜锍都从矩形排放口一起放出进入贫化炉。排放口的衬砖与炉墙相同。放出口周围的砖衬很容易被熔体冲刷，损耗较快。

澳斯麦特炉的放出口外侧还加了具有虹吸作用的出口堰，这是该炉所特有的。熔体先从炉底部侧墙排放口流到出口堰内，在炉内熔体的压力下，出口堰内充满了与炉内几乎相同高度的熔体，然后通过堰上的小溜槽将熔体排出堰外。炉内熔体的的高度通过堰口小溜槽的高度来控制。当排放堰口没有堵塞时，炉内熔体高度相对固定，这种情况下喷枪高度不需要调整。若加料量与排放量不相配合，排放堰口内熔体粘结时，熔池面会涨高，此时要及时调整喷枪高度，否则会将枪口烧坏。可见，堰流口用来调整熔池面的作用是很方便和有效的。

艾萨法在排放熔体时，出口不设堰口。当炉内熔体达到一定高度后，打眼放料，因而，炉内熔体高度并不固定，随熔体面的高低，喷枪经常升降。

为了便于处理事故和检修时从炉内放尽熔体，在炉底的底部处开设了安全口，其直径为 30 ~ 75 mm。安全口外有石墨套，并有铜水套保护，与一般熔炼炉放出口结构基本相同。

华铜公司的澳斯麦特炉放出溜槽设计采用石墨捣打料，损坏得最快。使用寿命仅 20 ~ 30 d，后改为镁铬砖砌筑，原溜槽规格不变，但使用寿命也仍然是 20 ~ 30 d。后将溜槽底部加厚到近 1 m，使用 20 d，溜槽冲刷出 600 mm 的深槽。如此冲刷严重的原因是熔体温度偏高，粘度小，渗透性强，形成耐火材料被化学侵蚀后的冲刷。改为铜水套水冷溜槽后，情况大为改观，流过熔体区段未见冲刷痕迹，槽粘结也很轻微，极易清除。在转运溜槽出口处下方的溜槽，受高温熔体直接冲击，形成类似于瀑布下方的水潭，易将铜溜槽冲坏。因此，该处的铜溜槽底面，不宜做成平面，而应做成凹面，以消耗熔体自由落下时的冲击力。凹面深度由计算获得。

5.3.2　主要附属设备

（1）喷枪和喷枪操作系统

顶吹浸没熔炼工艺是采用一种直立浸没式喷枪，称为赛洛（CSIRO）喷枪。图 5 - 6 是喷枪的结构示意图。喷枪吊挂在喷枪提升装置架上，便于在炉内升降。喷枪是采用 316 L（美国材料试验标准）不锈钢制成，在部分构造上，澳斯麦特烧煤的喷枪与艾萨喷枪有不同之处。澳斯麦特喷枪有四层，最内层是粉煤和空气，第二层是氧气，第三层是空气，最外层是用于保护第三层套筒壁的套筒空气，同时供燃烧烟气中的硫及其他可燃组分之用。最外层在熔体之上，不插入熔体。艾萨喷枪无第三层套筒，不插入熔体，只在熔体上方 500 ~ 900 mm 的距

离处进行喷吹。氧气顶吹自然熔炼炉喷枪和三菱炉喷枪不同,赛洛喷枪的末端插入熔渣面以
下 200~300 mm 处,在渣层中吹炼。熔体除受到喷吹气流的剧烈搅动外,还产生旋转运动。
赛洛枪出口气体压力在 50~250 kPa 之间,压力较低,动力消耗较小。进入熔体中的高氧空
气是由喷枪口出来的空气与氧气混合成的,在喷枪内空气与氧气各走各的通路,互不相混。
三菱法是将空气与氧气入喷枪前已经混合,喷枪风气体是混合后的富氧空气。赛洛喷枪可使
用天然气、柴油、粉煤。三菱法则烧重油。华铜公司使用的赛洛喷枪外部尺寸如图 5-7 所
示。燃料(煤、天然气或油)通过喷枪中心的管子向下供给熔池,并在浸没于熔池中的喷枪头
部燃烧,而空气或氧气通过两根管子形成的环形通道输入,将气体喷射与浸没燃烧结合起
来。在这个过程中,流过环形通道的气体使喷枪外壁保持较低温度,以使靠近枪壁的液态熔
渣冷却而凝结,在喷枪外壁上形成一层固态凝渣保护层。固态凝渣层防止了液态炉渣到达枪
表面,使喷枪免受熔池中高温液体的烧损和侵蚀。

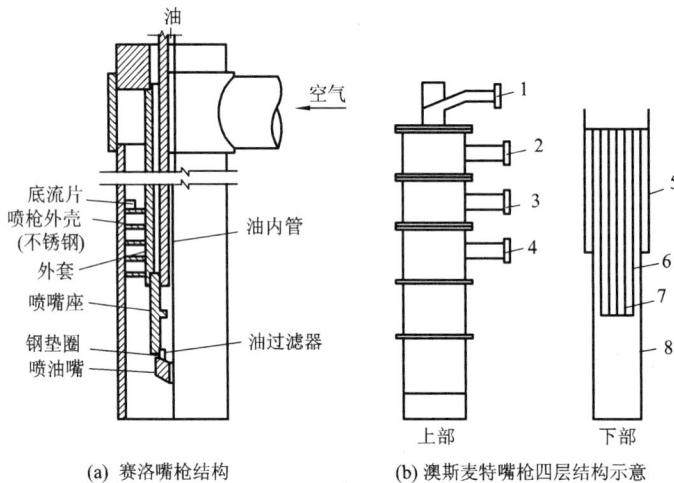

图 5-6　赛洛喷枪与澳斯麦特喷枪的结构示意
1—燃油;2—氧气;3—枪入气;4—护罩空气;
5—护罩空气;6—氧气;7—燃油管;8—燃烧空气管

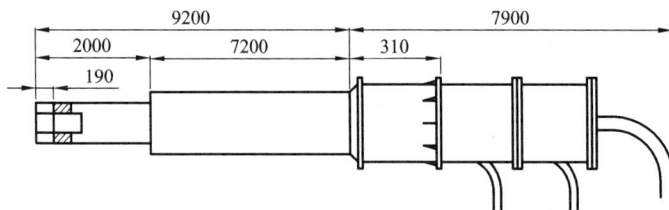

图 5-7　中条山有色金属公司华铜公司澳斯麦特喷枪外形尺寸(单位:mm)

　　基于赛洛喷枪的工作原理,该喷枪系统必须满足两个重要条件才能正常运行:一是必须
使喷枪的外壁随时保持一层固态凝渣层以免枪壁熔化;二是喷枪壁需足够冷却。这两个条件
是紧密相连的,因为只有喷枪壁面保持低温才能使其外面形成固态凝渣层,使喷枪寿命延
长。延长喷枪寿命的方法有改进喷枪材料,在反应空气中加入水或煤粉及控制喷枪传热等。

其中，控制喷枪传热，使喷枪壁传给反应空气的热量足够大，使枪壁外侧形成一层稳定的固态凝渣层是最有效的措施。

作为澳斯麦特炉系统的一部分，喷枪用于直接向熔融物料的熔池中注入燃料以及可燃气体。喷枪在炉子中的定位由喷枪操作系统设备来完成。喷枪操作系统（见图5-8）的设备包括：喷枪架小车、喷枪提升装置、喷枪架小车导向柱。

喷枪流量控制及定位系统采用控制系统以及现场控制盘来操作。

喷枪架小车用作喷枪在炉子中的垂直方向的导进导出，它由定位轮定位，而定位轮在喷枪架小车导向柱上的外侧凸轮上运行。小车的垂直方向的定位通过喷枪提升装置来实现。喷枪架小车包含有一个刚性架，用来支撑喷枪以及其挠性软管的接头。喷枪架小车用于将喷枪定位在喷枪插孔的中心位置。在喷枪的操作过程中可能会有一些震动，因此，枪架与喷枪支撑采用震动底座连在一起，以减少高频震动向喷枪架小车导向柱以及厂房的传递。

在喷枪提升装置出现故障时，采用天车将喷枪架小车以及喷枪从炉子中提出。喷枪架小车上装有一个钩子，用于连接行车的吊钩，行车应与喷枪架小车导轨上的限位开关连锁，以防止行车将喷枪架小车提过导轨的顶部。

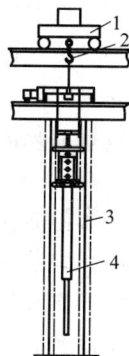

图5-8 喷枪操作系统

1—喷枪架小车；2—喷枪提升装置；
3—喷枪架小车导向柱；4—喷枪

炉子中的喷枪的模拟位置由安装在喷枪架小车上的位置传感装置确定。传感系统包括一个传感器和定位部件。传感器安装在喷枪架小车上。定位部件内的磁铁在部件周围产生一个磁场，传感器将探测到，从而推断出喷枪小车以及喷枪的位置。一个传感器将该信号传送到控制系统。

喷枪架小车有一个闭合液压回路，控制喷枪的往复运动。该液压回路包括：一个油缸、液压控制止回阀、流量控制电磁阀和电力驱动液压泵系统。泵系统包括一个储油箱、高压回油箱道、电机和液压泵。油缸冲程为250 mm，当喷枪安装在小车上时，约需要30 s延伸或收缩。使用的液压油应具备能适应高温的性能且不可燃。往复运动在小车停放位置进行。液压油管道应采用不锈钢管。

两个斜撑块将喷枪顶部与喷枪小车连在一起。斜撑块为弹簧装置，限制了喷枪头在炉子中的运动幅度，并且防止枪架小车上的挠性接头过度的运动。斜撑块将永久安装在喷枪架小车上，当喷枪及所有接头更换时才从喷枪上卸下。

喷枪架小车上的轮子组件形成四个独立的悬挂装置。每个悬挂装置有八个凸轮随动件，随动件在导向柱的外凸轮的内外两侧运动。另外，每个悬挂装置还有一个附加的凸轮随动件，该随动件在导向柱凸轮的内侧边缘运动，承担枪架小车的侧负荷。

与枪架小车的喷枪连接的装置由两种类型的接管制成。雾化空气和重油的管接头为快速接管。氧气、喷枪空气和套筒空气的管接头为Ritepro型，调整并搭配法兰，然后在内接头上旋转锁定凸轮帽便制成该接管。采用可调吊架和支撑使得配合法兰面在小车软管组件上调整成为可能。

（注意：喷枪加小车须称重，以保证任何时候操作的喷枪和喷枪架小车的总重量都小于1 t。）

喷枪提升装置是有一个 M7 级的变速装置, 用来控制运行中的喷枪的方向的位置, 控制过程通过喷枪架小车实现, 而运行中的喷枪正是固定在小车上。提升装置固定在喷枪架小车的顶部的导向柱上。喷枪提升装置的绳子始终与喷枪架小车相连。这种布置便于行车在炉子操作过程中能在提升装置以及喷枪控制系统的上方自由地通过。

喷枪提升装置有两根绳子, 能满足 M7 级的要求。当其中一根绳子出现故障时, 另外一根绳子可以承担所有负荷。

喷枪架小车通过两个导向柱在其垂直行程上运行。这两根导向柱控制喷枪垂直方向的行程, 柱子连接在厂房结构上。导向柱顶端的一个悬垂装置为喷枪提升装置提供支撑。

导向柱设计为只能承受喷枪以及喷枪架小车的静载荷和动载荷。在设计上不允许有其他载荷。

喷枪架小车停放及锁定位并支撑于导向柱的顶端。停车系统有一个气动制动销子使得喷枪能在行程的顶端位置 1 处的导轨上锁定。小车锁定系统由小车停放控制盘控制。

在导轨的顶端和底部配有可压缩橡胶缓冲片, 限制了喷枪小车的运行。底部的缓冲片阻止了新喷枪下降到离炉膛 245 mm 以下, 顶端的缓冲片阻止了喷枪小车位置 1 以上 200 mm 的运行。

(2) 沉降炉

沉降分离贫化炉有回转式、固定式沉淀炉两种, 固定式沉淀炉又分为燃油沉降炉和贫化电炉两种。我国炼铜厂目前都选用后者。比较两者的优缺点如下:

① 贫化电炉操作运行的灵活性比固定式燃油沉淀炉大, 容易提高熔体温度, 炉子结块时易处理, 不会冻死。

② 贫化电炉有利于改善沉淀条件, 可以通过加入还原剂以及熔剂来降低渣含铜量。

③ 贫化电炉热利用率较高, 可达 60% 左右, 固定式燃油沉淀炉仅为 25% 左右。

④ 贫化电炉可以使转炉渣以液态加入, 固定式燃油沉淀炉需将转炉渣水淬后返回熔炼炉处理, 导致熔炼炉燃料率增大、烟气量增加和精矿处理量减少。

5.4 炉子的正常操作及常见故障处理

5.4.1 澳斯麦特炉的操作

操作人员必须控制的一些工艺参数有: 熔池温度、铜锍品位、渣成分、给料速率、烟气量和成分、套筒风的速率。

(1) 熔池温度的控制

操作人员必须严格控制, 澳斯麦特炉的熔炼温度为 1 180 ℃, 渣还原和沉降电炉温度为 1 250 ℃。过高的温度会造成耐火材料的磨损加剧, 温度过低会生成粘性渣, 影响渣铜分层, 排放也困难, 甚至还会产生结块。熔池温度可以通过改变炉料与团煤的加料速率、改变喷枪 HFO(重燃油)加油的速率、改变富氧的浓度来调整。

(2) 铜锍品位的控制

铜锍品位一般在 58% ~ 62%。在一定的生产条件下, 操作人员需要控制一定的铜锍品位, 原因如下:

① 为了满足吹炼工艺的稳定,给料铜锍的成分必须稳定;

② 过高的铜锍品位会导致沉降炉渣铜损失量增大;

③ 过高的铜锍品位会造成渣中磁铁的含量高,容易析出产生结块,操作温度的要求也会变高;

④ 过低的铜锍品位会延长转炉的吹炼周期。

通过改变熔炼反应所需鼓入喷枪熔炼氧的速率来控制铜锍品位。

（3）渣成分的控制

操作人员需要对熔炼过程的渣成分严加控制,原因如下:

① 粘性渣会造成渣发泡,电炉贫化渣的铜损失量也大。

② Fe/SiO_2 比值高(>2)会造成渣中磁铁含量高;Fe/SiO_2 比值低(<1)会导致二氧化硅饱和,均使渣的粘度上升,致使渣结块,这就需要一个更高的操作温度来保持渣的流动性。

一般是控制二氧化硅熔剂的加入量来调整渣成分。

（4）给料速率的控制

给料的速率应使炉子的生产率最大,并确保铜锍的品位控制在58% ~62%的范围内,以适应吹炼的要求,防止出现任何延误。如果吹炼运行出现了延误,有必要减少或停止熔炼的给料量,直到吹炼正常运行时才能恢复正常的给料速率。

（5）烟气量和成分的控制

操作人员需要对烟气量和成分加以控制,以保证制酸系统正常生产。如果烟气量过大,排烟系统能力不足时便会从熔炼炉中散发出去,恶化劳动条件。

整个操作条件,包括给料速率和喷枪的供气量,都会影响烟气的排放量和成分,必须严格操作制度。降低富氧浓度就需要以空气(O_2 和 N_2)来替换氧气,而这会增大烟气量,降低烟气中 SO_2 浓度而影响制酸系统。

（6）套筒风速率的控制

鼓入的套筒风应保持一定速率,以确保所有煤的挥发性物质和未完全燃烧产生的一氧化碳都在炉内充分燃烧。这些产物在烟气控制系统中的氧化会导致许多问题的出现,如爆炸、烟气冷却装置和收尘设备的烧坏。

5.4.2 贫化电炉的操作

操作人员对贫化电炉需要控制的操作条件有:熔池的温度、铜锍和渣层的深度、磁铁的结块、电极的电源(电流和电压)。

贫化电炉内的熔池温度应控制在1 250 ℃左右,温度过高会使耐火材料的磨损加剧;过低会产生粘性渣,使排放困难,还会在炉内产生结块或集结物,熔体的混合和渣铜分离的性能差,将增大渣铜损失。

操作人员应控制炉内一定的铜锍和渣层的厚度。铜锍层厚会使铜入渣损失增加,还会导致渣水淬时发生爆炸。铜锍层薄会使得没有足够的铜锍提供给吹炼炉,从而减少粗铜的产量。

若确定的铜锍和渣层的平均厚度分别为350 mm 和850 mm,铜锍和渣的密度分别是4.5 t/m^3 和3.5 t/m^3,炉膛区面积是60 m^2,那么铜锍和渣的相应重量就是94.5 t 和178.5 t。必须稳定熔炼炉与贫化电炉之间的熔体流量。

操作人员需要密切监视贫化电炉中的任何结块的产生，因为结块多会降低炉子的生产能力，从而影响粗铜的产量。

磁铁含量高的渣将需要一个更高的操作温度来保持其良好的流动性，往贫化电炉内加入焦炭、铸铁或黄铁矿会减少磁铁的含量，有时还要调整熔炼炉熔剂的加入速率，以保持所需的渣成分。

监测和控制电极电源，以获取稳定的电极电流，某厂贫化电炉控制操作电源的功率是 75 kW/m^2。

5.4.3　顶吹浸没熔炼炉常见工艺故障及处理

熔炼过程中可能发生的重大事故有泡沫渣、死炉等。主要故障有夹生料、渣粘度大、喷枪结瘤及料口卡堵等。

(1)泡沫渣　泡沫渣发生时的现象是：熔池液面上涨，喷枪声音减小，喷枪剧烈晃动，有成团状或片状泡沫渣喷出炉外；炉负压波动幅度大，可达 200 Pa 以上，然后又急剧下降；SO_2 浓度下降，炉温有下降趋势。

引起泡沫渣的原因是由于长时间中断进料，渣层过氧化；在过氧化熔体中突然加入硫化物；渣型恶化使粘度增大等都会导致渣泡沫化。保证连续的进料，稳定控制渣型和炉温，就能防止泡沫渣的发生。出现泡沫渣征兆后，要及时退出熔炼状态，降低喷枪供风量，加入还原煤或精矿还原过氧化渣后再进行熔炼作业。

(2)死炉　死炉前的现象是炉温下降 SO_2 浓度上升而后快速下降，熔池搅拌状况不好，炉口有细小颗粒喷溅，炉膛发暗，温度急剧下降；喷枪声音变化明显，下降喷枪困难并晃动剧烈以至于喷枪无法下降，喷枪相对静止；探测杆测不着液面，无液态熔池。

造成死炉的原因有：启动时起始渣层太低，翻腾不好，反应不好；枪位太高，加料时熔体没搅拌翻腾起来；精矿或返渣水分过大，不能维持炉内热平衡；喷枪烧损严重；喷枪风压力太低。

预防及处理措施是将炉温控制在 1200 ℃左右，如炉温下降炉况恶化，应果断采取减料、停料等措施；枪位应适当；炉料太湿时适当降低料速或加大燃煤量；喷枪烧损严重时应立即换枪；喷枪风压力太低时，降低料速或停止作业。

(3)夹生料　夹生料发生时炉内出现生料堆；出口堰有生料块或生料颗粒同熔体一起流出；烟气中 SO_2 浓度、铜锍品位下降；渣粘度增大。这是由于炉温偏低，喷枪风量或氧气浓度不够，反应不完全；喷枪烧损或枪位不当；物料中夹有粒度大于 25 mm 的大块所致。

预防处理措施：增大燃料量提高炉温；增大风料比与提高氧浓度；枪位不当作适当调整，若枪烧损，应及时更换；严格炉物料管理，防止大块料入炉。

(4)渣粘度大　喷枪重量上升速度加快；SO_2 浓度下降；炉渣有泡沫化迹象；出口堰熔体流动困难，溜槽粘结严重；渣成分失控。其原因是炉温偏低，熔剂配比不当，渣过氧化，磁铁含量增大，风料比不当，铜锍品位超标；枪位不当，喷枪烧损。

渣粘度大的预防处理措施：加大燃烧提高炉温；采样送 X 荧光室快速分析渣组成，调整熔剂量；加大还原煤以还原渣中磁铁；根据铜锍品位变化情况，调整风料比；根据炉内熔池搅拌状况，调整枪位或换枪。

(5)喷枪结瘤　其现象是喷枪载煤风与套筒风反压增大，声音减弱，枪重明显上升，目测套筒管下部有大块结瘤。其原因是炉温低，渣粘度大；对于枪头结瘤可能是喷枪风水分太大，粉煤太湿造成的；对于套筒下部结瘤，可能是原料水分太大，套筒风量太大造成的。

喷枪结瘤的预防处理措施是增大燃煤提高炉温；采样检查渣成分，调整渣型；定期对载煤风储气罐排水，对原料粉煤含水量提出控制要求；控制精矿含水量在8%～10%，适当降低套筒风量；当套筒管下部结瘤过大时必须提枪进行清枪处理。

(6)料口卡堵 料口卡堵为料口太小或堵塞，影响正常进料。造成料口卡堵的原因有：炉温低或渣发粘，熔渣溅到料口结死；熔池液面高，枪位相对低，喷溅严重；入炉物料太湿；炉负压太大，漏风严重；料口外冷却水向炉内漏水。

预防处理措施：提高炉温，采样分析渣成分，调整渣型；检查出口堰流动情况，若熔池液面过高，则降低料速，控制液面在正常作业范围，并调整枪位；检查入炉物料，控制混合精矿水分在8%～10%；控制炉负压在-5～-10 Pa，处理料口漏风情况；若料口漏水，立即停止冷却水，对料口进行维修处理。

5.5 顶吹浸没熔炼的主要技术经济指标

表5-1列出了目前国内外采用顶吹浸没熔炼进行铜精矿造锍熔炼生产厂家的技术经济指标供分析比较。

表5-1 目前国内外铜精矿顶吹浸没熔炼法生产厂家的技术经济指标

项目		单位	Miami(美)	Mount Isa(澳)	华 铜	金 昌	云铜
(1)工艺流程			艾萨熔炼-贫化电炉-PS转炉	艾萨熔炼-贫化电炉-PS转炉	澳斯麦特熔炼-贫化电炉-澳斯麦特炉吹炼	澳斯麦特熔炼-贫化电炉-PS转炉	艾萨炉熔炼-贫化电炉-PS转炉
(2)精矿成分	Cu	%	27.5～29.0	24.5	15～28	20.27	20.5～25
	Fe	%	26～28.5	25.7	20～25	29	23～25
	S	%	31.5～33.25	27.6	23～26	27	23～25
	SiO_2	%	4～5	16.1	10～17	6.1	8～11
	水分	%	9.5～10.25		8～10	8～10	8～10
(3)燃料率		%		煤5.5	煤8～10	煤7.07	煤8.5
(4)处理精矿量		t/h	平均76.46 最高95.46	98(另加返回料14)	28(另加返回料20%)	48	平均100 最高118
(5)喷枪供风量		$m^3 \cdot min^{-1}$	425～566	840	200～260	454	360～420
(6)喷枪供氧量		$m^3 \cdot min^{-1}$	283		70	145	210～240
(7)富氧浓度(O_2)		%	47～52	42～52	40～45	40	45～50
(8)炉子烟气量		$m^3 \cdot h^{-1}$	76 000			51 502	
(9)熔池温度		℃	1 161～1 171		1 180～1 210	1 180	1 180～1 210
(10)炉子作业率		%	>94				>90

续表 5 - 1

项目	单位	Miami(美)	Mount Isa(澳)	华 铜	金 昌	云 铜
(11)炉寿命	月	>15	>18			28
(12)喷枪头更换周期	d	15		11	5~7	9~15
(13)烟气 SO_2 浓度	%	12.4		7~9	10.8	13~18
(14)锍品位	%	56~59	57.8	55~64	50	52~56
(15)炉渣含铜	%	0.5~0.8	0.59	0.6~0.7	0.6~0.7	0.5~0.8
(16)炉渣含 Fe_3O_4	%	8~10		5~7		5~10
(17)炉渣 Fe/SiO_2		1.35~1.45	1.1	1.1~1.3	1.43	1.1~1.3
(18)炉渣 SiO_2/CaO		6		4~6		10
(19)炉渣 Fe^{3+}/Fe^{2+}		0.2		0.16		
(20)贫化渣温度	℃	1 199~1 206		1 180	1 250	1 200~1 250
(21)喷枪出口压力	kPa	50	50	150	200	50~60
(22)粗铜冶炼回收率	%			>97	97	

5.6　顶吹浸没熔炼过程的物料平衡及热平衡

以金昌冶炼厂为例，铜精矿以及石英石等辅助材料成分见表 5 - 2 与表 5 - 3。这些原料在澳斯麦特炉进行造锍熔炼时的物料平衡与热平衡数据分别列于表 5 - 4 与表 5 - 5。

表 5 - 2　混合铜精矿成分

成分	Cu	Fe	S	SiO_2	CaO	MgO	Al_2O_3
%	20.27	29.0	27	6.1	3.0	0.8	1.2
成分	O_2	As	F	Au	Ag	H_2O	其他
%	1.8	<0.2	0.02	6.25 g/t	175.3 g/t	8~10	9.25

表 5 - 3　辅助材料成分(%)

材料名称	SiO_2	Fe	CaO	其他
煤　灰	43	13	12	32
石英石	85	-	3	-
石灰石	-	3	50	46(CO_2)

表5-4　金昌冶炼厂澳斯麦特炉熔炼过程的物料平衡

	名称	数量/(t·a⁻¹)	数量/(t·d⁻¹)	Cu /%	Cu t/d	Fe /%	Fe t/d	S /%	S t/d	SiO₂ /%	SiO₂ t/d	CaO /%	CaO t/d
装入	混合铜精矿	326592.00	1020.60	20.27	206.88	29.00	295.97	27.00	275.56	6.10	62.26	3.00	30.62
	转炉渣	58880.00	184.0	4.50	8.28	51.59	94.92	1.20	2.21	21.00	38.64	0.24	0.45
	返回物	6500.00	20.31	26.05	5.29	40.00	8.12	13.54	2.75	10.00	2.03	0.12	0.02
	石英石	49881.60	155.88			3.00	4.68			85.00	132.50	1.00	1.56
	石灰石	4652.80	14.54			3.00	0.44			1.00	0.15	50.00	7.27
	返回熔炼烟尘	4883.20	15.26	11.60	1.77	14.70	2.24	2.90	0.44	9.40	1.43	1.60	0.24
	返回转炉烟尘	4028.00	12.29	15.00	1.89	12.00	1.51	10.00	1.26	10.00	1.26		
	煤尘	3993.00	12.29			13.00	1.60			43.00	5.28	12.00	1.47
	合计	459350.60	1435.47		224.11		409.48		282.22		243.55		41.63
产出	铜锍	134259.20	419.56	50.00	209.78	22.30	93.56	23.20	97.34				
	弃炉渣	254681.60	795.88	0.60	4.76	38.38	305.46	0.50	3.98	30.09	239.49	5.19	41.31
	返回物	8865.00	27.70	27.00	7.48	28.00	7.76	10.00	2.77	8.00	2.22	0.10	0.03
	熔炼烟尘	4883.20	15.26	11.60	1.77	14.70	2.24	2.96	0.44	9.40	1.43	1.60	0.24
	熔炼烟气含硫	56752.00			177.35				177.35				
	损失				0.32		0.46		0.34		0.42		0.05
	合计				224.11		409.48		282.22		243.55		41.63

表5-5　金昌冶炼厂澳斯麦特炉熔炼过程的热平衡

名称	数值/(MJ·h⁻¹)	%	名称	数值/(MJ·h⁻¹)	%
热收入			热支出		
炉料物理热	647.74	0.367	炉料分解吸热	17445.52	9.885
转炉渣物理热	131.97	0.075	铜锍物理热	16638.80	9.428
氧化反应热	90849.63	51.479	炉渣物理热	42776.24	24.239
鼓风物理热	1530.99	0.868	烟尘物理热	868.13	0.492
漏风物理热	45.72	0.026	水蒸发热	23497.87	13.315
燃料燃烧热	83271.73	47.185	烟气物理热	67031.23	37.983
			热损失	8220.00	4.648
合计	176477.80	100.00	合计	176477.80	100.00

5.7　顶吹浸没造锍熔炼过程控制的自动化

以金昌冶炼厂澳斯麦特炉的生产过程为例,该熔炼过程设置了下列控制和检测回路:

(1) 澳斯麦特炉配料自动控制系统;

(2) 喷枪燃烧控制系统和喷枪提升控制系统;

(3) 澳斯麦特炉炉体温度检测和炉壳冷却工况监控系统;

(4) 澳斯麦特炉熔炼过程综合控制系统;

（5）澳斯麦特炉排烟温度及排烟压力检测回路；

（6）整个澳斯麦特炉及相关的后续工艺设施的安全报警和安全连锁系统。

以上控制连锁系统的设置，实现了各生产环节按顺序起、停及必要的生产安全保护措施，减少了操作及维修人员的劳动强度，使系统安全可靠地运行。同时该厂又采用了分布式计算机过程控制系统（DCS系统），对生产过程进行检测和监控，并把生产过程的信息送到生产管理及调度中心。

金昌冶炼厂澳斯麦特炉配料自动控制系统见图5-9。

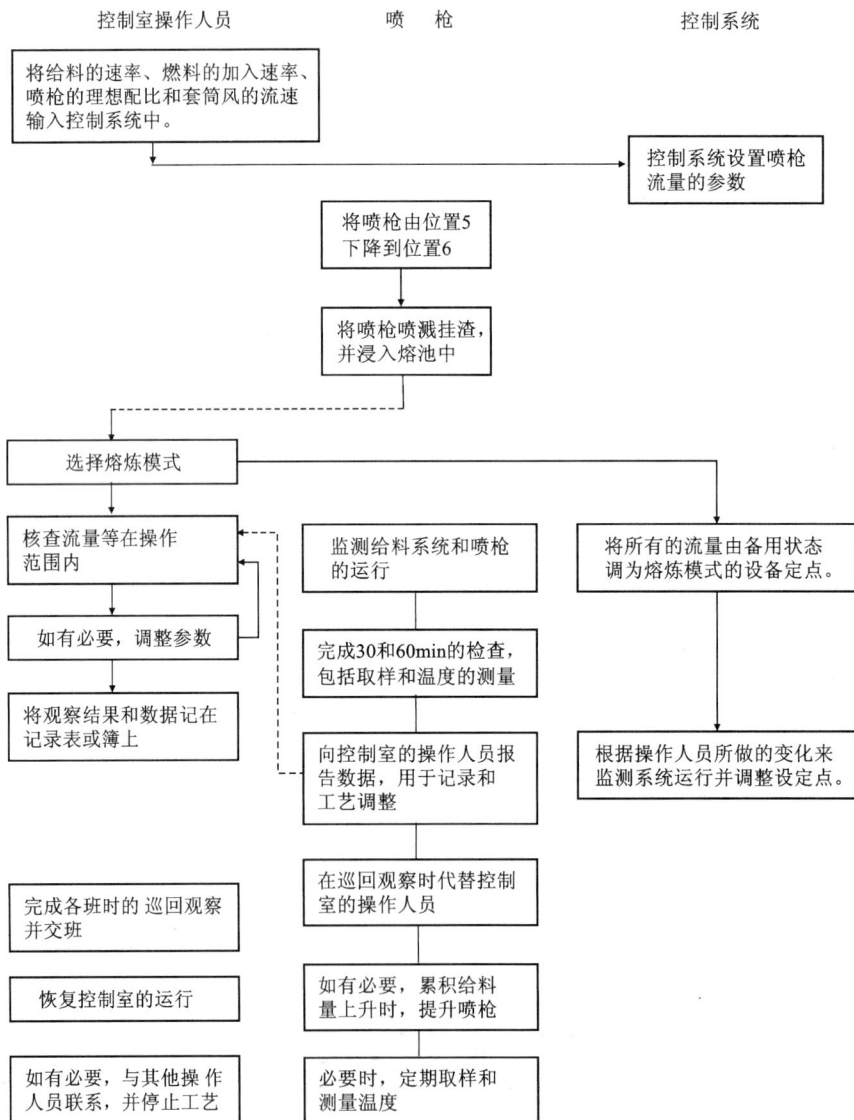

控制室操作人员　　　　　喷　枪　　　　　　控制系统

将给料的速率、燃料的加入速率、喷枪的理想配比和套筒风的流速输入控制系统中。

控制系统设置喷枪流量的参数

将喷枪由位置5下降到位置6

将喷枪喷溅挂渣，并浸入熔池中

选择熔炼模式

核查流量等在操作范围内

如有必要，调整参数

将观察结果和数据记在记录表或簿上

监测给料系统和喷枪的运行

完成30和60min的检查，包括取样和温度的测量

向控制室的操作人员报告数据，用于记录和工艺调整

将所有的流量由备用状态调为熔炼模式的设备定点。

根据操作人员所做的变化来监测系统运行并调整设定点。

完成各班时的巡回观察并交班

恢复控制室的运行

如有必要，与其他操作人员联系，并停止工艺

在巡回观察时代替控制室的操作人员

如有必要，累积给料量上升时，提升喷枪

必要时，定期取样和测量温度

图5-9　金昌冶炼厂澳斯麦特炉配料自动控制系统

金昌冶炼厂澳斯麦特炉的喷枪燃烧控制系统的喷枪枪位变化设置如图5-10。喷枪流量与位置的关系见表5-6。

表 5-6　喷枪流量与位置的关系

位置	重燃油速度/(mm·s⁻¹)	雾化空气速度/(mm·s⁻¹)	喷枪空气速度/(mm·s⁻¹)	喷枪氧气速度/(mm·s⁻¹)	套筒空气速度/(mm·s⁻¹)	块煤/t	炉内喷枪位置/mm	备　注
1	0	0	0	0	0	0	12 000	更换喷枪
2	0	0	500	0	0	0	10 000	喷枪头在喷枪出口
3	0	0	3 000	0	0	0	9 000	清理或紧急停车位置
4	380	550	4 200	0	0	0	8 000	点火位置
5	1 260	550	14 000	0	1 750	0	2 000	保温位置
6	1 260	550	14 000	0	1 750	0	1 200	挂渣位置
7	1 260	550	13 000	1 040	1 750	0	350~900	备用
	400	550	27 300	8 700	3 500	4.25	350~900	正常熔炼操作位置
	2 360	550	25 000	1 040	1 750	0	350~900	熔池温度还原位置

在更换喷枪时,喷枪位于其上部行程的顶部位 1(喷枪高度——炉膛与新喷枪头之间垂直距离 = 12 m 由现场确认)。当喷枪在这个位置上,有一个限位开关防止喷枪小车被喷枪吊车进一步提升。

位置 2 是喷枪头"在喷枪出口"位置,喷枪头正好在炉喷枪出口,位于炉膛 10 m 高度上(具体由现场确定)。这个位置之上,所有流体均停止。在这个位置以下,喷枪空气将喷出。在这个位置上,有少量喷枪空气供冷却。喷枪油在该位置上不喷入。

当喷枪从位置 2 降至位置 3 时,喷枪空气流量被加速到位置 3 的设定值。

喷枪从位置 4 提升至位置 3,则重燃油、雾化空气和套筒空气将由炉子控制系统自

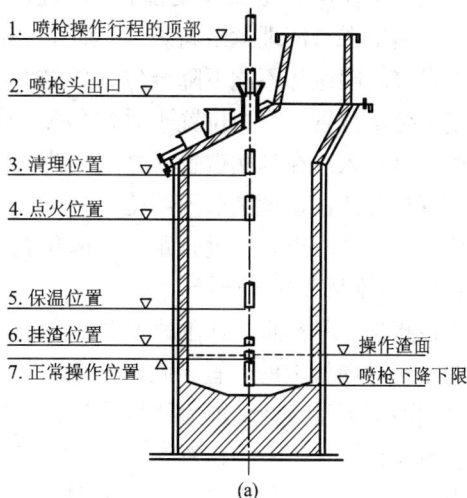

1. 喷枪操作行程的顶部
2. 喷枪头出口
3. 清理位置
4. 点火位置
5. 保温位置
6. 挂渣位置
7. 正常操作位置
操作渣面
喷枪下降下限

(a)

图 5-10　金昌冶炼厂澳斯麦特炉喷枪枪位置图

动停车。喷枪一离开位置 4,喷枪清理程序即由现场决定。在清理成功完成之前,喷枪不能提升高于位置 3。

当氧气流速设置为零(通常是当离开熔炼模式时),氧气清理开始。清理空气通过输送系统加入到喷枪的氧气孔道,并将持续到喷枪空气流量大于零,氧气流量为零。在喷枪启用时,空气流被输入到喷枪,直到氧气流量开始,氧气清理"结束"。喷枪在氧气清理完成前,不能在提升位置 3 以上。

每次喷枪需提升至位置 3 以上时,都必须进行喷枪风燃料管道的通空气清理。在清理完成之前禁止喷枪移动(通过启动禁止提升内部连锁),喷枪应保留在位置 3 上,直到清理完成。

位置 3 设计在离炉膛垂直距离 9 m 处,但可能在试车时调整。该位置可以在喷枪控制盘(LCP1)和控制系统中选择。

在紧急停车(ESD)情况下,喷枪将自动地提升至位置3,并停止所有喷枪内流体流动。该 ESD 将禁止喷枪直到 ESD 被复位。ESD 将停掉所有的喷枪流体流动,并提升喷枪至位置3。操作者必须在发生任何清理和根据喷枪控制台恢复正常流体流动之间确定加入辅助空气和燃料到炉内是安全的。当执行紧急停车时,喷枪在位置3上,当燃料和氧气管道清理未完成时,喷枪被预防提升(禁止提升)。

当 ESD 执行时,喷枪在位置3上,操作者有下列清理选择。

① 选择"清理"喷枪,这将开始 ESD 清理程序,然后停止空气流。在这点上,喷枪可以移离炉子,甚至用 ESD 仍有效,或是 ESD 可以复位。

② 选择"无清理"。这将改变燃料、铜锍的状态和氧气清理到"完成",消除禁止提升清理内部连锁,并允许喷枪吊离。在 ESD 仍继续时,喷枪可以吊离。该"无清理"按钮也可以在"清理"被选择之后使用,以取消不可能完成的任何清理(例如:空气出现供给问题——在清理完成后喷枪被冷凝)。

当操作者选择"清理"(清理已结束)或"无清理"并且所有 ESD 起动器不能工作时,ESD 复位按钮将被使用。在 ESD 复位后,位置3上的喷枪流体流动将重新开始。

如果喷枪在未清理就吊离炉子,则在喷枪下一次入炉时,输送到系统中的任何燃料就将在炉内燃烧。喷枪将不能下降至位置2之下,直到炉子加热完成。

当喷枪从位置3降至位置4时,喷枪燃烧空气流量将增加到位置4的设定值,重燃油雾化空气开始喷入。在到达位置4之上,供应的燃烧空气达到其设定点,重燃油根据喷枪空气流量以理想配比法速度被引入喷枪。

位置4设计在离炉膛垂直距离8 m 位置,但在试车时可能需调整。该位置可在喷枪控制盘(LCP1)和控制系统中选择。

应该指出,重燃油只有在炉子温度高于800 ℃时才能被喷入。喷枪悬臂小车启动位于喷枪悬臂小车导向杆上的位置3限位开关。

在"保温"位置5上,即为待机状态,燃料和空气速度被设置在操作温度下,为炉子保温。

喷枪从位置4下降至位置5,喷枪重燃油、喷枪空气和套筒空气流量被增至它们在位置7上的设定值。套筒空气在位置4以下即开始喷入。

位置5设计在离炉膛垂直距离2 m 处,但可能在试车时调整。该位置可以在喷枪控制盘(LCP1)和控制系统中选择。

位置6为喷枪"挂渣"位置,设计在离炉膛垂直距离1 200 mm 处,但可能在试车时调整。该位置可以在喷枪控制盘(LCP1)和控制系统中选择。

当喷枪从位置5下降至位置6时,喷枪重燃油、喷枪空气和套筒空气流量增至它们在位置6上的设定值。

当喷枪被提升出熔池到位置6或超过时,控制系统自动地增加喷枪重燃油,喷枪空气和套筒空气流量回到位置5状态。

到位置6后,操作者可以手动用吊钩将喷枪下降至进行正常操作位置7,同时观察挂渣要求。

位置7为喷枪"正常熔炼操作"位置。该位置7有一个活动范围,而不是某一个固定位置。该范围可以定义为位置6以下的任何位置。

位置7在喷枪控制盘上没有按钮,只有一个显示器表明喷枪在位置6下操作。

在位置6上，操作者可以通过现场控制吊钩，喷栓控制盘或使用控制屏提供的小增加项来控制枪位置。该位置有待机"待机"、正常熔炼操作"熔炼"、熔池温度恢复"升温"三种操作模式。

金昌冶炼厂澳斯麦特炉喷枪燃烧控制流程见图5-11。

炉子操作人员　　　　　　　　　　　　　　　　控制系统

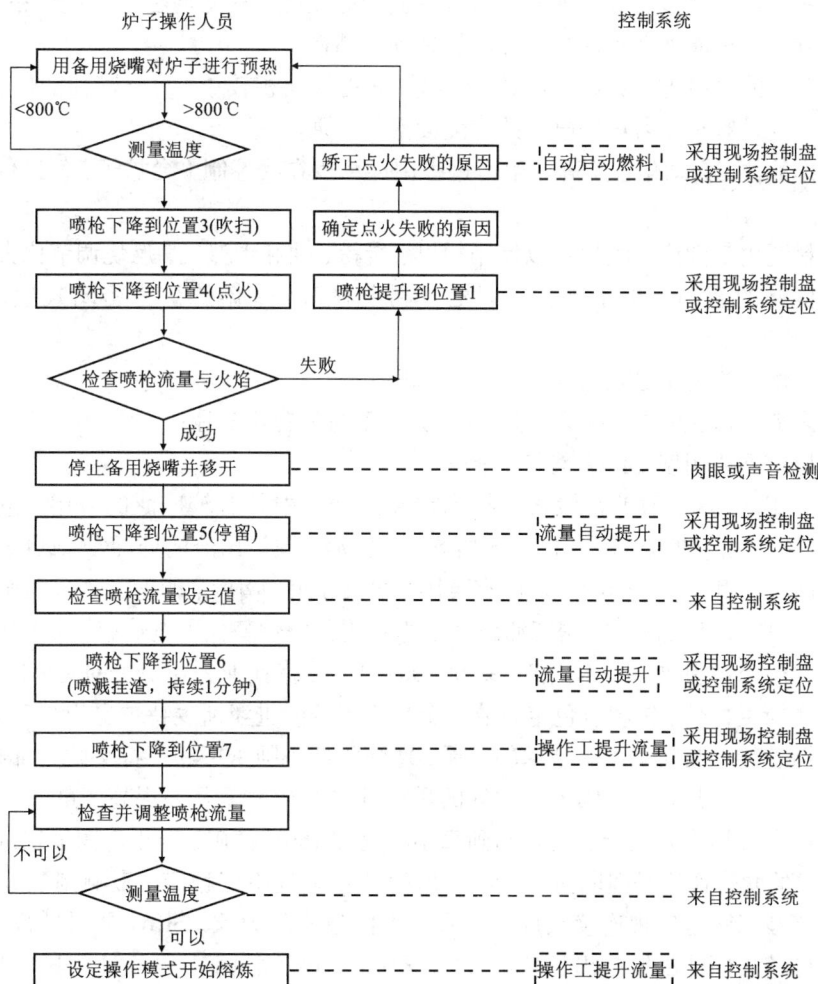

图5-11　金昌冶炼厂澳斯麦特炉喷枪燃烧控制流程图

5.8　顶吹浸没熔炼法的特点及发展趋势

该法在备料上，原料不需要经过特别准备，将含水量<10%的精矿制成颗粒或混捏后直接入炉。只有精矿含水量>10%时，精矿才经干燥窑干燥后，再制粒或混捏。炉料呈自由落体落到熔池面上，然后被气流搅动卷起的熔体混合消融。

顶吹浸没熔炼生产工艺的优点如下：

（1）熔炼速度快，生产率高。艾萨炉用于铜精矿熔炼，床能力最高已达238 t/(m² · d)，一般达到190.8 t/(m² · d)，是目前炼铜方法中床能力最高的一种。这种炉子在提高富氧浓度时，生产能力便可以成倍增加。年产 10×10^4 t 铜的工厂与年产 20×10^4 t 铜的工厂在炉子直径和高度上变化不大，只是富氧浓度不同。

（2）建设投资少，生产费用低。由于处理能力大，炉子结构简单，因此建设速度快，投资少。建设一座顶吹浸没炉的投资，一般只有相同规模闪速熔炼炉的 60% ~70%。

（3）原料的适应性强。对处理的原料有较强的适应性，不仅能处理"纯净"精矿，也能处理"垃圾"精矿，甚至能处理其他方法都不能处理的精矿。

（4）与已有的设备配套灵活、方便。熔炼炉的占地面积较小，可与其他的熔炼工艺设备配套使用。尤其是对于反射炉和电炉的搭配灵活、方便。

（5）操作简便，自动化程度高。生产过程用计算机在线控制1台炉子，每班仅需 4~6 名操作人员。

（6）燃料适用范围广。喷枪可以使用粉煤、炭粉、油和天然气，燃烧调节比大。

（7）有良好的劳动卫生条件。除喷枪口和上料口外，熔炼炉为密闭式生产，烟气逸散少。

顶吹浸没熔炼法的不足点为：

（1）炉寿命较短，最长时间只达到 18 个月，短的只有几个月；

（2）喷枪保温要用柴油或天然气，价格较贵。

经过十几年的发展，顶吹浸没熔炼技术在提取冶金中具有较广泛的应用，包括锡精矿、铅精矿、铜精矿熔炼，炉渣烟化，阳极泥熔炼、铅锌渣、镍浸出渣的处理，炼铁以至垃圾焚烧等方面。目前，采用本技术的冶炼厂已有英国、津巴布韦、南韩、印度、德国、美国、中国等国达 20 余家。1992 年美国迈阿密塞浦路斯冶炼厂用艾萨炉替代了电炉熔炼。1999 年我国山西华铜铜业有限公司引进该技术投产后，至 2004 年，云南铜业公司引进的艾萨炉、云南锡业公司引进的澳斯麦特炉、铜陵有色金属公司金昌冶炼厂引进澳斯麦特炉也相继建成投产。

随着澳斯麦特炉与艾萨熔炼技术的发展，塞浦路斯迈阿密厂和芒特艾萨厂都在着手扩建它们的炼铜厂。两家都将提高喷枪中空气的含氧量（达 60%），从而提高产量。

芒特艾萨厂计划将其生产能力提高到每小时处理 160 t 精矿，全年产铜量超过 25×10^4 t。

P. S 转炉的吹炼作用是间断进行的，产出的 SO_2 烟气不能稳定，影响制酸并污染环境，顶吹浸没熔炼技术将是实现连续吹炼颇有吸引力的技术。为此 CSIRO 公司进行了大量试验室连续加入破碎后固体铜锍产出低硫（S 含量 <0.1%）粗铜试验，已经证明这项技术大有潜力。多数连续吹炼试验采用钙铁渣型，同时也进行过硅酸盐渣型试验。试验表明：粗铜中的硫含量取决于钙铁渣中的铜含量。我国华铜公司已采用艾萨炉吹炼铜锍。

当希望产出低硫粗铜时，不可避免会产生高铜渣，对高铜渣的处理也进行了研究，艾萨法还原高铜渣的试验表明是很有前途的方法。大约经过 30 min 的还原，渣中含铜量就可以降到1%，然而，将高铜渣返回熔炼过程处理，产生 65% ~70% 的铜锍是最简便的，并可减少转炉渣量。

顶吹浸没熔炼技术与闪速吹炼法相比，其优势在于可以吹炼较大块的固体铜锍，而加入闪速炉的铜锍必须经过破碎、干燥、碾磨至合适粒度。

撰稿人：余忠珠　王舒敏　林荣跃　贾建华
审稿人：李仲文　任鸿九　彭容秋

6　白银炼铜法

6.1　概　述

　　白银炼铜法研制始于 1972 年，先后经过了炉床面积为 10 m²、30 m² 和 44 m² 工业试验炉的空气熔池熔炼试验。试验结果表明该法具有床能力大、燃料消耗低、烟气中 SO₂ 可用于制酸进而大大减小了对环境的污染等显著特点。其主要技术经济指标均远优于鼓风炉和反射炉等传统的炼铜方法。1980 年，用 100 m² 白银炉取代了原来的铜精矿流态化焙烧炉和反射炉（床面积 210 m²）。当时的白银炉均为单室炉型。1985 年又进行了白银双室炉型工业试验，解决了单室炉型存在的沉淀区燃烧废气进入熔炼区造成气流紊乱、降低熔炼烟气 SO₂ 浓度和不利于对熔炼过程的控制等问题。1987 年 5 月该厂建成了一座 1500 Nm³/h 的制氧站，开始了用富氧进行白银炉熔炼的应用研究。成功地进行了富氧浓度为 31% ~ 32% 的富氧熔炼试验，使熔炼床能力提高了 56%。1990 年 100 m² 白银炉被改造为双室炉型投入生产。这一次改造后，炉子上增加了沉淀区烟道系统。1991 年又进行了富氧（氧浓度 47.07%）自热熔炼工业试验，使白银炉的熔炼床能力达到 33 t/(m²·d)，炉出口烟气 SO₂ 浓度达到 17%（除去沉淀区的烟气后为 21%），粗铜综合能耗达 0.657 t 标煤/t·Cu，铜熔炼回收率达到 97.82%。在原料种类多而杂的情况下，仍使粗铜产量由 35 kt/a 增加到 72 kt/a，取得了显著的社会经济效益。现白银炉已具备了 100 kt/a 的生产能力。

　　白银炉的空气熔炼、富氧熔炼、富氧自热熔炼三个阶段以及原反射炉熔炼的技术经济指标比较见表 6-1。

表 6-1　白银炼铜法三个熔炼阶段以及原反射炉熔炼的指标比较

项　目	单　位	原反射炉熔炼	白　银　炉		
			空气熔炼	富氧熔炼	富氧自热熔炼
熔炼床能力	t/(m²·d)	3.8	13.1	20.73	32.89
鼓风氧浓度	%		21	31.63	47.07
标准燃料率	%	22.21	12.31	8.33	4.33
炉料含铜	%	17.59	16.3	16.99	17.88
炉料含硫	%	33.42	29.23	26.76	26.06
炉料含水分	%	6~8	8.0	8.36	7.6
铜锍品位	%	22.94	30.11	35.64	49.87
炉渣含铜	%	0.381	0.43	0.476	0.938
贫化渣含铜	5	0.381	0.43	0.476	0.938
脱硫率	%		55.27	58.64	68.01
出炉烟气 SO₂ 浓度	5	2.1	7~8	11.26	单室炉 16.69 双室炉 21
烟尘率	%	6	4.67	3.33	3.06

6.2 白银炼铜法的生产

白银炼铜法有单室炉和双室炉两种工艺流程，分别如图6-1(单室炉)和图6-2(双室炉)所示，两者在烟道系统上略有差异。

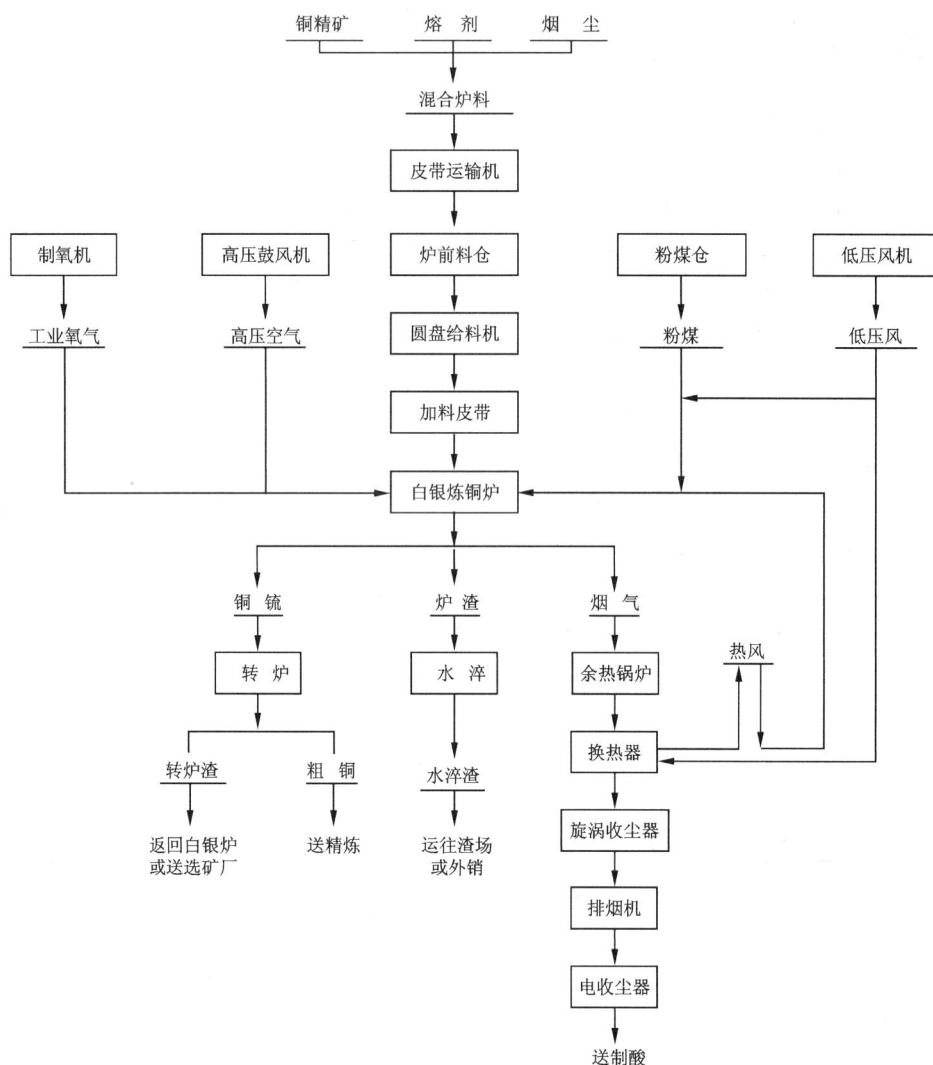

图6-1 单室白银炉工艺流程

含水分8%左右的硫化铜精矿配以返料、熔剂(石英石和石灰石)等，由皮带运输机送到白银炉炉顶料仓，由南、北两个圆盘给料机控制料量，经南、北慢速给料皮带和熔炼区炉顶加料口连续地加入到白银炉熔池中，鼓入熔池中的含$O_2$21%~50%的富氧空气是由压缩空气和含$O_2$95%~99%工业氧混合而成。富氧空气通过熔炼区侧墙风口鼓入熔池，起到搅拌熔体和加入的炉料的作用，并使炉料被迅速加热、分解、熔化、造锍及造渣。熔炼区熔池温度控制在1150℃。

铜精矿 → 料仓 → 称量给料机
石灰石 → 料仓 → 称量给料机
石英石(或山砂) → 料仓 → 称量给料机
烟尘 → 料仓 → 称量给料机

原煤 → 粉煤制备　　配料皮带运输机

粉煤制备 → 粉煤 → 气力输送 → 粉煤仓 → 给煤机

配料皮带运输机 → 皮带输送机 → 炉前料仓 → 称量给料机 → 慢速加料皮带机

高压鼓风机 → 高压空气
制氧机 → 工业氧气

低压风机 → 低压风

给煤机 → 粉煤烧嘴 → 白银炼铜炉
慢速加料皮带机 → 白银炼铜炉
高压空气 → 白银炼铜炉
工业氧气 → 白银炼铜炉

白银炼铜炉 → 沉淀区烟气 / 铜锍 / 炉渣 / 熔炼区烟气

沉淀区烟气 → 辐射式换热器（热风） → 管式换热器 → 排烟机 → 烟囱 → 排放

铜锍 → 包子 → 吊车 → 转炉吹炼 → 粗铜（送精炼）/ 转炉渣（返回白银炉或送选矿厂）

炉渣 → 废弃或送贫化处理

熔炼区烟气 → 膜式壁烟道（烟尘）→ 余热锅炉 → 旋涡收尘器 → 电收尘器 → 排烟机 → 送制硫酸系统

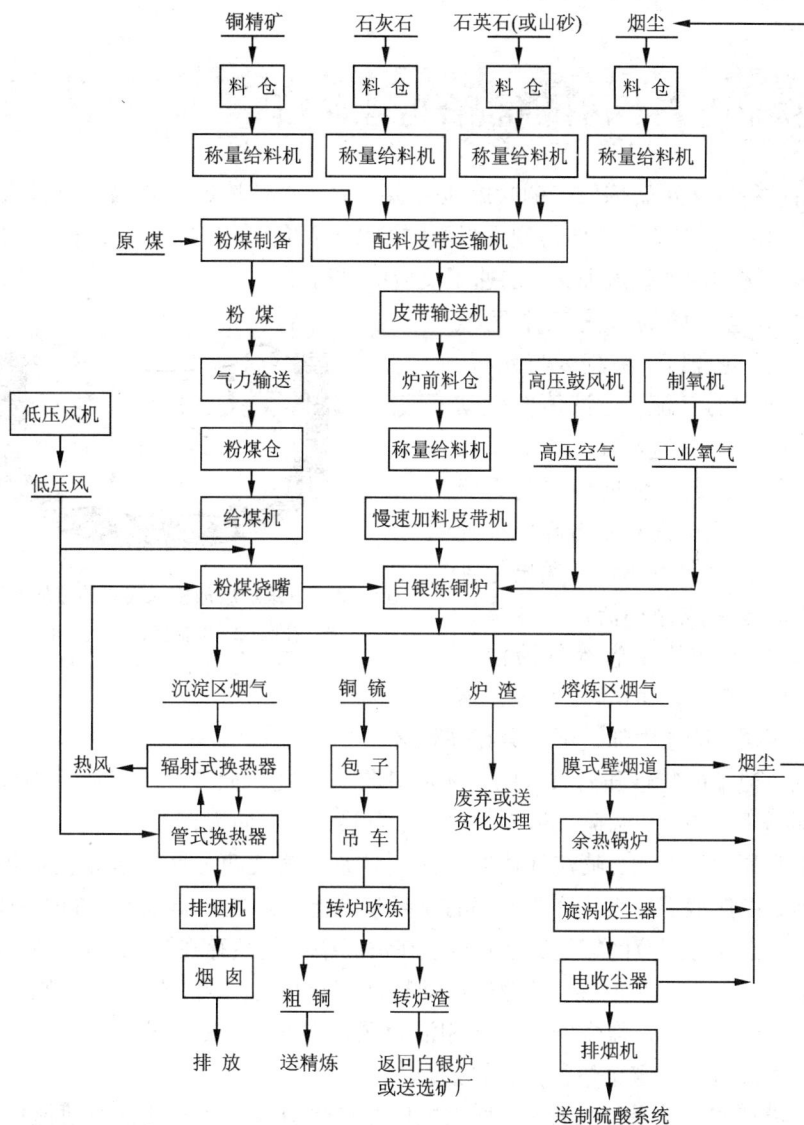

图 6 - 2　双室白银炉工艺流程

炉料在熔炼区经过熔炼后，产出的铜锍和炉渣混合熔体经隔墙下部通道进入沉淀区进行过热和沉降分离，产出铜锍和炉渣。铜锍由虹吸放铜口间断放出供转炉吹炼，炉渣由排渣口排出弃去或经贫化处理。

含 SO_2 浓度高的高温烟气由熔炼区尾部直升烟道排出，经余热锅炉、旋涡收尘器、电除尘器后，再经排烟机送往制酸车间生产工业硫酸。双室型白银炉沉淀区产出含 SO_2 很低的烟气先经膜式壁水冷烟道，再经辐射换热器、管式换热器，最后由排烟机送往烟囱排空。

白银炉炉头装有一个粉煤燃烧器，供炉渣和铜锍过热，炉子中部设有 1~2 个粉煤燃烧器，用于补充熔炼过程热量不够时所需的热。所用的粉煤由粉煤制备工段供给，按要求送至粉煤仓。粉煤通过双螺旋给煤机，与一次风混合，进入燃烧器燃烧。粉煤燃烧所用的一次风和二次风,由专用的中压风机供给,其中二次风送换热器生产热风,一次风则直接用于输送粉煤。

6.3　白银炉内炉料和熔体的混合与运动规律

　　白银炉内进行的造锍熔炼属于侧吹熔池熔炼一类。在熔炼区的侧墙风口鼓入的压缩(或富氧)空气的作用下,熔池内熔体得到了强烈的搅拌,强化了传热、传质过程,同时增大了气体—固体炉料—熔体间的接触面积,加速了反应的进行。

　　白银炉内熔池流场划分为三个区域(图 6 - 3):气液混合区、湍流区与死区。由风口喷入熔池中的气流,与液体发生动量交换的同时,其周围造成压力差,使风口附近形成负压,引起液体向风口附近流动。另一方面,气流股被液体击碎成一连串的气泡,由于浮力向上运动,逸出熔池面,液气混合流体形成循环流动。湍流区外层液体在负压的作用下卷入气液混合区,湍动强度依喷流强度而异。死区是液体相对平静的区域,熔池中部上下都会存在死区。

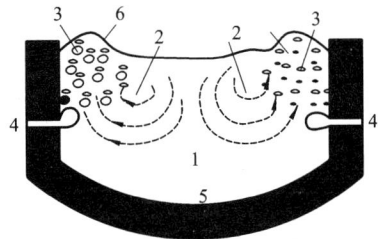

图 6 - 3　白银炉熔池模拟实验的流场区域示意图
1—死区;2—湍流区;3—气液混合区;
4—风口;5—铜锍;6—炉料

　　熔池内流体流动的特性随着鼓入的气体流量与压力变化而变化。当风量与风压较小时,由于喷流的穿透距离不大,部分气泡沿炉侧壁上升逸出,因而搅拌不强烈。

　　气体流量和压力增加时,喷流气体穿透距离增加,气液两相区扩展到接近炉子中轴线,混合搅拌强烈,搅拌范围增大,熔池上部的死区基本上不存在。湍流区中的炉料颗粒运动速度明显增加,两相区与湍流区能量交换加强,在炉底中心仍然存在死区,但明显减小。

　　入炉风量与风压进一步增加,熔池的流动特性变化更为显著,炉底中心死区消失,整个流场只存在两个区:一个是强烈的气液两相混合区,约占炉子断面积的 2/3;另一个是炉料颗粒运动更快的湍流区。整个熔池搅拌剧烈。

　　由上述的模拟实验结果可以看出,增大风口的喷吹流量与风压能使熔池搅拌剧烈,气流股的穿透深度和搅拌距离增大,加快了熔体的混合,因此风量对炉内传质速率有很大的影响。在实际生产中,必须鼓入足够的风量,保证熔池的剧烈搅拌,使气、液、固各相间能量交换迅速,以达到理想的传热、传质状态。与其他熔池熔炼炉相比(见表 6 - 2),白银炉的单位搅拌功率是最小的,而单位熔池(包括了沉淀区)面积上的精矿处理量并不小多少。

　　白银炉采用独特的浸没式侧吹风口装置。风口喷吹角度、风口直径、风口高度、鼓风量等均影响熔体混合的速度与传质过程,分述如下:

　　(1)风口的高度

　　随风口位置的升高,混匀时间延长。风口高度对混匀时间的影响并不显著,如当风口高度从 20 mm 增加到 100 mm 时,混匀时间只延长了 10 s。在白银炉中,需要强烈搅拌的是渣锍混合熔体区域,而铜锍相不需要强烈搅拌。风口高度越高,鼓入相同风量的能耗就越低。综合考虑各方面的因素,风口的最佳高度应在渣锍混合熔体和铜锍相交界以下,但不能太低。

当风口距炉底反拱 230 mm 左右时，传质系数 K 值最大。

（2）风口的角度

风口角度为 0°时，混匀时间最短，因此最好采用水平喷射风口。风口角度对传质系数影响不大，但使两侧风口错开对吹时，传质效果要优于两侧风口中心线重合的对吹。

表 6 – 2   白银炉的单位搅拌功率与其他侧吹熔池熔炼炉之比较

熔炼炉	白银炉[①]	诺兰达炉[②]	特尼恩特炉[③]	瓦纽科夫炉
搅拌功率/$(kW \cdot t^{-1})$	12.8	23	16	10 ~ 25
床能力[①]/$(t \cdot m^{-2} \cdot d^{-1})$	20.73	38.4	38.3	70

注：①富氧熔炼；②诺兰达是按熔池液体面积计算，以大冶最高处理量计算；③按熔池液体面积计算。

（3）鼓风流量

提高鼓风流量使穿透深度和搅拌距离增加，加快了熔体的混合；随着鼓风流量的增加，混匀时间缩短。传质系数 K 值是随鼓风量的增大而增加，实验表明，从风口鼓入的最佳风量为 2.7 ~ 3.3 m^3/h（见图 6 – 4）。

在一定的鼓风流量下，风口内径越小，射流穿透越深，因此炉子宽度可以适当增大。在鼓风总流量一定的情况下，风口大小及数量对熔体混合时间的影响见图 6 – 5 和图 6 – 6。应当适当选择风口大小与个数。

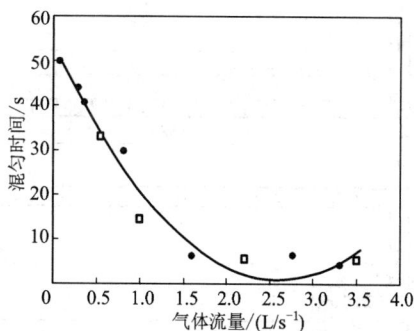

图 6 – 4   鼓风流量对混匀时间的影响

（风口中心线距炉子拱底为 5 cm，风口以上熔体高度为 9 cm；
□—风口直径 4 mm；●—风口直径 3 mm）

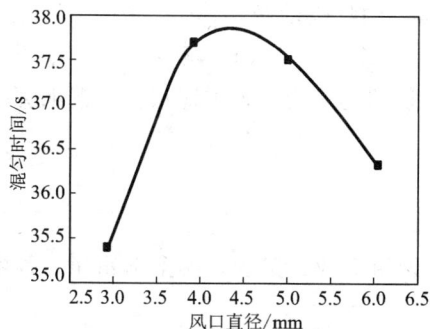

图 6 – 5   风口直径对混匀时间的影响

（风口中心线距炉子拱底为 5 cm，
风口以上熔体高度为 9 cm，气体流量为 0.56 L/s）

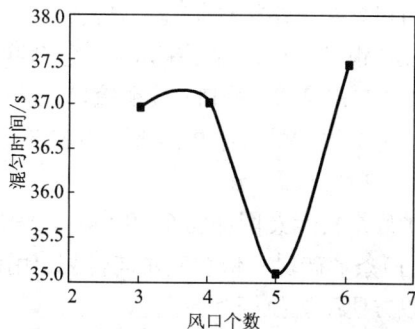

图 6 – 6   风口个数对混匀时间的影响

（风口中心线距炉子拱底为 5 cm，风口以上熔体高度为 9 cm；
风口直径 3 mm，风量 1.6 L/s，风口直径 3 mm）

6.4　白银炉炉体结构及主要附属设备

6.4.1　白银炉的炉体结构

　　白银炉是一个固定式的长方形炉子。炉体熔池被隔墙分为两个部分：即熔炼区和沉淀区。按炉膛空间的结构不同又可分为双室炉型(见图 6 - 7)和单室炉型(见图 6 - 8)。

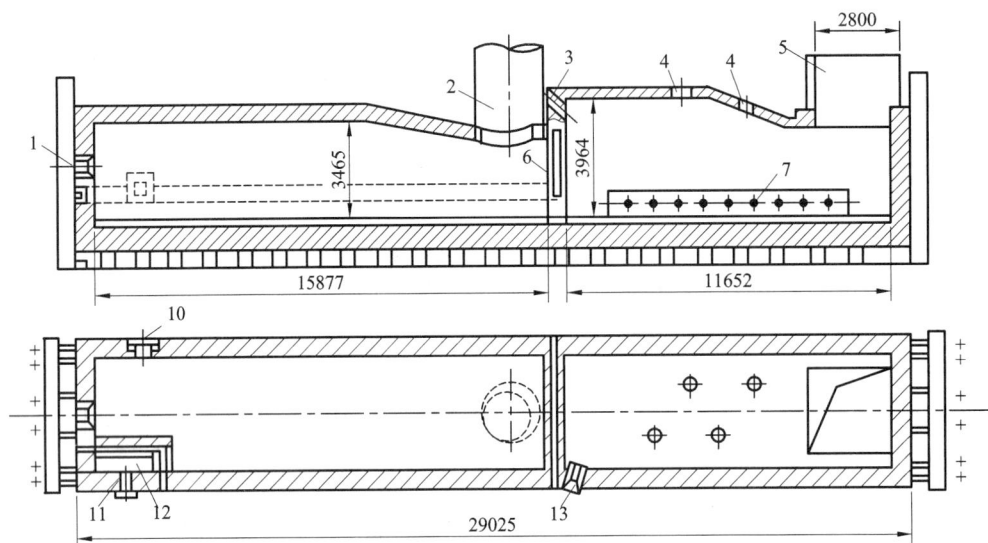

图 6 - 7　双室炉型结构示意图

1—燃烧孔；2—沉淀区直升烟道；3—炉中燃烧器；4—加料口；5—熔炼区直升烟道；6—隔墙；
7—风口；8—渣线水套；9—风口水套；10—渣口；11—铜锍口；12—内虹吸池；13—转炉渣返入口

　　白银炉主体结构由炉基、炉底、炉墙、炉顶、隔墙、内虹吸池及炉体钢结构等部分组成。另外在白银炉多处设置了铜水套，包括吹风水套、渣线水套、炉拱水套、侧墙立水套、压拱水套、加料口水套等，渣口、放铜锍口、返转炉渣口、燃烧器孔等均设置了铜水套。铜水套冷却件已成为白银炉炉体结构的重要组成部分。

6.4.1.1　炉　底

　　炉底结构示意图如图 6 - 9 所示。炉底自下向上分为：

　　(1)条形砖垛　依炉底横向排列，用耐火粘土砖砌筑而成，支承炉体全部重量，砖垛高度应以方便配置拉杆为原则。

　　(2)炉底铸铁板　由铸铁板拼成，搁置在砖垛上。

　　(3)保温层　为使炉底隔热保温。在铸铁板上铺一层卤水镁粉料，然后砌保温砖。

　　(4)粘土砖层　在保温层上砌粘土砖。

　　(5)石英砂层　按炉底弧度用石英砂与耐火土渗水砸制而成。

　　(6)镁铝砖层　炉底最上层用镁铝砖砌筑成反拱形。

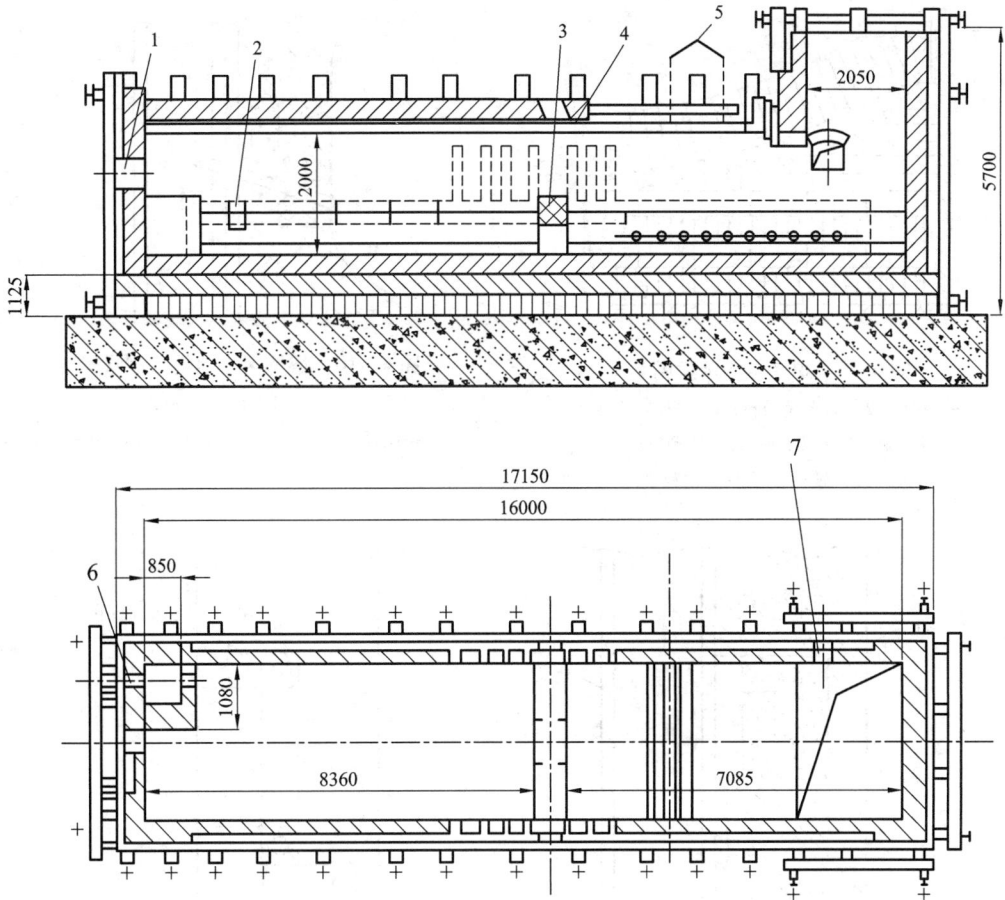

图 6 – 8　单室炉型结构示意图

1—燃烧孔；2—渣口；3—隔墙；4—炉中燃烧器；5—加料口；6—铜锍；7—转炉渣返入口

6.4.1.2　炉墙

熔炼区侧墙设有浸没式鼓风口。沉降区侧墙上开有铜锍放出口、放渣口、返转炉渣口以及加钢球孔。炉头端墙和炉中隔墙上共装有 2 ~ 3 个粉煤或重油燃烧器，分别给沉降区和熔炼区供热。

熔炼区熔池熔炼侧吹风口装置是白银炉的关键部位，其结构是由风口管、大型风口砖及风口水套三部分组成。装置见图 6 – 10。风口管采用紫铜管直接安装在风口水套上，风口水套上有预留的与风口管大小倾角一致的孔，水套的风口部分采用带孔的半再结合镁铬砖（青花耐火材料厂生产）做内衬，侧吹风口呈倾角浸没于熔池侧墙适当的深度。

沉降区侧墙渣线是易受腐蚀的部位，为了延长炉寿命，炉墙上安装有渣线水套，内衬半再结合镁铬砖。其结构如图 6 – 11 所示。由于高温熔渣侵蚀性强，耐火砖被蚀损之后，则依靠铜水套内表面挂渣，维持其渣线部位寿命。

放渣口排渣次数频繁，白银炉采用了铜水套渣口，解决了由于渣流的冲刷和清理造成渣口损坏的问题。渣口结构示意图如图 6 – 12 所示。

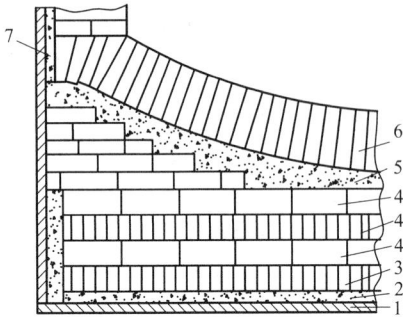

图 6-9 炉底结构示意图

1—铸铁板；2—卤水镁粉料；3—轻质粘土砖；
4—耐火粘土砖；5—石英砂砸料；
6—镁铝砖；7—石棉绒填料

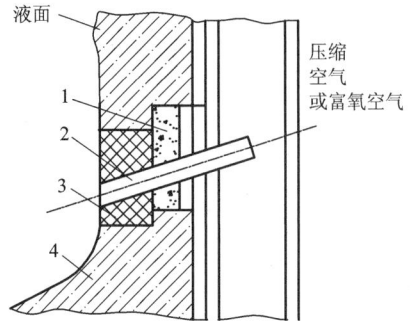

图 6-10 熔炼区熔池熔炼侧吹风装置

1—风口水套；2—风口管；
3—特制风口砖(长城耐火材料厂生产)；4—镁铝砖

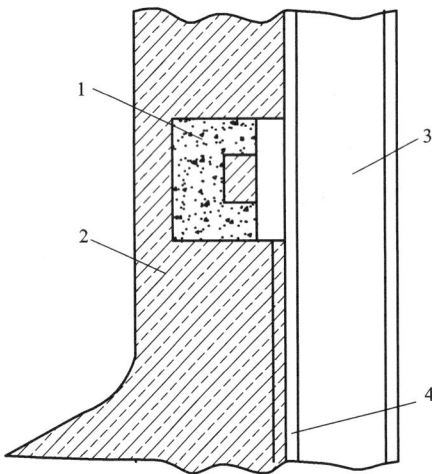

图 6-11 渣线结构示意图

1—水冷件；2—镁铝砖；3—立柱；4—铸铁板

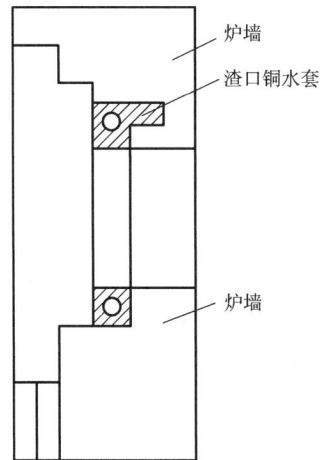

图 6-12 渣口结构示意图

6.4.1.3 内虹吸池

内虹吸池是铜锍放出装置，设在沉降区炉头的熔池中，其结构为一砖砌挡墙隔出的长方形池子，在挡墙底部开有虹吸通道，沉降区铜锍在熔体静压力的作用下流入虹吸池内，铜锍从放铜口间断放出，虹吸池结构示意图如图 6-13 所示。内虹吸放铜锍是白银炉独特结构之一，内虹吸隔墙内也设置有铜水套，水套内、外两侧及上部砌筑耐火砖，其中，虹吸池外易蚀损的部位砌筑了半再结合镁铬砖，其余部位用普通镁铝砖砌筑。

6.4.1.4 隔 墙

白银炉内设隔墙，将熔池分为熔炼区和沉降区。白银炉隔墙的设置成功地解决了熔炼区和沉降区分别需要动和静的矛盾。熔池隔墙结构见图 6-14 所示。隔墙横穿炉内，隔墙中部设一通道，供熔体从熔炼区流入沉降区。隔墙用普通镁铝砖砌筑。

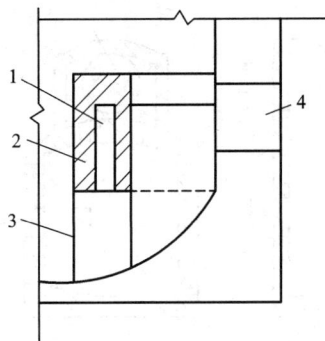

图 6-13 内虹吸池结构图

1—虹吸水冷件；2—耐火砖；3—虹吸通道；4—放铜锍口

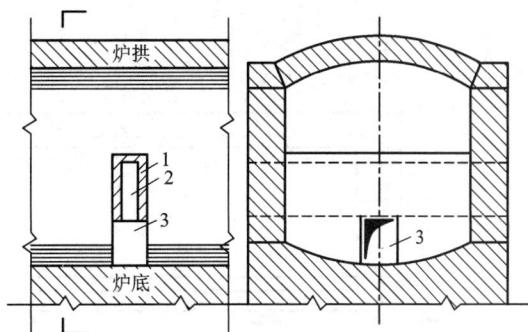

图 6-14 熔池隔墙结构图

1—镁铝砖；2—水冷件；3—隔墙通道

6.4.1.5 炉 顶

炉顶直接与高温气流和粉尘接触，是易受蚀损的部位。为提高炉顶寿命，高温段采用多道铜水套冷却，炉顶立体冷却水套如图 6-15 所示。沉降区和熔炼区炉顶尾部各设一道压拱，以增强高温火焰与熔体之间的热传递，且压拱还有捕集烟尘的作用。在熔炼区炉顶上安装有铜水套加料管。炉顶直角拐弯处都安

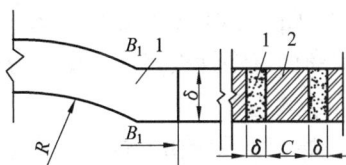

图 6-15 炉顶立体水套示意图

1—炉顶水套；2—耐火砖

装有铜水套冷却件，以减轻气流和粉尘蚀损速度。炉顶的易蚀损部位用半再结合镁铬砖砌筑，其余部位用普通镁铝砖砌筑。

6.4.1.6 直升烟道

直升烟道设在熔炼区尾部，该处受风口鼓风造成的熔体喷溅和烟尘中熔融烟尘的影响，易于粘结。故直升烟道由铜水套冷却件构成，以减轻粘结及便于清理。

6.4.2 主要附属设备

白银炉主要附属设备，由贫化炉、粉煤制备燃烧系统、排烟及返烟系统、炉顶加料系统、供风供氧系统、空气预热系统、炉渣排放系统、铜锍放出装置、返转炉渣设施及相应的计量检测及控制设施等组成。

6.4.2.1 贫化炉

贫化炉结构示意图如图 6-16 所示。

贫化炉结构是反射炉型。在两侧墙上设有进渣口和加钢球孔口，在两端墙上设有放铜锍口、放渣口、燃烧孔，炉拱设有加料口、吹风孔，炉尾部设有排烟口，炉底设有放空口。

贫化炉的作用是贫化炉渣，使渣铜更好地分离，以达到降低渣含铜的目的。熔炼炉渣由进渣口进入，同时由炉顶加料口加入黄铁矿及碎煤，并于炉顶吹风孔实施鼓风搅拌，直至加料反应时间达到要求，此时停止鼓风开始澄清作业，澄清适当时间后，开始放渣。当贫化炉内铜锍富集达到放铜要求时，可由放铜口放出铜锍。贫化炉烟气经冷却后由排烟机送往烟囱排空。

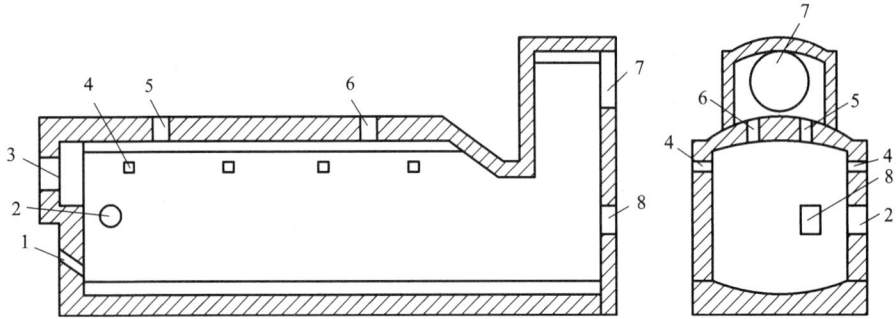

图 6-16 贫化炉结构示意图

1—放铜锍口；2—进渣口；3—燃烧口；4—钢球口；5—加料口；6—吹风口；7—排烟口；8—放渣口

6.4.2.2 粉煤制备及燃烧系统

粉煤由干式球磨机细磨制备。由加热炉生产的热烟气送入球磨机内，把原煤磨成含水分小于1%的流动性极好的粉煤。粉煤制备的主要设备有：球磨机、加热炉、粗粉分离器、排粉机、布袋收尘器等。

粉煤燃烧系统由粉煤仓、双螺旋给煤机、风煤输送管及燃烧器组成。煤仓上部和顶盖，设有防爆器、回风管、粉煤料面检测器及热电偶等附件；煤仓下部设有几个下煤斗；给粉煤仓输送粉煤的余风由回风管送入燃烧器燃烧。粉煤燃烧系统见图6-17。

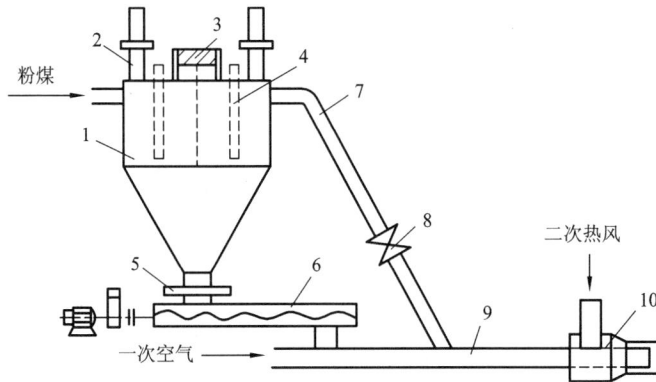

图 6-17 粉煤燃烧系统

1—粉煤仓；2—防爆器；3—粉煤料面计；4—热电偶；5—闸板；6—双螺旋给煤机
7—回风管；8—闸阀；9—风煤输送管；10—粉煤燃烧器

白银炉燃烧器，采用湍流式粉煤燃烧器（图6-18）。其特点是火焰短、高温区集中，一次冷风和粉煤，从燃烧器的端部输入内套；二次热风从切线方向进入外套；出口设同方向旋转的导向片。

6.4.2.3 排烟及返烟系统

排烟系统是白银炉熔炼的主要附属设备，它关系到烟气的余热利用率，进入制酸车间烟气 SO_2 浓度的高低，炉膛正、负压的调节，以及炉子的操作环境等。因此烟道设计时应考虑：

①系统阻力小、设备气密性好、烟气 SO_2 浓度高；②烟气余热利用率高；③烟道粘结物少，清灰操作方便；④排烟能力满足白银炉正、负压调节的需要。白银炉烟道系统路线为：余热锅炉（或换热器）、旋涡收尘器至排烟机。回收高温烟气余热的主要设备是金属辐射换热器和余热锅炉。

烟道系统工作状态，是指烟道内烟气温度、压力、流速及漏风率等参数而言。上述各参数最终以满足电收尘和硫酸生产的工艺要求而调节、控制。

(1) 金属辐射换热器

金属辐射换热器是利用高温烟气预热冷空气生产热风的设备。其结构如图 6 - 19。内筒为 $12 \sim 16$ mm 的锅炉钢板，外筒用 $8 \sim 10$ mm 普通钢板，两层之间间距为 $70 \sim 80$ mm，冷空气沿夹套间导向螺旋片流动，其流速为 $18 \sim 20$ m/s。高温烟气通过内壁，把热量传递给冷空气。金属辐射换热器面积和数量的确定，取决于被加热热空气量的多少、预热温度要求以及换热器的传热系数等条件。换热器的换热方式，分顺流和逆流两种，具体应用则视烟气温度和传热系统而定。如前段换热器烟气温度高，以选用顺流方式为佳，后段换热器烟气温度低，以采用逆流换热器方式为宜。

一般金属辐射换热器换热系数为 $367.2 \sim 509.8$ W/($m^2 \cdot$ K)，换热器的安装形式一般为直立式，其原因是考虑清灰方便。

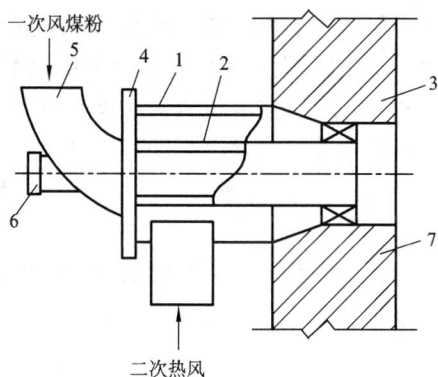

图 6 - 18 粉煤燃烧器结构

1—燃烧器外筒；2—燃烧器内筒；3—导向片；
4—堵板；5—弯管；6—观察孔；7—炉墙

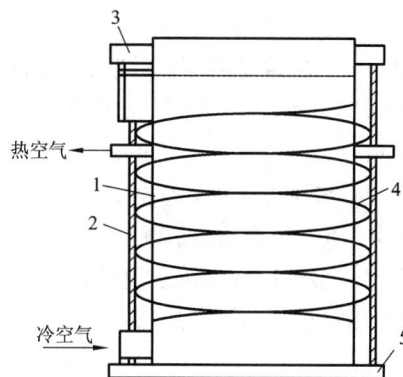

图 6 - 19 白银炉辐射换热器结构示意图

1—换热器内筒；2—换热器外筒；3—伸缩节；
4—螺旋片；5—法兰

(2) 余热锅炉

余热锅炉是利用高温烟气生产蒸汽回收烟气余热的有效设备。目前 100 m^2 白银炉安装了一台型号为 QF 45/1200—34—4.4 的余热锅炉。锅炉由上升烟道和锅炉本体两部分组成。锅炉本体包括辐射室、凝渣管屏及对流区。上升烟道为板管式结构；辐射室由水冷壁构成空腔；凝渣管屏和对流区是以水冷壁作为外墙，内部由数十排吊挂管组成。当高温烟气流过余热锅炉时，与炉管中的水发生热交换，生产出高品质的蒸汽和被降温的烟气，同时为下一道工序制酸系统创造了条件。余热锅炉的各项工艺参数如下：

入口烟气量为 45000（正常）$\sim$ 55000（最大）Nm^3/h，入口温度 1200 ℃，出口温度 370 ± 20 ℃。

入口烟气成分(%)：SO_2 10~12，CO_2 11.5，O_2 1.5~4，H_2O 18.6；

工作压力：4.4 MPa，蒸汽温度：257 ℃；

产蒸汽量：34 t/h(正常)，40 t/h(最大)。

(3)排烟机

排烟机是保证白银炉排烟通畅、生产正常进行的重要设备，其操作温度、压力、流量均应满足工艺生产需要，并有30%~50%的富余能力。其原因是烟道系统可能发生烟尘堵塞，或由于漏风造成阻力上升或烟气量增加；另外，炉子生产能力可能加大，其烟气量或烟道阻力也会随之相应增加。排烟机工作温度不允许超过400 ℃，否则易引起轴承和电机发热，损坏设备，但也不宜低于250 ℃，以免降低电除尘器的收尘效率及由于烟气低于露点温度后，冷凝所造成的腐蚀危害。此外，还要尽量降低排烟机入口前烟气含尘量，以减轻排烟机叶轮的磨损。

6.4.2.4 炉顶加料系统

沿炉体长度方向，布置1~2条皮带加料机，由电子皮带秤显示瞬间料量。根据给定的料量，通过变频调速器可随时调整圆盘给料机转速。皮带加料机尾部设有分料闸板，可以调节每个加料管的加料量。加料管用压缩空气作气封，可防止炉内烟气溢出和熔体喷溅。

6.4.2.5 炉渣排放系统

目前，白银炉炉渣排放有热放和水淬两种方法。热渣排放需要很大的倒渣场地，炉渣经溜槽注入渣锅，用火车运至渣场废弃。该法优点是所用设备少、费用低。炉渣水淬适宜于水源充足、堆渣场地受限制、附近有可消化炉渣出路(例如水泥厂用它做生产水泥的矿化剂)的条件下采用。水淬炉渣运输提升方式很多，如设大容积水池，用捞渣机或带斗提升机把水淬渣运至渣仓，用汽车或火车运走。水淬渣系统设专用循环水泵，热水循环使用，仅补充少量新水，冲渣水压力0.4 MPa。

6.4.2.6 铜锍放出装置

白银炉熔炼产物铜锍通过放出溜槽，注入铜锍包内。溜槽结构分为框形砌砖钢板溜槽和铜水套溜槽两种。铜锍温度高，用前一种结构，不易发生粘结溜槽故障；铜锍温度低，宜采用后一种结构。

6.4.2.7 转炉渣返回设施

转炉渣返回白银炉，是利用吊车把转炉渣包提升到高处，经铸钢溜槽注入到白银炉内。因返回转炉渣次数较频繁，铸钢溜槽容易腐蚀。生产中，头部溜槽采用垫黄泥保护和定期清理的方法，延长使用寿命。

6.4.2.8 供风供氧系统及空气预热系统

白银炉熔炼供风系统，分为高压风和中压风两类。高压风系供白银炉风眼和加料口气封用；中压风则供粉煤燃烧用。为保证风压和流量的稳定，均设置专用鼓风机，通过各自的管路送往炉前使用。风机的能力视冶金过程实际需要而定。白银炉熔炼要求风源连续、可靠和稳定，故在电源和设备等方面，要有严格的防护措施。

白银炉高压风供风设备有：D-350风机3台，6500 Nm^3/h 和1500 Nm^3/h 制氧机各1台。制氧机生产的工业氧气由专用氧气管道输送至高压风管前，与D-350风机生产的0.2~0.3 MPa的空压风相混合为富氧空气送入炉内，进行白银炉的熔炼作业。

高压风总管，布置在熔炼区两侧炉墙的上方，按风口位置安装支风管、闸阀和风口弹子阀。支风管装置如图6-20所示。

由支风管闸阀控制单个风口的进风量，由实测数据可知：支风管和熔体阻力损失较大。富氧空气能否顺利鼓入炉内，也与白银炉熔炼区的炉况好坏、炉体粘结情况等工况条件有直接关系。

白银炉所需的中压风的供风设备为 D.700-12-1 单级透平鼓风机3台。中压空气经换热器预热后，分别送至炉头和炉中燃烧器，供粉煤燃烧用。风机鼓风量大小，视燃料消耗多少而定。总风压需大于管路、闸阀、换热器、燃烧器部位阻力损失及入炉动压头之和。其中换热器阻力较大，为3~5kPa。为使粉煤燃烧器出口有一定的火焰长度，燃烧器前还需保持一定的送风压力。

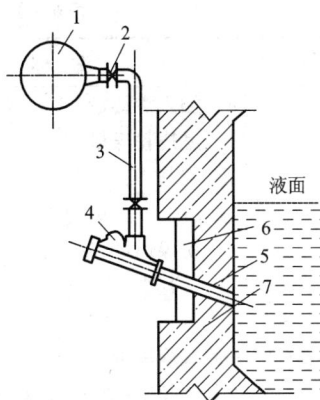

图6-20 支风管装置图

1—炉前总风管；2—闸阀；3—支风管；4—弹子阀；5—风口管；6—风口水套；7—风口砌砖

6.5 白银炉的正常操作及常见故障的处理

6.5.1 白银炉熔炼主要技术条件控制

白银炉熔炼主要技术条件见表6-3。

6.5.1.1 熔炼区温度

熔炼区是入炉物料熔炼的区域，主要的物理化学反应在此区域进行，因此熔炼区温度的控制对整个熔炼过程起着至关重要的作用。影响熔炼区温度的主要因素有：①炉料成分，炉料中硫、铁高，参与氧化反应放出的热量多，使熔体温度升高，反之，则熔体温度低；②入炉空气的氧浓度，采用富氧熔炼，提高富氧空气中氧的浓度，能加速氧化反应，减少烟气带走热，有利于提高熔体温度；③鼓风强度，在一定范围内提高鼓风强度，有利于提高熔体温度；④加料量，根据炉况控制加料量，能在一定的范围内调整熔体温度，减少加料量，熔体温度升高，增加加料量，熔体温度降低；⑤外供热强度，粉煤的燃烧量及燃烧效果对炉膛温度及对熔体的加热影响很大。对熔炼区炉温的要求是：既要保证熔炼过程的正常进行，又不使炉衬烧损过快。一般熔炼区熔体温度控制在1050~1150℃。

6.5.1.2 沉淀区温度

沉淀区是铜锍与炉渣分离的区域，还有熔炼未完成的反应仍在进行，因而需要有足够高的温度。温度过低，熔体过热差，炉渣粘度大，导致渣含铜量升高，操作困难；温度过高，炉衬蚀损快，燃料消耗多。一般沉降区炉膛温度控制在1380~1420℃，熔体温度控制在1200~1250℃。

表 6-3 白银炉熔炼主要技术条件

序　号	名　称	单　位	技术条件
1	加入炉料量(干)	t/h	40 ~ 50
2	燃烧粉煤量	kg/h	3300
	其中:炉头		1700
	炉中		1600
3	粉煤燃烧二次空气	Nm^3/h	18500
	其中:炉头		9500
	炉中		9000
4	吹炼风量	Nm^3/h	13000 ~ 16000
	其中:加料气封		3600
	氧气量		4300
5	吹炼风压力	MPa	0.186 ~ 0.206
6	温度控制	℃	
	熔炼区熔体温度		1050 ~ 1150
	沉淀区炉膛温度		1380 ~ 1420
	沉淀区熔体温度		1200 ~ 1250
	铜锍排放温度		1080 ~ 1150
	炉渣排放温度		1200 ~ 1250
	烟气出口温度		1150 ~ 1200
	余热锅炉出口烟气温度		340 ~ 360
	排烟机出口烟气温度		300 ~ 350
7	压力控制		
	炉膛压力	Pa	0 ~ 19.6
	送粉煤压力	kPa	1.96 ~ 3.43
	冷却水压力	MPa	0.147 ~ 0.176
8	液面控制		
	总液面	mm	1000 ~ 1150
	铜锍深度	mm	700 ~ 800
	渣层厚度	mm	200 ~ 350

6.5.1.3　炉膛压力

白银炉炉膛压力,指沉降区中部炉拱处所测得的压力值。炉膛负压过大,则粉煤燃烧较完全,劳动条件好,炉寿命长;但也存在火焰拉长,炉头温度低,漏风量大,烟气 SO_2 浓度低,热利用率差等缺点和不足。炉膛正压过大,效果刚好相反。为了减少炉体漏风、提高烟气 SO_2 浓度、提高沉降区炉渣过热温度和维持虹吸池正常工作温度,目前白银炉炉膛控制微正压操作。图6-21给出了在正压和负压操作下炉膛温度随炉子长度的变化关系。

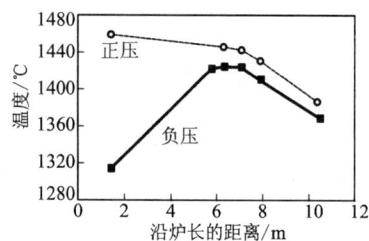

图 6-21　在正压和负压操作下炉膛温度随炉子长度的变化

6.5.1.4 鼓风压力和鼓风量

鼓风压力和鼓风量,是熔炼过程控制的重要技术条件。白银炉熔炼区入炉料的各种物理化学反应,主要靠鼓入炉内高压空气(或富氧空气)来完成。要提高熔炼的技术指标,必须提高熔池的鼓风强度。鼓风强度与鼓风压力、熔池宽度、风口倾角、风口埋入深度、风口直径以及风口畅通程度有关。在上述因素一定时,它还随风口开动数的增多而提高。白银炉经多年的研究及生产实践,已确定了较为合理的控制参数。实际鼓风强度为 $250 \sim 350 \, Nm^3/(h \cdot m^2)$ (熔炼区面积),入炉风压力为 $190 \sim 210 \, kPa$。

白银炉熔炼产出品位为 35% ~ 50% 的铜锍时,单位炉料反应所需理论氧量(即氧料比)约为 $140 \sim 200 \, Nm^3/t$(此数值与炉料成分有关)。鼓入熔体中空气量占炉料熔炼理论空气量的 70% ~ 85%。其余 15% ~ 30% 的空气则由粉煤燃烧过剩空气、加料气封和炉体漏入空气补充。

6.5.2 正常生产操作

6.5.2.1 加 料

加料对保证炉子正常作业起着重要的作用,因而必须严格执行加料操作制度。对加料的要求是,要按指定加料量,连续均匀地把炉料加入炉内,要防止断料和加料过多。加料要视炉况好坏而定,炉况好,炉温高,可酌情多加料;反之,需少加料。要及时清理加料管的粘结物,清除炉料中的大块杂物,保持加料管畅通。要注意调整加料管气封风量,风量不宜过大,以免造成加料管粘结。

6.5.2.2 粉煤燃烧

炉温是熔炼正常作业的根本保证,必须严格按技术操作条件进行。要注意调整炉膛压力和温度,合理调节风煤比,使粉煤在炉膛中充分燃烧,以保证炉内有足够高的温度。要及时清理燃烧器出口的结块,检查供风管网、换热器等设备的密封情况,加强堵漏。要与鼓风机、排烟机、仪表及送粉煤岗位勤联系,做好送粉煤、供风、调压和燃烧等项工作,特别要防止粉煤和粉煤仓着火或爆炸等恶性事故的发生。

6.5.2.3 清理风口

往炉内熔池中多送风,是强化白银炉熔炼、获得良好技术经济指标的重要因素。因此,要经常清理风口(即捅风眼),保持风口畅通。进风量要保持稳定,清理风口前、后进风量相差不超过 $1000 \, Nm^3/h$。根据风口直径的大小,配备合适的风口钢钎。风口钢钎头部直径允许比风口直径小 $7 \sim 8 \, mm$。对于备用风口,要采取送风保护,防止其自动烧开,使铜锍倒灌堵死风口。鼓风压力要求稳定,当风压低于 $150 \, kPa$ 时,要及时与风机房联系增压;当风压高于 $230 \, kPa$ 时(主要是风口阻力增大,进风量减少所造成),要提高炉温。勤捅风口,使风口恢复正常操作。要检查风口压盖、法兰和闸阀等处漏风情况,发现问题及时处理。

6.5.2.4 返转炉渣

返转炉渣作业时,对白银炉渣含铜有很大影响。要根据白银炉与转炉两道工序的操作情况,决定返转炉渣的时间。不允许连续进转炉渣。进渣时要均匀缓慢,白银炉放渣时不准进转炉渣,以免造成白银炉渣含铜升高。要及时清理返转炉渣口粘结物和溜槽结渣,保持进渣系统畅通。

6.5.2.5 放铜锍

随着冶炼过程的进行,熔池内铜锍量逐渐增多,需间断放出。放出时间和数量要与转炉炉前岗位和放渣岗位联系。当转炉需要铜锍或铜锍面很高时,要及时把铜锍放出。要控制好炉内铜锍面高度,既不能低于内虹吸通道,也绝不允许高于渣口高度。当铜锍面低于内虹吸道高度时,会导致虹吸池进渣;当铜锍面超过渣口高度时,要放铜锍降低铜锍面,否则放渣将带铜或发生跑铜事故。发现虹吸通道堵塞时,要及时用氧气烧开;要检查虹吸水套水温,清理溜槽粘结物,保证放铜操作安全顺利进行。

6.5.2.6 放渣

炉渣是熔炼过程中的产物,需从炉内间断放出。放渣时间和排渣数量,要与放铜岗位和返转渣岗位联系。排出渣量要根据渣层厚度而定。进转炉渣后,必须沉淀一定时间后方可放渣。在正常操作时,渣层厚度控制在 250 ~ 350 mm,最薄渣层厚度不少于 150 mm。放渣时发现带铜,应立即停止放渣。放渣时,要注意观察渣型,发现高硅渣或高铁渣等异常渣型时,要迅速调整炉料或暂时停返转炉渣。

6.5.2.7 其他方面

除上述主要操作外,还应注意对料仓和加料皮带的管理。做到供料及时,设备运转正常。此外,要加强对炉体各部位水套水温的检查,水套进出水温差维持在 6 ~ 10 ℃。要及时清除烟道结块,保证烟气排出畅通。

6.5.3 开、停炉作业

6.5.3.1 开 炉

当新炉建成或旧炉检修完毕后,开始生产前,需要进行开炉操作。开炉分为开炉准备、烤炉和加料放铜三个阶段。

第一阶段:开炉准备

(1)对炉体主要附属设备(如风机、排烟机、皮带及加料机等)要逐一进行试车,确认运行可靠。

(2)炉体水套进行试水检查,保证所有水套进出水顺畅,保证所有水套进出水管接头均不漏水。

(3)用合格的黄泥堵好风口及事故停炉放空口。

(4)提前将重油加温并循环,备好油枪,做好开炉烧油的准备工作。

(5)清理出炉内杂物,放好干木材,做好点火前准备工作。

第二阶段:烤炉

从点火开始至升温达到加料温度为止的这一段时间,称为烤炉阶段。烤炉时间长短和升温速度,要视炉体检修范围而定。炉体大修(指炉顶、炉墙及炉底全部重新砌筑),一般烘烤不少于 7 天,升温速度不大于 20 ℃/h,低温烘烤炉体水分时间较长(48 ~ 60 h);炉体中修(指炉顶和炉墙全部重砌),烘烤时间 5 ~ 6 天,升温速度可适当加快;炉体小修(指炉顶和炉墙局部检修),烘烤时间 3 ~ 4 天,一般用快速升温方法,升温速度可达 30 ~ 45 ℃/h。

白银炉烤炉期间要注意以下事项:

(1)烤炉时,必须按升温曲线进行,温差不允许超过 ±10 ℃。烤炉温度系指沉降区中部炉墙测温孔测定的温度。

(2)点火后烧油,用压缩空气雾化燃烧。要防止停风降温。

(3)要及时、适度地松拉杆,注意不要松过头。

(4)当炉温升至500℃时，要堵好加料孔，并开动加料皮带，以防烧坏。

(5)温升至800℃时，改烧粉煤烤炉。

(6)加强水套水温检查，防止水量太小冒蒸汽或发生断水故障。

(7)烤炉结束前，准备好开炉用料，即S/Cu高，含SiO_2 3% ~8%，CaO 2% ~4%的低熔点炉料。

(8)烤炉完毕，炉温升至1400℃时进行加料。

第三阶段：加料放铜锍

这是开炉最后一道工序。一般分两个步骤进行：即加料熔化涨液面；开动风口和放铜锍。

加料熔化涨液面：当炉温升温1400℃后，可往炉内加料。一般1~2昼夜，熔体液面就可涨至风口以上，这时可打开风口。

开风口：需注意应逐个打开风口，使进风量逐步增加，加料量逐步增大。

放铜锍：当熔池总液面升至渣口以上，铜锍液面达到放铜要求时，即可开铜口放铜锍，转入正常操作。

6.5.3.2 停　炉

停炉分计划停炉和事故停炉两类。停炉指从洗炉到熔体放空这一阶段而言。停炉分洗炉、熔体放空和炉体冷却三个步骤。

第一步：洗炉

即往炉内熔池中加铸铁球。其目的是消除炉底沉积的磁铁(Fe_3O_4)，简称炉底积铁。通常沉淀区积铁比熔炼区多，加入的铸铁球量也多一些。洗炉须在低品位铜锍下进行，洗炉时间一般为2~3天，即可达到消除炉底积铁的目的。对洗炉铸铁球加入的时间、部位和数量，有以下要求：加入时间为每班加铸铁球两次；加入部位分别可在直升烟道工作门(炉尾处)、加料管、返转渣口、沉淀区炉墙预留钢球孔、渣口及虹吸池等处加入；加入的数量要视炉底积铁多少而定。炉底积铁多，加入钢球数量多；积铁少的地方可少加或不加。铸铁球消耗数量与炉体大小及炉底积铁程度有关，一般为20~50 t。

第二步：熔体放空

洗炉结束后，即可开始熔体放空工作。放空前需做好以下准备工作：

(1)料仓中的料要基本用完，只留少许炉料供放空前使用，以防炉温过高发生跑铜。

(2)做好放空口烧开前的准备工作。

(3)排放炉内的炉渣，将熔体总液面降低到渣口位置高度，此时渣层厚度变为100~150 mm。

(4)先从虹吸放铜口尽量放铜锍，而后再烧开放空口。

放空时应注意两点：熔体放空，是在风口不停风的条件下进行的，要随着液面下降逐渐关小风口闸阀减少风量。放空结束前，可将炉温提高到1500℃，以熔化炉内粘结物。

第三步：炉体冷却

分快速和缓冷两种方式，具体应用要根据炉体检修范围而定(系指炉体大修、中修、小修)。炉体中修或大修时，可采用快速冷却方式。即炉内灭火后，继续从燃烧器送风冷却，以20~25℃/h的速度降温，冷却两昼夜后拆炉；炉体小修时，则以缓冷方式为宜，高温段(1000~1400℃)应在不停火的条件下进行，平均降温速度为15~20℃/h，然后靠自然冷却。

降温至拆炉，总共冷却时间 3～4 天。

6.5.4　常见故障及处理

白银炉熔炼常见故障有以下 7 种，其发生的原因及处理措施分述如下。

(1)熔炼区熔体发粘

熔体发粘的原因是炉温低或加料过多，风口难捅，进风量少，炉料熔点高或大块多等，都将使熔体发粘。

处理方法：减少加料量或暂停加料，提高炉温，改变炉料成分。

预防措施：必须重视加料，严防加料成堆，造成熔炼区铜锍面低，风口难捅，进风量减少，熔体搅动程度变差；配料成分合适，采用合理渣型；调节好风煤比，防止低温操作。

(2)沉降区熔体发粘

发粘的原因有：炉料含锌高，在炉渣与铜锍之间产生粘层；熔炼区加料过多，未熔化生料进入沉降区产生浮料；供热不好炉温低，炉渣含 SiO_2 过高发粘；炉底积铁层厚，熔体底部发粘(俗称磁铁沉底)。

处理方法：如系炉料含 Zn，SiO_2 高所致，则需调整炉料成分；如系生料和炉温降低所致，则应减少或暂停加料，提高炉温，并用风管吹风搅动熔体，促使生料快速熔化；如系炉底积铁，可往炉内加铸铁球洗炉。

预防措施：主要应按工艺要求准确配料和视炉况加料，控制好炉温，其次是防止炉底积铁。

(3)风口难捅

其原因有：熔炼区加料过多，导致熔体温度低；风压低，风管出口粘结；铜锍面过低，风口处于渣层之中，炉渣受吹入冷空气作用降温快；风管出口有料堆，造成风口深难捅；此外，当风口内壁结渣或风管安装不正都会发生风口难捅现象。

处理方法：减少加料量，提高熔池温度；提高铜锍面；炉料中配入高硫铜精矿；适当提高风压。

预防措施：要视炉况加料，防止加料成堆；鼓风压力合适，不要偏低；炉内供热好，炉温不偏低，保持熔炼区在有较高铜锍面的条件下操作。

(4)加料管难捅

加料管难捅的主要原因是炉料中 SiO_2 不足，导致渣含铁高，此种炉渣喷溅到加料管内难以捅掉；其次是加料气封风量过大，炉温低，熔体喷溅严重，粘结加料管缘故。

处理方法：属于高铁渣粘结加料管时，应改变渣型，补充炉料中 SiO_2 含量；属于加料气封大，炉温低等操作原因，可临时关闭加料气封阀门，借助炉内高温火焰烧掉加料管粘结物。

预防措施：避免产生高铁渣和低温操作。

(5)直升烟道结瘤

由于熔炼区尾部风口造成的熔体飞溅和随烟气带走的烟尘，容易使直升烟道内壁结尘粘结。

处理的方法是用炸药放炮清除或用重油烧化粘结物。

减轻直升烟道粘结长瘤的措施是：在直升烟道内壁安装水套；在直升烟道底部熔池中，使用小直径风口送风有显著效果。

（6）跑铜锍

跑铜锍一般发生在熔炼区炉墙、水套、隔墙、炉底、放铜锍口与溜槽接头之间等部位。跑铜锍主要是炉墙有缝隙或蚀损严重，炉温高和铜锍面高等原因。

跑铜锍的处理方法是：减煤（或停煤）和多加料降低炉温；放铜锍降低铜锍面；放氧、灭火插风口。用泥球堵住跑铜部位。

跑铜锍的预防措施是：要加强炉墙堵缝和提高砌筑质量；当铜锍面很高时，要及时放铜锍，并临时用钢钎插上风口；避免炉温过高。

（7）突然停风、停电或停水

此类事故危害性很大。如全区域性总电源停电，将导致停水及所有设备停止运行，给生产造成重大损失，对安全造成严重威胁。因设备和变电所的故障而发生停电、停风事故，也将给生产和安全带来较大危害。

处理停风、停电及停水事故，要以保持炉体、设备及人身安全为准则，采用不同的方法处理。如中压风机风源中断，要停止烧粉煤，打开换热器灰斗阀门漏入冷气，防止高温烟气烧坏换热器；如发生停水而未停火时，要防止水套烧坏，迅速停火降温和倒换备用水源；发生突然停电、停风及停水事故时，将发生铜锍倒灌堵死风口、燃烧停止及生产中断的局面，待重新供电之后，应首先使水套供水和燃烧系统恢复正常，然后处理风口，再逐个开风口恢复生产。

预防措施是加强管理，精心操作，减少停风、停电及停水事故发生的频率。

6.6 白银炼铜法主要技术经济指标

6.6.1 床能力

床能力是衡量冶金炉冶炼强度的重要指标。影响白银炉床能力的因素有熔池鼓风强度、炉料性质及成分、熔炼温度、操作管理水平等。炉型尺寸及炉料性质不变时，炉子床能力主要取决于供风量。空气熔炼时炉子床能力与供风量关系的计算公式为：

$$\eta_{床} = \frac{(K_{过} \times V_{燃理} + V_{熔池}) \times k_{利} - V_{燃理}}{V_{料} \times F} \times 24$$

式中　$\eta_{床}$——炉子床能力，$t/(m^2 \cdot d)$；

$K_{过}$——粉煤燃烧空气过剩系数（1.15～1.20）；

$V_{燃理}$——粉煤燃烧的理论空气量，Nm^3/h；

$V_{熔池}$——鼓入熔池空气量（包括加料气封风量），Nm^3/h；

$k_{利}$——鼓入炉内空气氧的利用系数（包括粉煤燃烧空气和高压空气），一般为95%左右；

$V_{料}$——熔炼 1 t 炉料消耗的有效空气量，Nm^3/h；

F——炉床面积，m^2。

在富氧空气自热熔炼时（不需要外供热）计算公式为：

$$\eta_{床} = \frac{V_{熔池} \times \dfrac{富氧空气 O_2\%}{空气 O_2\%} \times k_{利}}{V_{料} \times F} \times 24$$

从上述公式可知，炉子床能力随熔池鼓风量、粉煤燃烧空气过剩系数以及鼓风中氧的浓度增加而增加。因此强化白银炉熔炼，主要是提高鼓风强度和富氧浓度。

白银炉熔炼床能力也可用下式计算：

$$\eta_{床} = \frac{G}{F} = \frac{铜精矿量 + 熔剂量 + 烟尘量 + 其他含铜物料量}{炉床面积}$$

式中：G——加入炉内干炉料量，t/d。

床能力分全床能力和吹炼区床能力两种。其区别在于计算时炉床面不同。全床能力指熔炼炉全部炉床面积的单位面积每天处理干炉料量。熔炼区床能力是指熔炼区炉床面积的单位面积每天处理干炉料量。

其次，炉料的性质和成分，以及燃烧温度等对床能力的影响也不能忽视。实践证明，在炉料性质和技术操作条件基本相同时，提高熔炼区温度 50～60℃，床能力可提高 8% 左右；熔炼 S/Cu 高和熔点低的炉料时，床能力可提高 5%～10%。

6.6.2　标准燃料率

白银炉熔炼热量，来源于两方面：一方面是炉料氧化和造渣反应的自热；另一方面是燃料燃烧的外供热。冶金过程要尽量提高自热程度，降低燃料消耗。

标准燃料率与炉型结构、燃料类别和质量、燃烧条件、燃烧器结构和安装位置，以及操作水平等因素有关。白银炉经多年的生产实践，不断完善，标准燃料率指标大大降低。白银炉炉型不断改进，由水平炉拱改为阶梯式炉拱，炉中燃烧器由炉顶移至隔墙上，减小下俯角度等种种措施，改善了炉膛的热工制度，强化了床能力，降低了燃料率。白银炉熔炼可采用多种燃料如粉煤、重油、天然气等，目前采用粉煤作为燃料，成本相对较低。若粉煤中含碳高、灰分少，加工粒度细，则燃烧效果好，燃料消耗低。生产实践中已摸索出适合白银炉熔炼燃烧要求的燃烧器，并合理配置安装燃烧器，以增强燃烧火焰对熔体的传热。目前白银炉熔炼标准燃料率为 8%～10% 左右。若采用富氧熔炼，增大物料反应速度，减少烟气带走热，白银炉熔炼燃料率可进一步降低，甚至达到完全自热熔炼。

6.6.3　烟气二氧化硫浓度

烟气中 SO_2 浓度的高低，关系到硫的回收和利用价值及程度、环境保护等重大问题，已成为评价火法炼铜方法优劣的重要标志之一。空气熔炼时，白银炉熔炼出口烟气 SO_2 浓度为 8% 左右；在鼓风富氧浓度达到 47% 时，SO_2 浓度可达 16%（单室炉）或 21%（双室炉），能满足两转两吸制酸要求，可生产出浓硫酸(92.5%，98%硫酸及发烟硫酸)产品。

6.6.4　渣含铜

6.6.4.1　炉渣中铜的分布

对炉渣中铜的物相、微观特性及金属分布进行了分析，分析表明：

(1)白银炉渣主要由铜锍、磁铁矿、铁橄榄石、玻璃相四相组成。渣中各物相交混存在。各物相由于含量及结晶条件的不同呈现出不同的晶形。其中，铜锍相为 Cu_2S-FeS 固溶体，亮白色。渣中有各种粒径的铜锍粒子，多数为独立体，呈圆形、椭圆形或不规则状。有的铜锍粒子被磁性氧化铁所包裹或与磁性氧化铁相互嵌连生长，少量铜锍附着于气泡表面。部分未聚集长大的铜锍粒子(10 μm)分散在玻璃相和铁橄榄石相中。金属铜相通常呈圆粒状包裹于硫化物相内,粒径为10~50 μm,数量较少。铜锍品位较高时,金属铜含量升高。

(2)由表6-4渣中铜的化学物相分析(铜分布率,%)可以看到,渣中铜主要由硫化态铜组成,占全铜的80%以上,氧化态铜在4.32%~1.24%之间波动,金属铜含量在5%左右。铜在渣中主要以铜锍形式存在。有少量溶解于玻璃相和磁性氧化铁中。也有少量铜形成铁酸盐或硅酸盐。

表6-4　渣中铜的化学物相分析(铜分布率,%)

编号	氧化物中铜	金属铜	硫化物中铜	铁酸盐及硅酸盐中的铜	总铜
1	2.37	5.45	89.25	2.92	100
2	2.21	5.03	88.34	4.42	100
3	1.90	4.30	85.95	7.85	100
4	1.41	6.30	84.99	7.30	100

通过对白银炉渣的物质组成研究,可以大致了解白银炉渣中铜的主要损失形态。白银炉渣中铜以机械夹杂硫化物损失占主体,这可能与未能提供良好的澄清条件或者是与铜锍粒子在允许的时间内来不及沉降有关。因此白银炉渣处理的重点是提高渣温,促进大颗粒铜锍的沉降及小颗粒铜锍的聚集。

6.6.4.2　影响渣含铜指标的因素

(1)渣型

由炉渣性质得出:炉渣 SiO_2 + CaO/Fe 的比值增高,渣含铜就降低。生产实践表明白银炉 SiO_2 + CaO/Fe 控制在 1.0~1.1 较为合适。SiO_2 + CaO/Fe 低于1.0,渣含铜量显著升高;比值高于1.2,渣含铜量降低幅度较小,渣量增多,渣含铜的绝对损失量增加。

(2)炉渣中磁铁的含量

因磁铁熔点高(1547 ℃以上),密度大(固体 5.0~5.5 g/cm³),又高度分散,造成渣粘度增大,渣与铜锍密度差降低,导致渣含铜升高。随渣中磁铁含量降低,渣含铜量降低。故降低渣中磁铁含量,对降低渣含铜有重要意义。白银炉鼓风搅动的熔炼特性,有利于磁铁的还原。白银炉渣磁铁含量较低,一般为2%~5%,对降低渣含铜有利。

(3)温度

随温度的升高,渣含铜量降低。这主要是随温度升高渣的粘度降低的缘故。对于某些熔炼过程,由于反应不完全,渣中夹有"生料"也需较高温度使之熔化,进入铜锍相。白银炉生产实践表明,白银炉渣温度宜保持在1180 ℃以上。白银炉渣排放温度一般控制在1200~1250 ℃之间,炉膛火焰温度高于排放温度150 ℃~200 ℃,达到1350 ℃~1400 ℃,炉膛温度的高低,影响着炉渣粘度和炉渣铜锍相的聚合。因此,合适的炉温对降低渣含铜是非常重要的。

④澄清时间

澄清时间越长,越有利于渣含铜量的降低。在进行澄清的初期,渣含铜量随澄清时间的延长而迅速下降,到一定的澄清时间后,渣含铜量随澄清时间的延长下降得很少。这主要是因为对于机械夹杂铜锍颗粒较大的沉降较快,颗粒太小的则需要很长的时间,随着澄清时间的进一步延长,能沉下来的铜锍占的比例很小;另一方面化学溶解与气泡浮游的铜锍,几乎不随澄清时间的延长而变化。因此促使渣中细小铜锍颗粒的长大，使之澄清分离，对降低渣含铜意义很大。

（5）铜锍品位

根据热力学分析，对某一确定体系，在某一温度下，渣中铜（Cu）%与铜锍中的铜[Cu]%之比为一常数，随熔炼产出铜锍品位的升高，渣含铜也呈上升趋势。故控制合理铜锍品位，对降低渣含铜有利。目前白银炉铜锍品位一般控制为50%左右。

（6）返转炉渣的影响

返转炉渣的操作，对白银炉渣含铜指标有一定影响。返转炉渣集中，使转炉渣在炉内停留的时间缩短，不利于渣含铜降低。转炉渣在炉内停留的时间不能太短，小于20 min，渣含铜急剧升高，超过60 min渣含铜下降幅度很小，停留时间以40 min为宜。

（7）生产操作

在较高温度下的稳定操作对降低渣含铜非常重要。在一定供风、供热条件下，要控制加料、放渣、放铜、返转炉渣的速度，严格控制渣层及铜层厚度，要稳定操作，避免较多的"夹生料"由熔炼区进入沉淀区，避免这些"夹生料"还未来得及过热和反应而随渣放出。

6.6.5　铜的直收率和回收率

白银炼铜法烟尘率低，随烟气带走的铜很少。因此铜的回收率主要决定于炉渣中铜的损失。白银炉熔炼时，一般铜的直收率和回收率分别为93%~95%和97%~97.5%。白银炉熔炼铜的损失主要是弃渣，其次是物料飞扬损失及电除尘器出口烟气含尘不可回收的铜损失，弃渣中铜的损失约占加入铜量的2%左右。为了提高铜回收率，要尽量减少炉渣产量和降低渣含铜。而炉渣产量主要与铜精矿中含铁量和渣型有关，含铁低的铜精矿，可以造好的渣型、补充的熔剂少，炉渣的产出率就低，还可获得含铜量较低的渣，对提高铜的回收率极为有利。

6.6.6　炉寿命

影响炉寿命的因素很多，主要是熔炼热强度、炉型结构、耐火材料质量及砌筑质量、技术操作条件、燃烧器的安装位置等。在白银炉的发展过程中，随着炉型结构的完善，燃烧器的合理安装，优质耐火材料的优化配置，铜水套的采用及改进，白银炉炉寿命有了较大提高。目前白银炉炉衬损坏最严重的部位是风口区、熔炼区前段炉拱及隔墙附近炉墙，其次是沉淀区渣线部分。提高炉寿命，可在易损部位采用立体冷却或采用优质耐火材料（如青花耐火材料厂生产的镁铬砖）等措施。目前，白银炉炉寿命一般为270天左右。

6.6.7　炉子热效率

热效率是检验冶金炉热能有效利用程度的标志。提高炉子热效率，是节约能源的重要途径之一，白银炉热效率计算公式为：

$$\eta_{床} = \frac{Q_{有效}}{Q_{供}} \times 100\%$$

式中　$Q_{有效}$——包括炉料分解热、物料水分蒸发热、熔炼渣及铜锍工艺有效热量，J/h；

　　　$Q_{供}$——包括燃料燃烧热、物料反应热、造渣热及物料显热，J/h。

影响炉子热效率的主要因素是出炉烟气带走热、炉体热损失(炉体、水套冷却水带走热)、粉煤不完全燃烧及其他热损失,减少上述三方面的热损失是提高炉子热效率的重要手段。富氧熔炼是提高热效率的有效途径之一。

6.7 白银炉熔炼过程的热平衡及物料平衡

6.7.1 白银炉熔炼过程的热平衡

6.7.1.1 空气熔炼时的热平衡

白银炉空气熔炼时的热平衡分别按熔炼区和沉淀区进行计算,结果如表6-5,表6-6所示。空气熔炼时,熔炼区出炉烟气成分列于表6-7中,沉淀区出炉烟气成分列于表6-8中。

表6-5 空气熔炼时熔炼区热平衡表

热 收 入				热 支 出			
序号	项目名称	热量/kJ	%	序号	项目名称	热量/kJ	%
1	物料反应热	228.429	45.33	1	炉料分解热	31.330	6.22
2	造渣反应热	19.905	3.95	2	铜锍带走热	43.443	8.62
3	物料显热	8.503	1.69	3	炉渣带走热	90.994	18.04
4	热风显热	18.947	3.76	4	烟尘带走热	4.092	0.81
5	转炉渣带入热	43.760	8.68	5	水分蒸发热	19.735	3.92
6	粉煤燃烧热	184.396	36.59	6	炉体散热	54.775	10.87
				7	粉煤未完全燃烧热	11.076	2.20
				8	单体硫未完全燃烧热	2.416	0.48
				9	烟气带走热	246.129	48.84
	合　计	503.940	100.00		合　计	503.940	100.00

表6-6 空气熔炼时沉淀区热平衡表

热收入				热支出			
序号	项目名称	热量/kJ	%	序号	项目名称	热量/kJ	%
1	铜锍带入热	43443	13.91	1	铜锍带走热	43443	13.91
2	炉渣带入热	90944	29.11	2	炉渣带走热	99467	31.84
3	热风带入热	16273	5.21	3	炉体散热	54775	17.53
4	粉煤燃烧热	161728	51.77	4	粉煤未完全燃烧	9714	3.11
				5	烟气带走热	104989	33.61
	合　计	312388	100.00		合　计	312388	100.00

表6-7 空气熔炼时熔炼区出炉烟气成分与数量

烟气成分		SO_2	N_2	CO_2	H_2O	O_2	合计
数量/m^3	物料反应	11.58	57.18	1.42	10.36	0	80.54
	粉煤燃烧	0.07	42.36	8.47	4.27	1.01	56.18
	合 计	11.65	99.54	9.89	14.63	1.01	136.72
成分含量/%		8.52	72.81	7.23	10.70	0.74	100.00

表6-8 空气熔炼时沉淀区出炉烟气量及成分

成 分	CO_2	H_2O	SO_2	N_2	O_2	合计
数量/m^3	1.17	0.59	0.04	6.38	0.28	8.46
成分含量/%	13.83	6.97	0.47	75.42	3.31	100.00

6.7.1.2 富氧熔炼时的热平衡

1991年进行了白银炉富氧自热熔炼试验,历时19天。在试验期间,鼓风中氧浓度为47.07%,熔炼区熔体温度达1092~1210℃,平均为1134℃,比正常生产时高30~50℃。炉料熔化量大幅度增加,炉况稳定,放铜、放渣等操作能顺利进行。白银炉富氧自热熔炼时熔炼区的热平衡见表6-9。

表6-9 富氧自热熔炼时熔炼区的热平衡[①]

	热 收 入				热 支 出		
编号	项目名称	热值/kJ	%	编号	项目名称	热值/kJ	%
1	物料化学反应	252581	84.10	8	铜锍带走热	40446	13.47
2	物料显热	5902	1.96	9	炉渣带走热	63359	21.10
3	热风带入热	2495	0.83	10	水分蒸发热	21990	7.33
4	炉中粉煤燃烧热	15562	5.19	11	烟尘带走热	4585	1.52
5	炉料配煤燃烧热	17093	5.69	12	未完全燃烧热	4367	1.45
6	沉淀区烟气收入热	6700	2.23	13	熔炼区烧煤烟气带走热	17083	5.69
				14	鼓风烟气带走热	114598	38.16
				15	水套冷却水带走热	9433	3013
				16	炉体散热及其他	28091	8.15
7	合 计	300333	100	17	合 计	300333	100

注:①以100kg入炉炉料为计算基础。

由表6-9中可看出,熔炼区自热程度达到了86.89%,外供热量只占熔炼区热收入的10.88%。这说明白银炉生产试验已接近完全自热。如进一步增大鼓风中含氧量,达到50%

以上时,可实现完全自热熔炼。表 6 – 10 是富氧熔炼时的总热平衡表。

表 6 – 10 白银炉富氧熔炼总热平衡表

热 收 入			热 支 出		
项目名称	热值/kJ	%	项目名称	热值/kJ	%
炉料反应热	252712	48.35	炉料分解热	30961	5.85
造渣反应热	25360	4.79	铜锍显热	26689	5.05
炉料显热	7149	1.36	炉渣显热	65747	12.43
热风显热	19090	3.61	水分蒸发热	29987	5.67
粉煤燃烧热	221569	41.89	烟尘显热	4418	0.83
			铜水套带走热	30342	5.74
			炉体散热	31228	5.9
			炉气显热	252062	47.66
			其他	57491	10.87
合　　计	528925	100	合　　计	528925	100

6.7.2 白银炉熔炼过程的物料平衡

入炉原料的成分见表 6 – 11。入炉混合料含水为 8% ,成分如表 6 – 12;物相组成见表 6 – 15;粉煤成分见表 6 – 13。

表 6 – 11 白银炉熔炼的原料成分(%)

名　　称	Cu	Fe	S	SiO_2	CaO	Zn	备注
铜精矿	16.83	27.29	31.86	9.37	0.73	1.66	
烟尘	9	15	6	12	2.0	4.0	
山砂		3.0		80			
石灰石				3.0	52		Fe_3O_4 , 16%
转炉渣	3.5	46.0	2.0	26.0	0.5	1.6	
铜锍	35	34	23.5	0.5	0.2	2.64	
炉渣	0.55	35	0.4	36.0	6.0	1.8	
含金石英石		8.0		65.0	1.0		

表 6 – 12 入炉混合料成分(%)

名称	重量/kg	Cu	Fe	S	SiO_2	CaO	Zn
铜精矿	96.12	16.18	26.23	30.62	9.01	0.7	1.56
烟尘	3.88	0.35	0.58	0.23	0.47	0.08	0.16
合　计	100	16.53	26.81	30.85	9.48	0.78	1.72

注:烟尘 3.88 kg 中, 0.88 kg 为转炉尘。

表 6 – 13　粉煤成分(%)

成 分	$C_固$	A	V	W	Q
含 量	58.46	17.14	23.33	0.89	60.93
灰分中含量	Fe,6.82	SiO_2,49.21	CaO,11.14	S,0.65	

入炉铜精矿、转炉渣和熔炼产物的物相组成如表 6 – 14 所示。

表 6 – 14　铜精矿、转炉渣和熔炼产物的物相组成(%)

矿物组成	$CuFeS_2$	FeS_2	$Fe_{1-x}S$	CuS	Cu_2O	ZnS	ZnO	Cu_2S	FeO	Fe_3O_4	SiO_2
精矿中含量	43.74	25.09	3.81	2.53		2.47					9.37
转炉渣中含量			FeS3.07				1.9	4.38	41.77	16.0	26
铜锍中含量			FeS36.69		3.93			43.83		14.77	0.5
炉渣中含量			FeS0.71				2.24	0.69	40.73	4.0	36
烟尘中含量	$CuSO_4$8.36		FeS1.18		2.33	1.49	3.73	4.51	$Fe_2O_3$4.29	15.55	12

注：不足100%的部分为其他项。

石英石的物相组成：SiO_2 80%，Fe_2O_3 4.29%，其他 15.71%。石灰石的物相组成：$CaCO_3$ 92.8%，SiO_2 3.0%，其他 4.2%。

表 6 – 15　入炉混合料的物相组成(%)

矿物组成	$CuFeS_2$	CuS	Cu_2S	Cu_2O	$CuSO_4$	FeS_2	Fe_7S_8	Fe_3O_4
含 量	42.04	2.43	0.17	0.09	0.32	24.12	3.66	0.60
矿物组成	Fe_2O_3	FeS	ZnS	ZnO	SiO_2	$CaCO_3$	CaO	其他
含 量	0.17	0.05	2.43	0.14	9.48	1.25	0.08	12.97

白银炉熔炼过程的元素平衡表如表 6 – 16 所示。

表 6 – 16　白银炉熔炼过程的元素平衡表(以 100 kg 入炉矿计)

	加入量/kg						产出量/kg				
	入炉矿	转炉渣	石英石	石灰石	粉煤	合计	铜锍	炉渣	烟尘	烟气及误差	合计
Cu	16.53	1.35				17.88	17.12	0.44	0.27	0.01	17.88
Fe	26.81	17.71	0.32		0.15	44.99	16.63	28.0	0.45	-0.09	44.99
S	30.85	0.77				31.62	11.49	0.32	0.18	19.63	31.62
SiO_2	9.48	10.01	8.46	0.21	1.10	29.26	0.24	28.8	0.36	-0.14	29.26
CaO	0.78	0.19		3.68	0.25	4.90	0.10	4.80	0.06	-0.06	4.90
Zn	1.76	0.62				2.38	1.29	1.44	0.12	-0.47	2.38
其他	13.79	7.84	1.79	3.18	0.84	27.44	2.04	16.19	1.56	7.65	27.44
合计	100.00	38.49	10.57	7.07	2.34	158.47	48.91	79.77	3.00	26.53	158.47

6.8 生产控制过程自动化

1995 年,白银公司冶炼厂引进了美国霍尼维尔公司的 TDC－3000 工业控制计算机,应用于白银炉上,并与南昌有色冶金设计院共同开发软件,为白银炉装备了计算机监测与控制系统,使白银炉自动控制水平有了较大提高。

TDC－3000 监控对象是白银炉及其燃烧系统、热风制备系统、吹炼风系统、烟气系统、加料系统、冷却水系统等。将白银炉及其辅助设施的各类检测信号(温度、流量、压力、重量等)全部引入 TDC－3000 系统,系统实施检测工艺参数,并提供报警信息,同时对某些现场信号进行处理,如流量的压力补偿,重量累计,氧浓度的瞬时显示及高限报警等。白银炉加料量可由 TDC－3000 计算机按设定值控制,保证料量稳定。

目前,白银炉的计算机监测和控制系统与闪速炉等较为完善的自动控制系统相比,还有较大差距。由于白银炉的很多参数之间的关系不甚明了,以及配套设施的不完善,使白银炉自动控制系统受到了限制,仍需进一步完善。

6.9 白银炼铜法的工艺特点及发展趋势

白银炼铜法在基本原理上类似于诺兰达法、特尼恩特法,都属于侧吹熔池熔炼的范畴。经过近几十年的发展、研究已日趋完善。"白银炼铜法"具有以下主要特点:

(1)熔炼炉料的利用率高。白银炉采用浸没侧吹风口装置,从炉墙两侧浸没式风口鼓入压缩空气(或富氧空气),使高温熔体激烈搅动。炉料加到熔炼区后,立即随熔体的搅拌而散布于熔体中,利用精矿颗粒的巨大表面与周围高温熔体、气体间很快地进行传热、传质,为熔炼过程的气、液、固三相间的反应创造了良好的动力学条件,使加热、分解、熔化、造锍及造渣等物理化学过程速度加快。炉料中的硫化物被鼓入的富氧空气中的氧所氧化,放出的热量直接加热熔体和炉料。另外,白银炉上还采用预热空气,以强化炉膛空间的供热。

(2)能耗较低。加入熔池内的炉料中的部分硫和铁被鼓风中的氧所氧化,其氧化反应和造渣反应热又随着被搅动的高温熔体迅速地在熔池中传递,因而热的利用充分,热效率高。化学反应热占熔炼热收入的 55%～84%。当白银炉鼓风含 O_2 达到 50% 左右时,可实现完全自热熔炼。

(3)白银炉熔池中设置隔墙,将整个炉子分隔成两个区:熔炼区和沉降区。隔墙的设置充分解决了熔炼区和沉降区动静的矛盾,同时强化了熔炼区及沉降区的作用。熔体的强烈搅动,使铜锍液滴相互碰撞的机会大为增加,有利于它们的聚合与长大,加速其沉降速度。沉降区熔体相对平静,更有利于铜锍与炉渣的分离,减少了炉渣中的铜锍夹带。

(4)炉渣含 Fe_3O_4 少,渣含铜量较低。在熔炼区熔池中由于有足够的 FeS 和 SiO_2 存在,在鼓风的强烈搅动下,Fe_3O_4 能与之充分的接触,有利于炉料原有的高价氧化物(Fe_2O_3,Fe_3O_4)的还原,还能抑制新的 Fe_3O_4 的生成。而且,炉料中配有适量的煤,因此炉渣中 Fe_3O_4 含量低,一般为 2%～5%。

(5)白银炉熔炼是将湿炉料直接加入炉内,随气流带走的粉尘量少;另外白银炉熔炼区鼓风搅拌激烈,翻腾飞溅的熔体对炉气夹带的粉尘起了良好的捕集作用,因而白银炉烟尘率相对较低，仅为 3% 左右。

(6)白银炉熔炼对原料的制备要求相对简单。入炉水分为 6% ~8% 、混有少量粗粒(粒度小于 30 mm)的炉料可以直接加入炉内处理，免去了庞大的炉料制备和干燥系统。

(7)转炉渣可返白银炉进行贫化处理。将液态转炉渣直接返回白银炉内贫化，是一种简单而又节省能耗的方法。

(8)白银炉熔炼的铜锍品位可容易地通过氧料比在较大的范围内调整。在供热量充足的条件下，鼓入熔体内的氧量不变时，增大加料量则铜锍品位降低；反之品位升高。若加料量一定，鼓风量和氧量增大时，产出铜锍品位升高；反之则降低。

(9)白银炼铜法对原料的适应性强，有利于共生复杂矿的综合利用。炼铜原料中往往含有铅、锌等元素和贵金属。而白银炉由于熔池充分搅动，有利于铅、锌等易挥发金属及其化合物进入气相，富集于烟尘中而回收。

(10)白银炉可使用粉煤、重油、天然气等多种燃料，适应性较强。

(11)白银炉在富氧熔炼过程中，炉料中有 60% ~70% 的硫进入气相，烟气中 SO_2 浓度达到 10% ~20% ，且成分和数量比较稳定，有利于制酸，硫的总利用率可达 93% 。

与其他熔池熔炼炉相比，白银炉的本体结构和配套设备均比较简单，工艺过程稳定，易于被操作人员所掌握。

"白银炼铜法"的工艺技术已接近世界先进水平，但有些方面仍需进一步提高。

(1)在强化熔炼方面，继续提高富氧浓度，提高氧气利用率，逐步向富氧自热熔炼发展。

(2)进一步完善白银炉炉型，充分发挥白银炉的优势，使"白银炼铜法"从整体上赶上世界先进水平。

(3)提高能源综合利用水平，减少能源浪费，降低粗铜综合能耗。

(4)提高白银炉熔炼自动化水平，增强生产过程控制的科学性和准确性。

撰稿人：席　斌　李田玉　郭树东

审稿人：余旦新　彭容秋

7　其他熔炼新方法

　　从 20 世纪 50 年代闪速熔炼工业化并于 60 年代迅速发展以后,进入 70 年代各种新的熔池熔炼也陆续得到了推广,除了前几章介绍的诺兰达法、顶吹浸没熔炼法和白银法外,下面将介绍几种采用不多的新熔池熔炼法。

7.1　瓦纽柯夫法

　　前苏联对铜精矿熔池熔炼的研究是从 1956 年开始的,1987 年在巴尔哈什、诺里尔斯克和乌拉尔炼铜厂分别建成了 48 m² 的熔池熔炼炉。现独联体有三家炼铜厂共有六台熔池熔炼炉在生产。

　　瓦纽柯夫熔炼炉的吹炼过程,类似我国白银法侧吹熔池熔炼,但其熔池较深(2.5 m),采用高浓度氧(60%～90%),吹炼熔池上部熔有料矿并混有铜锍小滴的乳渣层。在鼓泡乳化熔炼过程中有效地抑制 Fe_3O_4 的生成,加速了相凝聚与分离,强化了传质与传热过程。

　　瓦纽柯夫炉的结构如图 7-1 所示。该炉是一个具有固定炉床、横断面为矩形的竖炉。炉缸、铜锍池和炉渣虹吸池以及炉顶下部的一段围墙用铬镁砖砌筑,其他的侧墙、端墙和炉顶均为水套结构,外部用架支承。风口设在两侧墙的下部水套上。端墙外一端为铜锍虹吸池,设有排放铜锍的铜锍口和安全口,另一端端墙外为炉渣虹吸池,设有排放炉渣的渣口和安全口,小型炉子的炉膛中不设隔墙,大型炉的炉膛中设有水套炉墙,将炉膛分隔为熔炼区和贫化区呈双区室(图 7-2)。隔墙与炉顶之间留有烟气通道,与炉底之间留有熔体通道。炉子烟道口有的设在炉顶中部,有的设在靠渣池一端的炉顶上,在熔炼区炉顶上设有两个加料口,贫化区炉顶上设有一个加料口。

　　为了更充分地搅拌熔池,两侧墙风口的对面距离较小,仅 2.0～2.5 m;炉子的长度因生产能力不同而变化,为 10～20 m 不等;炉底距炉顶的高度很高,为 5.0～6.5 m,熔体上面空间高度为 3～4 m,有利于减少带出的烟尘量。风口中心距炉底 1.6～2.5 m,风口上方渣层厚 400～900 mm;渣层厚度和铜锍层厚度由出渣口和出铜口高度来控制,一般为 1.80 m 和 0.8 m。

　　炉料从炉顶的加料口连续加入熔炼区,被鼓入的气流搅拌便迅速熔入以炉渣为主的熔体中。所以熔炼区的反应过程是气液固三相反应。硫化物的氧化反应和脉石的造渣反应放出的热,直接传给熔池,由于熔池的搅拌能可达到 60～120 kW/m³,其传热系数可达到 1.5 J/(cm²·s·℃)左右,加入的炉料只需 3～5 s 便完全熔化,随后即被氧化。熔炼区的温度维持在 1300 ℃。

　　由于风口位置设在熔池的上部,只有上部的熔渣层被强烈搅拌,下部熔池却相对处于静止状态。所以熔池反应产生的铜锍与炉渣混合体,便会产生铜锍汇集沉降的分层现象。未完全分离好的炉渣通过炉中的隔墙流入渣贫化区,在此被风口鼓入的还原剂(煤、天然气)还原,有时还加入块状贫铜高硫的矿石,使炉渣贫化后从渣池连续放出(1200～1250 ℃)。渣贫化

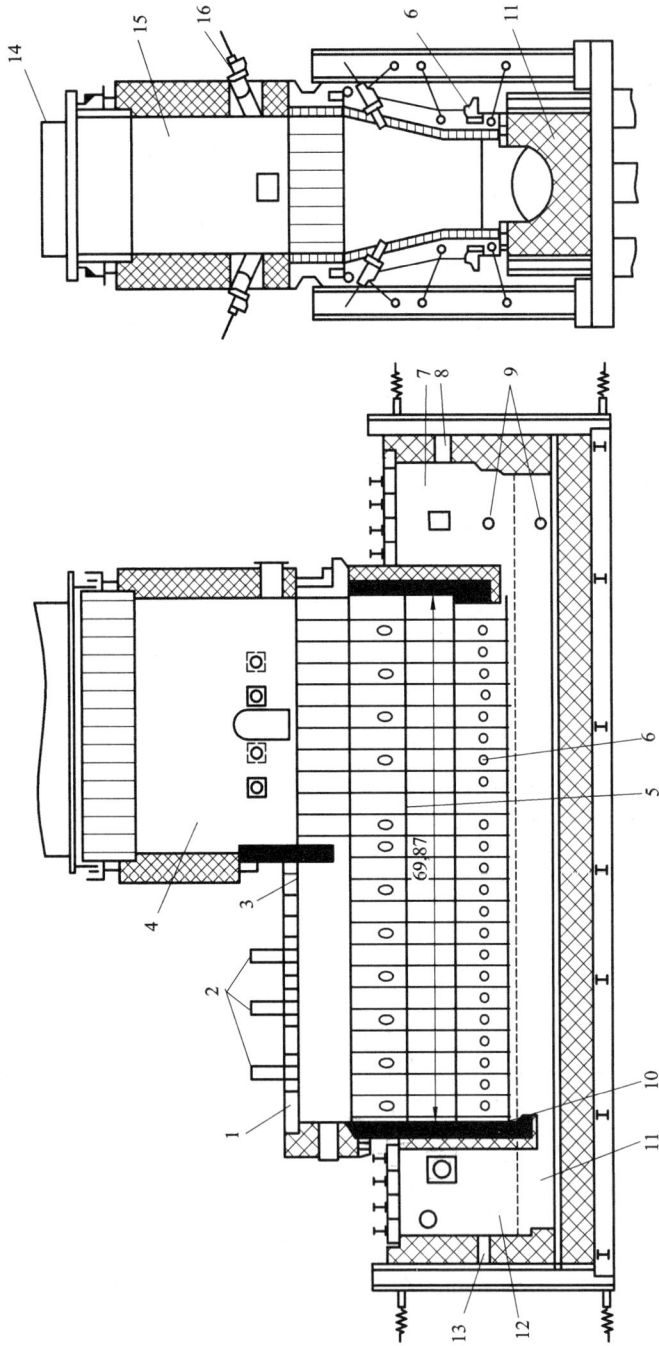

图7-1　瓦纽柯夫炉子结构图

1—炉顶；2—加料装置；3—隔墙；4—上升烟道；5—水套；6—风口；7—带溢流口的渣流出口；8—渣虹吸临界放出口；9—熔体快速　放出口；10—水冷区底部端端墙；11—炉缸；12—带溢流口的铜锍虹吸；13—铜锍虹吸临界放出口；14—余热锅炉；15—二次燃烧室；16—二次燃烧风口

后产生的贫铜锍逆流返回熔炼区,与熔炼区产生的较富铜锍汇合至铜锍池连续放出(1100℃)。烟气从炉顶中央或一端排烟口排放。

瓦纽柯夫法具有以下一些特点:

(1)备料简单,对炉料适应性强,可以同时处理任意比例的块料与粉料,如 150 mm 的大块和含水分达 6% ~8% 的湿料、转炉渣以及 Cu - Ni, Cu - Zn 精矿,含铜的黄铁矿等各种含铜物料均可入炉处理。

(2)由于能处理湿料与块料,故烟尘率低,仅为 0.8%。

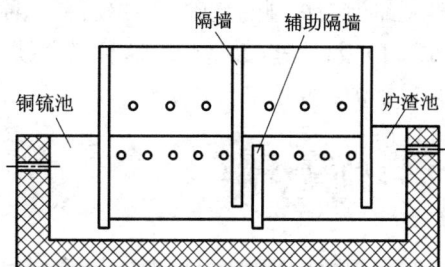

图 7 - 2 瓦纽柯夫炉的双室隔墙

(3)鼓泡乳化强化了熔炼过程,炉子的处理能力很大,床能力达到 60 ~80 t/(m² · d);硫化物在渣层氧化,放出的热能得到了充分利用。

(4)大型瓦纽柯夫炉的炉膛中有隔墙,将炉膛空间分隔为熔炼区与渣贫化区,熔炼产物铜锍与炉渣逆流从炉子两端放出,炉渣在同一台炉中得到贫化,渣含铜量可降至 0.4% ~0.7%,达到弃渣的要求,无须设置炉外贫化工序。

(5)炉子在负压下操作,生产环境较好,作业简单,由于鼓风氧浓度高达 60% ~70%,烟气中 SO_2 浓度仍高达 25% ~35%。

几家工厂采用瓦纽柯夫炉生产铜锍的主要技术指标列于表 7 -1。

表 7 -1 瓦纽柯夫法生产厂家主要技术指标

项　　目	巴尔哈什厂	诺里尔斯克厂	中乌拉尔厂
精矿成分(%)			
Cu	14 ~19	19 ~23	13 ~15
Fe	20 ~28	36 ~40	20 ~30
S	18 ~30	28 ~34	35 ~39
铜锍品位/%	44 ~47	45 ~50	45 ~52
炉渣成分(%)			
Fe/SiO_2	1.25 ~1.30	1.47 ~1.50	
Cu	0.5 ~0.7	0.45 ~0.6	0.55 ~0.75
Fe	36 ~37	44 ~45	
SiO_2	29 ~34	27 ~33	26 ~29
CaO	3 ~6		4 ~5
床能力/(t · m⁻² · d⁻¹)	50 ~60	55 ~80	40 ~60
富氧浓度/%	65 ~60	55 ~80	40 ~60
炉气中 SO_2 浓度/%	24 ~32	20 ~35	25 ~37
铜锍中铜回收率/%	97.1(不返回烟尘)	97.3(不返回烟尘)	96.2
	97.8(烟尘返回时)	98 ~98.5(烟尘返回)	(不返烟尘)
燃料消耗占热收入的百分数/%	2 ~3	2 ~3	1 ~2

瓦纽柯夫炉投入工业生产以来,经过多年实践与改进,已日趋完善,是一种稳定可靠的先进熔炼方法,在处理复杂精矿、炉渣贫化及余热利用等方面取得了一定的成就。俄罗斯在标准瓦纽柯夫炉型的基础上,提出了一种带炉料预热装备的瓦纽柯夫改型炉,又称巴古特炉(BAGUT)或称联合鼓泡炉。这种联合鼓泡炉的特点之一,是以竖井式逆流交换器(CCHE)代替余热锅炉,并用来预热炉料。

7.2　特尼恩特法

特尼恩特(Teniente)炼铜法是1977年在乔利卡列托尼炼铜厂投入工业生产的,随后在20世纪80年代在智利得到推广,于90年代推广到其他国家,目前全世界共有11台炉子在生产。

原先采用的特尼恩特炼铜法工艺包括以下三个火法冶金过程:

(1)反射炉熔炼铜精矿是采用顶插燃料 $-O_2$ 烧嘴;

(2)采用特尼恩特转炉(见图7-3)同时吹炼反射炉产出的铜锍和自热熔炼铜精矿。可以采用空气或富氧空气吹炼,产出高品位铜锍或白铜锍。

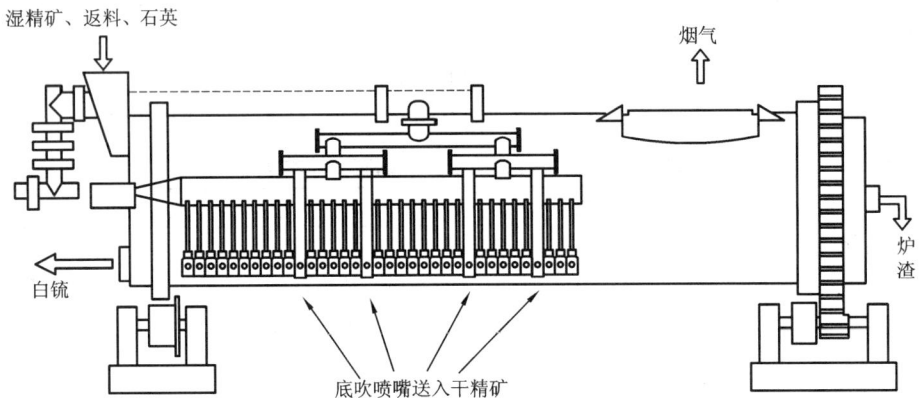

图7-3　特尼恩特炉结构示意图

(3)在一般转炉中吹炼白铜锍产出粗铜。

近年来该方法经过不断地改进与完善,已取消了反射炉熔炼部分,改进成一种全新的自热熔炼工艺,如图7-4所示。

从图7-4可看出,工艺的主要改进是用一台P-S转炉型炉子,代替原来的反射炉贫化炉渣。经流态化干燥炉干燥后精矿含水量降到0.25%,通过侧吹喷嘴用34%的富氧空气喷入熔池,大大强化了熔炼过程,部分湿精矿、熔剂、返回料等也可通过位于一端墙上的料枪加入炉内。

熔炼产出的铜锍品位很高,俗称白铜锍(75% ~78%),铜锍与炉渣分别从炉子的两端墙间断放出。铜锍用包吊至P-S转炉吹炼成粗铜(Cu 99.4%)。炉渣送贫化炉处理,通过喷嘴喷入粉煤吹炼将炉渣中 Fe_3O_4 含量从16% ~18%降到3% ~4%,于是炉渣的流动性大为改善,澄清分层好,产出高品位铜锍(Cu 72% ~75%)和含铜量低于0.85%的弃渣。

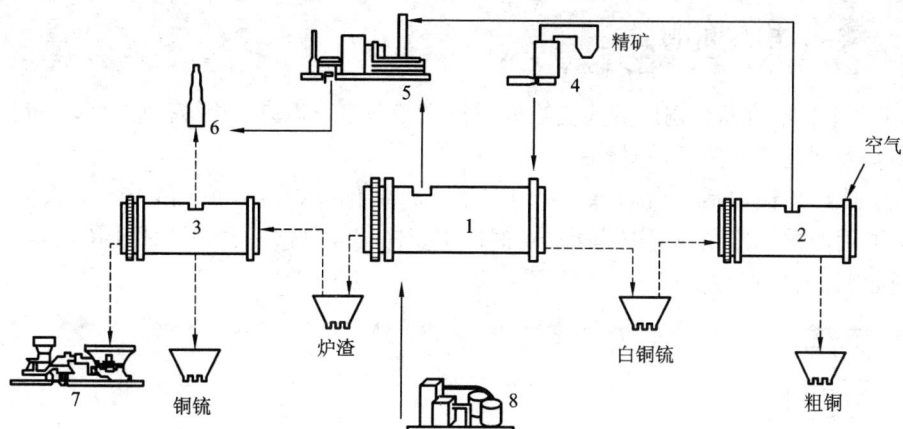

图7-4　智利卡列托尼冶炼厂的特尼恩特熔炼工艺流程

1—特尼恩特炉；2—白铜锍吹炼转炉；3—炉渣贫化炉；4—流态化焙烧炉；
5—硫酸厂；6—烟囱；7—堆渣场；8—氧气站

　　智利的卡列托尼炼铜厂现在拥有两台流态化干燥炉、两台$\oslash$55 m×22 m TMC 改良转炉，4 台 P–S 转炉、5 台贫化转炉和 3 个制氧站（1200 t/d），使精矿处理能力达到 1600 kt/a，年产铜量 480 kt，硫回收率达到 92%。

　　表7-2 列出了三个采用特尼恩特改良转炉的工厂的生产数据。

表7-2　特尼恩特转炉的操作参数和技术经济指标

参数及指标名称	单位	1 厂	2 厂	3 厂
干精矿处理量	t/d	2000（含水 0.2%）	800	854
湿精矿处理量	t/d			928
铜锍需要量	t/d		0	377
富氧鼓风速率	m^3/min	1000	450	680
富氧浓度	%	33~36	32~36	28.4
送风时率	%	95	88	99.8
铜锍产量	t/d	609		407
铜锍品位（Cu）	%	74~76		74.5
炉渣产量	t/d	1400		806
渣含 Cu 量	%	4~8	8，送浮选	4.5
渣中 FeO/SiO_2		0.62~0.64		0.7
烟尘率	%	0.8		1.6
返回品量	t/d	200		29.1
炉寿命	d	450		379
烟气 SO_2 浓度	5	25~35		18
阳极铜能耗	MJ/t	2050		

7.3　三菱法连续炼铜

自 1974 年日本直岛炼铜厂的三菱法炼铜投入工业生产以来,相继被加拿大、韩国、印度尼西亚和澳大利亚的炼铜厂采用。

三菱法连续炼铜包括一台熔炼炉(S 炉)、一台贫化电炉(CL 炉)和一台吹炼炉(C 炉),这三台炉子用溜槽连接在一起连续生产,铜精矿要连续经过这三台炉子才能炼出粗铜。其设备连接图如图 7-5 所示。

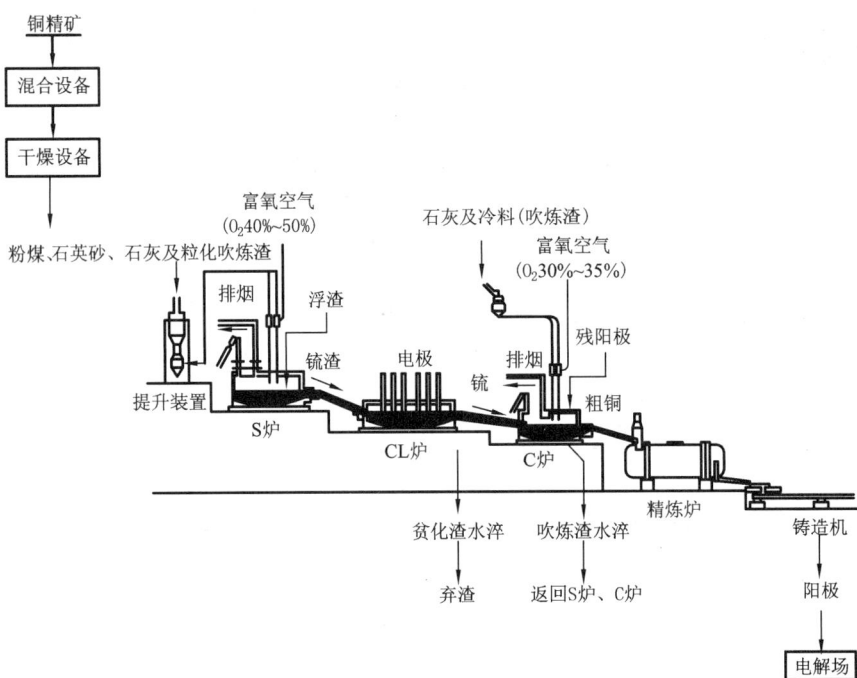

图 7-5　三菱法工艺设备连接流程图

三菱法的三个主要过程以直岛冶炼厂为例叙述如下:

(1)熔炼炉(S 炉)过程　熔炼炉为圆形,尺寸为 $\varnothing 8.25 \times 3.3$(m),熔池深 1.1 m,用铬镁砖和熔铸镁砖砌筑,通过炉顶垂直安装 6~7 根喷枪。干精矿以每小时 25~27 t 的速度供给喷枪,同时按配比加入石英和石灰石熔剂、粒化吹炼渣和烟尘。混合炉料用空气输送,通过五个加料斗加入喷枪的内管,富氧空气通入喷枪的外管,在喷枪的下部两者混合,然后高速(出口速度 140~150 m/s)喷入熔池。供氧量按产出品位为 65% 的铜锍来控制。氧化反应产出的铜锍和炉渣溢流出炉,渣层很薄。熔池内主要是铜锍,存在大量未氧化的铁与硫,以便 O_2 参与反应。这样操作的结果,虽然未将喷枪浸没熔池,但熔炼反应是迅速进行的,氧利用率也很高。近来已将一些粉煤混入料中一起喷入熔池燃烧,可减少烧嘴喷的重油消耗。炉温则通过烧喷油量来调节。

(2)炉渣贫化电炉(CL 炉)过程　熔炼炉产出的铜锍与炉渣,通过一般的溢流孔流入贫化电炉。贫化电炉为椭圆形,短径 4.2 m,配置三根石墨电极,变压器容量 1200 kVA。约经一小时澄清分层后，流出的废渣含铜量为 0.5% ~ 0.6%，废渣水淬后堆存。铜锍虹吸流出，经加热的溜槽流入吹炼炉。

（3）吹炼炉（C 炉）过程 铜锍吹炼炉为圆形，内径为 6.65 m，高 2.9 m，熔池深 0.75 m。除了尺寸与放出孔的配置不同外，吹炼炉的许多特点类似于熔炼炉（S 炉）通过顶插喷枪喷入空气，使铜锍连续吹炼得粗铜。鼓入的氧除了使铜锍中的铁与硫全部氧化外，也使一部分铜被氧化。通过喷枪加入少量石灰石，以便形成 $Cu_2O - CaO - Fe_3O_4$ 三元系吹炼渣。吹炼渣中 CaO 的含量为 15%，铜的含量为 15% ~ 20%，在这种条件下，粗铜中的硫含量为 0.1% ~ 0.5%，远低于饱和含量。虹吸放出的粗铜送阳极炉。吹炼渣放出后经水淬和干燥后返回熔炼炉。

整个过程给料的计量是借助于计算机系统控制的。每小时取熔体产品一次并自动分析，将分析结果反回控制系统，从而调整给料速度。

熔炼炉与吹炼炉排出的烟气通过各自的锅炉冷却到 350 ℃，然后经电收尘送硫酸厂。进硫酸厂前混合烟气 SO_2 浓度为 10% ~ 11%。

近来三菱法炼铜厂的生产数据列于表 7 - 3 和表 7 - 4 中。

表 7 - 3 三菱法炼铜的典型生产数据

项 目	直岛老设备（日）	kidd creek（加）	直岛新设备（日）
炉子：S 炉直径/m	8.25	10.3	10.10
CL 炉功率/kVA	1800	3000	3600
C 炉直径/m	6.50	8.2	8.05
S 炉数据：			
精矿/(t·h⁻¹)	40	60	83
精矿品位（Cu）/%	30	25	31
铜屑/(t·h⁻¹)	–	2	4
喷枪数	8	10	10
喷枪直径/cm	7.62	7.62	10.16
喷枪鼓风（标准）/(m³·h⁻¹)	22400	29000	40000
鼓风氧浓度/%	42	48	45
产铜锍/(t·h⁻¹)	19	26	43
铜锍品位（Cu）/%	68	68	69
产炉渣/(t·h⁻¹)	27	54	57
C 炉数据：	–		
加铜屑/(t·h⁻¹)	–	–	5
加铜锍/(t·h⁻¹)	19	26	43
喷枪数	5	6	8
喷枪直径/cm	8.89	7.62	10.16
喷枪鼓风（标准）/(m³·h⁻¹)	12000	16000	24000
鼓风氧浓度/%	28	33	32
产粗铜/(t·h⁻¹)	12.1	16.5	33
吹炼渣量/(t·h⁻¹)	3.5	6	7
月生产能力：			
处理精矿/t	27700	45000	56000
产阳极/t	8000	11250	20400

表 7 - 4 三菱法炼铜典型的分析数据(%)

物　料	Cu	Fe	S	SiO₂	CaO	Al₂O₃
精　矿	27.5	27.5	31.0	5.5	0.5	1.5
石英熔剂	-	-	-	90.0	-	-
石灰石熔剂	-	-	-	-	53.0	-
铜　锍	65.0	11.0	22.0	-	-	-
废　渣	0.5	42.0	0.7	30.2	4.2	3.3
吹炼渣	15.0	44.0	<0.1	<0.2	15.0	<0.2
阳极成分	Cu	Pb	Ni	Bi	As	Sb
	99.4	0.21	0.03	0.01	0.02	0.01

三菱法炼铜的主要工艺特点概括如下:

(1)将精矿和熔剂用顶插喷枪喷入熔炼炉,加速了熔炼,产生的烟尘少(2%)。

(2)产出高品位铜锍(65% Cu),铜锍与炉渣经 CL 炉贫化分层后,渣铜损失只有 0.5%
~ 0.6% 。

(3)实现了连续吹炼,并采用 $Cu_2O - CaO - Fe_3O_4$ 系吹炼渣。

经过多年的生产实践,对原有工艺进行了如下的改进:

(1)将粉煤混入精矿中喷入熔炼炉,代替了重油来补偿燃料消耗。

(2)富氧鼓风氧气含量从开始时的 32% 提高到了 42% ~45%。

(3)铜锍品位提高到了 69%。

(4)由于采用了水套,修炉期延长。

三菱法炼铜是目前世界上唯一在工业上应用的连续炼铜法,与一般炼铜法比较具有如下
的优点:

①基建费用下降 30%,阳极的加工费要低 20% ~30%。

②可以回收原料中 98% ~99% 的硫,回收费用只需一般炼铜法的 1/5 ~1/3。

③能量消耗较一般炼铜法节约 20% ~40%。

④操作人员可减少 35% ~40%。

7.4　北镍法(氧气顶吹自热熔炼炉)

北镍法熔池熔炼是 20 世纪 70 年代苏联国家镍钴锡设计院和北镍公司共同研制硫化铜镍
矿自热熔炼技术,试验是在氧气顶吹竖式熔池熔炼炉中进行。经过 0.1 m², 3 m² 和 17.8 m²
熔池面积的自然熔炼炉试验,至 1984 年进行试生产,于 1986 年 1 月正式投入生产。

北镍公司的氧气顶吹自热熔炼炉为圆柱形,外径为 6 m,熔池面积 18.8 m²,高 11.4 m。
小于 40 mm 的铜镍矿和熔剂混合后,从两个炉壁上的水冷料枪加到炉子里。装在炉顶的氧喷
枪有三个喷嘴,插入炉子空间距熔体面有 1000 mm,通过氧枪鼓入工业氧气,氧气压力为 1.0
~1.2 MPa,氧气流量为 7500 ~9000 m³/h,生产能力达 40 t/h,年处理湿矿砂达 210000 t。

1990 年，中国有色金属进出口总公司从俄罗斯引进该项技术，用于熔炼金川公司的二次铜精矿。氧气顶吹竖式圆柱形炉(图 7-6)筒体外径为 4.0 m，炉膛内径 2.79 m，炉床面积为 2.54 m²。采用单孔氧喷枪。1994 建成投产，每年可处理二次铜精矿 45000 t。金川公司已成功地掌握并发展了该项技术。

金川公司的氧气顶吹自热炉熔炼二次铜精矿的成分(%)如下：

Cu 67~69, Ni 4, Fe 3~4, S 21~22

熔炼后产出一种生铜，其成分(%)：Cu 87.37, Ni 5.69

生铜送卡尔多炉吹炼脱镍产出粗铜，成分(%)为：Cu 98.5, Ni 0.5

这种用氧气顶吹自热炉熔炼二次铜精矿产出生铜，然后用卡尔多炉吹炼产出粗铜的工艺流程如图 7-7 所示。

自热熔炼技术具有以下优点：

(1)能充分利用化学反应热，并且烟气带走热量少，燃料消耗少。

(2)炉子的生产率高，一般在 50 t/(m²·d)。

(3)采用纯氧吹炼，脱硫率高，烟气中 SO₂ 浓度高，烟气不仅可用于制酸，还可以用于生产单体硫或二氧化硫。

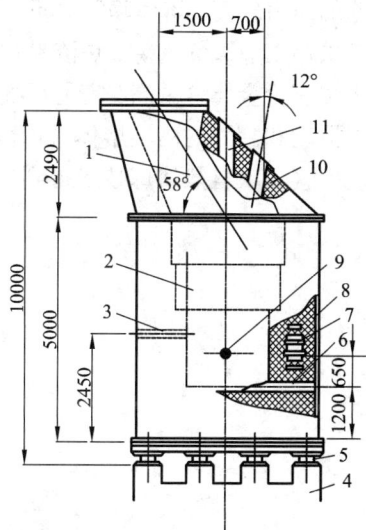

图 7-6 金川氧气顶吹炉结构

1—炉顶；2—炉体；3—放渣口；4—炉基；
5—工字钢；6—熔体排空口；7—冷却水套；8—耐火砖；
9—放铜口；10—加料口；11—氧枪插入孔

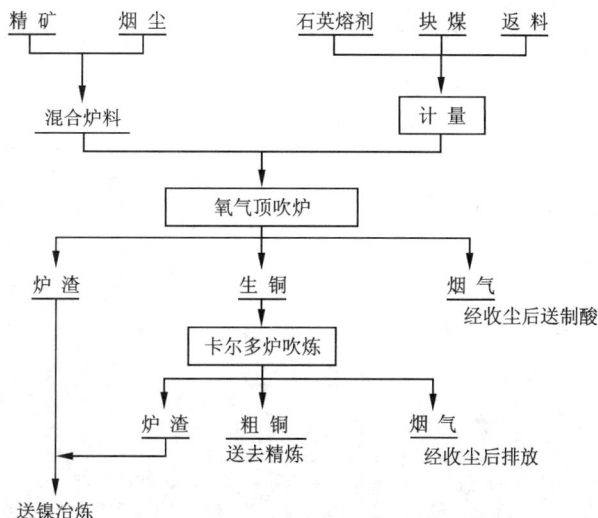

图 7-7 氧气顶吹炉熔炼工艺流程

(4)精矿不需干燥可直接入炉，备料系统较简单。

（5）对原料的适应性强。

随着全球能源日趋紧张，以及对环境保护的要求越来越高，为自热熔炼技术的发展及应用提供了一个契机。由于自热熔炼技术具有能耗低、生产率高及烟气中 SO_2 浓度高的特点，它在处理硫化矿方面具有很广阔的前景。但是，自热熔炼技术也有缺点，主要包括：

①吹炼的压力较高，熔体喷溅严重，烟道系统容易堵塞，易导致排烟不畅。

②由于采用工业氧气吹炼，炉渣易过氧化而产生大量泡沫渣，从而产生冒炉事故。

③炉渣中有价金属含量高，需另行处理。

④强烈搅动和翻腾的高温熔体对炉衬侵蚀强烈，炉寿命短。

要想使氧气顶吹自热熔炼技术得到更广泛的应用，必须很好地解决以上存在的问题。

撰稿人：符进武　彭容秋

审稿人：贺家齐　王建铭　任鸿九

8　传统熔炼法

造锍熔炼方法炼铜已有 200 多年的历史,其传统方法最早是鼓风炉熔炼。19 世纪末,由于浮游选矿技术的开发应用,矿山开始以细粒浮选精矿提供炼铜原料,从而相继发展了反射炉熔炼和电炉熔炼,到 20 世纪中叶,几乎全世界粗铜产量都是用这三种传统方法生产的。

随着环保、能源形势日趋严峻和科学技术及冶炼工艺的不断进步,在近半个世纪以来,传统炼铜方法逐渐被闪速熔炼和熔池熔炼方法取代。目前在我国鼓风炉熔炼仍在一些中、小铜厂还在应用;反射炉熔炼只在个别厂家应用,且准备改造;电炉熔炼已成为历史。

8.1　密闭鼓风炉熔炼

8.1.1　概　述

鼓风炉熔炼是一种古老的冶炼方法。早期的炼铜鼓风炉炉顶是敞开的,只能处理块矿或烧结块。到 20 世纪 50 年代以后,国内外冶炼厂相继开发了料封式密闭鼓风炉直接处理铜精矿(百田法),精矿只加水混捏后即可直接加入炉内,并采用了富氧熔炼。

密闭鼓风炉熔炼工艺的特点:

(1)简化了工艺流程,取消了敞开式鼓风炉所需要的烧结工序,炉渣含铜低(0.2% ~ 0.4%),不需要贫化处理工序,因而基建投资小,生产规模的选择性较大。

(2)一般情况,除含脉石较多和熔点高的铜精矿外,各种炉料经搭配与简单混捏后即可入炉。

(3)炉内热交换较好,出炉烟气温度较低,简化了烟气的冷却过程。

密闭鼓风炉熔炼工艺存在的缺点:

(1)在空气鼓风熔炼时床能力及脱硫率比较低,导致能耗高而消耗大量的冶金焦;产出铜锍品位低,烟气中 SO_2 浓度低,不适宜制酸。采用富氧能够提高烟气中 SO_2 浓度,但当与间断吹炼的 P – S 转炉相配时,只能满足一转一吸的制酸工艺要求,尾气仍需进行处理才能使 SO_2 排放达到环境保护的标准。

(2)对于含脉石高的难熔铜精矿不适于处理,尤其是精矿含 SiO_2 在 15% 以上时炉渣熔点会升高,焦率升高。

密闭鼓风炉炼铜的工艺流程见图 8 – 1。

铜精矿密闭鼓风炉熔炼属半自热熔炼类型。由于炉气中含有较多的游离氧,属氧化性气氛。熔炼过程所需的热量由焦炭燃烧和过程本身的放热反应所提供。铜精矿及烟尘等粉料按一定比例混合后,经圆盘给料机加入混捏机,同时加入适量的水,混捏成精矿泥,由皮带给料机加入到往复式给料机上,由炉顶的加料口入炉。炉料的入炉顺序为焦炭→转炉渣→熔剂→混捏矿。炉料在炉内的分布状况如图 8 – 2 所示。炉料在刚离开加料机入炉时,块料自然

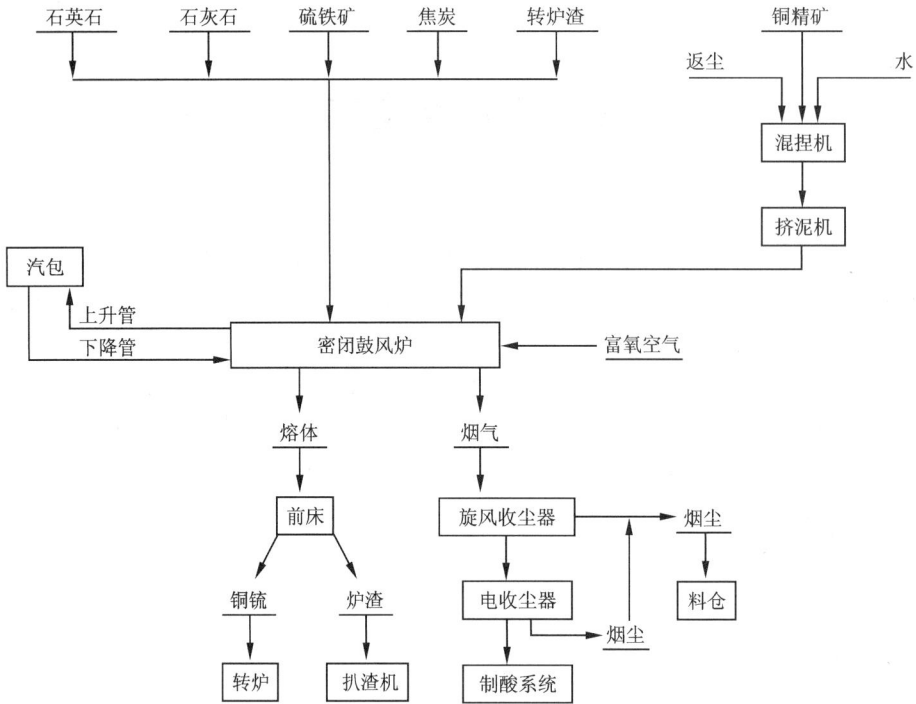

图 8-1　密闭鼓风炉炼铜工艺流程

向两侧滚动，而中心是精矿料柱。因此，炉子两侧以
块料和焦炭为主，并夹有少量精矿，而炉子中央则以
混捏精矿为主并夹有块料和焦炭，从而造成炉料分布
处于不均匀状态。由于炉内炉料分布不均匀，造成了
炉气沿炉子水平断面分布不均匀的现象。炉子两侧
的块料较多，对炉气的阻力较小；炉子中心的块料较
少，再加上料斗里密封料柱的压力，对炉气的阻力较
大，因而炉气由炉子两侧流过的多，而流经炉子中心
的则极少。这种炉料与炉气的分布状况，正是有效地
利用料柱压力和高温作用使混捏铜精矿发生固结和
烧结过程，为在鼓风炉内直接熔炼铜精矿创造了有利
条件。但从另一方面看，由于物料的偏析和炉气的不
均匀分布，破坏了炉气与炉料之间以及各种物料之间
的良好接触，这就妨碍了多相反应的迅速进行，不利
于硫化物的氧化和造渣反应。这是密闭鼓风炉熔炼
床能率低和铜锍品位低的根本原因。由于炉料和炉
气的不均匀分布，也必然造成炉内温度的不均匀分

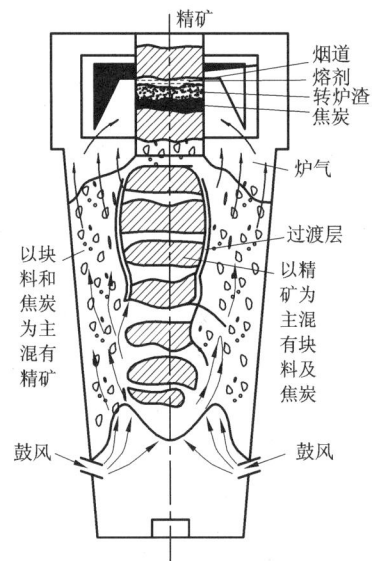

图 8-2　铜密闭鼓风炉内炉料分布状态

布，即炉子两侧的温度较中心高，尤其是炉子上部，温度的差别更为突出，随着离开风口水
平面距离的缩短，这种温差逐渐减小。

8.1.2 炼铜鼓风炉炉内发生的变化

炉料进入鼓风炉后,依次进行干燥、分解、氧化、造锍、造渣和渣锍分离等过程。根据炉内温度和物料的分布,沿炉子高度分为三个区域:预热区、焦点区、本床区。炉内区域划分及其作用见图 8 – 3。

名称	温度区间/℃	主要物理化学变化
预热区 1	250 ~ 600 1000 ~ 1100	(1)预热、干燥、脱水 (2)高价硫化物分解释硫 (3)硫化物氧化 (4)石灰石分解 (5)精矿的固结和烧结
焦点区 2	1250 ~ 1300	(1)炉料的熔化,完成造渣和造锍 (2)熔融硫化物氧化 (3)焦炭的燃烧
本床区 3	1200 ~ 1250	(1)炉渣与铜锍成分的调整 (2)少量 Cu_2O 的再硫化

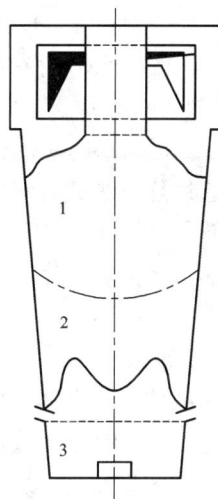

图 8 – 3 密闭鼓风炉炉料沿高度的过程变化

(1)预热区

预热区位于炉子上部,温度为 250 ~ 600 ℃ 到 1000 ~ 1100 ℃。炉料进入炉内后受到上升炉气的加热,被干燥脱水。随着温度逐渐升高,在中间精矿柱的交界面上,发生烧结作用。水分蒸发时,在料柱内部产生大量的水蒸气,当这些水蒸气向两侧释出时,使致密的中心料柱形成许多气体通道,为气 – 固两相间的反应创造了良好的条件。在料柱里面则受到两侧上升炉气的间接加热和较重的料柱压力形成具有一定强度的精矿块。据研究,在同样气氛下加热,炉料受压愈大,加温愈高,料块强度也愈大。在预热区,铜精矿中的高价硫化物,如黄铁矿(FeS_2)、黄铜矿($CuFeS_2$)或铜蓝(CuS)等受到上升炉气的加热后,将分别按下列反应进行分解:

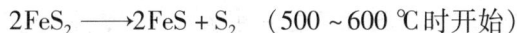

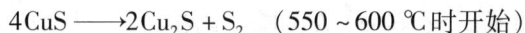

$$2FeS_2 \longrightarrow 2FeS + S_2 \quad (500 ~ 600 ℃ 时开始)$$
$$4CuFeS_2 \longrightarrow 2Cu_2S + 4FeS + S_2 \quad (550 ~ 700 ℃ 时开始)$$
$$4CuS \longrightarrow 2Cu_2S + S_2 \quad (550 ~ 600 ℃ 时开始)$$

上述反应都是吸热反应,反应速度决定于精矿的粒度组成、炉气温度、炉气中 S_2 的分压(p_{S_2})以及炉料的受热性质。高价硫化物的分解是密闭鼓风炉熔炼脱硫的主要途径,在熔炼铜精矿时脱硫率为 50% ~ 55%,而高价硫化物离解脱硫约占总脱硫率的 70%。

当温度超过硫的沸点(444.5 ℃)时,上述反应释放出来的 S_2 蒸气容易按下式与炉气中的过剩氧发生氧化反应生成 SO_2:$S_2 + 2O_2 \longrightarrow 2SO_2$。

(2)焦点区

焦点区的温度最高为 1250 ~ 1300 ℃,一般位于风口以上 600 ~ 800 mm 处,这一区域的气氛是强氧化性的,是进行半自热熔炼的主要反应。

在焦点区内主要存在赤热的焦炭和石英石积存层。由风口鼓入的空气经过一个短暂的预热过程后,首先使焦炭燃烧,过剩的空气使熔融的硫化物氧化,生成的氧化物与石英石造渣。焦炭燃烧热和反应热使生成的炉渣和尚未氧化的硫化物一起熔融,铜锍与炉渣一道过热后流入本床。其主要化学反应:

$$2FeS + 3O_2 + SiO_2 \Longrightarrow 2FeO \cdot SiO_2 + 2SO_2 + 1079kJ$$

此外,在有 SiO_2 存在的条件下,从转炉返回的转炉渣中的 Fe_3O_4 以及在预热区形成的 Fe_3O_4 将被 FeS 还原:

$$3Fe_3O_4 + FeS + 5SiO_2 \Longrightarrow 5(2FeO.SiO_2) + SO_2 - 19.9kJ$$

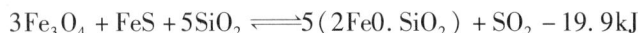

但 FeS 通过焦点区的时间很短,在鼓风炉中发生的氧化反应很有限。上述反应物之间的接触不好,仍有一部分 Fe_3O_4 没有被还原,故后续被流经风口区的铜锍和炉渣所溶解。

在焦点区焦炭依靠鼓风炉中的氧燃烧:

$$C + O_2 \Longrightarrow CO_2 + 407.4kJ$$

(3)本床区

本床区位于焦点区下面,温度为 1200~1250 ℃。在该区域内,各种熔体产物汇集在这里,并进行充分的交互反应,然后连续地流入前床,进行澄清分离。

在本床区进行交互反应调整熔体成分的过程中,最主要的反应是溶解在炉渣中的少量 Cu_2O 被铜锍中的 FeS 再硫化以及产物中的 Fe_3O_4 也会被 FeS 还原,这就保证了熔炼产物中的 Fe_3O_4 大大降低和渣含铜损失减少。其反应是:

$$(Cu_2S) + [FeS] \Longrightarrow (FeO) + [Cu_2S]$$
$$3(Fe_3O_4) + [FeS] + 5SiO_2 \Longrightarrow 5(2FeO \cdot SiO_2) + SO_2$$

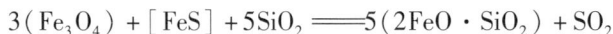

根据以上讨论可以看出,铜精矿密闭鼓风炉熔炼发生的脱硫作用有下列几方面:

①高价硫化物的离解及炉料中的固体硫化物在预热区的氧化。

②熔融硫化物在焦点区的氧化。

③硫化物和氧化物在本床区的相互作用。

8.1.3 密闭鼓风炉结构

密闭鼓风炉炉体构造和敞开式鼓风炉大体相同,其结构如图 8-4 所示。鼓风炉的基础是用混凝土浇注的,基础上设有若干铸铁支座,支撑若干块铸铁板,在铸铁板上砌筑镁砖构成本床。炉子的侧壁用若干水套装配成,水套与水套之间用螺丝连接,并通过支撑杆固定在围炉的钢框架上。炉顶加料砖砌体通过水平钢梁也支撑在围炉钢框架上。侧水套的下部有风口,供鼓入空气之用。前端水套的下端,设有熔体放出口(咽喉),铜锍和炉渣均由此放出,经溜槽注入前床。水套采用汽化冷却。

风口区水平以下的部分称为本床,又叫炉缸。风口区的水平面积称有效面积,又称炉床面积。炉床面积与炉日处理量和床能力的关系依下式计算:

$$F = Q/A$$

其中 F——炉床面积,m^2;

Q——日处理炉料量,t/d;

A——床能力,$t/(m^2 \cdot d)$(一般按熔炼实际指标选定)。

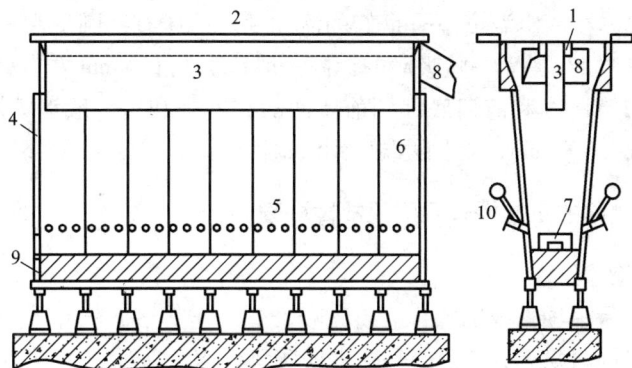

图 8 – 4 密闭鼓风炉结构简图

1—水套梁；2—顶水套；3—加料斗；4—端水套；
5—风口；6—侧水套；7—山型水箱；8—烟道；9—咽喉口；10—风管

风口区宽度一般为 1.1 ~ 1.2 m 为宜，长度一般为 2 ~ 9 m。

本床用烧结镁砖砌筑，其深度应视炉子的大小、铜锍成分、炉子的热平衡条件和风口角的大小而定。本床深度一般为 0.54 ~ 0.61 m。

炉身由水套围成。若整个炉身都是用水套围成的，则称为全水套炉；若上半截用砖砌，下半截用水套，则称为半水套炉。现以全水套炉子为多。水套一般为矩形，用锅炉钢板焊成。水套中下部有进水口，最上端有出水口，最下端有排污口，进水口处设有挡板，使进去的水不直接冲击水套内壁，且把冷水导向水套下部。

侧水套的块数应与炉子长度相适应，安装时侧水套稍微向外倾斜，倾斜的角度称炉腹角，大多为 4.7° ~ 8.5°。侧水套底沿向上 1100 mm 处设有风口。风口直径、风口比和风口角都是重要的设计参数。风口直径的大小直接影响到送风量和空气送进炉内深度。要使空气能送到炉子中心，风口直径不宜过大。一般风口直径为 82 ~ 110 mm。炉子风口的总面积与炉床面积之比叫风口比，一般为 4% ~ 5.5%。

风口的角度（风口中心线与水平线的夹角）大些，有利于把空气引进炉子中心，使燃烧集中而不上移；但太大了对本床砌体寿命不利。风口角度以 10° ~ 12° 为宜。两端水套不设风口，前端水套下面设有咽喉口，作放出本床内熔体产物即炉渣与铜锍混合物之用。

咽喉用镁砖砌成，砖砌体外侧安放一个用钢板制成的枕水箱，溜槽前安置青铜 U 型水箱，溜槽底板是铸铁板，铸铁板上用镁砖砌成溜槽。为了使鼓风不从咽喉口喷出，需保持熔体在本床内有一定的高度，将咽喉口封住，熔体通过炉内的压力排出，溜槽底面与本床底面的高度差决定了咽喉液封的高度，液封高度以保证本床的熔体既不能上涨到风口，又不使炉内气体从咽喉口喷出为宜。

密闭鼓风炉的炉口由排烟口、炉顶盖板水套、侧壁板墙和加料斗组成。密闭鼓风炉与敞开式鼓风炉的主要差别就在于此。排烟口有设在两侧的，也有设在炉顶后端的。设在两侧的负压分布不均匀，但有利于烟尘清理和单体硫充分燃烧。

前床是鼓风炉贮存和澄清分离熔炼产物不可缺少的结构，从炉内连续放出的铜锍和炉渣混合熔体在此进行澄清分离。

选择前床的形状、容积时必须考虑熔体在前床有足够的澄清时间；贮存的铜锍量能适应吹炼的要求；保证熔体在一定温度下有良好的流动性。前床有椭圆形和矩形两种，多数采用矩形。矩形前床的咽喉溜、渣溜、虹吸溜的标高一般依次低 150 mm 左右，前床的深度应是前床中铜锍层厚度、炉渣厚度和渣口底部到前床面的高度之和。一般铜锍层厚度为 300 ~ 700 mm，渣层厚度为 300 ~ 500 mm，加上咽喉口到渣口的落差，这样前床深度为 1.1 ~ 1.4 m。

8.1.4　鼓风炉熔炼过程的正常操作及常见故障处理

8.1.4.1　开炉操作

密闭鼓风炉开炉是一项重要的操作。待各项准备工作就绪后就开始烤炉。

炉子本床和前床同时烘烤，其目的是除去镁砖砌体表面吸附的水蒸气，将受潮耐火砖和耐火泥中水分烘干，然后将砌体逐步加热至 500 ℃ 左右，以适应高温熔体的贮存条件。烘烤时升温必须均匀缓慢，严防中途降温和温度波动太大，否则砌体强度受到影响，甚至产生裂纹而导致生产中漏铜故障。根据生产实践，新建和大修前床烘烤时间为 4 ~ 7 天；中修或补修前床为 3 ~ 4 天；新建本床为 3 ~ 4 天。

密闭鼓风炉开炉的加料顺序为投木柴→加底焦→加渣料→进过渡料→进本料→转入正常生产。木柴加入量以投放到风口以上 1.2 m 为宜，底焦的加入量以 800 ~ 950 kg/m² 床面积为宜，不可超过 1000 kg/m²，必须分批加入。

当风口区的焦炭充分燃烧时，便开始加渣料，渣料的加入量一般为 3.5 ~ 4.5 t/m²·床面积，加渣料时的焦率取 10% ~ 12%。

进渣料时开始送风。此时风压一般为 0.67 ~ 1.33 kPa，依据料面上火情况，慢提风压。一般提风压幅度不大于 0.67 kPa，在开风口的同时还需要注意烟道负压。

加渣料的批量可大一些，但必须待渣料面遍布蓝色火焰方可进下一批渣料，防止进料过急。要保证渣料面具备 CO 等可燃气体着火燃烧的条件。

在开炉过程中，炉气中含有大量的 CO 和 H_2 等可燃气体，点火时会激烈氧化放出大量的热量，气体体积急剧膨胀，可能引起爆炸。在正常条件下，炉内 CO 的浓度低于其爆炸浓度；但当布料不均匀在炉内出现死角或滞料时，CO 便会在此逐渐积聚而达到爆炸浓度，从而引发爆炸。

为了保证开炉料面火焰分布均匀，无死角不滞料，应注意逐渐提高料面风压并随料面提高而提高。可通过调整小风闸和用钎子处理个别进风量少的风口来解决。严禁风压大幅度降低，特别是开炉过程中突然发生鼓风机停车，CO 倒流入风管。CO 爆炸会导致整个送风管道炸裂，其危险程度远远大于炉口和烟道的 CO 爆炸。预防 CO 爆炸的措施有：

(1) 密闭鼓风炉开炉应遵守开炉操作注意事项。

(2) 开炉时底焦较多和送风量不足，这是炉气中产生大量 CO 的原因，因此开炉时底焦用量、送风制度和原料都必须互相适应，才能达到目的。

(3) 开炉焦炭和渣料块度应均匀，这样才能保证炉料和炉气在炉内均匀分布，炉气中的 CO 才能及时燃烧和顺利排出，以消除爆炸根源。

渣料加完后便可进过渡料。所谓过渡料，即由渣料转为加正常炉料之前用的炉料。这时将一定比例易熔、产出铜锍量较多的铜精矿和少许熔剂配入炉料中，构成块率 60%、精矿 40% 的炉料。

当达到正常熔炼条件时则开始进本料，本料即正常生产熔炼的炉料。

鼓风炉熔炼的正常操作包括加料、炉口维护、风口操作，前床操作等。

8.1.4.2 加料操作

加入的炉料包括铜精矿与各种块料。密闭鼓风炉熔炼适宜处理粘性好、粒度细和难熔脉石较少的精矿。搭配好的混合精矿中 SiO_2 含量不宜大于 15%，MgO 含量不宜大于 5%，S/Cu 比以 1.1~1.5 为好。常用的块料有熔剂（石英石、石灰石等）、吹炼转炉渣、富块矿和各种返回物料，这些块料的块度以 30~80 mm 为宜。为了保证熔炼顺利进行，块料的加入量应占炉料总量的 40% 以上。

焦炭是作为燃料加入鼓风炉的。对焦炭块度的要求为 30~80 mm，抗压强度应大于 7 MPa，着火温度为 600~800 ℃，固定碳含量应大于 80%，挥发物应小于 1%。

加料顺序是：焦炭→转炉渣→石英石→石灰石→混捏铜精矿。因为焦炭密度小，堆角也小，先加焦炭，使其平铺在炉料的下面，焦炭燃烧发出的热量，能充分被利用来加热炉料。

精矿混捏的质量是密闭鼓风炉熔炼生产操作的关键一环。精矿粒度、混捏的均匀程度和混捏后的水分含量都影响着混捏精矿的粘度。精矿在加入炉内之前必须加水搅匀，而且混捏矿含水量还必须适当，一般在 12%~16%。

每加完一批料，料斗中炉料的厚度应保持在 500~600 mm，其中精矿层厚 310~340 mm，这样可以保证料斗的良好密封，避免冷风经料斗吸入炉内，冲淡烟气中 SO_2 浓度并降低炉顶温度。

均匀布料可采用往返布料、凹凸进料、根据风口情况适当调整局部块率等方法来实现。

8.1.4.3 炉口维护操作及故障处理

（1）负压控制

控制炉顶负压，不仅是为了控制冷风吸入炉内以保证 SO_2 浓度，同时也是使炉膛内压力分布均匀，以保证炉内各部分气氛均匀。炉顶负压一般控制在 50~100 Pa，即保证炉顶不冒烟，又吸入适量冷风，确保单体硫的燃烧。

（2）炉结处理

密闭鼓风炉的上部、中部都可能生长炉结，但主要是在上部，距风口 800 mm 至 1000 mm 以上的水套壁上炉结最严重。当炉内生成较大的炉结时，炉料和炉气的正常分布和运动规律受到破坏。在炉结较严重的地方，炉料发生停滞现象。相反，在炉结不严重的地方，炉气集中通过而引起穿火、跑风等不良现象，使整个冶炼制度紊乱，造成烟尘率提高，炉顶上燃，焦点区温度下降，床能力等生产指标不好。

炉结的生成是由于一些细颗粒的炉料和低熔点组成物在炉内下降时，被带到炉子的两侧软化（半熔化状态）粘结成块。当混涅质量不好、炉料粘度低、布料不均匀、料柱坍塌、风压不稳定、烟尘率高、渣型选择不当时，都会促使炉结加速生成。

防止炉结生成的办法是：经常清理炉口，始终保持炉结与料斗间距离不小于 200 mm。对炉口顶部积存的粉料要及时清理，及时处理棚料、穿孔、上燃等故障；严格控制合适的混捏料水分；均匀布料；与风口联系配合操作；适当的焦率；保证一定的块率和熟料率。

（3）棚料产生的原因及其处理

加入的大块料被炉结卡住；打掉的炉结未熔化下落而引起搭桥；加入的铜精矿批量大，水分高；炉子上燃，下料不匀，造成料柱局部烧结搭棚；在停风后，因风闸关闭不严少量空气入炉发生反应，使部分炉料熔化。上述原因均会造成棚料。

发生棚料后会造成送风分布不均，产生跑空风，下料缓慢，单位时间内产出的熔体越来越少，相应地本床熔体减少，达不到液封，造成咽喉口喷风，甚至熔体发粘堵塞咽喉口，造成风口上渣，堵塞风口，严重时造成死炉；棚料突然塌下时未反应的生料进入渣中，造成渣含铜量升高。因此，要及时处理炉结，炉料粒度不能太大；停风时堵好风口，关好风门。发现上部有棚料时，可用钎子捅打。要提高入炉料的块率、熟料率和焦率，以提高炉温将其熔化。

(4) 料柱穿洞

当鼓风量超过极限鼓风量时，且因炉料块率小，料柱阻力大，风送不到炉子中心，便从料柱与炉结间上冒，这些都使得风从棚料处上不来，而从阻力小的地方集中上升从而造成穿洞。

穿洞造成跑空风，氧气利用率低，不利于脱硫，床能力、烟尘率、SO_2 浓度等指标都受到影响。防止穿洞及其处理方法是多方面的。炉料粒度要均匀，且均匀进料。加强风口操作，及时处理棚料。已经穿洞时要及时与风口联系关闭或关小相应风口的风闸，同时用钢钎将穿洞处捅开，并在料斗对应部位适当增加一些石灰石，因为石灰石离开料斗受热分解后变成发粘的粉状，从破开的部位进入孔道能将孔道堵死。对于上燃部位必须连续捅打，上燃严重的地方可局部加返渣料。

8.1.4.4 风口操作及故障处理

鼓风炉炉况的变化，首先在风口和前床反映出来。风口和前床操作的关键是稳定鼓风压力，保证鼓入炉内的风量并能及时判断炉况变化的原因，与炉口操作工联系相互配合，及时处理。

(1) 入炉风量与鼓风压力

密闭鼓风炉的鼓风量，主要取决于炉料中硫化物的含量与焦炭的消耗量，此外还与炉料的性质、料柱组成、布料情况与炉结生成等因素有关。理论空气量可通过冶金计算来确定，实际鼓风量应考虑 10% ~20% 的过剩空气。一般 1 t 炉料需要的鼓风量约为 1000 ~1400 m^3。按风口区截面积计的鼓风强度为 (35 ~40) $m^3/(m^2 \cdot min)$。密闭鼓风炉的鼓风压力主要取决于炉内料柱的阻力，在一定范围内增大风压对熔炼过程有利。但风压过大会增大烟尘产率，甚至造成料层穿孔而跑空风。目前密闭鼓风炉的鼓风压力一般控制在 8 ~10 kPa。我国多数冶炼厂采用 24% ~30% 的 O_2 浓度的富氧鼓风，这样则每吨炉料的鼓风量已降至 900 ~950 m^3，风口区截面的鼓风强度则相应降至 28 ~35 $m^3/(m^2 \cdot min)$。

当同侧两个相邻风口之间的间隔物被破坏，风入炉后，向相邻风口横窜的风口叫窜风风口。判断窜风风口的依据是看是否有从相邻风口横窜过来的蓝火苗，横窜的蓝火苗随风口风的开大而变大，但要与风口上渣的前兆区分开。风口发生窜风会破坏送风状况，改变炉内炉气的分布，容易导致跑风穿洞、下料慢、产生棚料等不良后果。

发生风口窜风后应及时堵塞窜风风道，若相邻几个风口同时发生窜风现象，须将这几个风口隔一个堵一个，其余的用长钎捅打，将风引入炉中心，再把堵塞的风口打开，在风口两侧粘黄泥也可来防止风口窜风。

防止及处理风口跑风的方法是，细致准备原料，加强布料操作，提高配料块率，控制好合理渣型，风口勤打钎子等。对跑风严重的风口，可采用风口内粘黄泥延伸风口长度，也可采取风口闸门拉小或堵黄泥死烧的方法处理。

风口区风道拉长称风口深棚，在风口上方形成骨架称为棚。造成风口深棚的原因是：渣中 SiO_2 含量高，风口区温度较低，在风口区形成骨架架桥后易形成深棚。此外风口处理不当，风口区骨架大，温度低，钎子捅打过勤，都可能破坏良好的风道，导致黑空，引起深棚。较早发现形成轻微深棚时，可往风口斜下方打钢钎，使下部温度返上来，以提高风口区温度，可使深棚转好。若深棚严重时，则将该风口堵死或关上小风闸，从对面风口打钎子，可将凝固物熔化。但是在采取拉风闸的处理方法时，应注意勤检查，防止从上部熔化下来的熔体流入风口造成风口堵塞。

当风口下沿出现蓝色火苗跳动时即为风口上渣。当风口下沿出现冒泡的熔体时，说明上渣情况严重；当熔体已进入风口时，说明上渣情况相当严重。如果从表面看风口无上渣迹象，但往风口下部打入钢钎，随钢钎的拔出熔体随着冒出也说明上渣情况严重。产生风口上渣的主要原因是咽喉口堵塞；渣中硅酸高，渣体发粘，咽喉处熔体流动性差，使本床熔体面升高，熔渣便从风口溢出。顺水套跑风时，熔体顺水套向下流到主风口，由于风口底部有存渣淌不下去，熔体便从风口溢出。风口上方局部大量悬料突然下降，将熔体从风口挤出。新砌的咽喉溜槽高度过大，与风压不相适应，造成风口上渣。大修期本床砖体面倾斜度砌筑得不够，在炉子后段容易上渣。

风口上渣的防止和处理措施有：及时排除风口底部存渣，保持底部是空洞。提高配料块率，风口多打钎子，使风送到炉子中心，防止周边熔炼。稳定风压，严防一次降压过低。加强咽喉口的维护，保持畅通无阻。风口上渣灌死，待吹冷后处理。

位于风口区下方的本床也经常粘结，也可称之为炉底炉结。本床炉结可使本床容积缩小，风口容易上渣，咽喉口也易堵塞。

本床炉结产生的原因：炉料中高熔点组分（如 SiO_2，MgO，Al_2O_3 等）含量高，本床温度低，熔体发粘；在炉温较低的情况下，造渣反应进行不充分，高熔点组分（Fe_3O_4，SiO_2）就会粘附于炉底；因为 Fe_3O_4 溶解于铜锍的能力随 FeS 含量增大而增大，当在高温下溶解有大量的 Fe_3O_4 时，如果炉温一降低，Fe_3O_4 则呈固相析出，在本床沉积。

为防止本床炉结的形成应加强配料管理，严格控制炉中高熔点组分的含量；选择适当的铜锍品位和渣型；当本床炉结形成后可适当提高燃料率来提高溶解量；提高炉渣熔点或用流动的熔体来冲洗炉结，使局部焦点区的焦层增厚。

上述几种风口常见故障产生的主要原因都与不均匀进料有直接关系。所以风口操作必须与炉口操作相配合。风口升降风压的幅度不得大于 0.67 kPa，以慢升慢降为佳。尤其是在鼓风量自行下降而风压自行上升时，要通过打钢钎来提风量，不可单纯通过风闸提风压。

风口操作必须做到二稳三勤，即稳定负压，稳定风压，勤检查风口，勤处理风口，勤与炉口联系。

8.1.4.5 前床操作及故障的处理

密闭鼓风炉熔炼产出的铜锍与炉渣一起经咽喉口流入前床进行澄清分离，然后分别从前床放出。由于密闭鼓风炉熔炼的脱硫率只有 45% ~50%，产生的铜锍品位较低，一般为 25%~35%，采用富氧熔炼时稍高一些。密闭鼓风炉熔炼产出的炉渣含铜量低，大都在 0.3% 以下。炉渣产出率一般为 45% ~55%。

铜精矿密闭鼓风炉熔炼的生产率低，流入到前床的熔体量不多，因此对前床的保温非常重要，否则会出现凝结现象。如温度降低，熔体流动性不好时，一般可以加盖稻草或焦粉保温,或者在前床四角和虹吸部位投放少量生铁,或者适当改变配料成分以提高炉渣熔点,以增加前床的热量。前床操作主要是保证三溜(咽喉溜、渣溜、虹吸溜)畅通,及时掌握炉渣成分和铜锍品位的变化,对全炉操作提供指导性的意见。

咽喉溜的维护主要是控制好枕水箱和 U 型水箱的冷却水流量,作好咽喉溜的保温,观察本床温度变化和熔体流动状态。常见故障主要是咽喉口堵塞和喷风。

咽喉溜的保温,在一般情况下,将保温砖盖上即可,在刚开炉或熔体温度低时用木柴、稻草等可燃材料保温。在咽喉溜上有蓝烟冒出时,说明咽喉畅通。

咽喉喷风主要是由于棚料未得到及时处理,继续送风,焦点区温度降低,本床熔体减少,或在风压作用下,熔体封不住咽喉口所致。其次咽喉溜高度与鼓风的压力不匹配也会破坏液封条件。

如果属于咽喉砌筑高度不够而喷风,可临时在溜槽中立砖,减少溜槽的横断面积,迫使熔体液面升高,提高液面差,缓解喷风现象。因风压开启过高而喷风,可以降风压。当炉前温度低后部温度高,本床熔体向前流动不畅而造成喷风时,可以适当降低风压,及时处理前部风口,并提高焦率。如果属于棚料而喷风,则严禁降风压,因为在有棚料的情况下炉温低,降风压后炉内压力突然下降,会加重棚料。又由于降风压后,入炉风量减少,熔化速度慢,会进一步降低炉温,导致死炉的危险。此时应用可燃性保温材料压住咽喉口,并打入钢钎,及时处理棚料,及时返渣,缓解炉况。

维护渣溜的主要任务是保持渣溜与虹吸口的熔体流动畅通无阻。做好渣溜的保温,随时清除渣溜上的粘结物;观察渣溜熔体的流动性和温度,为调整配料和渣成分提供依据;调整控制冲渣水的压力和水量,以确保水淬溜的畅通。从虹吸溜观察铜锍成分的变化,同时还要定期测定前床铜锍面高度,铜锍面太高,铜锍容易从渣溜溢出,与渣相混,提高渣含铜量并引起铜锍在水淬溜放炮,发生安全事故。反之,铜锍面太低,炉渣易从虹吸排出,降低铜锍质量,甚至引起前床粘结和虹吸堵塞。所以要严格控制铜锍面的高度,一般控制在 350～700 mm 之间。

8.1.4.6 鼓风炉的停炉操作

正常停炉操作的要求:

(1)决定停炉时间长短,凡停炉在 1 h 内不必放本床,但要在咽喉口插上钢钎。凡停炉超过 4 h,都要投洗炉料,即适当返一些渣料,焦率可偏高一些。返渣料将炉内料全部洗出,并将本床放净。一般停炉时间长都要打炉结,因此在返完渣后要加一批底焦,并在打完炉结后再加一批底焦垫在打下的炉结上。

(2)为了保证重新开炉不棚料并减小送风阻力,可将料面降到料斗下 1 m 左右再停风。

(3)为了防止前床凝结或有效容积缩小,放铜锍时要将铜锍面控制在 600 mm 以上,必要时还需将渣中 SiO_2 的含量增加至上限,使渣温升起来。一般是将 SiO_2 含量增至 36%～38%。

(4)关闭小风闸和大风闸,停止加料,先停鼓风机,后停排风机。

(5)本床渣子放净后用黄泥堵塞风口,防止空气进入炉内将炉料熔化,使本床重新灌满熔体。

(6)把渣溜和咽喉口堵塞好,并做好前床、咽喉口和虹吸口的保温。

(7)停风后的开风,若停风时没放本床,要先开排风机,打开咽喉口后再开鼓风机。若停风时放净了本床,要先堵好本床安全口、咽喉口,开排风机,再开鼓风机。待风口见渣,打开咽喉口。

若大修停炉，先停风放本床，然后放前床。

若因排烟系统出故障被迫停炉，要打开炉口操作孔，让烟气直接从炉口外排，这时风口停止送风，风口门小开，咽喉口插上钢钎，尽快修检排烟机。

如果停炉前渣温较低，返渣料时待渣料到达风口，要把所有低温的黑风口全打开后，方可用黄泥堵塞风口。这样做既可以减轻新送风、打风口的难度，又便于风口迅速进入正常状态，否则再开炉困难大。

若进料系统出现故障被迫停炉，应先考虑返渣料，无法返渣则可将料面降至加料斗以下1 m 左右。

如果停炉时间较长，因炉内有铜精矿而一定会棚料，棚料严重时，开炉要从炉顶操作孔插氧气管烧氧气，但不可从风口插氧气管，否则容易烧坏水套。

如果鼓风系统不能送风，被迫停炉在1 h 以上时，必须及时将本床放净，将所有风口用黄泥堵严，严禁有冷风进入。

8.1.4.7 鼓风炉死炉故障处理

只要不发生汽化水套爆炸事故，一般密闭鼓风炉是不会完全死炉的。死炉现象的出现是因炉温低，咽喉口被异物堵塞，熔体不流动或流动很慢，以至将风口灌死，送不进风被迫放本床扒咽喉。

当发现风口部分灌进熔体，先处理咽喉，不能降风压；如果咽喉异物清不出来，必须及时用氧气烧开咽喉，然后再处理风口，只要没达到放本床的程度就不能降风压。尽管只是几个风口灌死，没灌死的风口也基本上不进风或只能进少量风。因此，风压虽很高，可实际进风很少，此时必须维持住高风压。

当熔体不流动或流动极慢时必须停风放本床扒咽喉。如果放出的熔体少，则说明本床的熔体中有凝固层，此时，可以用钎子捅打，本床熔体即能放出。特别需要注意的是扒咽喉时要从咽喉口把本床内的熔体尽量放干净。在严重死炉时应该把咽喉口处伸进端水套的砖全部扒开，并尽可能把炉料扒干净，然后装进焦炭并用黄泥封好，砌好咽喉口，再从前部几个风口吹氧，将装入的焦炭点燃，送小风，并在炉顶相对应的部位垂直插氧气管烧。造成死炉的原因各不相同，处理方法也各异，可参照一般停炉时的操作方法灵活掌握。

8.2 反射炉熔炼

8.2.1 概 述

第一台炼铜反射炉始于1879 年，此后，反射炉炼铜迅速发展，在20 世纪60 年代达到顶峰，其产量占世界铜总产量的70%。但反射炉熔炼有它难以克服的缺点，如能耗高、环境污染严重等，这些缺点制约了它的发展。到20 世纪70 年代，以闪速熔炼为代表的低能耗、高效率、低污染的现代熔炼方法迅速崛起，致使反射炉熔炼逐渐被新的炼铜方法取代。

反射炉熔炼的特点可以归纳为以下几点：

(1)适于处理粒径小于3 ~5 mm 的粉状物料。

(2)燃料燃烧的过剩空气量控制在10% ~15% ，炉内气氛属中性或微氧化性气氛；

(3)燃料燃烧产生的高温炉气只是从炉料及熔池表面掠过,加之气相中游离氧较少,炉内气 - 固和气 - 液之间无显著的化学变化。炉料的受热熔化,主要是在料坡表面进行,炉气热量的利用率,通常只有 25% ~30%,约 50% 以上的热量随炉气带走。

反射炉熔炼的主要缺点是:

(1)环境污染严重

反射炉熔炼脱硫率低,只有 30% 左右,烟气量大,烟气中 SO_2 浓度低,一般在 1% 左右,达不到制酸所要求的浓度,只好向空中排放。如某厂采用反射炉熔炼工艺,硫的利用率只有60%,每年向空中排放的 SO_2 达 4 万多吨,既污染了环境,又浪费了硫资源。

(2)能耗高

反射炉熔炼时,炉气与炉料之间的热交换差,且因炉气属中性或微氧化性气氛,无法利用炉料中 S,Fe 的氧化热,所以,反射炉熔炼的能耗高。如某厂反射炉熔炼含 Cu19% 的原料,粗铜能耗(标煤)为 1.40 ~1.45 t/t,为先进工艺能耗的两倍。

(3)耐火材料单耗高

反射炉熔炼脱硫率低,炼出的铜锍品位低,致使转炉吹炼时间长,并有可能使吹炼第一周期温度过高,从而降低转炉的寿命,导致耐火材料单耗升高。如某厂铜锍品位为 26% ~30%,每生产一吨粗铜耐火材料消耗高达 60 kg,占粗铜加工成本的 1/10。

(5)生产能力不高

一般大型反射炉的炉床面积为 250 ~350 m^2,床能力为 2.5 ~4.5 t/($m^2 \cdot$ d),当原料品位在 20% 以下时,粗铜产量仅为 7×10^4 t/a。

8.2.2 反射炉熔炼的工艺流程及生产过程

反射炉熔炼,有直接处理生精矿的,也有处理铜精矿经焙烧后的产物铜焙砂的,还有处理两者混合料的。精矿焙烧的目的主要是为了提高熔炼过程所得铜锍的品位。一般原料中的硫铜(S/Cu)比超过 3.2 时要进行氧化焙烧脱硫。但随着选矿技术的发展,铜精矿的品位及铜硫比不断提高,可以不经过焙烧脱硫而炼出较高品位的铜锍,目前炼铜厂大都采用生精矿熔炼法。

生精矿熔炼法的优点是省去了焙烧工序,节省基建投资 10% ~15%,铜回收率高;缺点是床能力低,燃料单耗较高。

反射炉用的燃料比较广泛,可用粉煤、重油,还可用液化气、煤气等。

因原料、燃料不同,工艺流程也不尽相同,图 8 - 5 是处理生精矿、用粉煤做燃料的基本工艺流程图。

反射炉炉型是平卧式长方形,用优质耐火材料砌成,直接建筑于地面上,炉子的一端设有燃烧器燃烧粉煤、重油或其他燃料,对炉子供热。炉气从炉子的另一端排出。炉料从炉顶两侧的若干加料孔加入,在炉膛内的两边侧壁上堆积成料坡。在高温的作用下炉料受热熔化并发生各种物理化学变化,最后在熔池内形成铜锍和炉渣,并按密度差分层。

反射炉熔炼主要包括以下四个过程:

(1)燃料燃烧和气流运动;

(2)炉气、炉料、熔池、炉顶、炉墙之间的热交换;

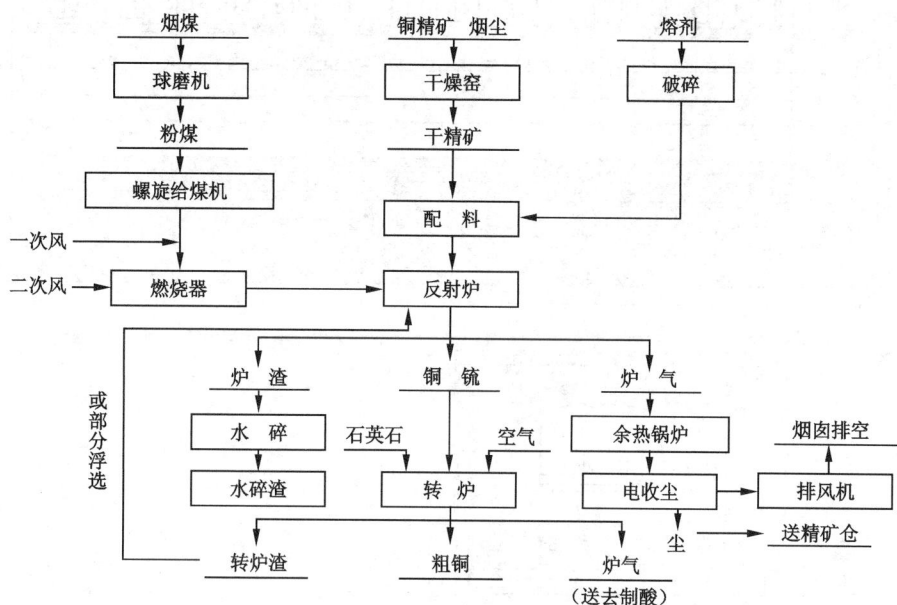

图 8 - 5　反射炉工艺流程图

（3）炉料受热、熔化和各种化学反应；

（4）熔融产物的运动和分离。

按照固体炉料转化为铜锍和渣的反应规律，大体上可把反射炉划分为反应区和沉淀区两个区域。反应区是指炉料加入炉子的那一段及其邻近的区域，炉料从这里入炉、熔化和发生反应，最后生成铜锍和炉渣；沉淀区通常是指不加料的区域，熔炼产物在这里澄清分层，并分别从炉内放出。

8.2.3　反射炉的结构及其主要附属设备

8.2.3.1　反射炉的结构

反射炉尺寸一般长为 $28 \sim 33$ m，宽为 $7 \sim 10$ m，高为 $3 \sim 4.8$ m，床面积为 $200 \sim 300$ m²。

反射炉由炉基、炉底、炉墙、炉顶、外围钢结构件及烟道等六部分组成。图 8 - 6 为反射炉本体结构图。

（1）炉基

反射炉炉基是整个炉子的基础，炼铜反射炉是一个庞大的设备，仅砌筑材料就重达 1500 - 3000 t，炉料和熔体的重量也有 1000 t 左右。炉子巨大的负荷作用于地面，这就要求有坚实的炉基。否则，可能发生炉子的局部下沉，引起严重事故。

炉基的下层用碎石或渣铺垫。上层用耐热钢筋混凝土浇灌，长度方向留有膨胀缝。

炉基的深度依土壤的性质、地区气温和地下水深度而定，一般为 2 - 3 m。炉基面的标高取决于放出渣的处理方式，如采用热运法，炉基面的标高要高些；如采用水碎法，则要相应低些。

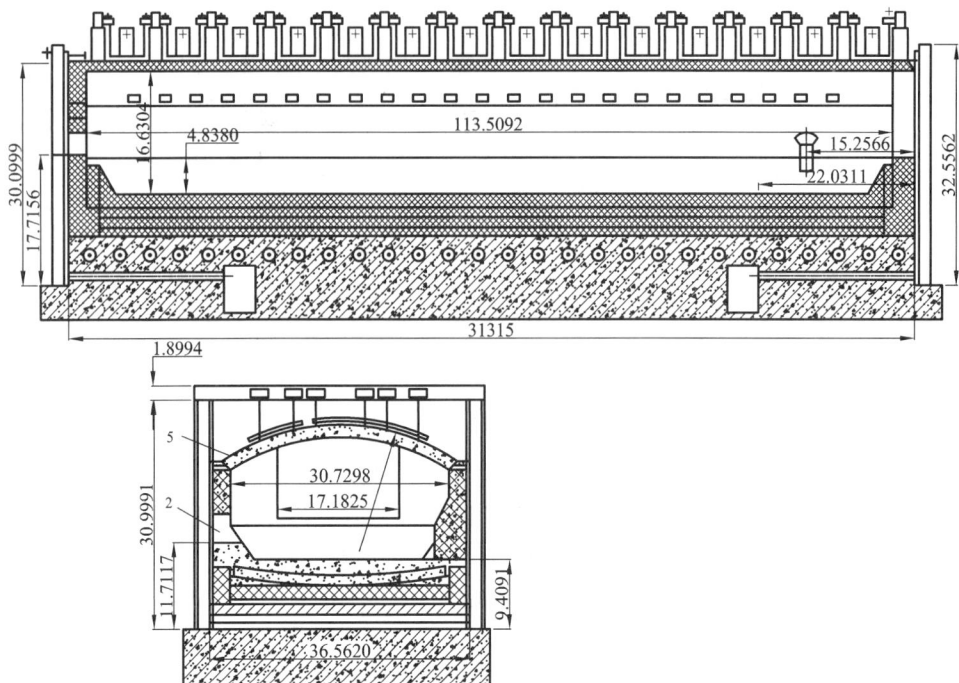

图 8-6　反射炉本体结构

（2）炉底

炉底共分四层（见图 8-7）。第一层是轻质粘土砖，厚 115 mm，主要起隔热作用。该层的下面还要在炉基上铺垫一层石棉板与一层石英砂。第二层是粘土耐火砖，或炉头用粘土耐火砖，炉尾用烧结镁砖。该层厚 345 mm。

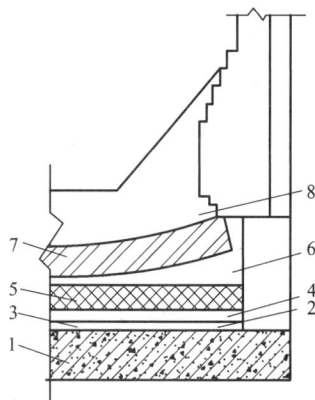

图 8-7　炉底层次图

1—炉基；2—石棉板；3—石英砂；
4—轻质粘土砖；5—粘土耐火砖或镁砖；6—镁砂填料；
7—镁砖；8—镁铁烧结炉底

第三层是烧结镁砖，厚 380 mm。该层砌成反拱，反拱的作用是防止炉底烧结层破坏后耐火砖上浮。反拱下面的弧形用镁砂捣筑。这三层耐火砖在砌筑时均留有若干条膨胀缝。第四层是镁铁烧结炉底。由于炉底的上层表面长期与铜锍接触，又要承受熔体的重力，因此既要求它具有较好的耐腐性，又要求它具有较高的机械强度。

镁铁烧结炉底的主要成分是镁砂、氧化铁粉及卤水，属于碱性底料。熔炼时，铜锍中的 Fe_3O_4 沉析在炉底上，起保护作用，因而使用寿命和安全性能都大为提高。

（3）炉墙

反射炉墙用镁砖砌成，外侧也可用比较便宜的粘土砖。由于各处炉墙的腐蚀程度不一致，炉墙的厚度也不一样。高温区、放渣口、放铜锍口附近较厚，其他部位较薄。

炉墙下宽上窄，渣线以下呈阶梯状，以上是直墙。在阶梯状炉墙以下还有一段称为基墙的炉墙。反射炉熔池的最大深度，一般为 1.2 m。

炉墙采用 230 mm 的标准砖干砌或湿砌，但渣线以下只能用湿砌，以防砖缝中漏出熔体。

炉头端墙留有若干个安装燃烧器的圆孔。炉墙的一侧留有转炉渣注入口、打眼放铜口和前床连通口，另一侧留有放渣口。为保护炉墙，可在炉墙易损部位的外壁设置水套。

(4)炉顶

炉顶是反射炉最易损坏的部位，反射炉生产周期的长短，基本上取决于炉顶的使用寿命。炉顶损坏的主要原因是在高温下受到矿尘的渣化腐蚀、气流冲刷和炉内温度急剧波动造成的损伤。炉顶形式有拱顶、吊顶和止推式吊顶三种。我国炼铜企业根据反射炉生产的特点，学习平炉炼钢的实践经验，成功地采用了一种止推式吊顶(见图 8-8)。这种炉顶的结构是用钢结构件强制保护炉顶，使其在受热或冷却时不致于发生严重变形，生产过程中即使有少数砖块断裂或完全掉落，也不会引起大面积的塌方，便于局部修补。

炉顶用楔型和标准型 Mg-Al 砖干砌，砌筑时两块砖之间夹垫一张马粪纸和一块 0.5 mm 厚的铁片。铁片在熔化后可使两块砖结合得更紧密，马粪纸则起着膨胀缝的作用。砖的上端有半孔，半孔内嵌入渗铝铁销，以阻止砖上下滑动。每七块砖为一组，中间有两块砖比其他砖长出 80 mm，称为筋砖，筋砖用吊环、插销挂在轻型钢轨上，并用铁楔把吊环塞紧，再用电焊点牢，这样砖组就成为一个比较紧固的整体，被紧挂在钢轨上(如图 8-9 所示)。

整个炉顶分成若干节，每节长 2.5~3.3 m，节与节之间留有宽 30-40 mm 的膨胀缝。该膨胀缝开炉前要用硅酸铝纤维板或石棉绳密封。

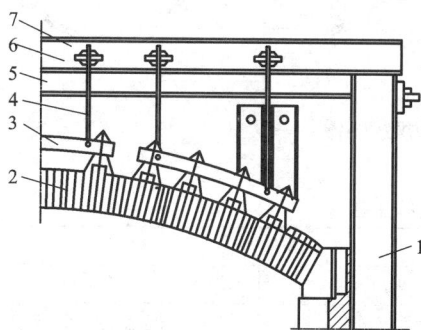

图 8-8　反射炉止推式吊顶结构图
1—拱脚梁；2—镁铝砖；3—压梁；
4—吊杆；5—横拉杆；6—横梁；7—吊架

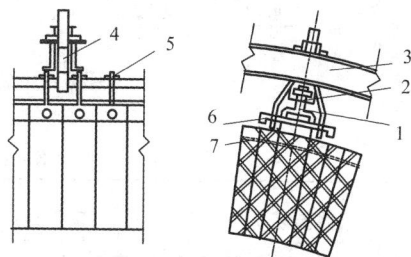

图 8-9　反射炉顶砖组结构图
1—钢轨；2—吊环；3—压梁；4—卡杆；
5—楔子；6—插销；7—梁铝销

炉顶两侧留有加料孔，料孔尺寸 200 mm × 240 mm，料孔的位置要与两侧的钢立柱错开。炉顶中间部位还留有洗炉用的加铁球孔及测温测压仪表安装孔。

(5)钢结构

反射炉钢结构除顶吊挂所用的外，还有四周的钢立柱、拉杆等，其作用在于维护整体不变形或少变形。

(6)烟道

反射炉烟道包括斜坡烟道和水平烟道。斜坡烟道是反射炉与余热锅炉之间的过渡部分，其顶部耐火砖大部分采用悬挂结构至水冷闸门前,有约 1.5 m 长的止推式吊顶。吊顶的中间部位留有若干个小孔,作为喷水降低烟气温度之用。斜坡烟道采用的水套较多,其目的是为了便于清理烟灰和延长使用寿命。斜坡烟道墙体用镁砖或耐火粘土砖砌筑,墙上也有留有喷水用的小孔,整个斜坡烟道由钢支架支承。

水平烟道用粘土耐火砖砌筑,其顶部砌成拱形,拱顶上设有两排喷水孔,作降温之用。

8.2.3.2　反射炉的主要附属设备

反射炉的主要附属设备有燃烧系统与加料装置等。反射炉熔炼所用的燃料有粉煤、重油、天然气等,我国炼铜厂常采用粉煤作燃料。

粉煤燃烧系统是由粉煤仓、螺旋给煤机、燃烧器及一、二次风机组成。燃烧器是燃烧系统的关键设备,常用的有涡流式和湍流式两种。涡流式双管粉煤燃烧器的结构见图 8 – 10。其技术性能列于表 8 – 1 中。

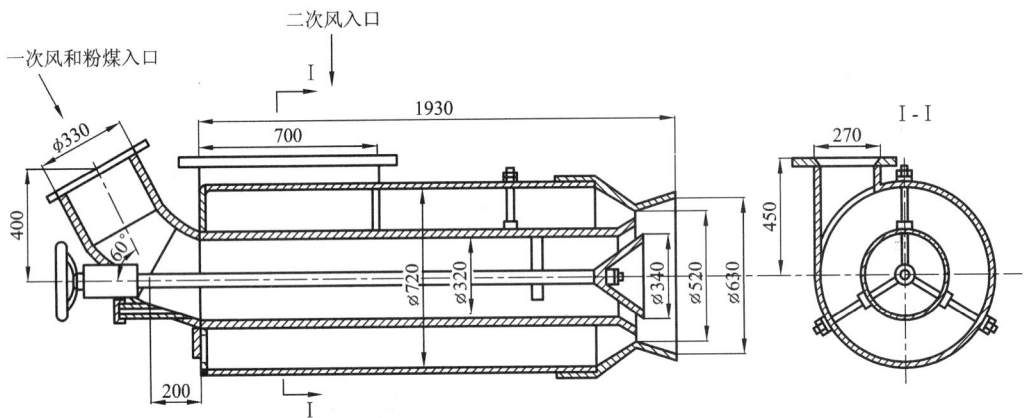

图 8 – 10　涡流式双管粉煤燃烧器

表 8 – 1　燃烧器的技术性能

性能名称	单　位	厂　别	
		1(大冶)	2
结构形式	–	涡流式双管粉煤燃烧器	涡流式双管粉煤燃烧器
燃烧器外径	mm	$\phi620$	$\phi720$
扩散锥角度	度	75	75
一次风出口断面积	m²	0.0750	0.0573
二次风出口断面积	m²	0.1162	0.1046
混合物出口断面积	m²	0.132	0.122
燃煤能力	t/h	1.2 – 1.5	1.25 – 1.44
一次风出口速度	m/s	17 – 20	15.5 – 17.0
二次风出口速度	m/s	22 – 25	20 – 22
混合物出口速度	m/s	24 – 26	24 – 25
燃烧器重量	kg	730	860

8.2.4 反射炉熔炼主要技术经济指标

反射炉熔炼主要技术经济指标有床能力、燃料率和金属回收率等，现分述如下。

（1）床能力

床能力是指单位炉床面积上一昼夜熔炼的固体炉料量。熔炼焙砂时的床能力一般为 $4 \sim 7.5 \, t/(m^2 \cdot d)$，熔炼生精矿的床能力为 $2.5 \sim 4.5 \, t/(m^2 \cdot d)$。影响反射炉床能力的因素主要有供热、炉料性质和生产操作等。

（2）燃料率

燃料率是指燃料消耗量与熔化固体料量的百分比。反射炉燃料率随炉料耗热量、单位燃料产物量及废气温度的增加而升高；随燃料发热值、单位燃料燃烧所需空气量和燃烧空气温度的增加而降低。采用热空气助燃，是降低燃料率的措施之一。以粉煤作燃料熔炼生精矿时，燃料率一般为 $14\% \sim 20\%$。

（3）金属回收率

反射炉金属回收率是指产出铜锍的含铜量占消耗的物料的含铜量的百分比。反射炉金属回收率主要取决于炉料品位、渣率、渣含铜量及电收尘出口排尘损失等。含铜 20% 左右的炉料，回收率一般在 98% 左右。在铜的损失中，渣含铜损失占 $60\% \sim 70\%$，其次是电收尘出口排尘损失和无名损失。因此，降低渣中含铜损失对提高金属回收率具有特别重要的意义。

8.2.5 反射炉熔炼操作技术管理的若干经验

反射炉熔炼的正常操作及常见故障处理。

（1）反射炉熔炼加料作业

反射炉炉料的制备一般包括炉料干燥、熔剂破碎、配制混合料这三个方面。炉料制备流程图见图 8-11。

（2）反射炉熔炼的燃料燃烧作业

反射炉熔炼所需的热量 $80\% \sim 85\%$ 是依靠燃料燃烧来供给的，只有 $15\% \sim 20\%$ 的热量是靠入炉物质的显热和炉料各组分之间的化学反应提供的。

在生产过程中，正确地识别出炉内燃烧状况的好坏，是整个燃烧操作的基础。炉内燃烧状况不正常，可分为以下几种状况：一是风大煤小，炉内温度偏低，化料速度较慢，严重时炉子发生"喷"的现象，造成大炉压的人为错觉；二是风小煤大，这时炉子的周围冒黑烟，炉头温度难以升高（或有所降低），炉尾温度升高；三是一、二次风的配比不合理，会造成炉内温度过于分散，高温区过短。上述三种情况，可从各种现象中得到辨别和证实。

一般说来，从各方面仔细观察，综合分析，就能够有效地辨识出炉内燃烧状况是否正常。

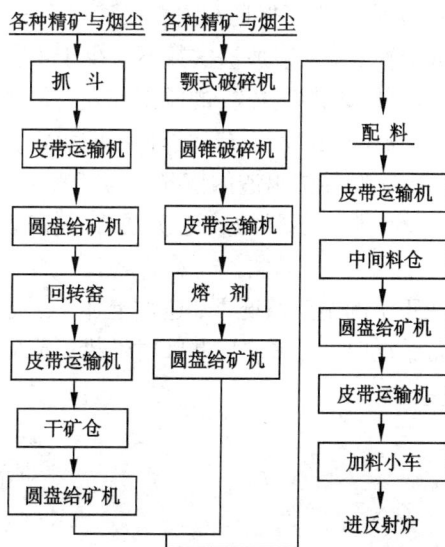

图 8-11 反射炉熔炼炉料制备流程

（3）反射炉熔炼的放铜锍作业

反射炉炉内的铜锍是根据转炉的需要和炉内铜锍面的高低，从铜锍口间断放出的。放铜锍的方法有两种：一种是打眼法，另一种是虹吸法。前者结构简单，操作简便。但是这种方法存在许多缺点，主要是机械化程度不高，操作劳动强度大，条件差，安全系数小，易发生烫伤和跑铜事故，故现在反射炉多用虹吸放铜锍法。

虹吸放铜锍的方法是基于连通器的原理制定的。在反射炉铜锍放出口处设有虹吸前床，铜锍由反射炉熔池经连通口进入前床，由于是连通器，反射炉本床内熔体的压力、虹吸前床内铜锍的压力始终是保持平衡的，前床内铜锍液面与放铜锍流槽底部有一定的高差，故可以将铜锍从前床放出。前床放出口用白泥堵住。需放铜锍时，用钎子将白泥拨开，其放出速度不低于打眼放铜锍的速度。

（4）反射炉熔炼的放渣作业

反射炉生产，不仅要保持炉内稳定的铜锍面作业，同时还必须保持稳定的总熔体面操作要求。稳定的总熔体面，对保证炉内的燃烧状况的正常与稳定、防止热交换条件的恶化、降低反射炉渣的含铜量及减缓炉结的生成、降低反射炉的烟尘率及确保安全生产都有较大的好处。实践证明，渣层厚度控制在 300～450 mm 较为理想。

为了使炉内总熔体面、渣面及铜锍面尽可能地在较小范围内波动，必须合理地安排好放渣次数。放渣次数的安排，必须遵循下述原则：

①炉内总熔体面及渣层厚度必须符合规定，即熔体深度须保持在 1000～1250 mm，渣层厚度必须控制在 300～450 mm。

②必须坚持"勤放、少放"的原则。所谓"勤放、少放"是指为了避免炉内熔体面的大起大落，要求每次放渣量不得过多，一般控制一次在 30 mm 以内，总熔体面的下降幅度以 65～100 mm 为宜。为了保证炉内有关液体面符合规定，要求在"少放"的基础上做到"勤放"，即增加放渣次数，一般放渣次数不得少于 4 次/8 h。由于熔池表面炉渣密度小，过热好，脱铜较完全，采取"勤放、少放"的原则作业，每次只放出表面的炉渣，可降低渣含铜量。同时，由于熔体面波动幅度小，有利于料坡的稳定，减少了塌料坡的可能。

③要了解转炉出渣的情况。为了避免放渣带铜和有足够的时间将炉内总熔体面及渣面压下来，以减少不必要的放渣次数，一般应利用转炉出渣时其中较长的那一段时间来安排放渣。

在正常的生产情况下，遵循上述三条原则进行操作，可以达到预期的目的，但在遇到一些异常情况时，可采取一些临时性措施来安排放渣次数。

撰稿人：郭亚会　朱　燃　赵震宇

审稿人：王盛琪　王举良　张训鹏　彭容秋　郭天立

9 铜锍的吹炼

9.1 概 述

硫化铜精矿经造锍熔炼产出的铜锍是炼铜过程中的一个中间产物,其主要成分(%)为:Cu 30~65,Fe 10~40,S 20~25,还富含贵金属金与银。

铜锍送转炉吹炼的目的是把铜锍中的硫和铁几乎全部氧化除去而得到粗铜,金、银及铂族元素等贵金属熔于铜中。

铜锍的吹炼过程是周期性进行的,整个作业分为造渣期和造铜期两个阶段。在造渣期,从风口向炉内熔体中鼓入空气或富氧空气,在气流的强烈搅拌下,铜锍中的硫化亚铁(FeS)被氧化生成氧化亚铁(FeO)和二氧化硫气体;氧化亚铁再与添加的熔剂中的二氧化硅(SiO_2)进行造渣反应。由于铜锍与炉渣相互溶解度很小,而且密度不同,停止送风时熔体分成两层,上层炉渣定期排出,下层的锍称为白锍,继续对白锍进行吹炼,进入造铜期。

在造铜期,留在炉内的白锍(主要以 Cu_2S 的形式存在)与鼓入的空气中的氧反应,生成粗铜和二氧化硫。粗铜送往下道工序进行火法精炼,铸造合格的阳极板。吹炼生产的烟气(SO_2)经余热锅炉回收余热后,进入重力收尘和电收尘器收尘,处理后的烟气送去制酸。

在转炉吹炼过程中,发生的反应几乎全是放热反应,放出的热量足以维持1200℃下的高温进行自热熔炼。为防止炉衬耐火材料因过度受热而缩短炉寿命,所以需要向炉内加入冷料,以控制炉内温度。用空气吹炼高品位铜锍时,吹炼过程所需的热量难以维持过程自热进行,可以鼓入富氧空气,减少烟气带走的热量以弥补热量的不足。富氧吹炼,可以缩短吹炼时间,提高生产能力。

铜锍转炉吹炼的工艺流程如图9-1。

转炉吹炼过程是周期性作业,倒入铜锍、吹炼和倒出吹炼产物三个操作过程的循环,造成大量的热能损失;产出的烟气量与烟气成分波动很大,使硫酸生产设备的工作条件难以稳定,致使硫

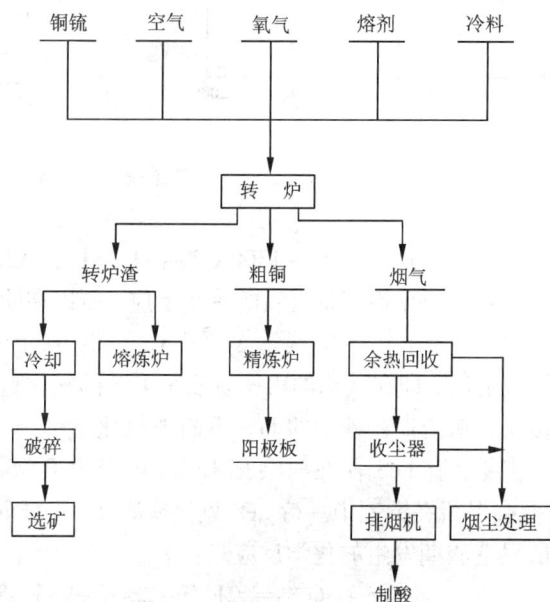

图9-1 转炉吹炼的工艺流程

的回收率不高。这是转炉吹炼过程的主要问题。

9.2 铜锍吹炼的基本原理

9.2.1 吹炼时的主要物理化学变化

造锍熔炼产出的铜锍品位通常在 30% ~ 65%，其主要组分是 Cu_2S 和 FeS。这两种硫化物在吹炼氧化气氛下的氧化趋势及先后顺序，已在造锍熔炼的基本原理中叙述过，用 $\Delta G^{\ominus}$ 与温度的关系图也可以清楚地说明吹炼时发生的变化过程(见图 9 - 2 与图 9 - 3)。

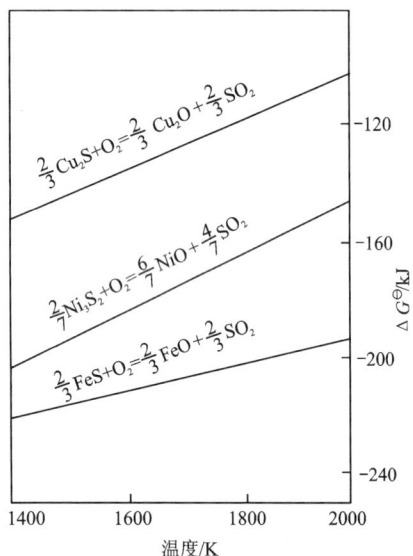

图 9 - 2 硫化物氧化反应的 $\Delta G^{\ominus} - T$ 关系图

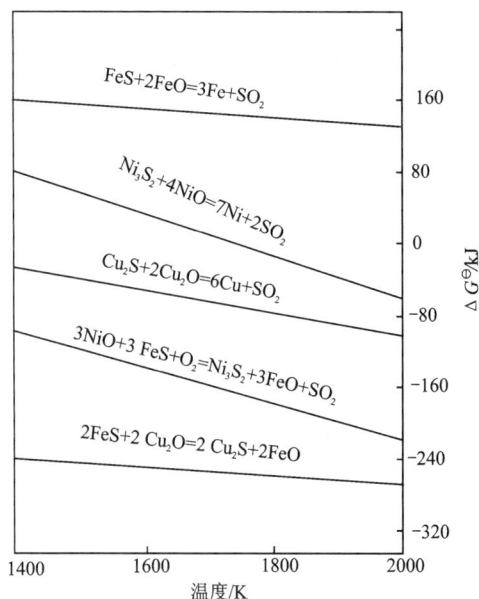

图 9 - 3 硫化物与氧化物交互反应的 $\Delta G^{\ominus} - T$ 关系图

铜锍吹炼通常在 1150 ~ 1300℃ 温度下进行，从图 9 - 2 硫化物氧化反应的 $\Delta G^{\ominus}$ 可看出，Fe，Cu，Ni 的硫化物都是自发的氧化反应，所以在吹炼温度下都可能被氧化成氧化物。但从图 9 - 2 中可看出，FeS 的氧化 $\Delta G^{\ominus}$ 比 Cu_2S 更负，因此，FeS 首先被氧化成 FeO，并与加入的石英熔剂造渣，即在吹炼的第一阶段是 FeS 的氧化造渣，称为造渣期。

由于在造渣期铜锍中的 FeS 不断地氧化造渣，Cu_2S 的浓度便会上升，Cu_2S 氧化的趋势增大。但是，有 FeS 存在时会把 Cu_2O 转变为 Cu_2S。所以在造渣期只要 FeS 还未氧化完，Cu_2S 便会保留在铜锍中。待 FeS 氧化造渣完后，才转入 Cu_2S 氧化的造铜期。

所以造渣期发生的化学反应是：

$$2FeS + 3O_2 \Longrightarrow 2FeO + 2SO_2 + 935.484kJ$$

$$2FeO + SiO_2 \Longrightarrow 2FeO \cdot SiO_2 + 92.796kJ$$

随着吹炼的进行，当锍中的 Fe 含量降到 1% 以下时，也就是 FeS 几乎全部被氧化之后，Cu_2S 开始氧化进入造铜期。

造铜期发生的化学反应式有：

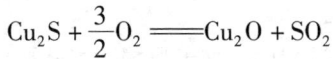

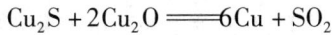

$$Cu_2S + \frac{3}{2}O_2 = Cu_2O + SO_2$$

$$Cu_2S + 2Cu_2O = 6Cu + SO_2$$

总反应方程式为：

$$Cu_2S + O_2 = 2Cu + SO_2$$

造铜期吹炼开始时，并不会立即出现金属铜相，该过程可以用 $Cu - Cu_2S - Cu_2O$ 体系状态图(图9-4)来说明。

从图9-4可以看出，从 A 点开始，Cu_2S 氧化生成的金属铜溶解在 Cu_2S 中，形成均一的液相(L_2)，即溶解有铜的 Cu_2S 相。此时熔体组成在 $A-B$ 范围内变化，随着吹炼过程的进行，Cu_2S 相中溶解的Cu相逐渐增多，当达到 B 点时，Cu_2S 相中溶解的铜量达到饱和状态。在 1200℃ 时，Cu_2S 溶解铜的饱和量为 10%。超过 B 点后，熔体

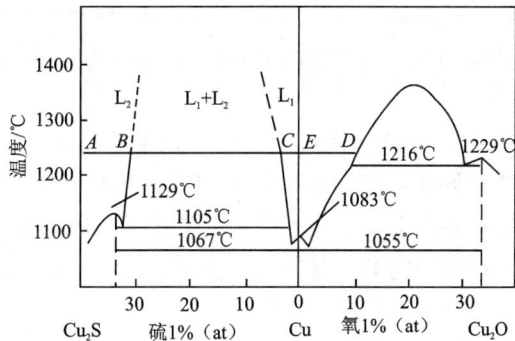

图9-4　Cu - Cu₂S - Cu₂O 系状态图

组成进入 $B-C$ 段，此时熔体出现两相共存，其中一相是 Cu_2S 溶解Cu的 L_2 相，另一相是Cu溶解 Cu_2S 的 L_1。两相互不相溶，依密度不同而分层，密度大的 L_1 相沉底，密度小的 L_2 相浮于上层。在吹炼温度下继续吹炼，两相的组成不变，但是两相的相对量发生了变化，L_1 相越来越多，L_2 相越来越少。这时应适当转动炉体，缩小风口浸入熔体的深度，使风送入上层 L_2 硫化亚铜熔体中。当吹炼进行到C点位置，L_2 相消失，体系内只有溶解有少量 Cu_2S 的 L_1 金属铜相。进一步吹炼，L_1 相中的 Cu_2S 进一步氧化，铜的纯度进一步提高，直到含铜品位达 98.5% 以上，吹炼结束。

在造铜期末期，必须准确地判断造铜期的终点，否则容易造成金属铜氧化成氧化亚铜 (Cu_2O)，这就是铜过吹事故。如已过吹，可缓慢地加入少许热铜锍，使 Cu_2O 还原为金属铜，但熔体铜锍的加入必须缓慢，否则 Cu_2S 与 Cu_2O 激烈反应可能引起爆炸事故。

9.2.2　杂质在吹炼过程中的行为

铜锍的主要成分是 Cu_2S 和FeS，还含有少量的杂质Ni，Pb，Zn，As，Sb，Bi及贵金属，这些杂质元素在卧式 P-S 转炉吹炼过程中的行为现分述如下：

镍：铜锍中的镍主要以 Ni_3S_2 的形态存在，它在 1300℃ 吹炼温度下，Ni_3S_2 氧化的顺序是在FeS之后，在 Cu_2S 之前(见图9-2)。在造渣期即使有部分 Ni_3S_2 氧化成NiO，也会发生如下硫化反应。

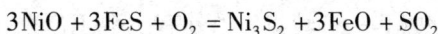

$$3NiO + 3FeS + O_2 = Ni_3S_2 + 3FeO + SO_2$$

在造铜期，从图9-3看出 Ni_3S_2 与NiO的交互反应只能在1700℃以上才能进行，在转炉吹炼的温度下不可能产生金属镍。但是，当熔体中有大量Cu和 Cu_2O 时，少量 Ni_3S_2 可按下列反应：

$$Ni_3S_2 + 4Cu =\!=\!= 3Ni + 2Cu_2S$$

$$Ni_3S_2 + 4Cu_2O =\!=\!= 8Cu + 3Ni + 2SO_2$$

反应产生的金属镍会溶于铜中。因此在转炉吹炼过程中，难于将镍大量除去。

锌：铜锍中的锌以 ZnS 形态存在，在造渣期末期，ZnS 发生激烈的氧化反应并造渣，以硅酸盐的形态进入转炉渣。

$$2ZnS + 3O_2 =\!=\!= 2ZnO + 2SO_2$$

$$ZnO + 2SiO_2 =\!=\!= ZnO \cdot 2SiO_2$$

ZnS 在吹炼温度下有一定的蒸气压，部分 ZnS 以蒸气状态挥发，然后被氧化以 ZnO 形态进入烟尘。

在造铜初期，由于熔体中有部分 Cu 生成，会发生置换反应生成金属 Zn：ZnS + Cu = Zn + CuS。

由于 Zn 的蒸气压很大，反应生成的金属 Zn 挥发进入烟尘。

在整个转炉吹炼过程中约有 70% ~ 80% 的 Zn 进入转炉渣，20% ~ 30% 进入烟尘。渣中 ZnO 含量高会使转炉渣的粘度和熔点升高，渣含铜量增高。

铅：铜锍中的 PbS 是在造渣末期，铜锍中的 FeS 大量被氧化造渣之后，才被氧化，随后与 SiO_2 造渣：

$$PbS + 1.5O_2 =\!=\!= PbO + SO_2$$

$$2PbO + SiO_2 =\!=\!= 2PbO \cdot SiO_2$$

由于 PbS 沸点较低（1280℃），在吹炼温度下，有相当数量 PbS 直接从熔体挥发，然后被氧化为 PbO 而进入烟尘。

在造铜末期，PbS 与 PbO 发生交互反应：

$$PbS + 2PbO =\!=\!= 3Pb + SO_2$$

由于 Pb 易挥发，反应生成的 Pb 大部分进入气相，并被炉气氧化成 PbSO_4 和 PbO。因此铜锍中的铅大部分都进入烟尘只有极少量的铅留在粗铜中。

砷、锑的硫化物在吹炼过程中，大部分被氧化成 As_2O_3 和 Sb_2O_3 挥发除去，少部分以 As_2O_5 和 Sb_2O_5 形式进入炉渣。只有少量砷和锑以铜的砷化物和锑化物形态留在粗铜中。

在吹炼温度下，Bi_2S_3 有一定的蒸气压，部分挥发，部分被氧化成 Bi_2O_3 后挥发。未挥发的 Bi_2S_3 和 Bi_2O_3 发生交互反应，生成金属 Bi。在 1100℃ 时，铋的蒸气压为 900Pa，显著挥发。铋及其化合物的行为，决定了在转炉吹炼条件下，大约有 90% 以上的铋进入烟尘，少量残留在粗铜中。转炉烟尘是生产铋的原料。

9.3 转炉结构及耐火材料

9.3.1 转炉结构

目前铜锍吹炼普遍使用的是卧式侧吹（P-S）转炉，国外有少数工厂采用所谓虹吸式转炉。P-S 转炉除本体外，还包括送风系统、倾转系统、排烟系统、熔剂系统、环集系统、残极加入系统、铸渣机系统、烘烤系统、捅风口装置、炉口清理等附属设备。转炉本体包括炉壳、炉衬、炉口、风口、大托轮、大齿圈等部分。图 9-5 是一个 P-S 转炉的结构图。

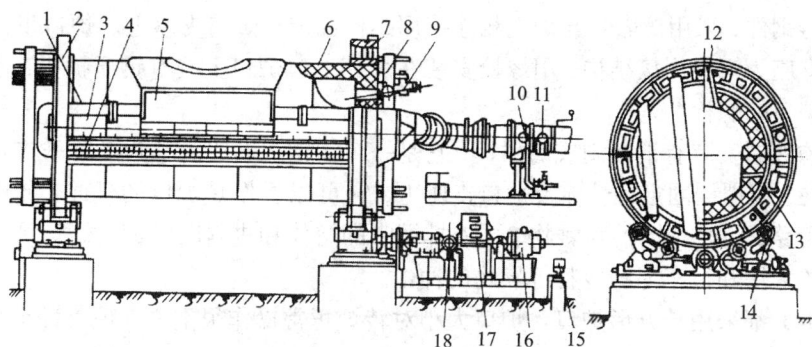

图 9 – 5　平端盖的转炉结构

1—炉壳；2—滚圈；3—U 型风管；4—集风管；5—挡板；6—隔热板；7—冠状齿轮；8—活动盖；9—石英枪；
10—填料盒；11—闸板；12—炉口；13—风口；14—托轮；15—油泵；16—电动机；17—变速箱；18—电磁制动器

随着社会对生产能力不断增加的要求，目前转炉的尺寸都在朝着大型化的方向发展；外径 4m 以下的转炉已逐步被淘汰，表 9 – 1 列出的是目前国内一些工厂采用的转炉规格。

表 9 – 1　P – S 转炉的技术规格

转炉尺寸/mm	铜锍处理量/t	风口数目/个	送风量/($Nm^3 \cdot h^{-1}$)
$\phi4000 \times L9000$	145	49	29000
$\phi4000 \times L11700$	195	54	34000
$\phi4000 \times L13700$	230	59	39000

（1）炉壳及内衬材料

转炉炉壳为卧式圆筒，用 40 ~ 50mm 的钢板卷制焊接而成，上部中间有炉口，两侧焊接弧型端盖、靠两端盖附近安装有支撑炉体的大托轮（整体铸钢件），驱动侧和自由侧各一个。大托轮既能支撑炉体，同时又是加固炉体的结构，用楔子和环形塞子把大托轮安装在炉体上。为适应炉子的热膨胀，预先留有膨胀余量，因此，大托轮和炉体始终保持有间隙。大托轮由 4 组托架支承着，每组托架有 2 个托滚，托架上各个托滚负重均匀。驱动侧的托滚有凸边，自由侧的没有，炉体的热膨胀大部分由自由侧承担，因而对送风管的万向接头的影响减小。托滚轴承的轴套里放有特殊的固态润滑剂，可做无油轴承使用，并且配有手动润滑油泵，进行集中给油。在驱动侧的托轮旁用螺栓安装着炉体倾转用的大齿轮。中小型转炉的大齿轮，一般是整圈的，可使转炉转动 260°，大型转炉的大齿轮一般只有炉壳周长的 3/4，转炉便只能转动 270°。

在炉壳内部多用镁质和镁铬质耐火砖砌成炉衬。炉衬按受热情况、熔体和气体冲刷的不同，各部位砌筑的材质有所差别。炉衬砌体留有的膨胀砌缝宜严实。对于一个外径 4m 的转炉它的炉衬厚度分别为：上、下炉口部位 230mm，炉口两侧 200mm，圆筒体 400mm + 50mm 填料，两端墙 350mm + 50mm 填料。

（2）炉口

炉口设于炉筒体中央或偏向一端,中心向后倾斜,供装料、放渣、放铜、排烟之用。炉口一般为整体铸钢件,采用镶嵌式与炉壳相连接用螺栓固定在炉口支座上。炉口里面焊有加强筋板。炉口支座为钢板焊接结构,用螺栓安装在炉壳上。炉口上装有钢质护板,使熔体不能接触到安装炉口的螺栓。

在炉口的四周安装有钢板制成的裙板,它是一个用钢板卷成的半圆形罩子将炉口四周的炉体部分罩住,用螺栓固定在炉体及炉口支座上,它可以看作是炉口的延伸,其作用是保护炉体及送风管路,防止炉内的喷溅物、排渣排铜时的熔体和进料时的铜锍烧坏炉壳。也可以防止炉后结的大块和行车加的冷料等异物的冲击。

现代转炉大都采用长方形炉口。炉口大小对转炉正常操作很重要。炉口过小会使注入熔体和装入冷料发生困难,炉气排出不畅,使吹炼作业发生困难。当鼓风压力一定时,增大炉口面积,可以减少炉气排出阻力,有利于增大鼓风量来提高转炉生产率。若炉口面积过大,会增大吹炼过程的热损失,也会降低炉壳的强度。炉口面积可按转炉正常操作时熔池面积的20%～30%来选取,或按烟气出口速度8～10m/s来确定。

在炉体炉口正对的另一侧有一个配重块,是一个用钢板围成的四方形盒子,内部装有负重物,一般为铁块或混凝土,配重块用螺栓固定在炉体上,配重的作用是让炉子的重心稳定在炉体的中心线上。

我国已成功地采用了水套炉口。这种炉口由8mm厚的锅炉钢板焊成,并与保护板(亦称裙板)焊在一起。水套炉口进水温度一般为25℃左右,出水温度一般为50～70℃。实践表明,水套炉口能够减少炉口粘结物,大大缩短了清理炉口的时间,减轻了劳动强度,延长了炉口寿命。

(3)风口

在转炉的后侧同一水平线上设有一排紧密排列的风口,压缩空气由此送入炉内熔体中,参与氧化反应。它由水平风管、风口底座、风口三通、弹子和消音器组成。风口三通(见图9-6)是铸钢件,用2个螺栓安装在炉体预先焊好的风口底座上。水平风口管通过螺纹与风口三通相连接。弹子装在风口三通的弹子室中。送风时,弹子因风压而压向弹子压环,因而与球面部位相接触,可防止漏风。机械捅风口时,虽然钎子把弹子捅入弹子室漏风,但钎子一拔出来,风压又把弹子压向压环,以防

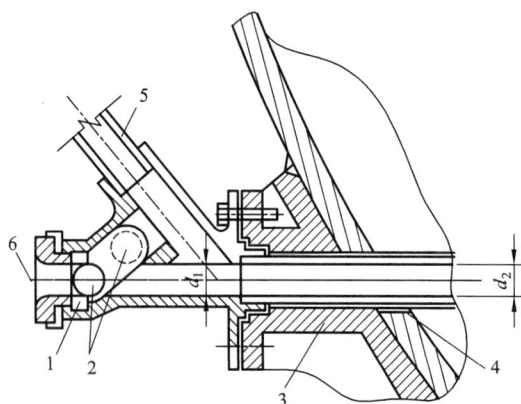

图9-6　风口盒的结构

1—风口盒;2—钢球;3—风口座;
4—风口管;5—支风管;6—钢钎进出口

漏风。消音器用于消除捅风口时产生的漏风噪音。它由消音室、消音块、压缩弹簧和喇叭形压盖组成。

在炉体的大托轮上均匀地标有转炉的角度刻度,有一个指针固定在平台上指示角度的数值,操作人员在操作室内可以看到角度,从而可以了解转炉转动的角度,一般0°位置是捅风眼的位置,其他一些重要的角度有:60°为进料和停风的角度,75°～80°为加氧化渣的角度,

140°为出铜时摇炉的极限位置。

风口是转炉的关键部位,其直径一般为38~50mm。风口直径大,其截面积就大,在同样鼓风压力下鼓入的风量就多,所以采用直径大的风口能提高转炉的生产率。但是,当风口直径过大时,容易使炉内熔体喷出。所以转炉风口直径的大小应根据转炉的规格来确定。

风口的位置一般与水平面成3°~7.5°。风口管过于倾斜或风口位置过低,鼓风所受的阻力会增大,将使风压增加,并给清理风口操作带来不便。同时,熔体对炉壁的冲刷作用加剧,影响炉子寿命。实践证明,在一定风压下,适当增大倾角,有利于延长空气在熔体内的停留时间,从而提高氧的利用率。在一般情况下,风口浸入熔体的深度为200~500mm时,可以获得良好的吹炼效果。

9.3.2　转炉的附属设备

转炉附属设备有送风、倾转、排烟、熔剂、环集、残极加入、铸渣机、烘烤系统等组成。

(1)送风系统

送风系统由送风机、防喘振装置、放风阀、总风管、支风管、送风阀、万向接头、三角风箱、U型风管、软管、风口组成。

送风机鼓出的压缩空气,通过总风管、支风管、油压送风阀到每台炉子的U型风管,再从U型风管上的一排金属软管,经过风口送入炉内熔体中。送风机都配有防喘振装置,用以保护风机叶轮。

送风阀位于送风管道上,一般在炉子的侧面平台上,它有两种方式,一种为半封闭式,它的阀杆露在外面,它的阀体上手动转轮连着一根长螺杆,转动转轮时可以牵引螺杆一起运动,在螺杆的前端有一个锁眼,在送风阀的阀杆上有一个与其相配合的锁眼,当用锁子将两个锁眼锁住时就可以通过转轮的转动来开闭阀门了。而另一种送风阀为全封闭式的,它的阀杆不外露,阀体的开闭状态只能由电器的开闭限位灯识别。

U型风管固定在炉体上,裙板将其罩住以保护其不受损坏,它是随炉子转动的。与送风管相连的总风管是固定不动的,它们之间的连接采用万向接头和三角风箱。

万向接头用球墨铸铁制成,内有球面衬套耐热"O"型密封圈等。这种结构能吸收由于炉体中心线和支风管中心线的错动而产生偏差,以及由于炉子热膨胀而引起的轴向伸缩。三角风箱安装在型钢结构的"X"型支撑上,支架焊接在驱动侧的大托轮上,因此热胀等对万向接头的影响不大。

U型风管与三通的连接采用不锈钢制成的弹性软管,以此来吸收因操作中温度变化而引起的伸缩。软管外绕有金属丝编织物,其外层卷着可伸缩的保护环,所以送风软管是一种抗热膨胀、抗熔体粘附很强的结构。

(2)倾转系统

转炉倾转装置通过电动机→制动轮和联轴节→减速机→齿轮联轴节→小齿轮→大齿圈而使炉体倾转。

减速机由蜗杆和斜蜗轮两部分组成,即使在制动器发生故障时,也不会因来自负荷侧的扭矩而转动,因为蜗杆是自锁结构。可以防止炉子因炉内粘结或其他原因发生重心偏移,造成偏重而发生自转。

减速机的出力轴的对侧安装有旋转形的限位装置(LS装置),并且以和小齿轮、大齿圈相同的减速比减速,即炉体和 LS 凸轮轴旋转速度一致。回转形 LS 装置中有多个接点,检测出转炉操作的各种必要信号,使操作顺利进行,并且和送风过程中送风管压力低等事故取得连锁。事故发生时,炉子自动倾转到要求的角度(一般为 40°),使风口脱离熔体,以保护风口不被熔体灌死。

(3)排烟系统

排烟系统由烟罩、余热锅炉、球型烟道、鹅颈烟道、沉尘室、电收尘、水平烟道、排风机等组成。

转炉多设有密封烟罩,以减少漏风,提高烟气中 SO$_2$ 浓度,改善劳动条件。设计正常生产时,烟罩下沿和转炉护板之间缝隙很小(约 20 ~ 30mm)。但由于烟罩制作上的误差以及受热膨胀等原因,不是烟罩下沿与转炉护板压得太紧,妨碍转炉正常转动,就是缝隙太大,使漏风增加。此外,由于转炉熔体喷溅,使烟罩门升降不灵活,较难操作。因此,这种密闭烟罩的使用不能令人满意。我国贵冶采用的转炉烟罩由内层固定烟罩、前部活动烟罩和环保烟罩三部分组成。内层固定烟罩是转炉烟罩的主体,其功能是汇集和排出转炉出口的烟气,并将烟气冷却到一定的温度。其结构设计需要满足耐热、密封、耐蚀、结构形状合理及不影响有关设备的操作等要求。内层固定烟罩的冷却方式有水冷、汽冷、常压汽冷等。汽化冷却可产生 200 ~ 400kPa 的蒸汽 3 ~ 5t/h,能有效地回收余热。汽化冷却使用寿命为 2 ~ 3a。常压汽化冷却也叫做半汽化冷却。进水为常温软化水,产出的 105℃蒸汽放空。水套中的水为自然蒸发状态,冷却水由高位槽自动补给,其特点为常压操作,工作条件好,使用寿命长,没有复杂的循环管路及烟罩配置简单等,但是,热能未利用,水消耗大。

转炉前部的活动烟罩在加铜锍、倒渣和放铜时启动频繁,且受辐射热强烈烘烤,是整个烟罩中工作条件最差的部分。活动烟罩有水套式和铸钢式两种结构。水套式结构复杂,安全性差,一旦出现漏水,将引起铜锍爆炸。铸钢式烟罩为整体耐热铸钢件,要求材料性能好、变形小、比水套式安全、简便、密封性能好。

当转炉在加铜锍、倒渣和出铜操作时,炉口离开内层烟罩,冒出的烟气由环保烟罩收集排走,以免烟气泄露到车间内。环保烟罩由位于上部的固定罩和前部的回转罩两部分构成。

转炉用余热锅炉一般采用强制循环。它用于回收烟气中余热及沉降烟尘。余热锅炉的组成部分有:锅炉本体(包括辐射部和对流部)、汽包、锅炉水循环系统、纯水补给系统以及烟尘排出系统等。锅炉的辐射部和对流部里面有大面积的隔膜式水冷壁和蒸发管,纯水在此和高温烟气进行热交换,形成汽水混合物。汽包是汽水混合物分离的场所,产生的蒸汽由汽包上的蒸汽管导出,用于透平发电等。烟灰排出系统包括振打装置、灰斗、刮板机、回转阀等;有些锅炉没有刮板,在锅炉底部利用灰斗将烟尘收集住,定期打开灰斗的底部将烟灰放空。在余热锅炉的出口有一个钟罩,这样可以实现多台炉子使用一套排风系统,当一台炉子停风后它的锅炉出口钟罩放下,排风系统就不会空抽冷风过去。

在锅炉出口钟罩的下方是球型烟道,主要用于沉降烟尘,同时也将几台转炉锅炉出口连接起来实现共用一套排风系统,在烟道的底部有埋刮板机和下灰口,埋刮板机将灰带到下料口排出,为了防止漏风在下料口上装有回转阀。

在球型烟道后面连接的是鹅颈烟道,它呈"∧"型结构,目的是防止烟尘在管壁上粘附,下坡管道上装有蝶阀,可以自动调节转炉炉口的排烟压力。

在鹅颈烟道的下方是沉尘室,它也用于沉降烟尘,下部有排灰装置,以此排出烟尘。其后就是电收尘器，前面的烟道已将大部分颗粒大的烟尘收集下来了，但烟气中的微小颗粒烟尘则由电收尘器收集。电收尘的后面是排风机，它为整个排风系统提供动力。

（4）加熔剂系统

加熔剂系统包括中继料仓、板式给料机、皮带运输机、装入皮带、活动溜槽和加料挡板等组成。中继料包由钢板焊接而成，底部漏斗内附有衬垫，用于暂时存贮石英熔剂和其他物料。其底部配置了板式给料机，给料速度由板式给料机转速调整器调节。运输皮带均由摆线式减速电动机驱动，并附有附属设备：运输皮带的计量装置通常使用的是莫里克里秤，运输皮带和装入皮带之间配置了切换挡板。切换挡板可以将熔剂引到作业炉中。

熔剂活动溜槽为钢板焊接结构，能通过安装在侧烟罩上的铸钢装入口伸入烟罩内。

加料挡板是流槽的入口，溜槽下降前，挡板打开；溜槽上升后，挡板立即关闭，以保证烟罩能良好地密封。活动溜槽和加料挡板之间的动作全部由熔剂设备的自动控制系统控制，活动溜槽的上下限、加料挡板的开闭等讯号均由限位器检测并进行连锁。

（5）加残极系统

残极加料系统主要由油压装置、整列机、装料运输机、投入设备和检测器组成。油压装置的附属设备有油过滤器、油冷却器和油加热器等。

（6）铸渣机系统

转炉渣有多种处理方式，可以返回熔炼系统、进行缓冷处理或者进行铸渣。铸渣机就是把转炉渣铸成模块，冷却后运往选矿车间进行处理，其构成有包子倾转装置、溜槽、铸渣机本体及头部切换溜槽。包子的倾转装置包括油压机组、倾转用油缸、倾转平台和防倾翻装置。油压机组用于倾转用油缸加压操作，油压机组上附有油过滤器、油冷却器及加热器，以此来控制油质、油温。包子的倾转靠安装在倾转平台上的两个油压缸的升降来进行的，倾转速度可通过操作柄调整油缸油量大小来变更。

国内使用的铸渣机型号为帕特森型。其连杆上安装有盛渣的铸模，连杆安在轨道上，两端分别设置了头部链轮和尾部铸轮。铸渣机靠电动机驱动头部链轮，使铸模移动，其驱动顺序为：摆线减速机→链式联轴器→齿轮减速机→齿式联轴器→链轮→连杆→铸模。头部切换溜槽用于选择落渣方式，其动作是用连杆机构和两个气缸来驱动完成方向选择。

（7）烘烤装置

转炉的烘烤有多种方式，可以用木材、液化气和其他燃料进行烘烤，但目前普遍使用的是石油液化气。这种烘烤方式有一些突出的优点：液化气的发热值高、清洁、设备简单、操作简单，最高可将烘烤温度提到800℃；但液化气的费用较高。

9.3.3 转炉用的耐火材料

转炉吹炼的温度在1100~1300℃之间，炉内熔体在压缩空气的搅动下流动剧烈。对耐火材料的选择有以下要求：耐火度高，高温结构强度大，热稳定性好，抗渣能力强，高温体积稳定，外形尺寸规整、公差小。能满足以上要求的耐火材料是铬镁质耐火材料。

铬镁质耐火材料是以铬铁矿和镁砂为原料而制成的尖晶石－方镁石或方镁石－尖晶石耐火砖。铬铁矿加入量大于50%的耐火砖称为铬镁砖，加入量小于50%的称为镁铬砖。

铬镁砖中的 MgO 易将铬铁尖晶石中的 FeO 置换出来，这些被置换出来的量较多的 FeO 对气氛变化极为敏感，易使砖"暴胀"，其热稳定性亦差；而以镁铬砖为主要相组成的方镁石和尖晶石，其荷重软化点较高，高温体积稳定性较好，对碱性渣抗侵蚀性强，对气氛变化和温度变化敏感性相对铬镁砖而言却不太显著。但 MgO 置换出的 FeO 仍易使砖"暴胀"损坏。

镁铬砖的品种很多，下面分别进行介绍。

(1)硅酸盐结合镁铬砖(普通镁铬砖)

这种砖是由杂质(SiO_2 与 CaO)含量较高的铬矿与烧结镁砂制成的，烧成温度不高，在 1550℃左右。砖的结构特点是耐火物晶粒之间是由硅酸盐结合的，显气孔率较高，抗炉渣侵蚀性较差，高温体积稳定性较差。这种砖按理化指标分为：MGe － 20，MGe － 16，MGe － 12，MGe － 8 四个牌号。

硅酸盐结合镁铬砖属于早期产品，为了克服硅酸盐结合镁铬砖的缺点，限于当时的装备水平，只得将镁砂(轻烧镁砂)与铬矿共磨压胚在窑内烧成，用合成的镁铬砂作为原料再制砖，形成"预反应镁铬砖"，这种砖属于硅酸盐结合镁铬砖的改进型。虽然性能有所提高，但仍不能满足强化冶炼的要求，目前很少使用。

(2)直接结合镁铬砖

随着烧成技术的不断发展，目前超高温隧道窑的最高烧成温度已超过1800℃，耐火砖的成型设备——压砖机已超过 1000t 且能抽真空；对原料进行选矿，使镁砂与铬矿的杂质含量大大将低，为直接结合铬镁砖的生产创造了物质条件，于是新一代的镁铬砖——直接结合镁铬砖问世了。直接结合镁铬砖的特点是：砖中方镁石(固溶体)—方镁石与方镁石—尖晶石(固熔体)的直接结合程度高，抗炉渣侵蚀性好，高温体积稳定性好，现使用广泛，其理化性能列于表9 －2。

表9 －2 直接结合镁铬砖的理化指标

项目	LZMGe － 8	LZMGe － 12	LZMGe － 18	RRR － ACE － U32	RRR － ACE － U34
$w(MgO)/\%$, ≥	65	60	52	72	73
$w(Cr_2O_3)/\%$, ≥	8	12	18	12	11
0.2MPa 荷重软化点/℃ , ≥	1700	1700	1700	1700	1700
气孔率/% , ≤	18	18	18	18	17
常温耐压强度/MPa , ≥	40	40	40	46	46

(3)熔粒再结合镁铬砖(电熔再结合镁铬砖)

随着冶炼技术的要求不断强化，要求耐火砖的抗侵蚀性更好，高温强度更高，从而进一步提高了烧结合成高纯镁铬料的密度，降低了气孔率，使镁砂与铬矿(轻烧镁砂或菱镁矿与铬矿)充分均匀地反应，形成结构很理想的镁石(固溶体)和尖晶石(固溶体)，由此生产了电熔合成镁铬料。用此原料制砖称熔粒再结合镁铬砖，该砖的特点是气孔率低，耐压强度高、抗侵蚀性好，但热稳定性较差。由于熔粒再结合镁铬砖中直接结合程度高，杂质含量少，具有优良的高温强度和抗渣侵蚀性，在转炉上大量使用的就是这种砖，其理化性能列于表9 －3。

表9-3 熔粒再结合镁铬砖的理化指标

项目	LDMGe-12	LDMGe-16	LDMGe-20	RRR-ACE-U35SL	RUBINAL-260
$w(MgO)/\%$,≥	60	55	5	73	55
$w(Cr_2O_3)/\%$,≥	12	16	20	10	15
0.2MPa 荷重软化点/℃ ,≥	1700	1700	1700	1700	1650
气孔率/% ,≤	16	16	16	18	20
常温耐压强度/MPa,≥	35	35	35	46	40

(4)熔铸镁铬砖亦称电铸镁砖

该种镁铬砖采用镁砂、铬矿为主要原料,加入少量添加剂经电炉熔炼、浇注成母砖,然后经过冷加工制成各种特定形状的砖。这种砖化学成分均匀、稳定、抗渣侵蚀与冲刷特性好,但热稳定性差。要使熔铸镁铬砖取得好的使用效果,必须具有非常好的水冷技术,否则就失去了使用熔铸镁铬砖的意义。尽管熔铸镁铬砖的生产难度大,价格昂贵,但在转炉的关键部位,例如在风口区熔铸镁铬砖的使用是其他耐火砖所无法取代的。表9-4列出日本的MAC-EC和法国的Corhart-104两种熔铸镁铬砖的理化指标。国内青花与长城生产的镁铬砖在转炉上应用,取得了很好的效果。

表9-4 熔铸镁铬砖的理化指标

项目	Corhart-104	MAC-EC
$w(MgO)/\%$,≥	55	50
$w(Cr_2O_3)\%$,≥	16	18
$w(Al_2O_3)/\%$	6~7	14~16
0.2MPa 荷重软化点/℃ ,≥	1700	1700
气孔率/% ,≤	15	13
常温耐压强度/MPa,≥	80	100

除了使用耐火砖外,筑炉时还要使用不定形耐火材料,用于填充砖缝,进行整体构筑等。

(5)不定形耐火材料

根据其作用和特点可以将其分为以下几种类型:

①代替耐火砖的整体构筑材料,如耐火混凝土、耐火塑料和耐火捣打料。

②结合用的耐火泥,用来填充耐火砖块的砖缝。

③为了保护耐火砌体的内衬在使用过程中不受磨损的耐火涂料。

④用来填补炉子局部部位损坏的耐火喷补料,喷补料是在高温时用于喷补损坏的部位,并且与基体立即烧结成一个整体。

⑤这些材料基本上是由两部分组成:其一是作为耐火基础的骨料,骨料可以由粘土质、高铝质、硅石质、镁质、白云石、铬质和其他特殊耐火材料构成;其二是作为结合剂用的胶结

材料,可以是各种耐火水泥、磷酸、磷酸盐、水玻璃、膨润土以及其他有机的胶结物等。

(6)转炉的砌炉要求

①炉口部位的耐火砖直接受到直投物的冲击和吹炼时含尘烟气的冲刷与侵蚀以及炉口清理机的冲击作用,容易损坏、掉砖。因而,选用耐火砖和筑炉时要求耐火砌体的组织结构强度高、有耐磨性、抗冲刷和抗侵蚀性好。最佳的使用效果是让炉口寿命与风口寿命达到同步。

②端墙可以按照圆形墙的砌炉方法进行。要求砌墙时在同一层内,前后相邻砖列和上下相邻砖层的砖缝应交错。端墙应以中心线为准砌炉,也可以炉壳作向导进行砌筑,并用样板进行检查。

③风口及圆筒部:风口区域是每次筑炉必须要挖补的地方,可以说风口的寿命就是转炉的寿命,圆筒部在每次筑炉时并不一定要进行挖补或翻新,而是根据残砖的厚度来决定修补的量。

9.4 转炉吹炼生产实践

9.4.1 吹炼过程

铜锍吹炼的造渣期在于获得足够数量的白铜锍(Cu_2S),但是生产中并不是注入第一批铜锍后就能立即获得白铜锍,而是分批加入铜锍,逐渐富集成的。在吹炼操作时,把炉子转到停风位置,装入第一批铜锍,其装入量视炉子大小而定,一般是在吹炼时风口浸入液面下200mm左右为宜。然后,旋转炉体至吹风位置,边旋转边吹风,吹炼数分钟后加石英熔剂。当温度升高到1 200~1 250℃以后,把炉子转到停风位置,加入冷料。随后把炉子转到吹风位置,边旋转边吹风。再吹炼一段时间,当炉渣造好后,旋转炉子放渣,之后再加铜锍。依此类推,反复进行进料、吹炼、放渣,直到炉内熔体所含铜量满足造铜期要求时为止。这时开始筛炉,即最后一次除去熔体内残留的FeS,倒出最后一批渣的过程。为了保证在筛炉时熔体能保持在1 200~1 250℃的高温,以便使第二周期吹炼和粗铜浇铸不致发生困难,有的工厂在筛炉前向炉内加少量铜锍。这时熔剂加入量要严格控制,同时加强鼓风,使熔体充分过热。

在造渣期,应保持低料面薄渣层操作,适时适量地加入石英熔剂和冷料。炉渣造好后及时放出,不能过吹。

铜锍吹炼的造渣期(从装入铜锍到获得白铜锍为止)的时间不是固定的,取决于铜锍的品位和数量以及单位时间向炉内的供风量。在单位时间供风量一定时,锍品位愈高,造渣期愈短;在锍品位一定时,单位时间供风量愈大,造渣期愈短;在锍品位和单位时间供风量一定时,铜锍数量愈少,造渣期愈短。

筛炉时间指加入最后一批铜锍后从开始供风至放完最后一次炉渣之间的时间。筛炉期间石英熔剂的加入量应严格控制,每次少量加,多加几次,防止过量。熔剂过量会使炉温降低,炉渣发粘,渣中铜含量升高,并且还可能在造铜期引起喷炉事故。相反,如果石英熔剂不足,铜锍中的铁造渣不完全,铁除不净导致造铜期容易形成Fe_3O_4。这不仅会延长造铜期吹炼时间,而且会降低粗铜质量,同时还容易堵塞风口使供风受阻,清理风口困难。在造铜期末,稍有过吹，就容易形成熔点较低、流动性较好的铁酸铜（$Cu_2O \cdot Fe_2O_3$）稀渣，不仅使渣含铜量增加，铜的产量和直接回收率降低，而且稀渣严重腐蚀炉衬，降低炉寿命。

判断白铜锍获得（筛炉结束）的时间，是造渣期操作的一个重要环节，它是决定铜的直接回收率和造铜期是否能顺利进行的关键。过早或过迟进入造铜期都是有害的。过早地进入造铜期的危害与石英熔剂量不足的危害相同。过迟进入造铜期，会使 FeO 进一步氧化成 Fe_3O_4，使已造好的炉渣变粘，同时 Cu_2S 氧化产生大量的 SO_2 烟气使炉渣喷出。

筛炉后继续鼓风吹炼进入造铜期，这时不向炉内加铜锍，也不加熔剂。当炉温高于所控制的温度时，可向炉内加适量的残极和粗铜等。

在造铜期，随着 Cu_2S 的氧化，炉内熔体的体积逐渐减少，炉体应逐渐往后转，以维持风口在熔体面下一定距离。

造铜期中最主要的是准确判断出铜时机。出铜时，转动炉子加入一些石英，将炉子稍向后转，然后再出铜，以便挡住氧化渣。倒铜时应当缓慢均匀。出完铜后迅速捅风口，清除结块。然后装入铜锍，开始下一炉次的吹炼。

9.4.2 作业制度

转炉的吹炼制度有三种：单炉吹炼、炉交换吹炼和期交换吹炼。目前国内多采用单台炉吹炼和炉交换吹炼，只有贵冶采用期交换吹炼。其目的在于提高转炉送风时率、改善向硫酸车间供烟气的连续性，保证闪速熔炼炉比较均匀地排放铜锍。

（1）单炉吹炼

如工厂只有两台转炉，则其中一台操作，另一台备用。一炉吹炼作业完成后，重新加入铜锍，进行另一炉次的吹炼作业。其作业计划见图 9 - 7。

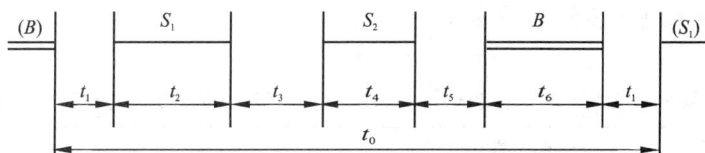

图 9 - 7 单炉吹炼作业计划

t_0—吹炼一炉全周期时间；t_1—前一炉 B 期结束后到了一炉 S_1 期开始的停吹时间，在此期间将粗铜放出并装入精炼炉；清理风眼并装 S_1 期的铜锍；t_2—S_1 期吹炼时间；t_3—S_1 期结束到 S_2 期开始的停吹时间，其间需排出 S_1 期炉渣并送往铸渣机以及装入 S_2 期的铜锍；t_4—S_2 期吹炼时间；t_5—S_2 期结束后到 B 期开始的停吹时间，其间需排出 S_2 期炉渣及由炉口装入冷料；t_6—B 期吹炼时间

（2）炉交换吹炼

工厂有 3 台转炉的，1 台备用，两炉交替作业。在 2 号炉结束全炉吹炼作业后，1 号炉立即进行另一炉次的吹炼作业。但 1 号炉可在 2 号炉结束吹炼之前预先加入铜锍，2 号炉可在 1 号投入吹炼作业之后排出粗铜，缩短了停吹时间。其作业计划见下图 9 - 8。

（3）期交换吹炼

工厂有 3 台转炉的，1 台备用，两台作业，在 1 号炉的 S_1 期与 S_2 期间之间，穿插进行 2 号炉的 B_2 期吹炼。将排渣、放粗铜、清理风眼等作业安排在另一台转炉投入送风吹炼后进

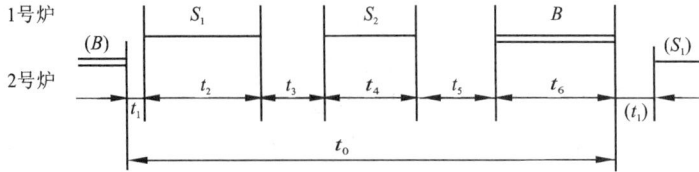

图 9 - 8　炉交换吹炼作业计划

t_0—吹炼一炉全周期时间；t_1—2 号炉 B 期结束后到 1 号炉 S_1 期吹炼开始，其间需进行两个炉子
的切换作业；$t_2 \sim t_6$—与单炉连吹相同

行，将加铜锍作业安排在另一台转炉停吹之前进行。仅在两台转炉切换作业时短暂停吹，缩
短了停吹，其作业计划见下图 9 - 9。

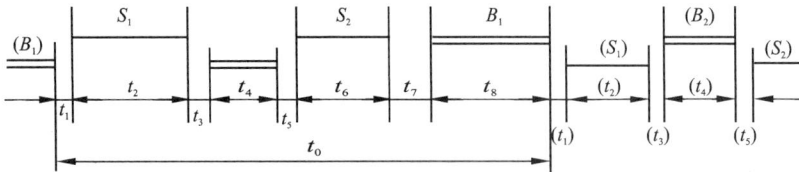

图 9 - 9　期交换吹炼作业计划

t_0—完成一炉吹炼作业全周期时间；t_1, t_3, t_5—两台转炉切换作业的停吹时间；t_2—S_1 期吹炼时间；
t_4—B_2 期吹炼时间；t_6—S_2 期吹炼时间；t_7—与单炉连吹的 t_5 相同；t_8—B_1 期吹炼时间。

以每炉处理 145t 品位为 50% 的铜锍为例，按三种吹炼制度进行比较，鼓风量为
32 000m³/h，其结果列于表 9 - 5 和表 9 - 6。

表 9 - 5　送风时率及生产效率的比较

吹炼制度	送风时间/min	停风时间/min	全周期时间/min	送风时率/%	生产效率/%
单炉吹炼	290	170	460	63	100
炉交换吹炼	290	105	395	72	116
期交换吹炼	290	55	245	83	133

表 9 - 6　转炉进铜锍的时间间隔比较

吹炼制度	进铜锍时间间隔/min			均匀性
	$S_1 \to S_2$	$S_2 \to S_1$	$S_1 \to S_2$	
单炉吹炼	140	320	140	最差
炉交换吹炼	140	255	140	较差
期交换吹炼	165	180	165	较好

转炉吹炼制度的选定一般要考虑以下两个原则：

①由年生产任务决定的处理铜锍量，计算出转炉的作业炉次，再根据作业炉次的多少选
择吹炼形式。

②根据转炉必须处理的冷料量的多少来选择。

当然，实际生产中，吹炼形式的选择还应结合转炉的生产状况及上、下工序间的物料平
衡来考虑。

9.4.3　转炉吹炼加料

转炉吹炼低品位铜锍时，热量比较充足，为了维持一定的炉温，需要添加冷料来调节。当吹炼高品位铜锍时，尤其是当铜锍品位在70%左右采用空气吹炼时，如控制不当，就显得热量有些不足；如采用富氧吹炼，情况要好得多。当热量不足时，可适当添加一些燃料(如焦炭、块煤等)来补充热量。

在生产过程中，由于物料成分的变化和一些人为的因素，造成铜锍品位的波动，放出的铜锍带渣或造成转炉等料。因此转炉作业人员不能及时地把握好上道工序的变化情况，转炉的吹炼作业就会受到影响。

国内工厂铜锍品位一般为30%~65%，国外为40%~65%，诺兰达法熔炼可高达73%。铜锍吹炼过程中，为了使FeO造渣，需要向转炉内添加石英熔剂。由于转炉炉衬为碱性耐火材料，熔剂含SiO_2较高，对炉衬腐蚀加快，降低炉寿命。通常熔剂的SiO_2含量宜控制在75%以下。如果所用熔剂SiO_2含量较高，可将熔剂和矿石混合在一起入炉，以降低其SiO_2含量。也有的工厂采用含金银的石英矿或含SiO_2较高的氧化铜矿作转炉熔剂。生产实践表明，熔剂中含有10%左右的Al_2O_3，对保护炉衬有一定的好处。目前，国内工厂多应用含SiO_2 90%以上的石英石，国外工厂多应用含65%~80% SiO_2的熔剂。

石英熔剂粒度一般为5~25mm。当熔剂的热裂性好时，最大粒度可达200~300mm。粒度太大，不仅造渣速度慢，而且对转炉的操作和耐火砖的磨损都有影响。粒度太小，容易被烟气带走，不仅造成熔剂的损失，而且烟尘量也增大。熔剂粒度大小还与转炉大小有关，如8~50t转炉用的石英一般为5~25mm，50~100t转炉一般为25~30mm，不宜大于50mm。

在铜锍吹炼过程中，加入冷料(含铜杂料)是为了消耗反应生成的过剩热量，以取得炉子的热平衡，即避免高温作业，以减少炉壁耐火材料的损耗，同时还可以回收冷料中的铜。

加入冷料的数量及种类与铜锍品位、炉温、转炉大小、吹炼周期等有关。铜锍品位低、炉温高、转炉需加入的冷料就多。通过热平衡计算可知，造渣期化学反应放出的热量多于造铜期，因此造渣期加入的冷料量通常多于造铜期。由于造渣期和造铜期吹炼的目的不同，对所加的冷料种类要求也不同。造渣期的冷料可以是铜锍包子结块、转炉喷溅物、粗铜火法精炼炉渣、金银熔铸炉渣、溜槽结壳、烟尘结块以及富铜块矿等。造铜期如果温度超过1 200℃，也应加入冷料调节温度。不过造铜期对冷料要求较严格，即要求冷料含杂质要少。通常造铜期使用的冷料有粗铜块和电解残极等。吹炼过程所用的冷料应保持干燥，块度不宜大于400~500mm。

冷料的加入方法及时机的选择，要根据具体情况而定，一般要综合考虑以下四个方面的原则：

①对炉况及产品质量的影响要小。

②对转炉的送风作业影响小。

③加入时尽量减少冷料的飞散损失。

④容易装入，不至于出现堵塞等故障。

9.4.4　铜锍吹炼产物及放渣与出铜操作

(1)吹炼产物

铜锍转炉吹炼的主要产物是粗铜和转炉渣,粗铜的化学成分列于表9-7,其品位、杂质含量与炼铜原料、熔剂和加入的冷料有关,粗铜需进一步精炼提纯后才能销售给用户。

表9-7　粗铜的化学成分(%)

编号	Cu	Pb	Ni	Bi	As
1	99 ~ 99.4	0.012 ~ 0.0127	0.15 ~ 0.3	0.0067	0.009 ~ 0.04
2	99.5 ~ 99.67	0.0127	0.046	0.0083	0.132
3	98.32	>0.12	0.25	0.037	0.85
4	98.5 ~ 99.5	0 ~ 0.2	—	0 ~ 0.01	0 ~ 0.3

编号	Sb	Fe	S	O	Au/$(g \cdot t^{-1})$	Ag/$(g \cdot t^{-1})$
1	0.004 ~ 0.011	0.001 ~ 0.0047	0.036 ~ 0.0322	0.076 ~ 0.1	20 ~ 25	300 ~ 2000
2	0.0051	—	—	0.086	56	757
3	0.20	0.022	0.046	—	30 ~ 130	1300 ~ 2400
4	0 ~ 0.3	0.1	0.02 ~ 0.1	0.5 ~ 0.8	100	100

铜锍吹炼产出的转炉渣一般含(%):Cu 2 ~ 4,Fe ~50,SiO_2 21 ~ 27。转炉渣含铜高,大都以硫化物形态存在,少量以氧化物和金属铜形态存在。转炉渣可以液态或固态返回熔炼过程予以回收铜,也可采用磨浮法将铜选出以渣精矿的形式再返回熔炼炉。

如果铜原料中含钴高时,进入铜锍中的钴硫化物会在吹炼的造渣后期被氧化而进入转炉渣中,这样造渣末期的转炉渣含钴很高,可作为提钴的原料。

转炉吹炼产出的烟气含有5% ~ 7% SO_2,采用富氧时 SO_2 会高一些均可送去生产硫酸。烟气含尘为26 ~ 40g/m^3,收集的烟尘中往往富含 Bi、Pb、Zn 等有价元素,如贵冶收集的烟尘含铋达到6.6%,这种烟尘可作为炼铋的原料。

(2)排渣操作

转炉放渣作业要求尽量地把造渣期所造好的渣排出炉口,避免大量的白铜锍混入渣包,即减少白铜锍的返炉量。放渣操作的注意事项有:

①放渣前,要求下炉口"宽且平",避免放渣时,渣流分层或分股。若炉口粘结严重,应在停风之后放渣前,立即用炉口清理机快速修整下炉口然后再放渣。

②炉前放好渣包子,渣包内无异物(至少要求无大块冷料),放渣不要放得太满(渣面离包沿约200mm)。

③炉前用试渣板判别渣和白铜锍时,要求试渣板伸到渣流"瀑布"的中下层,观察试渣板面上熔体状态,正常渣流面平整无气泡孔。而当渣中混入白铜锍时,白铜锍中的硫接触到空气中的氧气,会生成 SO_2,在试渣板渣流面上形成大量的气泡孔,且伴有 SO_2 刺激味的烟气产生。此外白铜锍和渣有下列不同性质:

	粘性	色亮度	熔点/℃	密度/$(g \cdot cm^{-3})$
渣	粘	明亮	1200	3.2 ~ 3.6
白铜锍	流动性好	稍许暗些	1100	5.2

从感观上来看:白铜锍流畅,不易产生断流,其散流呈流线状,不会像渣的散流那样产生滴流,并且白铜锍在试渣板上的粘附相对较少。

④渣层自然是浮在白铜锍上面,当炉子的倾转角度取得过大时,白铜锍将混入渣中流出,因而当临近放渣终了时,要小角度地倾转炉子,缓慢地放渣,如果发现有白铜锍带出时,则终止放渣。

（3）出铜操作

转炉放铜作业要求把炉内吹炼好的铜水全部倒入粗铜包中,送入阳极炉中精炼,并且在放铜过程中要避免底渣大量地混入粗铜包中,以保证粗铜的质量。放铜前,确认下炉口"宽且平"避免铜水成小股流出粗铜包之外。放铜水用的粗铜包要经过"挂渣"处理,以防高温铜水烧损粗铜包体。放铜之前要求进行压渣作业,即用舟型料斗,将硅石均匀地投入到炉口内部流口周围的熔体表面上,小角度地前后倾转炉体,使石英与炉口处的底渣混合固化,在炉子出铜口周围形成一道滤渣堤把底渣挡在炉内。压渣过程中,要求注意以下事项。

①造铜期结束后要确认炉内底渣量及底渣干稀状况。如果渣稀且底渣量多,此时炉内表面渣层会出现"翻滚"状况,不易压好渣,待炉内渣层平静后,方可进行压渣作业。

②压渣用的石英量可根据底渣状况而定,一般2t左右,稀渣可增加到3~4t,并且压渣用的石英量应计入造渣期的石英熔剂量中。

③在石英和底渣的混合过程中,要注意安全,以防石英潮湿"放炮"伤人。

（4）转炉底渣的控制

所谓底渣就是粗铜熔体面上浮有一层渣,这种渣称作底渣,主要是由残留在白铜锍中的铁会在造铜期继续氧化造渣,以及造渣期未放净的渣所组成。底渣的成分列于表9-8中。

表9-8 底渣的化学成分(%)

编号	Cu	S	Fe	SiO$_2$	Pb	Zn	备注
1	40.0	0.12	20.0	8.0	—	2.0	设计值
2	41.44	0.13	28.0	17.6	1.77	1.9	干渣
3	41.7	0.06	16.9	11.8	4.78	2.5	稀渣

底渣中的铜主要以Cu$_2$O形态存在,底渣中的铁约有一半是磁性氧化铁(Fe$_3$O$_4$),由于Fe$_3$O$_4$熔点高(1527℃),使得底渣并不容易在造渣期渣化,久而久之,由于底渣的积蓄,而沉积在炉底,造成炉底上涨(炉底上涨情况要根据液面角判别),炉膛有效容积减小,严重时会使吹炼中熔体大量喷溅,无法进行正常的吹炼作业,因而平时作业要求控制好底渣量。

9.4.5 转炉的开、停炉作业

转炉经一定生产运转周期后,内衬及各部位有局部或全部被损坏,需要进行局部修补或全部重新砌筑,经修补或重砌的转炉要组织开炉工作。

（1）开炉

开炉作业首先是烘炉,其目的是除去炉体内衬砖及其灰浆中的水分。适应耐火材料的热膨胀规律,要求以适当的升温速度,使炉衬的温度升至操作温度。如果升温速度过快,使粘结砖的灰浆发生龟裂而削弱粘结的强度,而且会使砖衬材质中的表内温度偏差太大,会出现砖体的断裂和剥落现象,缩短炉衬的使用寿命。因此,必须保持适当的升温速度,使砖衬缓慢加热,炉体各部均匀地充分膨胀。但是,也不宜过慢升温,过慢会造成燃料和劳力等浪费,且不适应生产的需要。一般来讲,全新的内衬砖(指钢壳内所有部位炉衬全部使用新砖砌筑)需要6~7天升温时间。风口区内砖挖修后的升温需要4天时间,炉口部挖修的炉衬需烘烤3天即可投料作业。转炉预热升温是依靠各台转炉后平台上设置的燃烧装置来实现的。通过风口插入烧嘴,使炉内砌体(砖的表面温度)温度达到800℃时,就可以投料作业。有的工厂采用自然干燥20天除去部分水分后再进行烘烤。

投料前应熄火停止烘炉,取出烧嘴,按规定放置好。并装好消音器,用大钎子清一遍风口。然后将炉口前倾至60°位,通知吊车取掉炉口盖。往转炉内进热铜锍。

进第一炉时,由于炉内温度较低应尽快将料倒完,并及时开风,避免炉内铜锍结壳造成开风后喷溅严重。所以第一炉吹炼应以提高炉衬温度为主,一般不加入冷料,造铜期应采取连续吹炼作业方式。

(2)停炉

当转炉内衬残存的厚度,风口砖普遍小于100mm,风口区上部、上炉口下部砖小于200mm,两侧炉口左右肩部砖小于150mm,端墙砖小于150mm时,就应当有计划地停炉冷修。倘若继续吹下去容易烧损炉壳或炉砖底座,一旦出现此类故障,将会给检修带来许多麻烦,不仅增加了维修工作量,还往往因为检修周期延长而影响两炉间的正常衔接,从而影响生产任务的顺利完成。从筑炉面考虑,由于炉壳烧损而无法提温洗炉,大量底渣堆积于炉衬表面,增大了挖修的劳动强度,同时也影响到砌筑的质量,由于结渣多,一些炉衬的薄弱点凹陷部位不易发现,造成该挖补的地方未能挖补,这样就给下一炉期的安全生产留下了事故隐患。

一旦停炉检修计划已经订出,为了确保检修进度及其质量,首先要进行高标准的洗炉工作,所谓洗炉,顾名思义就是要清除干净炉衬表层的粘结物或不纯物质,使炉衬露出本体见到砖缝。洗炉作业进程:

①提前一星期加大熔剂的修正系数,增加熔剂量的同时,适当控制冷料加入量,使作业温度适当地提高,将炉衬表层粘结的高铁渣(Fe_3O_4)逐渐熔化掉。

②最后一炉铜的造渣作业再次加大熔剂加入量,并再次控制冷料投入量,使炉温进一步提高,而且造铜期应连续吹炼,使炉膛出现多个高温区、加速炉衬挂渣的熔化,为集中洗炉准备条件。

③集中洗出完最后一炉铜加入造渣期所需铜锍量后,加大熔剂量约为平时的1.5倍,少加或不加冷料进行吹炼。要求将造渣终点吹至白铜锍含铜达75%~78%,含Fe在1.00%,然后将渣子尽可能排净,倒出白铜锍。可以将几台炉子洗炉时倒出的白铜锍合并在一台炉中进入造铜期作业。

转炉集中洗炉倒出铜锍后,应仔细检查洗炉效果,若已见砖缝,炉底无堆积物,则为良好。经冷却三天后交筑炉,进入炉内施工。倘若这次洗炉效果不理想,炉底有堆积物,风口区砖缝仍看不到时,应当再次洗炉,重复以上操作。

洗炉过程中的注意事项:

①洗炉过程是高温作业过程,由于炉衬已到末期,应注意对各部炉体壳的点检,见有发红部位,应采用空气冷却,不可打水冷却,防止钢壳变形或裂缝。

②洗炉造渣终点尽可能吹老些,便于并炉后安全地进入造铜期作业。

③洗炉放渣后，白铜锍并炉时，倒最后一包白铜锍时应尽可能将炉膛内残液全部倒净（炉口朝正下方）约为140°～290°位置范围内往复倾转多次直到确认液滴停止为止，然后将炉口上倾至60°位，自然冷却。一般讲需要三天时间，夏季需要四天自然冷却，方可交给筑炉施工。在冷却过程中的第一天，应将炉口砖用清理机彻底打掉，见到钢板，便于冷却。同时，要把安全坑内杂物全部清理干净，空出施工现场，然后按预先制定的停修方案，逐项付诸实施。

9.4.6　转炉吹炼过程中常见的故障及其处理

（1）转炉喷炉的原因及其处理

①因磁铁渣引起的喷炉事故

由于在造渣时投入的石英熔剂量不足，致使部分 FeO 无法与 SiO_2 造渣，而继续氧化成 Fe_3O_4 生成磁铁渣。这种磁铁渣密度大粘度高、流动性差，当温度降低时使鼓入炉内的气体不易穿透熔体表面渣层，鼓入的气体在熔体内愈积愈多，当气压大大超过上层熔体的静压时，就会引起喷炉事故。这种事故可以追加半包或一包热铜锍，且加入足够量的石英熔剂后继续进行吹炼作业，使磁铁还原造渣。

②造渣期石英加入过量而引起的喷炉事故

因石英加入过多，会使渣性恶化，渣粘度增大，且易在渣表层形成一层絮状物（游离态的石英），致使气体不易排出，造成喷炉事故。这时可追加热铜锍继续吹炼，少加石英改变渣型造出良性渣。

③造铜终点前的喷炉事故

造渣期的渣型不好，未排尽渣就强行进入造铜期。当接近造铜终点时，熔体中的硫含量不断减少而使反应热越来越少，这时若熔体表面渣层厚，随着熔体厚度不断降低而渣的粘度加大，把大量气体阻挡在熔体里面，超过一定的限度时便会喷炉。

发现这种喷炉迹象时，立即将炉子倾转到0°后用残极加料机投入适量的残极以破坏渣层的凝结性，排放出积压的气体，或把一些木柴推入炉膛，使渣层与木柴搅拌在一起，木柴燃烧产生的 CO_2 和热量可破坏渣层的凝结性，此时送风量宜稍为降低，且调整炉子吹炼的角度；另外也可停风，倒出底渣后，再继续吹炼。

④冷料投入多而引起喷炉事故

无论造渣期或造铜期，若冷料一次性投入太多，会引起熔体表面温度偏低，熔体粘度大，送风阻力大，往往夹带着熔体呈团块状喷出炉口。这时应及时修正冷料加入量，适当降低送风量，加大用氧量，调整炉子的送风角度，应尽快促使熔体温度回升，待正常后可恢复以前的作业状况。

（2）粗铜过吹时的特征、原因及其处理

粗铜过吹时，烟气消失，火焰暗红色，摇摆不定，炉后取样的粘结物表面粗糙无光泽，呈灰褐色，组织松散，冷却后易敲打掉。这是由于对造铜终点判断失误，或因炉倾转系统故障造成铜终点已到，但不能及时转炉停风所致。

处理粗铜过吹的措施有：

将高品位固态铜锍（最好采用固态白铜锍）或热铜锍加入炉内进行还原反应，根据"过吹"的程度来确定加入的数量。

若加入的热铜锍过多时，可继续进行送风吹炼，直到造铜终点。

粗铜"过吹"后，用铜锍进行还原，其反应主要是粗铜中 Cu_2O 和渣中 Fe_3O_4 与铜锍中的 FeS，Cu_2S 的反应，这些反应几乎在同一瞬间完成，释放大量的热能，使炉内气体体积迅速膨胀，气压增大至一定程度，就会形成巨大的气浪冲出炉外。因此"过吹"铜还原时一定要注意安全，还原要慢慢进行，不断地小范围内摇动炉子，促使反应均匀进行。

(3)熔体过冷的原因及其处理

因停电或设备故障等原因造成转炉进料后无法吹炼或续吹，若保温不当且超过 6h 后，会使熔体表面冻结成厚壳。向熔体内直投冷料过多，热量收支失衡，造成炉内熔体冻结或局部凝结成团，无法倾出炉口。这些熔体过冷的现象主要表现为炉膛发暗红或黑色，粘稠且很快会凝结。结果送风吹炼，不见熔体的喷溅物和浓烟出现，越吹越凉。

当熔体过冷的现象发生后，可在液面角允许的范围内最大限度地追加热铜锍后立即送风吹炼，增加富氧率，推迟加入石英熔剂的时间，修正冷料加入量，必要时可以不加冷料吹炼以确保炉内反应正常进行。

(4)炉粘渣的原因及处理

铜锍造渣吹炼到终点，白铜锍中残留的 FeS 含量约为 1.0% ~ 2.0% 时，而未及时放渣，造成渣中产生大量的磁性氧化铁，并且渣层温度降低，渣流动性变差，倒入渣包易粘结，渣较厚。过吹渣冷却后呈灰白色，喷出时正常渣呈圆而空的颗粒，过吹渣呈片状，同时喷出频繁。或石英熔剂加入太多，加入的时间不当，或加入的冷料过多，都会产生粘渣。

发生粘渣现象后应尽量把渣放出来，且根据粘渣原因，可以追加适量的热铜锍，调整石英熔剂量和冷料量，适当地缩短吹炼时间等措施来解决。亦可参考《转炉喷炉的原因及其处理》和《熔体过冷的原因及其处理》中介绍的方法。

9.4.7 转炉吹炼的技术经济指标

(1)送风时率

铜锍的吹炼过程是间歇式周期性作业，在进料、放渣、放铜时必须停风。在停风期间，不但不能进行任何吹炼反应，而且会使炉温下降，以至影响下一步操作。因此应当很好地组织熔炼、吹炼和火法精炼工序之间的配合，尽量缩短转炉吹炼的停风时间，提高转炉的工作效率。

送风时率与生产组织、操作人员的技术水平、上下工序的配合紧密程度有关。为了提高转炉的送风时率，要求生产管理人员在详细了解熔炼、吹炼和火法精炼的生产规律的基础上，制定出转炉吹炼进度计划，作为生产操作指南，这样才能缩短转炉停风时间。

送风时率与转炉工序的机械化程度有关。机械化程度愈高，清理转炉炉口、放渣、放铜等操作时间就愈短，送风时率就愈高。目前炼铜厂都向大型化发展，即采用大转炉、大吊车、大包子，来提高送风时率。

送风时率与铜锍品位有关。理论计算和生产实践都表明，在其他条件相同的情况下，铜锍品位愈低，吹炼时送风时率愈高。相反，铜锍品位愈高，则吹炼时送风时率愈低。

送风时率还与车间的平面配置有关，例如转炉与熔炼炉的相对位置和距离、与火法精炼炉的位置和距离有关。

送风时率可按下式计算：

$$送风时率 = \frac{炉送风时间}{炉总操作时间} \times 100\%$$

单台炉连续操作时，送风时率可达 60% ~ 70%；二台炉交换操作时可达 75% ~ 80%；二台炉炉期交换操作时，可达 81% ~ 83%。

（2）铜的直收率

铜的直接回收率与铜锍品位、铜锍中杂质含量（其中特别是锌、铅、铋等易挥发成分）、鼓风压力和送风量、转炉渣成分及操作技术（特别是放渣环节）等因素有关。铜锍品位低、杂质含量高，铜的直接回收率低。当铜锍中（Cu + Fe）为 70%，S 为 25%、吹炼过程中铜损失为 1% 时，铜的直接回收率与铜锍品位有如下关系：

$$\eta = 104 - 350/B$$

式中：η 为铜直收率（%）；B 为铜锍品位（%）。

（3）炉寿命

炉寿命是衡量转炉生产水平的重要指标。转炉的寿命与铜锍品位、耐火材料质量、砌砖技术和耐火材料的分布、吹炼热制度、风口操作等因素有关。

在吹炼过程中，转炉炉衬在机械力、热应力和化学侵蚀的作用下逐渐遭到损坏。工厂实践指出，转炉炉衬的损坏大致分两个阶段：第一阶段，新炉子初次吹炼（即炉龄初期）时，炉衬受杂质的侵蚀作用不太严重，这时受热应力的作用炉衬砖掉块掉片较多，风口砖受损严重；第二阶段，炉子工作了一段时间（炉龄后期），炉衬受杂质侵蚀作用较大，砖面变质。

实践表明，炉衬各处损坏的严重程度不同，炉衬损坏最重的部位是风口区和风口以上区，其次是靠近风口两端墙熔体浸没部分，炉底和风口对面炉墙损坏较轻。

在造铜期，炉衬损坏比造渣期严重。采用富氧空气吹炼时，炉衬损坏比采用空气时严重。

炉衬损坏的原因很多，归结起来主要是由机械力、热应力和化学侵蚀三种力作用的结果。

①机械力的作用 主要是指熔体对炉衬的冲刷磨损和清理风口不当时对炉衬所造成的损坏。在转炉内流体流动中，气泡膨胀、上升过程和流体环流对炉壁造成的冲刷，使炉衬遭到损坏。这些情况与炉子大小有关，炉子直径小，这种机械力的作用更明显。

②热应力的作用 转炉吹炼是间歇式周期性作业，在供风和停风时炉内温度变化剧烈，从而引起耐火材料掉片和剥落。曾有人对直径为 3.05m、长为 7.98m 的转炉吹炼品位为 33.5% 的铜锍时炉温的变化情况进行了测定，结果为：每吹风 1min，造渣期温度升高 2.92℃，造铜期温度升高 1.20℃；每停风 1min，造渣期温度降低 1.05℃，造铜期温度降低 3.10℃。由于温度的剧烈变化，产生很大的热应力。耐火材料尤其是含 Cr_2O_3 高的耐火材料，抗热胀性较差。在 850℃ 下进行的抗热胀性试验指出，Mg – Cr 砖 18 次、Mg – Al 砖 69 次即发生断裂，可见热应力是引起炉衬损坏的重要因素。

③化学侵蚀 主要是炉渣熔体的侵蚀，锍和金属铜也产生很大的侵蚀作用。在造渣期，吹炼过程产出的炉渣（$2FeO \cdot SiO_2$）能溶解镁质耐火材料。

温度愈高 MgO 在转炉渣中的溶解度愈大。在同一温度下，渣中 SiO_2 含量增大，MgO 在渣中的溶解度总的趋势是升高的，这说明高温下含 SiO_2 高的炉渣对镁质耐火材料侵蚀严重。

在造铜期，金属铜粘度很小，能顺着耐火砖的气孔渗透到砖体内部，使方镁石晶体、铬矿晶粒间的距离增大,从而使耐火砖结构疏松。但是金属铜并未与耐火砖的主晶相反应。造铜期有少量 Cu_2O 生成,它与粗铜表面上的残渣反应形成流动性非常好的炉渣(其成分大都是 $Cu_2O \cdot Fe_2O_3$),对耐火砖有很强的侵蚀能力。

提高炉寿命的措施有:

①选用优质耐火材料提高砌炉和烤炉质量,在渣线和容易损坏的部位砌优质镁铬砖有较好的抗损坏效果,如选用青花厂的系列镁铬砖,长城 SA 系列风口砖均可取得很好的效果。

②严格控制工艺条件,控制造渣期的温度在 1200~1250℃ 范围内,当炉温偏高时及时地分批加入冷料,在加入石英熔剂时要防止大量集中加入,以免炉温急剧下降。

③及时放渣和出铜,勿过吹,减少对砖体的侵蚀作用。

④当炉衬局部出现损坏时,可采用热喷补等措施补炉。

⑤从炉体结构角度看,适当增大风眼管直径和减少风眼数量,可以降低风口区炉衬的损坏速度。适当增大风口与端墙的距离,可以减缓端墙的损坏。

(4)转炉的生产率

转炉的生产率可用下面三种方法表示,即炉日产粗铜量、生产吨粗铜时间、日炉处理铜锍吨数。常用的是前两种表示方法。

转炉的生产率与炉子大小、铜锍品位、单位时间鼓入炉内的空气量、送风时率及操作条件等有关。大转炉无疑比小转炉生产率高。铜锍品位高,造渣时间短,炉子生产率也大。生产实践表明,铜锍品位提高 1%,产量可以增加 4%。

铜锍吹炼过程就是利用鼓入炉内空气中的氧来氧化铜锍中的铁和硫的过程。因此,鼓风量的大小和送风时率高低直接影响转炉的生产率。生产率与鼓风量、送风时率成正比,即鼓风量和送风时率愈大,转炉的生产率愈高。但是鼓风量不能无限增大,以免发生大喷溅和加剧炉衬损坏,可以采用富氧空气吹炼,提高炉子生产率。

(5)耐火砖消耗

耐火砖消耗与炉寿命、铜锍品位、转炉容量、操作制度等有关。炉寿命短、铜锍品位低、炉子容量小,耐火砖消耗就相应高。国外铜锍转炉吹炼耐火材料消耗为 2.25~4.5kg/t。

铜锍转炉吹炼的各项技术经济指标列于表 9-9。

表 9-9　铜锍吹炼主要技术经济指标

指标名称	转炉容量/t						
	5	8	15	20	50	80	100
铜锍品位(Cu)/%	30~35	25~30	37~42	28~32	30~40	50~55	55
送风时率/%	76	75~80	80	77~88	80~85	70~80	80~85
铜直收率/%	90~95	95	96	80~85	95	93.5	94
熔剂率/%	18	23	16~18	18~20	16~18	8~10	6~8
冷料率/%	25	15	10~15	7~10		26~63	30~37
砖耗/(kg·t^{-1})	24	19.7	25	60~140	15~30	4~5	2~5
炉寿命/(t·炉期)[①]	1 500	1 500	1 500	1 200	17 570	26 400	
水耗/[m^3/(t·Cu)]							
电耗/[kWh/(t·Cu)]			250~400			(50~60)	(40~50)

①此单位是从大修到大修之间所产出的铜量。

9.5 铜锍吹炼的其他方法

9.5.1 反射式连续吹炼炉吹炼

我国富春江冶炼厂开发的反射炉式连续吹炼炉(亦称连吹炉)为小型铜冶炼厂开辟了铜锍吹炼的新途径。邵武冶炼厂、烟台鹏晖铜业有限公司、红透山矿冶炼厂、滇中冶炼厂等相继采用了这种炉型进行铜锍吹炼。其结构见图9-10。

连续吹炼炉在正常作业时,铜锍由密闭鼓风炉的前床虹吸口经铸铁溜槽间断加入炉内,石英由炉顶水套上的气封加料口加入炉内吹炼区,压缩空气通过安装在炉墙侧面的风口直接鼓入熔体内,熔体、压缩空气、石英三相在炉内进行良好的接触及搅动,使氧化、造渣反应进行得很快,直到炉内熔体含铜量达到77%接近白铜锍,时间只有4~5h,这一过程被称为造渣期。

造渣后,在不加铜锍和熔剂的情况下,继续大风量吹风1~2h(现场叫空吹)不等白铜锍全部转变为粗铜,即粗铜层大约150mm左右,开始放粗铜铸锭。

连吹炉每个吹炼周期包括造渣、造铜和出铜三个阶段。操作周期为7~8h。事实上,这种吹炼炉仍保留着间断作业的部分方式,只是在第1周期内进料-放渣的多次作业改变为不停风作业,提高了送风时率。烟气量和烟气中SO_2浓度相对稳定,漏风率小,SO_2浓度较高,在一定程度上为制酸创造了较好的条件。例如,1999年新建设的滇中冶炼厂,采用富氧密闭鼓风炉-反射炉式连吹炉流程,在其他条件相配合较好的情况下全厂的烟气能够进行两转两吸制酸,硫的利用率达到96%,SO_2达到2级排放标准,基本上无低空烟气逸散污染,保持了工厂内良好的环境。

由于连续吹风,避免了炉温的频繁急剧变化。又由于采用水套强制冷却炉衬,在炉衬上生成一层覆盖层,炉衬的侵蚀速度缓慢,炉寿命延长,以两次大修间生产的粗铜计,一般为750~1 500t/炉次。

反射炉式连吹炉因其设备简单、投资省、尤其是在SO_2制酸方面比转炉有优点,因而适合于小型工厂采用。

(1)连续吹炼炉的生产操作

连续吹炼炉操作分为:烘炉、开炉、正常操作等组成,下面分述操作要求。

①烘炉

新砌成的或检修的炉子,在正常吹炼作业以前,要严格检查炉子各个部位的质量,符合要求以后,才开始进行烘炉。烘炉的目的是为了延长吹炼炉的寿命并为正常作业作好准备。为了保护炉衬,不至于因升温急剧而使耐火砖开裂脱落,烘炉过程中,必须严格按照规定的升温曲线进行升温。对于大修的炉子一般要求烘炉时间在7~10d左右,中修的一般要求在5~7d左右,小修的一般要求在3d左右。烘炉开始先用木材缓慢升温,升温速度6℃/h,因此0~600℃为镁砖物理变化阶段——即镁砖水分的蒸发。当炉内温度升到500℃以上时便采用重油升温,升温速度可提高到8℃/h,因800~1 000℃为镁砖晶格变化阶段。因此当炉内温度达到800℃时,应当缓慢升温或恒温一段时间(10h左右),以防砖的热应力增大过急而胀裂。在1 000~1 250℃要大火升温,以增加镁砖的热稳定性。炉内温度到1 300℃时,保持恒温

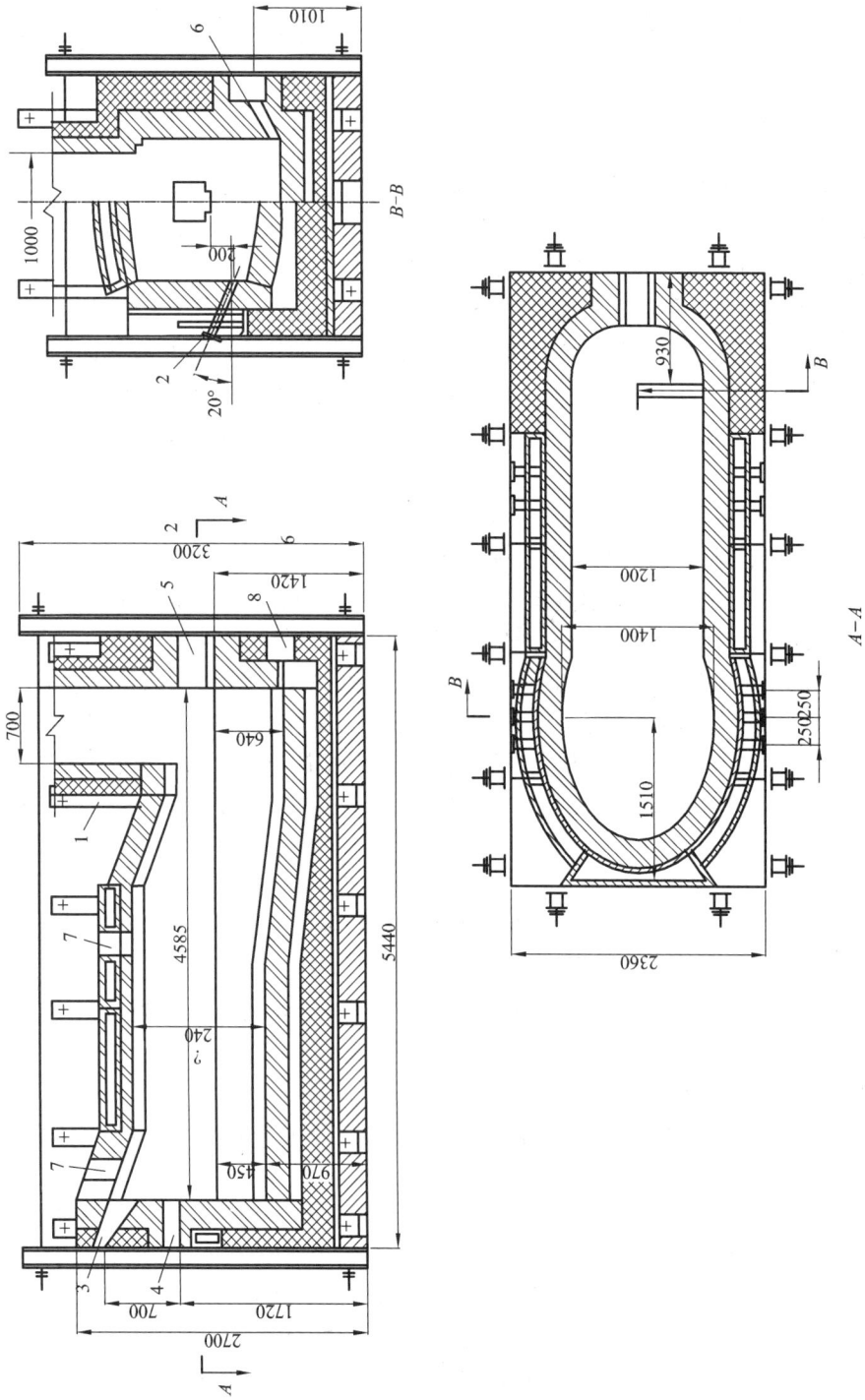

图 9-1 反射炉式连吹炉结构

1-排烟口；2-风口；3-燃油口；4-加铜锍口；5-出渣口；6-出铜口；7-熔剂加入口；8-安全口

4～6h。炉子在烘烤过程中，砌体受热膨胀，如果立柱的拉杆固定不动，受热必将造成砖体破裂、炉顶变形等现象，因此，在炉温上升的同时，必须严格地及时调节拉杆的松紧，防止拉杆崩裂、砌体变形等情况发生。另外在升温的同时，应注意炉上各部位的水套。当炉内温度升高到200℃左右时，便开冷却水，避免水套受热变形。在烘炉期间水套出水温度控制在50℃左右为宜。烘炉结束后，马上进入开炉阶段。

②开炉作业

开炉首先要把开炉的准备工作做好（如工具，物料，水管等）。封好渣口，把风口全部拴死。当炉内温度达到1 200～1 250℃时，恒温4～6h后方可进料（有时更长）。当入炉铜锍层高出风口100mm左右时就可以送风，并停止烧油。开风后，先不要直接送入炉内，先把风包和风路的积水和污油排除干净后，再把风送入熔体内，以防积水进入炉内引起爆炸。送风后，各岗位必须注意观察炉况及设备的运行情况。因为开始时，炉内没有其他熔体，全是铜锍，在这个时候应特别注意炉子过热，因此，新炉子刚送风时，送风量不能过大，待炉子各方面情况及炉温都稳定后，再把风量提到正常数量。

③正常操作

转入正常操作后，整个吹炼过程可分为两个阶段进行——造渣期与造铜期。

造渣期： 造渣期的主要任务是将鼓风炉加入的铜锍，进行吹炼，逐渐提高到白铜锍，把铜锍中的主要硫化物FeS氧化，与加入的熔剂石英造成硅酸盐炉渣（$2FeO \cdot SiO_2$）。在造渣期要控制铜锍加入量。一个班加入铜锍次数2～3次。当铜锍入炉后，根据铜锍的品位高低和铜锍量的多少，以及炉内反应情况的好坏，控制好石英的加入速度和加入量。因此，石英岗位和渣口岗位应密切配合，并听从渣口指挥，渣口岗位应经常检查渣里的石英含量情况是否适量，并及时通知石英岗位调整石英的加入量和加入速度。石英的加入量可通过判断渣的物理状况来决定。把铁钎从渣口插入渣层，取出后看一看，上面若有大量未反应完全的石英粒出现，即说明加入石英过量，这时可减少石英的加入速度或停止加入石英。因为石英加入过多，炉渣粘性大、酸性强，对于碱性炉衬腐蚀就厉害，影响炉寿命。但过少，容易引起因SiO_2不足而使大量的FeO转变成Fe_3O_4，产生干渣炉结，影响吹炼过程的正常作业，所以石英量的控制好坏与炉寿命以及干渣炉结生成有很大的关系。在造渣期，炉温控制在1 250℃左右，避免温度过高过低，为延长炉子寿命创造条件。渣层厚度要求控制在150mm左右，渣层厚度可用铁棍垂直插入熔池，稍停片刻，即迅速取出，上部粘结的比较粗且稍暗的部分即为渣层厚度。当渣层厚度达到150mm左右时即放渣，放至50mm左右停止。造渣期进入终点时，白铜锍层升到渣口砖以上，停止加入石英，将渣扒净，封口，转入造铜期。

造渣期终点判断以炉内取出的试样为依据，即试样冷却后表面鼓起，断面底部有蜂窝状孔。转空吹前，必须将炉内的渣扒净，而后观察5～10min，确保渣扒净后再封口转入空吹作业。转空吹时控制白铜锍含铜量大于77％。

造铜期： 造铜期的主要任务是脱硫，进入造铜期，首先将渣口封死，将烟道阀门全部打开，维持炉子负压，增加吹风区的风口数量，吹大风，此时要猛捅风口，保证风路畅通无阻，保证炉内足够的温度。当炉内温度呈下降趋势时，逐渐关小烟道阀门，待炉内粗铜层达到150mm左右（实际操作中看打风口的钢纤带铜时），就用氧气管烧开风口放铜，直放到粗铜层还留50mm左右便停放，以防白铜锍混入粗铜中影响粗铜的质量。出完铜以后，开始加入新的铜锍，又转为造渣期。

判断造铜期终点的方法：一种是从渣口取试样，试样表面鼓中等程度泡，经水冷后，试样表面呈玫瑰红色;另一种方法是把钢钎插入风口抽出,水冷后钢纤表面粘结物有韧性,并有玫瑰红色金属光泽,则表示铜已好。

(2)连续吹炼炉吹炼的技术条件及其控制

连续吹炼炉是连续吹风作业的,操作条件控制的好坏,对炉子的正常生产和炉子寿命都有直接影响,而且一个条件变化也会影响整个炉子的操作,所以对于原料、熔剂、炉温等都有比较严格的要求。

①铜锍的品位　铜锍品位对于吹炼炉的热平衡、炉寿命及经济指标影响较大。铜锍品位愈高反应过程中所生成的热量愈小,所用空气量也少,从生产实践来看,铜锍品位在50%左右比较好,吹炼的时间短,产量高,消耗低,从经济上来讲是比较合算的。当铜锍品位太低时,不但增大了鼓风量,吹炼时间长,产量低,而且炉子容易过热,熔剂的消耗量也增大,直接影响炉子寿命,在经济上是不合适的。但铜锍品位也不能过高,过高炉子的热平衡难以维持。

②风压与风量　对于吹炼炉吹炼铜锍来说,风压通常控制在0.11～0.14 MPa(气压)。在这种条件下,鼓入炉内的空气正好穿透炉子的中心,远离炉墙,对炉墙的作用力较小,同时空气的利用率也可以提高,有利于稳定生产。风压过大,对熔池的推涌作用力加大,从而加速了炉衬的损坏,外喷厉害,澄清条件破坏,影响渣与铜的分离,导致渣含铜量升高,给操作带来困难。

③渣口操作保持在微负压条件下操作　吹炼炉正常作业过程中渣口要严格控制在微负压操作,严禁渣口吹冷空气,以保证渣口沉淀区的温度,保证炉子的整个热平衡,防止渣口及沉淀区的干渣炉结生成,保证烟气温度和烟气SO_2浓度,达到烟气制酸要求。同时微负压操作可保证烟气不外溢,防止环境污染。

④SiO_2的控制　渣含SiO_2量一般控制在22%～26%为宜。对于吹炼炉来说,渣含SiO_2愈高,渣中的Fe_3O_4愈少。实践证明,SiO_2高一点比低一点好。但过高了,渣的粘度大,酸性高,对炉衬的腐蚀能力加剧,缩短炉寿命。因此,必须根据具体情况,适当加入。

⑤炉温的控制　在吹炼造渣期,炉内温度要求控制在1 250℃左右。炉温过高过低都是不利的,过高对炉子的寿命影响较大。特别要注意的是炉温应当保持恒定,不能忽高忽低,以防炉衬产生过大的热应力,使镁砖断裂脱落,降低炉寿命。炉温的控制一般是采用控制风口个数的办法来实现。

⑥渣口高度的控制及熔体的厚度　控制渣口熔体的高度,不能超过渣口砖上150mm,过高会影响炉气的顺利排除,而且喷溅推涌都会增大,给各岗位操作带来困难,不安全。熔体层厚度控制的好坏是保证炉子正常生产的重要条件。渣厚度达150mm时,抓紧放渣,放渣时要保留一定的渣层厚度(一般50mm左右),以防止把铜锍放出。粗铜层的厚度达到150mm左右时,开始放出铜,但不能放净,保留50mm的粗铜层,防止铜锍混入影响粗铜的质量。白铜锍层的厚度控制在渣口砖以上。

9.5.2　铜锍的闪速吹炼

前面叙述了铜锍的吹炼过程,无论是采取侧吹或顶吹,连续或间断的操作方式进行,都是将空气或富氧空气鼓入熔融铜锍熔池中进行吹炼反应,产出金属铜来,同属于液态熔池熔炼的类型。直到1995年世界上第一个闪速熔炼—闪速吹炼的炼铜厂美国犹他冶炼厂顺利投产后,将固态铜锍粉喷入闪速炉反应塔进行闪速吹炼,改变了传统的铜锍的液态吹炼方式。

犹他冶炼厂采用这一新工艺后,引起了冶金工作者的高度重视,认为该厂是世界上最清洁的冶炼厂。全厂硫的捕收率达99.9%,吨铜SO_2的逸散率小于2.0kg/t;只要铜锍品位适中,吹炼过程可以实现自热;耗水量减少3/4。除犹他冶炼厂以外,目前还有秘鲁的依罗冶炼厂也采用闪速吹炼。

闪速吹炼的工艺流程如图9-11。

从熔炼炉放出的熔锍(含Cu 68%~70%)首先进行高压水淬,然后经干燥与细磨($100 \times 10^{-6} \sim 150 \times 10^{-6}$m,粒度小于0.15mm的锍粉不应少于80%),经风力输送到闪速吹炼炉的料仓,然后与需要加入的石灰熔剂和返回的烟尘一道,用含氧75%~85%的富氧空气或工业氧气将其喷入反应塔内,经反应后从闪速吹炼炉的沉淀池放出含硫量仅为0.2%~0.4%的粗铜;用石灰代常规的SiO_2作熔剂,产出含铜约16%、含CaO为18%左右的吹炼渣,吹炼渣返回熔炼炉处理。产出的烟气含

图9-11 闪速吹炼流程图

SO_2高达35%~45%,经余热锅炉与电收尘冷却净化后送去制酸,收下的烟尘可返回闪速吹炼炉或闪速熔炼炉处理。

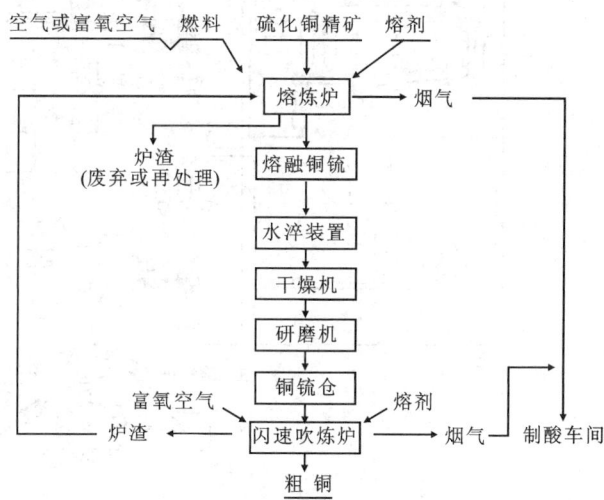

进入闪速吹炼炉中的铜锍,经反应后其中的硫几乎全被氧化掉,只有很少量的硫分散在炉渣与粗铜中。在闪速反应塔中反应产生的金属铜是不多的,约占所产金属铜的10%,大部分的铜锍粉在反应塔中有的被过氧化为Cu_2O,有的欠氧化仍为Cu_2S。当它们落于沉淀池的熔体中后,继续发生造铜反应:

$$Cu_2S + 2(Cu_2O) == 6Cu + SO_2$$
$$Cu_2S + 2(Fe_3O_4) == 2Cu + 6(FeO) + SO_2$$

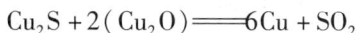

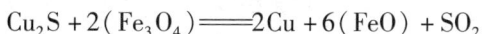

根据造锍熔炼过程的热力学分析,要在吹炼过程中得到金属铜,一定要维持在较高的氧势下进行,这样便会发生过氧化反应,闪速吹炼过程亦然,也会产生许多Cu_2O与Fe_3O_4,给吹炼过程的顺利进行带来许多麻烦,所以在闪速吹炼过程中选用了三菱法连续吹炼的铁酸钙渣型,以石灰代石英作熔剂,使产出的含Fe_3O_4高的吹炼渣不会析出固相Fe_3O_4而保持均匀的液相。

犹他冶炼厂现采用闪速熔炼-闪速吹炼工艺流程(图9-12)进行生产,所产铜锍的成分和吹炼所产粗铜成分列于表9-10。

犹他冶炼厂采用闪速熔炼与闪速吹炼的生产参数列于表9-11。

表9-10 犹他冶炼厂的铜锍与粗铜的成分(%)

名称	Cu	Fe	S	Pb	As	Sb	Bi	Zn
铜锍	71	5.3	21.4	0.7	0.3	0.035	0.015	
粗铜	—	—	0.3	0.016~0.067	0.24~0.35	0.018~0.027	0.009~0.015	0.004~0.011

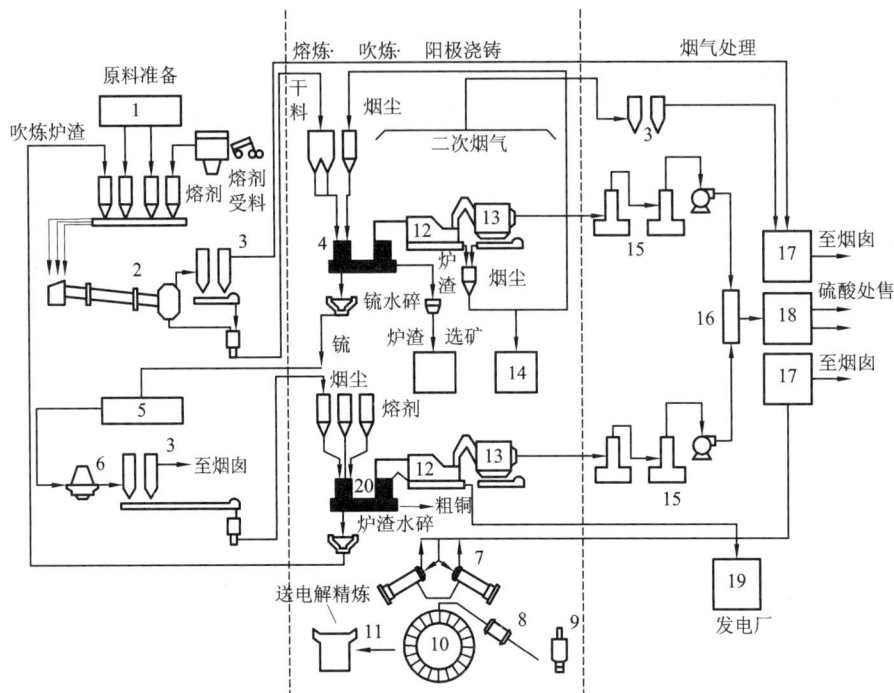

图 9 – 12　犹他闪速熔炼 – 闪速吹炼工艺流程

1—铜精矿仓；2—干燥窑；3—布袋收尘器；4—闪速熔炼炉；5—冷锍储仓；6—锍粉碎机；7—阳极精炼炉
8—保温炉；9—竖炉；10—阳极浇铸圆盘；11—铜阳极板；12—余热锅炉；13—电除尘器；14—湿法车间
15—湿法收尘器；16—湿式电除尘器；17—气体除尘器；18—硫酸厂；19—发电厂；20—闪速吹炼炉

表 9 – 11　犹他冶炼厂闪速炉结构及主要作业参数

项　目	设计值	项　目	设计值	实际值
熔炼炉尺寸/m	反应塔：$\phi 7 \times 7.5$ 沉淀池：$25(l) \times 9.5(w)$ 反应塔设 13 层水套 渣口数：6 铜口数：4	精矿处理量/$(t \cdot h^{-1})$	139	>200
		铜锍品位/%	70	71
		富氧浓度/% 　FSF 熔炼 　FCF 吹炼	 70 70	 80 ~ 85 75 ~ 85
吹炼炉尺寸/m	反应塔：$\phi 4.25 \times 6.5$ 沉淀池：18.75×6.5 渣口数：4 铜口数：6	吹炼铜锍处理量/$(t \cdot h^{-1})$	60	82
		烟气量/$(m^3 \cdot h^{-1})$ 　FSF 　FCF	 42 000 18 700	
精矿处理量/$(10^4 t \cdot a^{-1})$	110	烟气 SO_2 浓度/%	28	35 ~ 40
		粗铜产量/$(t \cdot d^{-1})$	756	803
		粗铜含硫量/%	0.2 ~ 0.4	0.3
硫酸产量/$(10^4 t \cdot a^{-1})$	90	熔炼渣含 SiO_2 量/%	30	
		熔炼渣温度/℃	1 315	

续表 9 – 11

项　　目	设计值	项目	设计值	实际值
发电量 /(MWh · a^{-1})	29	吹炼渣温度/℃	1 260	
		吹炼渣成分含量/%	Cu16、CaO18	Cu18、CaO16
		吹炼铜温度/℃	1 240	

　　闪速熔炼与闪速吹炼工艺的工业应用，开辟了铜冶金技术的新纪元，但是用一台闪速炉直接生产粗铜的工艺才是最经济、最理想的方法，因此，一种更大胆的设想出现了。

　　(1)一台闪速炉有两个反应塔，一个用来将精矿熔炼成铜锍，另一个用来把铜锍和高品位的铜精矿熔炼成粗铜。由于含 SO$_2$ 烟气的循环，熔炼过程使用工业氧。反应塔的直径和高度变小了。所需的耐火材料和冷却设备也少了，热的损失也少了。料仓建在平地上，其他建筑物的高度也低很多。所以，投资费用和运行费用减少了。

　　(2)从闪速炉排出的铜锍不断被粒化和磨碎。炉子另一端的炉渣被贫化，渣含铜减少，并以弃渣不断排走。

　　(3)含有少量烟尘的烟气经过喷雾冷却除尘设施进入电收尘器或布袋收尘器。不用对高浓度的 SO$_2$ 烟气进行空气稀释，直接进入新型硫酸厂，产出硫酸或硫磺与硫酸。收下的尘既可以用火法处理，也可以用湿法处理，达到综合利用的目的。处理后的残渣返回到闪速炉的反应塔。

　　上述设想的工艺流程见图 9 – 13。

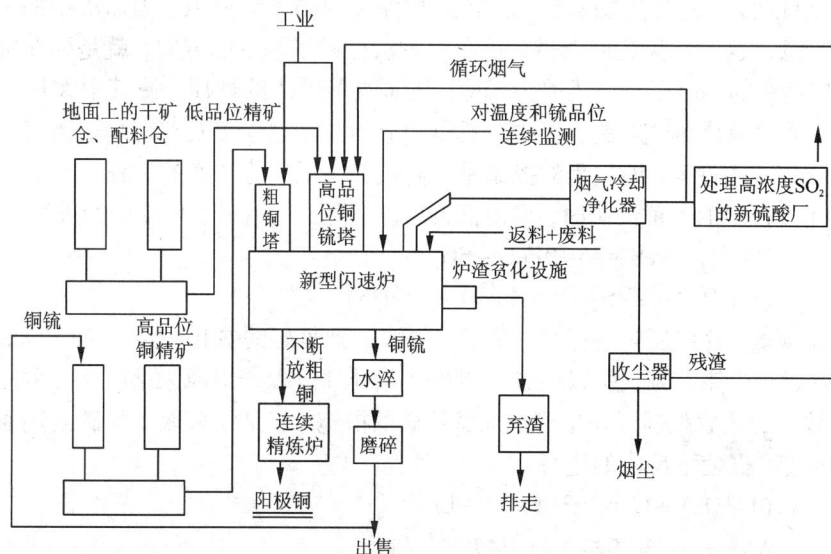

图 9 – 13　未来闪速炼铜工艺流程

撰稿人：黄建国　吴理鹏

审稿人：肖　珲　王举良　张　隽　彭容秋

10 炉渣的贫化处理

现代的强化熔炼工艺为了产出高品位的铜锍通常控制高的氧势($\lg p_{O_2} = -5.5 \sim -4$)和铜锍吹炼造渣期更高的氧势($\lg p_{O_2} = -4 \sim -1.5$),产生的熔炼渣和吹炼渣势必含有大量的$Fe_3O_4$,导致渣中机械夹杂和熔解的铜损失增多,渣含铜量往往在1%以上。所以强化熔炼与吹炼的炉渣必须经过贫化处理,回收其中的铜以后才能弃去。目前采用的贫化处理方法有还原贫化法与磨浮法。

10.1 还原贫化法

生产实践表明,渣含铜是随渣中Fe_3O_4含量的升高而增加的。例如闪速熔炼与转炉吹炼的渣成分(%)一般如下:

	Cu	SiO$_2$	Fe$_3$O$_4$
闪速熔炼	1 ~ 3	30 ~ 33	10 ~ 13
转炉吹炼	1.5 ~ 4.5	20 ~ 28	15 ~ 30

这组数字说明,闪速熔炼的氧势,比转炉吹炼过程的氧势要低,因而渣中的Fe_3O_4含量和铜含量亦较低。这一点为我们选择炉渣贫化方法提供了基本的方向,就是要在贫化过程中降低氧势,使渣中的Fe_3O_4充分还原为FeO,从而改善炉渣的性质,使其中大量夹杂的铜锍小珠,能聚集成大颗粒而进入贫锍相中。所以炉渣的贫化过程实质上就是造锍熔炼产高品位铜锍到铜锍吹炼的逆过程,即过程的控制是由高氧势向低氧势转变的过程。

当在贫化过程中加入黄铁矿时,可使铜锍品位下降,有利于下列反应的进行:

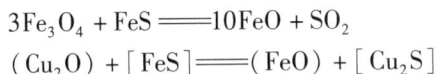

$$3Fe_3O_4 + FeS = 10FeO + SO_2$$
$$(Cu_2O) + [FeS] = (FeO) + [Cu_2S]$$

铜锍品位愈低,这些反应进行得愈充分,更能达到很好的贫化效果。但是铜锍品位的降低,会给处理过程带来麻烦,所以仍然希望渣贫化处理过程产出原来熔炼铜锍的品位。铜锍品位与贫化效果的矛盾限制了在生产上加黄铁矿的措施,于是便采取了加碳质还原剂来降低贫化过程的氧势,促使下反应的进行:

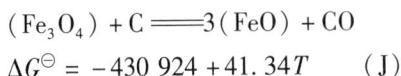

$$(Fe_3O_4) + C = 3(FeO) + CO$$
$$\Delta G^\ominus = -430\,924 + 41.34T \qquad (J)$$
$$\Delta G = \Delta G^\ominus + RT\ln \frac{a_{FeO}^3 \cdot p_{CO}}{a_{Fe_3O_4}}$$

在1 250℃下,渣中的Fe_3O_4能完全地被固体碳所还原,所以加入的固体碳还原剂应该与熔渣充分地搅拌混合。

炉渣的还原贫化一般是在电炉中进行。炉渣贫化电炉与矿热电炉相似,我国贵冶采用的贫化电炉为椭圆形，其尺寸为 11 965 × 6 120 × 2 644（mm），熔池深 1 350mm，功率为 4 500kVA。有些闪速熔炼炉是自带贫化电炉。表 10 - 1 示出了一组贫化电炉处理闪速熔炼炉渣和特尼恩特炉渣的条件和操作参数实例。

表 10 - 1　贫化电炉处理熔炼炉渣的操作条件和操作参数实例

工厂	1	2	3	4	5	6	7	8	9
熔炼炉渣:									
t/d	880 闪速炉	1600 闪速炉	1386 闪速炉	1212 闪速炉	609 闪速炉	900 闪速炉	740 特尼恩特炉	设计 536 冷 40 闪速炉	闪速炉
$w(Cu)$/%	1.7	1~1.5	1~1.2	1.3	2	1.5~2.5	5	0.9	0.8~1.5
转炉渣:									
t/d					260	113	184		
$w(Cu)$/%					5	8	8		
产　物									
渣，$w(Cu)$/%	0.7	0.6~0.8	0.8	0.7	0.8	1.26	1.3		
锍，$w(Cu)$/%	65~70	65~70	65.5	63	68~72	70.3	70.5		
炉子形状	圆形	圆形	圆形	椭圆形	圆形	圆形	圆形	椭圆形	长圆形
直径/m	11	10.2	9	5.1×13	8.1	10	10	11.96×6.12	13×6.4
功率/MW	2~4	2~3	0.7~1.1	1.85	2~3	1.5~4.5	1.5~4.5	4.5	3.5
电极数目	3	3	3	5	3	3	3	3	3
材料	自焙	自焙	自焙	自焙	自焙	自焙	自焙	自焙	自焙
直径/m	1	1	0.68	3×0.72；2×0.55	0.8	0.9	0.9	0.8	0.8
操作参数									
渣停留时间/h	2~3	5	1.5~3.0	2	2.5	0.25~1	0.25~1	设计7.9	(设计)9.1
能耗(渣)/(kWh·t⁻¹)	70	40~50	15	16	50	57	69	(设 120)75	61
还原剂用量(渣)/(kg·t⁻¹)	焦8.3	焦4~5	焦15	煤2	焦12.5	焦7.17	焦7.32		块煤80
渣层厚度/m	0.97~1.4	1.5~1.8	0.5~0.9	0.6	1~1.3	0.8~1.5	0.8~1.5		>0.45
锍层厚度/m	0~0.45	0~0.4	0.4~0.8	0.8	0~0.3	0~0.2	0~0.2		

由表 10 - 1 可看出，电炉贫化闪速炉渣可使弃渣铜含量达到 0.6% ~ 0.8%水平，铜回收率不过 50% ~ 60%，吨渣电耗在 70kWh 以下。熔炼渣与转炉渣联合处理时，铜的回收率也不过 53% ~ 77%，远不如磨浮法处理的回收率。图 10 - 1 示出一圆形贫化电炉的形貌，现在设计的贫化电炉多为长圆形或椭圆形。

我国白银熔炼炉，是在炉中砌有隔墙，将熔池分为熔炼区与渣贫化区，瓦纽柯夫炉也是用隔墙分开。用特尼恩特转炉贫化炉渣,从炉子结构到工艺都是一种新技术。其炉型类似于回转式精炼炉,只装有少数几个风口。生产过程见图 10 - 2。还原剂是通过风口压入熔渣中,使其能很好地与熔渣充分搅拌,获得了很好的贫化效果。特尼恩特熔炼炉产出的渣含 Cu 4%～8%,Fe_3O_4 16%～18%,经还原贫化处理后,产出弃渣含铜量为 0.8%。

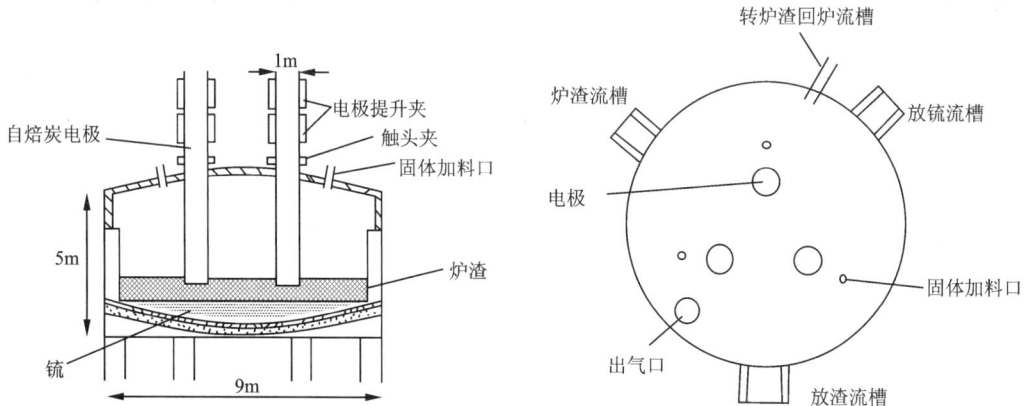

图 10 - 1　炉渣贫化电炉(日处理 1000～1500t 炉渣)

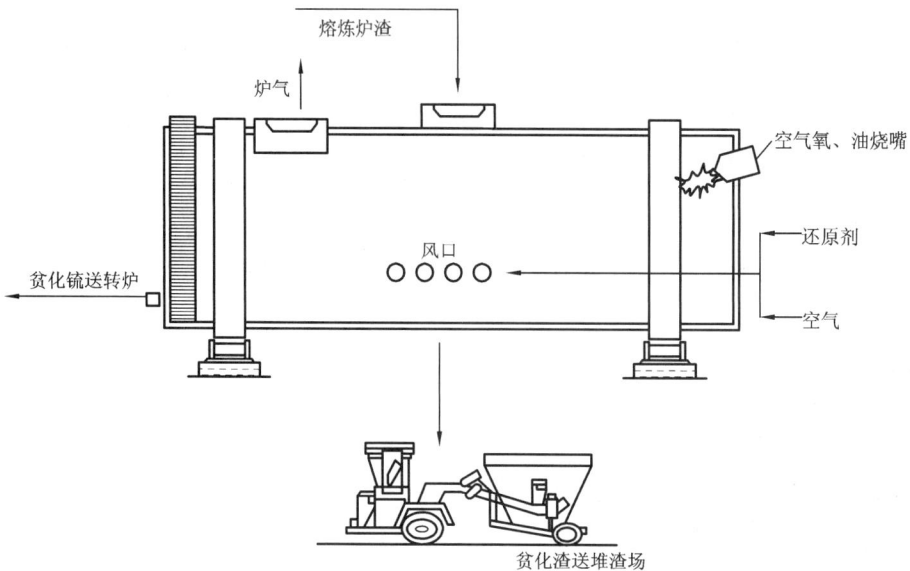

图 10 - 2　特尼恩特炉渣贫化炉及其炉料与产物进出位置

10.2　磨浮法处理炉渣

磨浮法贫化处理炉渣的过程包括有缓冷、磨矿与浮选三大主要工序,其基本原理是基于炉渣中的硫化物相,在充分缓冷的过程中能析出硫化亚铜晶体和金属铜颗粒,然后经破碎与细磨可以机械地分离开来,并借助于它们与渣中其他造渣组分在表面物理化学性质上的差异，便可浮选产出硫化物渣精矿再返回熔炼过程，而产出的浮选渣尾矿含铜小于 0.3% ~ 0.35%，完全可以作弃渣处理。

生产实践表明，炉渣的缓慢冷却速度对炉渣中析出铜矿物晶粒的大小有很大的影响。水淬骤冷时大部分含铜晶粒小于 5μm，这种微粒很难与炉渣本体分开。有文献资料认为，炉渣在相变温度 1080℃ 以上停留时间较长，有利于铜颗粒长大，故在 1000℃ 以上进行缓冷时，冷却速度以不大于 3℃/min 为佳，在 1000℃ 以下可以喷水加速冷却。如大冶冶炼厂诺兰达炉渣的冷却时间为 48h。炉渣放入渣包后，先吊入冷却池冷却，待表层结渣壳后便喷水冷却 98h，当无明显的鼓泡现象时吊至池外翻倒，然后再送去破碎。贵溪冶炼厂的转炉渣在熔渣的固化阶段，采取缓慢冷却，先在铸渣机上自然冷却 60 ~ 90min，熔渣表面温度已降至 600℃ 左右。完全固化后与采取何种冷却方式对析出物的颗粒大小已无多大影响。

缓冷固化后的炉渣，各工厂采取多种破碎与细磨的方式，以使硫化物和金属粒子与其他组分分离。一般需要细磨至粒度 - 0.048mm 达到 90%，才能充分解离。如贵溪冶炼厂的磨矿细度为 - 43μm 占 96.75%，加拿大诺兰达公司霍恩冶炼厂的 - 43μm 占 90%。

炉渣选矿厂大都采用阶段磨浮的工艺流程。

10.2.1 诺兰达熔炼炉渣的选矿工艺

由于炉渣中主要矿物嵌布粒度粗细不均匀，采用了"阶磨阶选"的原则流程，以原渣品位 4.5% 左右的缓冷渣进行试验，获得较好的指标（见表 10 - 2）。

表 10 - 2 诺兰达熔炼渣的选矿试验指标

名称	产率/%	品 位			回收率/%		
		Cu(%)	Au(g/t)	Ag(g/t)	Cu	Au	Ag
精矿	14.21	29.84	8.47	164.22	94.18	80.76	69.89
尾矿	85.79	0.31	0.33	11.72	5.82	19.24	30.11
渣原矿	100.00	4.5	1.49	33.29	100.00	100.00	100.00

从诺兰达炉排出的熔渣通过渣包缓冷后，炉渣块经击振式破碎机破碎人工分捡出包底的铜锍碎块直接作转炉原料，剩余的大部分渣块通过三段一闭路破碎流程将块度为 - 400mm 的渣块破碎到 - 12mm 的粉矿作为磨浮原料。粉矿进入磨浮工序，首先进入第一段磨矿分级作业，第一段磨矿分级产品进行第一段粗选，得到部分铜精矿产物，槽底产物进入第二段磨矿分级；第二段磨矿分级产物首先进入第二段粗选得部分精矿产物，槽底产物进入到扫选作业；扫选泡沫经过精选后得到部分铜精矿，其槽底产物作为中矿返回到第二段磨矿分级，形成磨浮闭路；扫选槽底产物即为浮选尾矿。浮选尾矿进入到永磁式弱磁机，分选出低品位铁精矿和尾矿。20 万 t 诺兰达炉渣选矿磨浮工艺流程见图 10 - 3。

工艺流程及设备配置特点：①采用"阶磨阶选"原则流程，较好地适应了渣原矿主要矿物粗细不均匀嵌布的特性，实现早收多收的目的，选矿指标稳定可靠；②一段磨矿的分级作业采用旋流器替代传统的螺旋分级机进行分级，其优点是设备配置紧凑，占地面积小；两台旋流器轮换工作，工作稳定；③用 CLF - 4 型充气搅拌式浮选机单槽容积为 4m³，内部结构设有

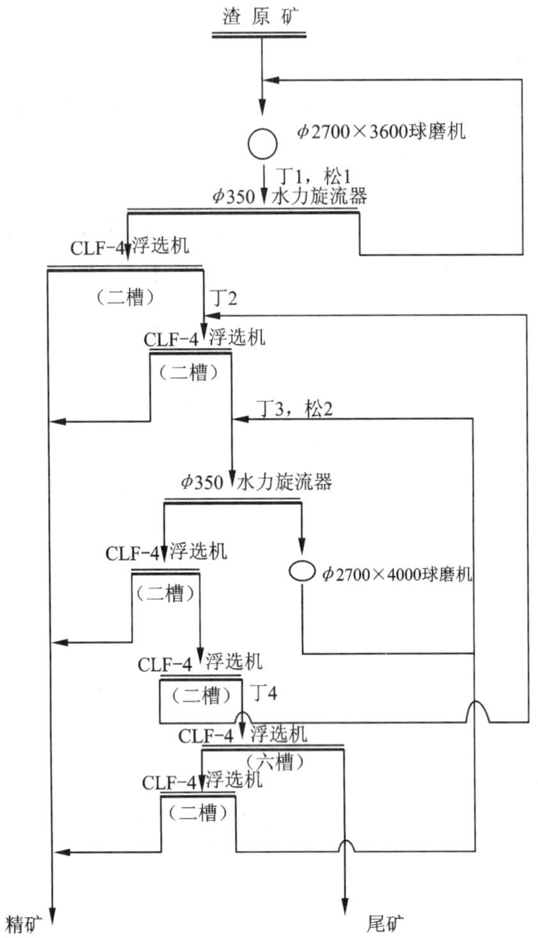

渣　原　矿

图 10 - 3　20 万 t 诺兰达炉渣选矿磨浮工艺流程

矿浆循环通道, 运行稳定, 较好地适应了大密度矿物或粗粒级矿物浮选, 运行成本相对较低。
④浮选流程内部为闭路大循环, 充分体现再磨再选的功能, 很好地解决了细粒嵌布矿物的单体解离和有效回收问题。工艺条件如下:

(1) 处理量　在入磨粒度为 -12mm 时, 处理量控制在 34 ~ 36t/h。

(2) 磨矿浓度　一段控制在 80 ± 2%; 二段控制在 70 ± 2%。

(3) 入选矿浆浓度　粗选控制在 45% ~ 50%, 细度 -0.074mm, 65% ~ 70%; 扫选控制在 40% ~ 45%, 细度 -0.048mm, 65% ~ 70%。

(4) 药剂制度　渣中铜基本属硫化矿性质, 故选用丁基黄药作捕收剂, 松醇油作起泡剂, 添加量视品位变化一般为黄药 120 ~ 150g/t, 松油 80 ~ 100g/t。当渣原矿含 Cu 4.00% ~ 4.70%, 精矿品位可达 25.50% ~ 27.00%, 尾矿含 Cu 0.28% ~ 0.32%, 铜的回收率 93% ~ 94.5%。

生产中发现当渣原矿品位下降到 3% 以下时, 浮选过程不稳定, 指标下降 (如 1999 年 11 月份渣原矿含 Cu2.77% 时精矿品位仅 23.65%, 铜回收率为 89.95%), 其对应措施为合理配渣, 保持原矿品位相对稳定。

10.2.2 转炉渣的选矿工艺

转炉渣的选别效果受渣中 SiO_2 含量影响较大,如表 10-3 所示。试验认为渣中 SiO_2 含量以不超过18%~21%为宜。但是采用磨浮法处理闪速炉渣的玛格玛冶炼厂其渣 SiO_2 含量竟达33%,渣 Fe_3O_4 含量也不过8%左右,不同冷却速度对转炉渣选别效果影响也较大,如表 10-4 所示。

表 10-3 转炉渣中 SiO_2 含量对选别效果的影响

转炉渣成分/%			浮选指标		
Cu	Fe	SiO_2	产品名称	产率/%	铜回收率/%
2.58	55.47	18.40	精矿	21.55	95.47
			尾矿	78.45	4.52
2.33	53.15	21.61	精矿	10.43	92.19
			尾矿	89.57	7.81
1.48	53.07	22.42	精矿	11.48	90.14
			尾矿	88.52	9.86
2.37	49.96	22.42	精矿	6.87	88.16
			尾矿	93.13	11.84
1.57	45.36	31.32	精矿	5.99	81.10
			尾矿	94.01	8.90

表 10-4 不同冷却条件对转炉渣选别效果的影响

冷却条件	产品名称	产率/%	铜实收率/%
1240~1000℃之间的冷却速度以1℃/min下降至1000℃后投入水中	精矿	25.54	92.24
	尾矿	0.20	7.76
1250~1000℃之间的冷却速度以3℃/min下降至1000℃投入水中	精矿	23.86	88.79
	尾矿	0.49	11.32
1250~1000℃之间的冷却速度以5℃/min下降至1000℃投入水中	精矿	23.79	84.18
	尾矿	0.40	15.82
1350℃液态炉渣恒温20min后,水淬冷却	精矿	14.68	54.45
	尾矿	0.80	45.55

同一渣样缓冷时其选别指标高于快速冷却的选别指标。图 10-4 为贵溪冶炼厂转炉渣二期选矿工艺流程。

贵溪冶炼厂转炉渣选矿厂是我国第一座完整的转炉渣选矿厂,由日本引进技术和全套设备,选厂大多数设备都采用橡胶耐磨损件及衬胶技术,如振动筛的橡胶筛网、球磨机的橡胶衬板、旋流器的橡胶衬里、浮选机的叶轮和稳流器、各类矿浆泵的泵壳和叶轮衬胶,以及橡胶折皱闸门等。这对改善设备的性能,便利操作管理,提高工艺指标,增加经济效益是十分有利的。

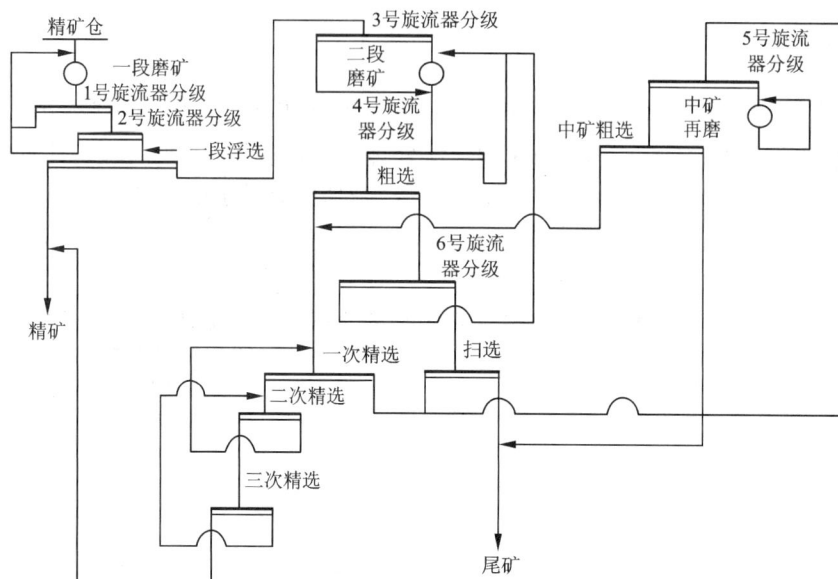

图 10 - 4　贵溪冶炼厂转炉渣二期选矿工艺流程

对生产过程的大部分工艺参数,采用了各种仪表进行检测、记录和控制,为生产操作的正常化提供了可靠的保证,设置了带报警装置的压差式矿浆浓度计及其他流量、料(液)位计等。

10.2.3　铜炉渣磨浮法与电炉贫化法的比较

表 10 - 5 列出了铜炉渣选矿贫化处理的指标实例,结合表 10 - 1 数据进行对比,不难看出磨浮法更适应强化熔炼的发展需要。

铜炉渣磨浮法与电炉贫化法比较具有如下优点:

(1)磨浮法铜的回收率高(见表 10 - 5),都在 90% 以上,浮选尾砂含铜量可降到 0.3%。电炉贫化铜的回收率只有 70% ~ 80%,弃渣含铜量往往在 0.6% 以上。如芬兰哈贾瓦尔塔炼铜厂,以前采用电炉贫化法处理闪速熔炼渣和吹炼渣,弃渣含铜量为 0.5% ~ 0.7%,铜回收率为 77%,改用磨浮法后,浮选尾矿含铜量为 0.3% ~ 0.35%,铜回收率提高到 91.1%。夹杂在铜锍中的贵金属也提高了回收率。此外,对强化熔炼过程而言,采用磨浮法,可选择较高的 Fe/SiO_2 渣型,每吨粗铜产渣量可低于还原贫化法的产渣量,因而相同规模的铜冶炼厂每年弃渣中带走的铜损失总量也少些。

(2)磨浮法电耗少,为 60 ~ 80kWh/t·渣,而电炉贫化法为 70 ~ 150kWh/t·渣,如哈贾瓦尔塔炼铜厂采用电炉贫化炉渣时电耗为 90k Wh/t·渣,而浮选法只有 44.2kWh/t 渣。

(3)电炉贫化时排放的烟气 SO_2 含量 <0.5%,难以利用,排放时污染环境。浮选法产生的污水,比较容易处理,可循环使用。

但是磨浮法工艺流程复杂,厂房占地面积大,设备多、基建投资大,并且不适宜处理含镍钴较高的炉渣,因为它们会进入尾矿中而损失掉。此外,磨浮法也不适宜处理三菱法的炉渣。

表 10 - 5 铜炉渣选矿的技术经济指标实例

工　厂	炉渣成分					磨矿细度	含铜品位			回收率/%	磨矿电耗/(kWh·t⁻¹)
	%			(g·t⁻¹)		粒度比例(μm/%)	%				
	Cu	SiO₂	Fe	Au	Ag		给矿	精矿	尾矿		
日　立	4.63	17.95	43.42	0.8	55.2	-44/89	3.23	24.4	0.33	Cu 91.02 Au 95.2 Ag 65.14	21 ~ 22
直　岛	4.02	20.14	49.54	0.8	55.2	-37/90 -46/50	3.77	24.63	0.29	Cu 93.46 Au 100 Ag 97.17	15.8
佐贺关	4.03	23.75	47.04	1.9	41	-100/12 -43/88	4.45	32.5	0.35	Cu 93.1	21
哈贾瓦尔塔	1 ~ 4.0	23 ~ 20	28.5 ~ 44			-53/91		18.2	0.3	Cu 90.1	30.6
贵　冶	4.5	21.0	49.9			-43/90	4.5	35	0.4	Cu 92	23.2
大　冶	4.57	23.38	42.14			-74/55 43/45	5.05	27.70	0.35	Cu 94.25	47.43

撰稿人：黄明琪　任鸿九　张亨峰
审稿人：肖　珲　李建斌　李田玉　张　隽　李维群　彭容秋

11 粗铜的火法精炼

11.1 概 述

铜锍吹炼后产出的粗铜，含铜量一般为98.5%~99.5%，其余的杂质含量见表9-7。

这种粗铜的机械性能与导电性，均不能满足工业应用的要求，必须进行精炼除去其中的杂质，提高铜的纯度使其含铜达到99.95%以上。由表9-7中的数据可知，粗铜中金银含量是相当高的，从粗铜中回收金银及其他有价元素，是粗铜精炼第二个目的。

现代各炼铜厂采用的粗铜精炼方法，是先经火法精炼除去部分杂质，然后进行电解精炼才能产出符合市场要求的纯铜，因为火法精炼只能除去部分杂质，而杂质含量高的粗铜又不能直接电解。

粗铜中的硫和氧以及溶解在铜液中的SO_2，在铜液凝固时，会从铜液中析出大量的SO_2，致使浇铸成的阳极板内会留有空洞和形成凹凸不平的表面，这种不合格的阳极板是不能送去电解的。同时杂质含量很高的阳极进行电解，不仅得不到高纯度的阴极板还会影响电解的技术经济指标。因此粗铜应在电解精炼之前，进行火法精炼除去部分杂质，使送去电解的阳极板含铜达到99.0%~99.5%，铸出的阳极板表面光滑平整，厚薄均匀，无飞边毛刺，悬吊垂直度好，能满足电解工艺的要求。

11.2 粗铜火法精炼的基本原理

粗铜的火法精炼是在1150~1200℃的温度下，先向铜熔体中鼓入空气，使铜熔体中的杂质与空气中的氧发生氧化反应，以金属氧化物MO形态进入渣中，然后用碳氢还原剂将熔解在铜的氧除去，最后浇铸成合格的阳极送去电解精炼。

粗铜的火法精炼包括氧化与还原两个主要过程。

氧化精炼过程是在1150~1200℃的高温下，将空气压入熔铜中，铜被氧化产生Cu_2O。从Cu-O系相图(图11-1)可知，产出的Cu_2O是熔于熔铜中的，其溶解度是随温度升高而增加：

温度，℃	1100	1150	1200	1250
溶解的Cu_2O，%	5	8.3	12.4	13.1
相应的O_2，%	0.56	0.92	1.38	1.52

于是，熔铜中的杂质M便与溶于其中的Cu_2O发生反应：

$$[Cu_2O] + [M] = 2[Cu] + (MO) \qquad (11-1)$$

被氧化的杂质M形成MO，这种MO往往是不溶于熔铜中的，而浮于熔铜表面形成一单独的渣相(MO)因而从铜中除去了这些杂质。氧化反应的平衡常数K为：

$$K = \frac{a_{Cu}^2 \cdot a_{Mo}}{a_{Cu_2O} \cdot a_M} \qquad (11-2)$$

式中，a 表示反应中各种物质的活度。

1200℃各种杂质氧化反应的 K 值依大小顺序排在表 11-1 中。

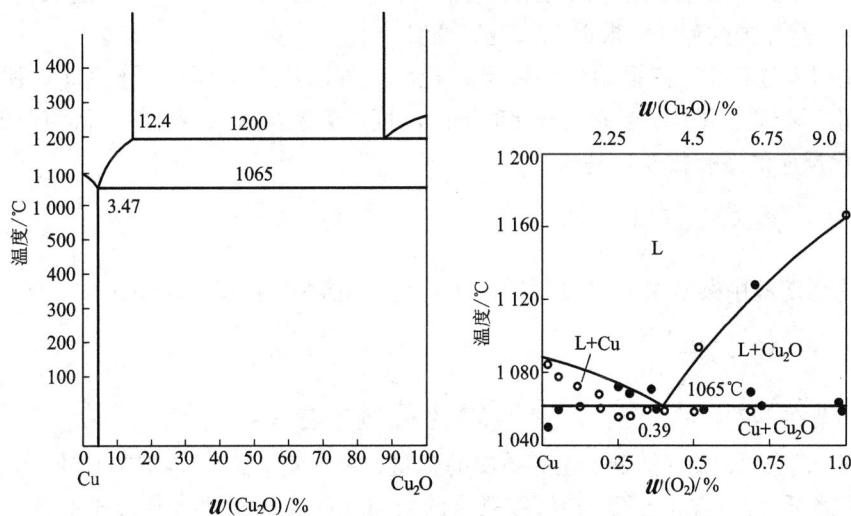

图 11-1　Cu-O 系相图

表 11-1　1200℃ 从熔 Cu 中除去杂质的热力学数据

元素	粗铜中含量/%	K	γ_M^0	p_M^0
Au	0.003	1.2×10^{-7}	0.34	4.9×10^{-7}
Hg		2.5×10^{-5}		5.2×10^2
Ag	0.2	3.5×10^{-5}	4.8	2.2×10^{-4}
Pt		5.2×10^{-5}	0.03	6.4×10^{-3}
Pd		6.2×10^{-4}	0.06	8.5×10^{-7}
Se	0.04	5.6×10^{-4}	≤1	66
Te	0.01	7.7×10^{-2}	0.01	39
Bi	0.009	0.64	2.7	4.2×10^{-2}
Cu	~99	—	1	4.5×10^{-6}
Pb	0.2	3.8	5.7	1.9×10^{-2}
Ni	0.2	25	2.8	2.8×10^{-8}
Cd		31	0.73	32
Sb	0.04	50	0.013	7.9×10^{-2}
As	0.04	50	0.013	7.9×10^{-2}
Co	0.001	1.4×10^2	10(?)	3.2×10^{-8}
Ge		3.2×10^2	0.11	6.5×10^{-6}
In		8.2×10^2	0.32	8.1×10^{-4}
Fe	0.01	4.5×10^3	15	7.8×10^{-8}
Zn	0.007	4.7×10^4	0.11	10
Sn	0.002	5.6×10^8	0.1	1×10^{-16}
Al	0.005	8.8×10^{11}	0.008	1.3×10^{-5}

K 值愈大，熔铜中的该种杂质的活度 a_M 愈小，愈容易被除去。

表 11 - 1 的数据表明，从 Au 到 Te 被 Cu_2O 氧化的反应平衡常数 K 值很小（ $< 10^{-2}$ ），所以熔铜中的这些元素是不能被空气中的氧所氧化除去的。从 Fe 到 Al 这几个元素的 K 值很大（ $> 10^3$ ），容易被氧化除去。如果在氧化精炼后的铜中还发现有这些元素，则是一些机械夹杂包裹物。居于这两类杂质之间的元素，其平衡常数 K 值价于 $10^{-2} \sim 10^3$ 之间，它们虽然能被氧化除去，其除去的程度可根据 K 值近似算出。

在氧化精炼过程中，向铜熔体不断鼓入空气，可以认为熔铜中已被 Cu_2O 所饱和，则 $a_{Cu_2O} \approx 1$。由于杂质含量少，当它们氧化时铜的浓度不会发生多大变化，可认为铜的活度 $a_{Cu} \approx 1$，则氧化反应的平衡数 K 可写作：

$$K = \frac{a_{MO}}{a_M} = \frac{\gamma_{MO} \cdot N_{MO}}{\gamma_M^0 \cdot N_M} \tag{11-3}$$

式中，γ_M^0 为稀溶液中杂质 M 的活度系数。于是残留在铜中的杂质极限浓度 N_M 为：

$$N_M = \frac{\gamma_{MO} \cdot N_{MO}}{\gamma_M^0 \cdot K} \tag{11-4}$$

各种杂质元素在 1473K 的二元合金（Cu - M）的 γ_M^0 列于表 11 - 1 中。

（11 - 4）式表明，要降低铜中这类杂质的含量，必须使 $\gamma_{MO} \cdot N_{MO}$ 的乘积小，$\gamma_M^0 \cdot K$ 的乘积大。为了降低 $\gamma_{MO} \cdot N_{MO}$ 之积，希望被氧化的杂质 MO 能与其他组分形成不溶于铜的化合物。如氧化物 PbO 与 SiO_2 作用形成 $PbO \cdot SiO_2$，氧化产生的 As_2O_5、Sb_2O_5 和 SnO_2 与 Na_2CO_3 作用形成相应的钠盐，它们均不溶于铜中，而能降低 γ_{MO}。所以在铜的火法精炼中，应选择适当的熔剂如石英、苏打等加入，并及时扒去浮在表面的氧化渣，便能较彻底地除去这些杂质的。

根据表 11 - 1 列出的 γ_M^0 和 K 数值的乘积，可以被氧化排出的杂质由难到易的顺序为：As—Sb—Bi—Pb—Cd—Sn—Ni—In—Zn—Fe。不过这个顺序是假定熔铜中杂质的浓度相等，活度也相等时按 $\gamma_M^0 \cdot K$ 乘积排定的。实际上熔铜中的杂质形态很复杂，这个顺序也将发生变化。生产实践表明，As，Sb，Bi 是粗铜火法精炼最难除去的杂质，这与上述趋势是一致的。

在粗铜的熔化和氧化精炼高温条件下，可以利用某些杂质元素具有很大的蒸气压而将其挥发除去。根据拉乌尔定律，熔铜中杂质的蒸气压 $p_M = p_M^0 \cdot a_M = p_M^0 \cdot \gamma_M^0 \cdot N_M$。各种杂质元素的 p_M^0 也列于表 11 - 1 中。当杂质元素的浓度相同时，杂质 p_M 的大小差别由 $p_M^0 \cdot \gamma_M^0$ 来判断。由于锌与镉的 $p_M^0 \cdot \gamma_M^0$ 乘积较大，便具有较大的 p_M，所以可用挥发法除去锌与镉。当处理含锌高的杂铜料时，应该有一个专门的蒸锌阶段，在这个阶段除了提高炉温（1300℃）以外，可在熔铜表面覆盖一层碳质还原剂，以防产生氧化锌渣壳，阻碍蒸锌过程的进行。

粗铜火法精炼的目的除了氧化与挥发除去一些杂质外，另一个重要的目的是为电解精炼浇铸出平整的阳极，这就要求将熔铜中的硫和氧含量控制在适当水平。一般粗铜中溶有 0.05% S 和 0.5% O_2，采用连续炼铜时，粗铜中的硫含量增加到 0.5% ~ 2%，而氧含量可降到 0.2%。在这样的硫和氧的含量下，熔铜固化时，硫与氧便会化合，在阳极板内形成 SO_2 气泡。按反应计算，溶解在铜中的 0.01% 的硫和 0.01% 的氧化合时，每立方厘米的铜将产生 $3cm^3$ 的 SO_2 气体。这就不能浇铸出表面平整的阳极板而是带有 SO_2 逸出后留有洞穴的阳极板。

脱硫是在氧化过程中进行的。向铜熔体中鼓入空气时，除了 O_2 直接氧化熔铜中的硫产

生 SO_2 之外，氧亦熔于铜中。熔于铜中的氧和硫发生如下平衡反应：

$$SO_{2(气)} = [S] + 2[O] \qquad (11-5)$$

$$\Delta G^{\ominus} = 128450 - 53.58T(J) \qquad (11-6)$$

$$K = [\%S][\%O]^2/p_{SO_2} \qquad (11-7)$$

在一定的温度和 p_{SO_2} 下，熔铜中 $[\%S][\%O]^2$ 为一常数，这个关系表示在图 11-2 中。在氧化精炼过程末期，熔铜中硫的含量可降低到 $0.001\% \sim 0.003\%$，相应地氧的含量为 $0.6\% \sim 1.0\%$ 左右。

熔铜中含氧 0.6%，在其固化时，所有的 $[O]$ 差不多全部以固体 Cu_2O 析出，相当于重量为 6% 的 Cu_2O 包裹在阳极铜中。为了减少 Cu_2O 的析出，应从熔铜中用碳氢物质除去大部分的氧。这就是粗铜火法精炼的还原过程。

图 11-2 铜中硫和氧的平衡关系

用碳氢物质从熔铜中脱氧的还原反应：

$$C + [O] = CO \qquad (11-8)$$

$$CO + [O] = CO_2 \qquad (11-9)$$

$$H_2 + [O] = H_2O \text{ 或 } 2[H] + [O] = H_2O \qquad (11-10)$$

H_2 在熔铜中的溶解有限，其平衡浓度可从下列平衡常数求出。

$$K = \frac{p_{H_2O}}{[\%H]^2[\%O]} \qquad (11-11)$$

在 $1150\,℃$ 与 $1083\,℃$ 下的 K 值分别为 5×10^9 和 15×10^9。若在 $1150\,℃$ 下还原，将氧含量降到 0.1% 左右，维持气相中的 $p_{H_2O} = 10\text{kPa}$，则熔铜中的最后氢含量为 $2 \times 10^{-5}\%$。维持熔铜中这种氢与氧含量的关系，可以得到平整的极板。否则相反。

熔铜中的 $[H]$ 和 $[O]$ 在其凝固时，会按反应 $(11-10)$ 形成水蒸气逸出。逸出的水蒸气体积应该等于熔铜凝固时收缩的体积。在 $1083\,℃$ 时，1cm^3 的熔铜凝固时收缩 0.5cm^3。所以在还原过程中应防止"过还原"，以免残留过多的氢在熔铜中。一般在还原后的熔铜中含氢量为 $2 \times 10^{-5}\%$，控制含氧量为 $0.05\% \sim 0.2\%$，铸成的阳极板含氧量为 $0.03\% \sim 0.05\%$。同时应维持较低的浇铸温度，因为氧在熔铜中的溶解度是随温度升高而急剧增加的。

还原过程用的还原剂有：木炭或焦粉、重油、天然气、甲烷或液氨。使用气体还原剂最简便。国内各工厂大都采用重油作还原剂，虽然还原效果好、也比较经济，但油烟污染严重。

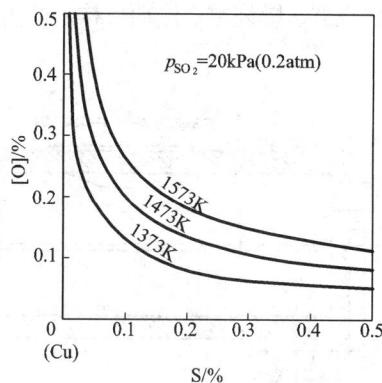

11.3 粗铜火法精炼生产工艺

用于铜火法精炼的精炼炉有回转炉、反射炉与倾动炉，下面按这三种炉型来叙述精炼的生产工艺。

11.3.1 回转炉精炼工艺

11.3.1.1 回转炉的结构

回转精炼炉是 20 世纪 50 年代开发的一种火法精炼设备，据不完全统计，目前世界上有

40 多家炼铜厂采用,每年精炼铜量达 4000kt。其炉形与圆筒形相似,由以下部分组成:简体、燃烧器、燃烧室、传动机构、炉体支撑结构、炉体驱动系统,如图 11-3 所示。

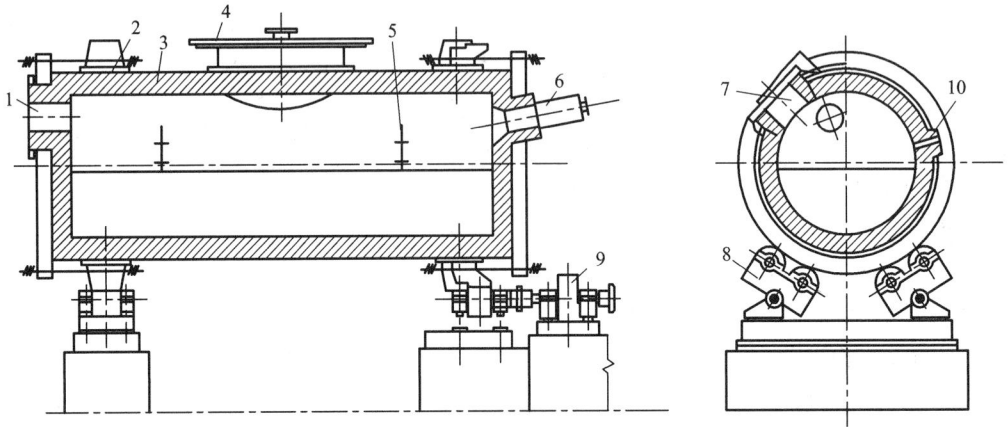

图 11-3　回转式精炼炉结构

1—排烟口;2—壳体;3—砌砖体;4—炉盖;5—氧化还原口;
6—燃烧器;7—炉口;8—托辊;9—传动装置;10—出铜口

回转式精炼炉炉口(也称加料口)处在炉体中心位置,规格为 1200 mm × 1800 mm,炉口备有炉口盖和炉口启闭装置。炉口启闭装置分液压和气动两种。炉口盖与炉口启闭装置相连。炉口装有四块冷却水套。两个氧化还原风口开设在筒体两侧,离筒体两端约 300mm,它与炉口约呈 45°夹角。燃烧器和燃烧室分别安装在筒体两端。筒体由 40 ~ 60mm 厚锅炉钢板焊接而成。筒体内砌 400 ~ 550mm 厚耐火材料。

燃烧器固定在排烟口的相对端盖上,而重油燃烧装置和燃烧空气管一起连接在燃烧器上。燃烧器可随炉体一起倾转。

炉体支撑装置由四个托轮构成,托轮均采用复式托轮组传动带轮缘,另一端为光面托轮。回转炉的滚圈为二挡,其中一个与大齿轮做成一体,构成炉体传动系统的一部分。

回转炉是火法精炼的主体设备,其关键部位是氧化还原风口、出铜口、加料口、燃烧器,对耐火材料的选用有严格的要求。出铜口为特制异形镁铬砖,而筒体两端墙的保温层为 65mm 厚镁质砖,内层为镁铬砖,风口区则采用特制的 Cr_2O_3 含量高的电熔再结合镁铬砖以强化耐高温抗冲刷、抗侵蚀作用。

燃烧室是回转炉的辅助设备,它不装熔融铜,只是利用稀释风继续燃烧回转式精炼炉出来的烟气,烟气温度虽在 1200℃,但不起冲刷作用。它选用的耐火材料是粘土砖、高铝砖和不定型耐火捣打料。

11.3.1.2　回转炉的供热

回转式精炼炉的供热方式与其他精炼炉相似,选用重油为燃料进行加热和保温。回转式精炼炉燃烧后产生的烟气和氧化还原反应产生的烟气一起进入燃烧室燃烧。它的燃烧方式是将预热好的燃油与雾化蒸汽一起通过高压喷嘴喷入炉内,此时的雾化蒸汽压力必须大于燃油压力 1.5 ~ 2Pa。喷入炉内的燃油是经雾化蒸汽雾化成雾状后与进入炉内的燃烧空气一起进行燃烧的。一般情况,风油比为 10:1。炉内压为 -10 ~ -180Pa,进入高压喷嘴前的重油必须经蒸汽加温预热，预热后的燃油温度为150～180℃。从燃油罐到燃油高压喷嘴前的燃油管路须保温，以防燃油温度下降，影响燃烧效果。

回转精炼炉的作业分加料、保温、氧化(放渣)、还原、浇铸、保温六个阶段进行。各阶段燃油量、燃烧空气量、炉内压与温度控制范围等技术数据列于表11-2。

表11-2　重油与燃烧空气量、炉内压力与温度数据

阶　段	燃油量/(L·h⁻¹)	燃烧空气量/(Nm³·h⁻¹)	炉内压/Pa	温度/℃
加　料	400～500	4000～6000	−20～−180	1120
保　温	400～500	4000～6000	−20～180	1140
氧　化	400～500	4000～6000	−20～300	1160
还　原		4000～4500	−20～300	1200
浇　铸	400～600	4000～5400	−20～−180	1200
保　温	300～400	3000～4000	−20～−180	1100

从上表可以看出：不同周期的燃油量和温度是不一样的。回转式精炼炉处理的原料一般为液态熔融铜，但入炉时温度达不到回转炉所需的温度，在氧化还原前还必须加热升温。所以如何确保炉内熔融铜的温度显得尤其重要。

燃烧效果的好坏直接关系到熔融铜温度的高低。一般情况，操作人员只需从炉口或从装设在燃烧器上的观察孔观察或从燃烧室与炉体尾部的接头处目测火焰呈绿色，炉内呈白光色，燃烧效果就比较好。若呈暗红色则表示燃烧效果较差。回转炉直接热利用率为8%～15%，60%以上的热量由烟气带出，进余热锅炉的烟气温度为1350～1400℃，出余热锅炉烟气温度为500～700℃，再进换热室或供精矿干燥用。包括烟气余热回收在内的总热量利用率可到50%～70%。影响燃烧效果的因素有以下几种。

①风油比的控制，风油比一般控制在1:1.2。风油比控制较低，造成不完全燃烧，炉膛温度低，炉内发红。风油比太大，烟气带走的热量损失大。

②燃烧器结有油焦及冷铜，将燃烧器堵死，使燃烧风进不去，燃烧效果差。此时应及时熄火，迅速将燃烧器内的油焦和冷铜清理干净。

③蒸汽压力低，造成高压喷嘴容易堵塞，导致燃油雾化效果差，燃烧效果差。

④供油温度低，当供油温度低时，燃油流动性差，雾化效果差。此时应增开一组蒸汽加热机组，提高燃油温度，增强燃油的流动性。

⑤燃油质量，燃油含水以及燃油含杂质成分过高均会影响燃烧效果。燃油含水高，造成燃油流量波动大，油压不稳定，燃烧时火焰不稳定。一般燃油应半个月放一次水。

⑥炉内压力应调整在最佳状态，炉内负压过低(抽力过大)会带走大量热量；炉内正压过大，会有大量烟气从炉口外冒，影响环境，同时也影响炉口使用寿命。

11.3.1.3　回转炉的倾动方式

回转炉传动装置主要由主电机、副电机、气动电机、主变速箱、副变速箱、电磁离合器和大小齿圈组成。回转炉的倾转是依靠电动机和气动电机、电磁离合器变速箱以及控制装置来实现的。

在炉前负责加料、保温、氧化放渣、还原等操作时，回转炉的倾转控制，从炉前控制室控

制。当炉后浇铸时炉前控制室只需将选择开关板向炉后,炉后控制室便可以进行倾转炉体。炉后浇铸结束后将炉体倾转到顶部位置。炉前控制室将选择开关板回炉前。通常回转炉体处在顶部位置。

回转炉的倾动方式设有快速倾转、慢速倾转和气动以及事故(气动电机)倾转。一般情况下氧化、还原浇铸刚开始阶段使用快速倾转。而放渣、浇铸、修炉使用慢速倾转。气动一般是指炉体已过顶部位置,而炉选开关又处在炉前控制,此时则用气动倾转炉体,事故倾转是指炉体正处在加料、氧化、还原、浇铸时突然停电,此时气动电机会自动启动,将炉体从不同方向将炉体转到顶部位置。快速倾转的速度为 0.6r/min,慢速倾转和事故倾转的速度为 0.06r/min。

11.3.1.4　回转炉的生产实践

回转炉作业包括加料、保温、氧化(放渣)、还原、浇铸。全过程需 7～10h(保温除外),其中加料 1h,氧化 1～2h,还原 1.5～2.3h,浇铸 4～5h。

加料时首先打开环集烟罩、活动吊桥,将氧化空气手动阀、调节阀打开,然后将炉体转到加料位置,打开炉口盖,用包子将转炉粗铜直接加入到炉内,加完一包粗铜后将炉口盖关闭,待进第二包粗铜时再打开,加完后再关闭,直至加完后才将炉体转到顶部位置。氧化空气调节阀度控制在 20%。

回转式精炼炉以装熔融铜为主,有时也可加入少量冷料(如废阳极板、残极等),加冷料之前须加一定数量的熔融铜。当炉内加完第一炉熔融铜后,视来料情况,如来料温度偏低或较深,应提前氧化 1～2h 或更长时间。使铜液提前含氧,缩短氧化时间。加料时应继续烧油升温。重油流量应控制在 400～500L/h,风油比为 1∶1.2,炉内压应控制在 0～-20Pa。

保温视炉内铜液量和温度而定,若刚浇铸完,炉内燃油量控制在 300～350L/h,炉内压不变。若炉内装有一炉或更多熔融铜,而铜液温度偏低,重油流量应控制在 400～550L/h。炉内温度应控制 1300～1350℃,加冷料时应更高一些。

回转炉的氧化是通过固定在炉壳上的风管鼓风而进行的。氧化时,风口转入料面下方 400～800mm,为熔池深度的 1/3～1/2,风压为 0.1～0.2MPa。

回转炉的风口分设于炉口下方两侧,倒渣时风口送风,熔体受到强烈搅动,渣、铜不能较好地分离,铜液容易随渣一同倒出,渣亦倒不干净。在需要加熔剂除杂质时,炉渣除不净,降低了除杂质效果。为了解决回转炉撒渣问题,墨西哥铜公司冶炼厂改进了回转炉结构,将炉口两侧的风口放在炉头一侧,取消了尾部的风口,在尾部增开一个渣口。氧化时,炉渣在风力的推动下,被赶到了尾部,集中在一个区域,既可倒渣,也可以扒渣,解决了撒渣难的问题。

由于回转炉内铜液搅动激烈,循环较好,因而熔剂无论从表面加入还是从风口喷入,反应速度都比反射炉快,除杂质效果也比反射炉好。从风口喷入熔剂,又比从铜液表面加入更好。

氧化时间由粗铜含氧量确定:当粗铜含氧量大于 0.5% 时,只撒渣,不再进行氧化;粗铜含氧量在 0.25%～0.5% 时,氧化 30～50min。

氧化期炉内温度为 1350～1400℃,铜液温度为 1180～1250℃。在需要排除硫时,鼓入空气或水蒸气,并停火降温至 1180℃ 左右。氧化期炉内压力为 -20～-50Pa。

还原作业多数采用重油或液化石油气作还原剂,少数采用天然气或氨气。还原速度控制在 1.5~2.5t/min。还原剂压力为 0.1~0.2MPa。还原剂消耗量与铜水含氧量、阳极铜最终含氧量有关，其耗量：液化石油气一般为 3~6kg/t，重油为 5~10kg/t，天然气为 5~8m³/t，氨气为 5~8kg/t。

还原期一般不烧火。过量还原剂的燃烧能使铜液温度提高 40~60℃/h。还原结束，铜液温度可提高至 1250~1280℃，个别可达 1300℃。回转炉的铜液温度要比反射炉高出 50~100℃。还原期炉内压力为 -40~-60Pa。

国内几家工厂回转炉精炼的技术条件及经济指标列于表 11-3。

表 11-3　回转炉精炼的主要技术条件与经济指标

项　　目	贵溪冶炼厂	金隆公司	大冶炼铜厂
炉子容量/t	240	300	100
铜料性质	液态	液态	液态
燃料种类	重油	重油	重油
用量/(kg·h⁻¹)	600		400
炉膛最高温度/℃	1450	1450	1450
铜液最高温度/℃	1300		1280
还原剂种类	液化石油气	液化石油气	重油
还原压力/MPa	0.4~0.5	0.4~0.5	0.2~0.3
浇铸温度/℃	1200		1150
浇铸方式	自动定量	自动定量	自动定量
极板尺寸/mm	1000×960×45	1000×960×45	750×705×40
铜回收率/%	99	99	>98
燃料单耗(重油)/(kg·t⁻¹)	50~60	45	42
还原剂单耗/(kg·t⁻¹)	4~6	45	42
余热利用率/%			65
渣率/%	3.5	4.15	3~4
渣含铜量/%	31	65	30~40
电耗/(kWh·t⁻¹)	45		53
水耗/(t·t⁻¹)	11		18

回转炉精炼具有如下优点：

(1)炉体结构简单，机械化、自动化程度高，劳动条件好，劳动生产率高。

(2)炉子处理能力大，变化范围为 100~550t，技术经济指标好。

(3)炉子的密封性好，散热损失小，降低了燃料消耗。负压操作，漏烟少，减少了对环境的污染。

回转炉熔池深，受热面积小，较反射炉的化料速度要慢，故不宜处理固体冷料。

11.3.2　反射炉精炼工艺

11.3.2.1　反射炉结构

反射炉是传统的火法精炼设备，是一种表面的膛式炉，结构简单，操作方便。这种反射炉与造锍熔炼反射炉在结构与尺寸上都有所不同，因为火法精炼过程是周期性的，过程要求的温度较熔炼炉低,但熔体温度应保持均匀一致,炉内物料与熔炼炉的物料也完全不同。为了在精炼时使各部分熔体的温度保持均匀,从而使熔体各部分的杂质(特别是气体)含量及浇铸温度均匀,炉子作业空间不能太长以免发生温度降,为使熔池温度趋于一致,精炼炉特别设有1.5~2m的燃烧前室,而且把炉顶做成下垂式,保证炉尾温度与炉子中央的温度相近。云铜已将传统的燃烧前室取消,炉子容积由设计时的160t扩至200t。

由于精炼产出的渣量不多,且铜与渣的密度差别大,故精炼炉不需要澄清分离区。现代精炼反射炉的作业空间长度一般为10~15m,宽度4~5m,炉长与炉宽之比为1.7~3.5,其容量为5~400t,精炼炉的熔池深为0.6~1.2m,以便在炉内维持一定的热量储备,可在一定程度内补偿炉内作业空间温度的波动。我国一些精炼反射炉的主要尺寸见表11-4。

表11-4 我国一些精炼反射炉的主要结构尺寸

名 称	工 厂					
	一	二	三	四	五	六
炉子容量/t	160	100	120	90	40	30
熔池面积/m²	27	19.42	20.7	19.4	9.5	10.34
熔池深度/m	1.1	0.74	0.95	0.51	0.6	0.47
炉膛宽度/m	3.19	2.6	3.07	3.0	2.6	1.68
炉膛长度/m	10.06	7.83	7.65	7.24	4.35	5.31
炉膛高度/m	2.44	1.86	2.29	1.8	1.3	1.13

图11-4给出了精炼反射炉的的垂直和水平剖面。

精炼反射炉的炉墙用镁砖、铝镁砖或铬镁质砌筑,炉顶用铝镁或铬镁砖砌筑。传统的大型炉子采用固定在炉体立柱上端的吊挂炉顶,采用此种吊挂系统,炉子安装复杂,且备件费用高。云铜经过长期的生产实践,通过改变炉顶砖的结构形式及材质,已成功地取消了传统炉顶吊挂系统。

反射炉是一种对燃料适应性较强的炉子,固体、液体和气体燃料都可以使用,对燃料的要求是:含硫小于2%,而以小于1%较为理想,因为含硫的燃料燃烧时,在炉内生成大量的SO_2易被铜液吸收,致使铜液内残硫过高,影响铜的质量,煤的灰分含量小于15%,发热值要高。

无论采用固体、液体或气体燃料,燃烧过程的好坏是决定反射炉供热状况的首要条件。燃烧过程与烧嘴构造、烧嘴性能、燃烧条件以及操作等因素有关。诸如燃料与空气混合均匀、燃料入炉的扩散角适当、入炉后能尽快着火、及合理的火焰长度和温度等,都是保证燃料有效燃烧的重要条件。

采用预热空气燃烧,可以使燃料预热,提前着火,促进燃料充分燃烧,特别是对着火点较高的粉煤尤有好处。预热空气带进的物理热,可提高燃料燃烧温度,降低燃料消耗。空气在烟道中预热至300~500℃,燃烧温度可提高100~200℃,燃料消耗可降低10%~20%。

11.3.2.2 反射炉精炼作业实践

精炼作业包括加料、熔化、氧化,还原和浇铸等操作,各操作过程的总时间,依炉料成

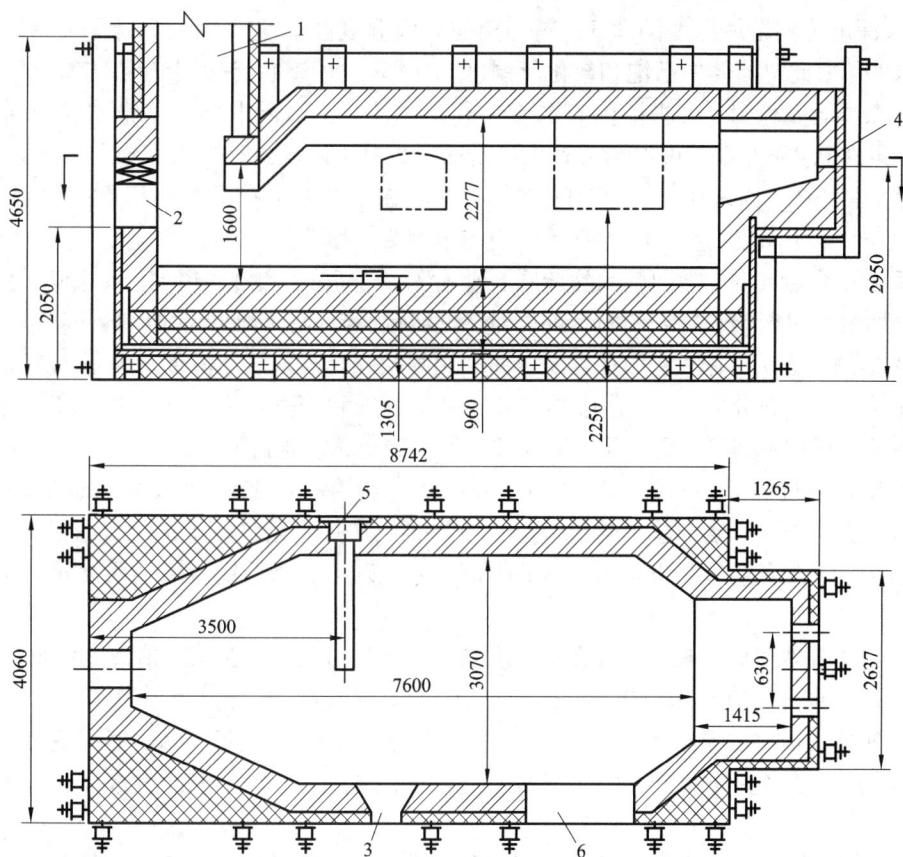

图 11 - 4　120 t 精炼反射炉

1—排烟口；2—扒渣口；3—操作炉门；4—燃烧器口；5—出铜口；6—加料炉门

分、处理方法及炉子大小的不同而变化，且与操作技术的好坏有关。

液态粗铜从特设的溜槽倒入炉内。有些大型反射炉为缩短作业时间，将液态铜料分两次加入，两次铜料加入之间相隔 1～2h，可在此时间内提前进行氧化作业。

进入精炼炉的冷料有电解返回的残极、废阴极、紫杂铜及其他废铜返回品等。冷料一般用加料机加入，某些小冶炼厂仍采用人工加料方式。先装细料，后装粗料，炉头多加、炉尾少加。加冷料时要使铜料距炉顶及烟道口有一定距离，以保证燃料燃烧和炉气流动的顺畅。加冷料的批次各厂根据自己的作业特点及原料构成而变化。加料时要保证炉膛有足够高的温度，一般应达到 1300℃ 以上，炉内应保证零压或微负压。

熔化作业系在氧化气氛下进行，一般炉膛温度保持在 1300～1400℃ 以加速冷铜料的熔化，在熔化过程中定期向炉内已熔化的铜液中插入一根风管，鼓入压缩空气剧烈地搅动熔体以加速熔化过程，这时也会有部分杂质氧化，形成炉渣浮于熔体表面，待熔体大部分熔化完并扒出炉渣后，即可进行氧化操作。

反射炉精炼的氧化操作要点是增大烟道抽力（ -80～-100Pa），提高空气过剩系数（ α = 1.2～1.4），使炉内成氧化性气氛，并用直径为 $\phi18～50mm$ 的钢管 2～3 根向熔体内鼓入 0.3

~0.5MPa 的压缩空气进行氧化。为增加氧的利用率，钢管应尽可能深插，插入角度为45°～60°，插入深度为铜熔体深度的 2/3。氧化期的炉膛温度在 1250℃ 左右，以保证铜液温度为 1150～1180℃，此时熔体中已饱和氧化亚铜(Cu_2O 8%～10%)，有利于杂质的氧化。

粗铜杂质含量低时，火法精炼的主要任务是脱硫。扒渣后取样观察铜水含氧量及含硫量，含氧量在 0.4% 左右时可以结束氧化。断面有硫孔、硫丝，应排除 SO_2。采用停火作业，能有效地脱除 SO_2，通入 0.3～0.5MPa 的压缩风，在激烈的搅拌下能达到迅速脱硫的目的。排硫结束时，铜水温度为 1150～1180℃，炉内压力为零压或微负压。

粗铜杂质含量高时，需加熔剂除杂质。砷、锑、镍高时，加碱性熔剂(苏打和石灰)；铅、锡高时，加酸性熔剂(石英砂)；两者都高时，先加碱性熔剂，后加酸性熔剂。

加入熔剂的方法有两种：加在熔池表面和用喷吹媒介喷入熔体内部。喷射入熔体内部的熔剂，能够与杂质充分接触，反应强烈，可提高熔剂的利用率。表面加入时，熔剂与杂质的接触几率小，反应不强烈，且一部分熔剂被炉气所带走，熔剂利用率低。

在杂质含量过高时，采用多次造渣、多次扒渣。第一次造渣加入熔剂总量的 40%～50%，第二次造渣加入熔剂总量的 30%～40%，第三次加入余量。多次造渣的目的，是降低渣中杂质浓度，改变杂质在渣与铜之间的平衡关系，以达到降低铜液中杂质含量，提高降杂的效果。

多次造渣耗费时间较长，铜液容易过度氧化。含氧过高时，在两次造渣之间应适当还原 1～2 次，以将铜液含氧量降到 0.5% 以下，减少 Cu_2O 的造渣损失。

氧化初期炉渣主要是杂质氧化物，呈黑色，随着过程不断进行，氧化亚铜进入炉渣，逐渐变为棕褐色与红色，氧化一直进行到炉渣停止生成，并在熔体表面生成 Cu_2O 油光薄层为止。

在氧化阶段，应多取样以便准确判断氧化终点，铜氧化后的试样断面为柱状结晶，略呈砖红色时表示氧化程度已够。处理含杂质高的铜料时应加深氧化程度，应氧化至试样断面呈方块状结晶，深砖红色，这种判断方法需有一定的经验。现代工厂已使用固体电解质(ZrO_2＋CaO/MgO)浓差电池定氧法来判断氧化程度。

氧化结束后，铜熔体中已饱和溶解有多量的 Cu_2O，为了将它还原成金属铜。目前国内外普遍采用重油、液化石油气、氨或其他还原性物质(如天然气、丙烷等)作还原剂。采用重油还原，用铁管向熔池内导入$(1.5～2)×10^5Pa$ 大气压的重油(含硫量应小于 0.5%)，并用 $2×10^5Pa$ 的压缩空气(或 $3～5×10^5Pa$ 的过热蒸汽)雾化，铜液温度应控制在 1150～1180℃，以减少氧、氢及 SO_2 等气体在铜中的溶解度。炉内必须维持还原气氛，可将烟道闸门减小，使炉内液面为零压，烟道抽力为 10～30Pa，并加一层木炭或不含硫的碎焦覆盖铜液。为了充分利用还原剂和加快还原速度，铁管应深插入熔池，并不断地移动位置，还原时间约 0.5～3h。

还原剂的还原效率，除与使用方式、操作技术、还原剂种类有关外，还与铜液含氧量有关。还原终点的含氧量，对还原剂的消耗影响较大。还原终点一般控制铜液含氧量为 0.05%～0.2%。

还原后期应经常取样判断其进行程度。随着 Cu_2O 的不断还原，试样断面开始是丝状粗粒结晶结构，逐渐转变为细粒放射状，最后变为细粒致密结晶。还原初期试样断面呈砖红色，后来转为玫瑰色；从无光泽变为最后的丝绸光泽，金属亮色最初集中最后散开。试样表面开始时中心带有凹槽，到还原结束时成为微带皱纹的平整表面，此时，铜液中的残氧量约为 0.03% ~0.05%（有高达 0.1% ~0.2% 的）。

11.3.3 倾动炉精炼工艺

倾动式精炼炉是吸取了反射炉和回转炉的长处而设计的。炉腔形状像反射炉，保持其较大的热交换面积。采取了回转炉可转动的方式，增设了固定风口，取消了插风管和扒渣作业，减轻了劳动强度，既能处理热料，又能处理冷料，是较理想的炉型。

倾动炉的结构如图 11-5 所示。目前已有的炉子容量为 55~350t。

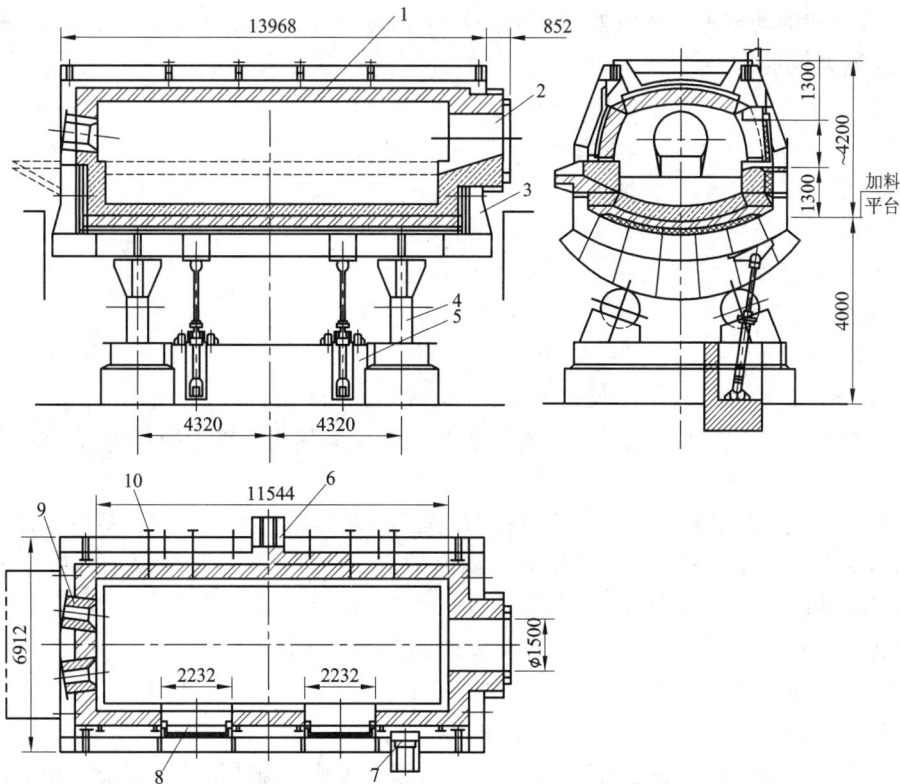

图 11-5 150t 倾动式阳极炉结构
1—炉顶；2—排烟口；3—钢架；4—支承装置；5—液压缸；
6—出铜口；7—扒渣口；8—加料门；9—燃烧口；10—氧化还原插管

倾动炉由炉基、摇座、炉体、驱动装置、燃烧器及燃烧室组成。炉基由耐热钢盘混凝土筑成，在炉基上装设钢结构摇座，摇座上沿为圆弧形，装有若干个滚轮。炉体底部也是圆弧形，座在摇座上。液压缸底部装在基础上，上部与炉底底部连接。伸缩液压缸带动炉体倾转，倾转角为 ±30°。炉体的倾转也可用齿轮装置带动。有快慢两种倾转速度，氧化、还原、倒渣用快速倾转，浇铸用慢速倾转。

倾动炉外壳底部为圆弧形，弧度 30°~45°，侧面亦为弧形，用工字钢或槽钢做骨架。整个外壳是一个特殊形状的钢结构焊接件。炉底用铬镁砖和粘土砖砌筑，炉底弧度为 30°~45°。侧墙用镁砖筑成圆弧形，外部是钢外壳。300mm 厚度的吊挂炉顶为圆弧形，用铬镁砖砌筑,弧度为45°。

在正面侧墙上开有两个工作门,供加料用。靠近尾部开有一个放渣口。正面侧墙装有2~4个氧化、还原风管。后侧墙上有一个出铜口。在一边端墙上开有1~2个孔装燃烧器。另一端墙开有排烟孔,经烟道与燃烧室相连。燃烧室为钢外壳,内衬粘土砖,结构与回转炉相似。

某厂采用倾动炉处理紫杂铜与残极。处理这种废杂铜时按冶炼过程中所发生的物理、化学变化的特点可分为四个阶段:第一个阶段为加料、熔化期;第二个阶段为氧化、造渣期;第三个阶段还原期;第四个阶段为浇铸期。

该厂采用的倾动炉主要参数如下:

能力(液态铜水)	250t
熔池长	11962mm
熔池宽	5000mm
熔池面积	60m²
熔池深	950mm
浇铸侧倾转角度	最大 28.5°
精炼倾转角度	最大 15.0°~17.0°
加料侧倾转角度	最大 10.0°

倾动炉与反射炉和回转炉比较,具有以下的优点:

(1)炉膛具有反射炉炉膛的形状,断面合理,受热面积大,热交换条件好,炉料熔化速度快。

(2)配备有两个加料门,铜料能快速均匀地加到炉膛各部位,冷、热料都适合处理。

(3)侧墙装有固定风管,倾转炉体可以撇出炉渣,不需要扒渣。侧墙上开有放铜口,倾转炉体可放出铜水,流量调节较为灵活。

(4)机械化程度高,取消了繁重的人工操作,劳动生产率高。

倾动炉与反射炉和回转炉比较,也存在着不足之处:

(1)炉体形状特殊,结构复杂,加工困难,投资高。

(2)操作时,倾转炉体重心偏移,处于不平衡状态工作,倾转机构一直处于受力状态。

(3)在炉体倾转时,排烟口不与炉体同心转动,密封较困难。

这些不足之处影响了倾动炉的推广和发展,目前只有少数杂铜冶炼厂采用这种炉型。

11.4 阳极浇铸

传统的阳极浇铸,是人工控制,铜液从精炼炉放出,经溜槽进入浇铸包,注入铸模。重量由浇铸工根据模子的充满程度或在铸模上划一些刻度线进行控制。人工控制的随机性很大,重量波动大,20世纪50年代开始,逐步实行半自动或自动定量浇铸,由微机控制称量包,经液压系统自动浇铸。采用28~36块铸模的圆盘浇铸机,其生产能力可达到100t/h。定量浇铸的阳极板重量差可控制在2%以内,但仍然存在一些问题难以解决:浇铸时铜水喷溅及圆盘晃动产生飞边、毛刺;在冷却和脱模时,产生弯曲变形;铸模夹耳,耳部产生扭曲变形;铸模不平,板面厚薄不均。这些缺陷以及其他一些问题,几乎都是浇铸过程难以避免和不可能完全克服的，因此采取了阳极外形的修整工作，以弥补浇铸的缺陷。在电解车间增设阳级平板、校耳、铣耳整形生产线。

阳极生产有两种工艺：铸模浇铸和连铸。铸模浇铸分为圆盘型和直线型，圆盘浇铸可用于铸阳极或线锭，直线型浇铸用于铸阳极，圆盘型浇铸机较稳定，容易保证铸件质量，维修也容易，但占地较宽、投资大。严格控制铜水温度和铸模温度在一定范围内是获得优质阳极铜的重要因素。直线型浇铸机结构简单、紧凑，占地面积小，投资少，但阳极质量差，仅被小型工厂采用。连铸是连续作业，连续浇铸并轧成板带，经剪切或切割成单块阳极，用预制的挂杆钩住阳极耳部将阳极挂起来，此法生产的阳极较传统法生产的阳极薄，电解生产周期短，取槽装槽频繁，且投资较大，国内尚未推广。

11.4.1 圆盘浇铸

圆盘浇铸有两种类型：人工控制和自动控制。人工控制是由操作者控制浇铸包的倾动机构，凭借经验掌握阳极的厚度，块重波动较大。自动浇铸主要以芬兰奥托昆普公司研发的定量浇铸机为代表，包括阳极浇铸和称重机，带一个中间包和铸造浇包、铸轮、冷却系统、废阳极取出装置、阳极取出系统及冷却水槽、铸模涂模系统、控制系统、液压系统，浇铸过程的各个阶段由 PLC 进行自动控制。浇铸精度和自动化程度非常高，目前国内大型炼铜厂均引进了此项技术。图 11-6 是奥托昆普圆盘浇铸机及其配置图。

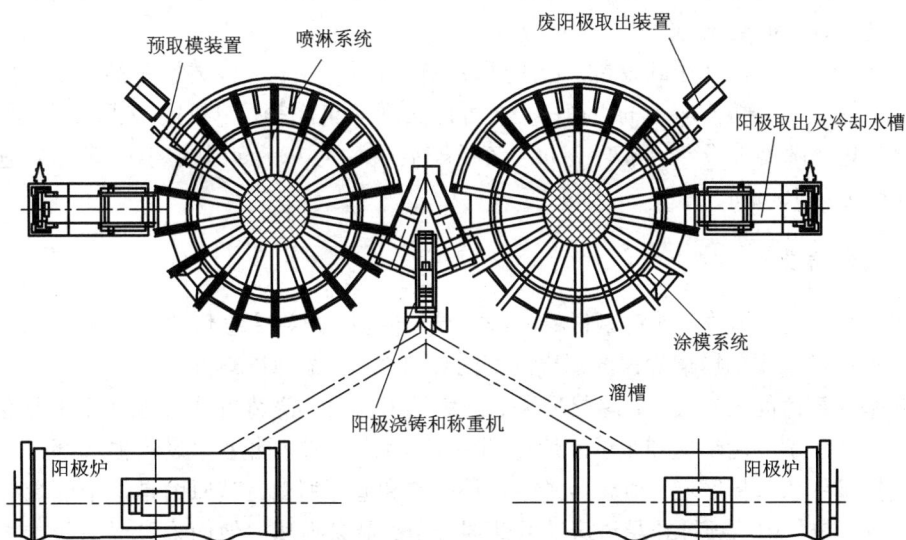

图 11-6 奥托昆普阳极浇铸机配置图

熔融铜通过一静止溜槽连续地从阳极炉流入浇铸和称量的中间包。中间包接收到浇铸包的允许倒铜信号后，铜液从中间包倒入浇铸包。浇铸包由称量设备支撑，浇铸包足够满时（即达到预设重量），中间包收回，回到原位。当圆盘浇铸机上的铸模到位时，发出到位信号，浇铸包开始按预设的浇铸曲线向空模内注入铜水，控制系统准确地控制浇铸包的倾动，使得倒出的铜量与希望的阳极重量相等，注入模内的铜水重量达到预设重量时，浇铸包返回至原位,同时发出信号给铸造轮允许转动。

当中间包再次向浇铸包注铜液时,圆盘浇铸机将下一个空模子转到浇铸位置。铸好的模子依次进入冷却系统,在冷却系统中,模子从低部冷却而阳极从上表面通过喷淋冷却,根据红外线测温仪测出的模温,调节冷却系统的水量。

冷却阳极进入检查站后,通过预起模装置推起阳极,使阳极从模子中松开。此处装有光电开关或摄像头,检测阳极板的耳部是否保满,可能有缺陷的阳极在到达取出(冷却水槽)之前用废阳极提升机取出。

圆盘浇铸机将阳极带到取出位置之后,阳极再次被终顶装置推起,取出设备抓住阳极并把它吊入冷却水槽。阳极被放置在冷却水槽的链式输送机上,链式输送机前进一段距离,让出下一块阳极的位置。此处装有阳极计数器,当阳极块数达到所期望的块数时,链式输送机连续步进一段时间,将阳极束打捆,并输送到冷却水槽的后部,在那里,提升设备将阳极捆提起,这样,阳极捆就可以由行车的吊钩或叉车从冷却水槽中运走。

阳极取出后,顶针自动复位,不能复位的由人工锤击复位。此处设有废旧顶针更换装置,多为液压设备。复位后,圆盘转至下一工位,空模子到达涂模系统,在那里,模子被喷涂上一层硫酸钡或其他等效的涂料,主要为了脱模容易。常用的涂模剂有石墨粉、骨粉、瓷土粉和重晶石粉,这些材料不会与铜发生反应,少量带入电解槽时,不会干扰电解工艺。脱模剂一般要求为 -0.095mm 以下,使用水或水玻璃水溶液调浆。

至此,一块阳极浇铸的作业周期全部完成。空模转至浇铸位,进入下一块阳极的作业周期,周而复始直至铜液浇铸完毕。

圆盘浇铸机是广泛使用的设备,它比直线浇铸机运行平稳,浇铸质量高,已逐步取代直线浇铸机。圆盘浇铸机有较大的生产能力,可以实现双包浇铸,单机或多机取板,易实现机械化、自动化。圆盘直径可为 $\phi 7 \sim 21 m$。铸模摆放块数为 $12 \sim 60$ 块,生产能力的适应范围广,最大能力为 $100 t/h$。

11.4.2 阳极铸模

阳极铸模,过去用铸铁或铸钢材料。铁的导热性差,耐急冷急热性差,易龟裂,寿命短,成本高。现在都采用阳极铜浇铸的铜模。铜的导热性好,耐急冷热性好。

影响铜模寿命的因素较多,除材质外,浇铸铜液温度、浇铸方式、使用及维护也有较大的影响。日本佐贺关冶炼厂和东予冶炼厂都调查过铜模的受损情况,发现损坏部位主要是在顶针孔周围及铜水入模区域,损坏形式主要是龟裂和起层脱落,其原因是这个区域温差变化大,热应力比较集中。顶针孔是该区域的薄弱环节,最易损坏。他们采取了一些行之有效的措施进行改善。

(1)控制铜模温度是很重要的措施。铜水流入铜模时的温度,对铜模寿命影响很大,季节、气候都有影响。夏天比冬天每块铜模少浇铸20%的阳极。顶针孔损坏数量,夏天比冬天多2.5倍。温度过高,浇铸点易产生局部过热熔化,造成粘模,且铜模易产生龟裂。控制铜模温度的办法有:

①装设红外线检测仪,监测铜模表面温度,控制模温度在 $160 \sim 180 \text{℃}$ 范围内。

②根据水温与铜液温度,设定喷水时间,加强铜模冷却。该办法采用后,无论冬夏,阳极浇铸量增加了35%,与最初情况相比,改进后的阳极浇铸数量增加了180%。

③在浇铸时往铜模内加入铜碎料，降低浇铸点的温度。日本日立冶炼厂采用此办法后，铜模的龟裂现象减轻。试验期使用 72 天的铜模，只相当于不加碎料使用 24 天的龟裂程度。

④增加铜模重量以增加热容量，降低铜模温度，减少粘模和龟裂。铜模重量控制在阳极板重的 6~10 倍较为适宜，铜模过重增加圆盘荷重，增加废模回炉的处理量。

(2)改进铜模浇铸方法。用大容量浇铸包浇铸，避免浇铸过程中前后倒入的铜水温度不同造成铜模内分层冷凝。

(3)减少对顶针的打击次数。改变以往顶针无论复位与否都用打击机敲打一次的做法，用检测仪、微机控制，仅对未复位的顶针打击一次。龟裂损坏随打击次数的减少而减轻，阳极浇铸数量增加了 80%。

(4)用浊度计测定脱模剂浆液的浓度，并反馈到控制中心，按要求自动调节水与涂模剂的比例，保持浆液浓度稳定。实施后，阳极的浇铸数量增加了 65%。

(5)改变铸模结构。在铸模应力和温度较集中的地方，顶针及铜液注入区域的铸模背部增加凸块，以加强铸模的抗变形能力。

11.4.3 阳极外形质量与修整

阳极铜外形质量的好坏，直接关系到电解工序的作业制度与产品质量。阳极外形质量与下列因素密切有关。

(1)铜液溶解了过多的氢和硫。在浇铸过程析出 SO_2，H_2 气体，造成板面鼓包，即形成二次冲气现象。

(2)铜液含氧量高。铜液含氧高，流动性差，板面花纹粗；含氧低，流动性好，板面花纹细，外观质量好。但含氧量低于 0.05% 以下时，氢在铜中的溶解度迅速增加，产生二次冲气现象，使阳极外形质量下降。铜水中含氧量控制在 0.05%~0.2% 为宜。

(3)铜液温度。铜液温度低，流动性不好，浇铸过程不好控制，阳极易堆积，外观质量差。铜液温度高，流动性好，浇铸过程好控制，阳极外观质量好。但铜液温度过高易粘模，铜液温度在浇包中一般控制在 1150~1180℃。

(4)浇铸速度。采用 PLC 控制的自动定量浇铸，每个工艺过程的运动时间由程序控制，调整好后不会改变，此种浇铸方式，人为干扰较少，主要对工艺条件的稳定性要求较高，如浇铸包的形状、包子嘴的尺寸、耐火材料的厚度等，须按要求制作，稍有变化都影响浇铸曲线，影响阳极的浇铸质量和精度要求。而人工浇铸时，随意性较大，完全取决于浇铸工的操作技能。

(5)圆盘运行的平稳性。圆盘运行的平稳性对浇铸出合格的阳极至关重要。圆盘在启、制动，因机械惯性作用，产生晃动，此时，阳极未完全凝固，影响阳极的平整度及厚薄。

(6)铸模的水平度。铸模上圆盘浇铸机后，须进行水平校正，并进行固定，以保证铸模的水平度。如铸模在圆盘上不水平，易产生一边薄，一边厚的现象，严重时，铜水溢出产生飞边。

(7)阳极冷却。阳极冷却主要通过上部冷却和下部冷却两种方式。阳极喷水冷却前，铜液表面须凝固，若极板中心未收心，喷水冷却，阳极易产生水包。冷却水的量根据浇铸速度而定，水量过大，模温较低，阳极易煮边，阳极背部及内部产生大量气体。

(8)脱模剂。脱模剂的选择应结合成本考虑，最好选用疏水性的涂模剂，以利于物理水分的干燥和蒸发,水分过多在浇铸过程中,阳极背部和内部易产生气孔,进入电解工艺,槽面稍有震动,阳极内的气体便溢出,产生阳极泥漂浮现象,影响电铜的质量。涂模过程中浓度应适宜,过稀或喷涂不均,或喷涂过少,易产生粘模,阳极难脱模;过稠或喷涂过多,在阳极内部及表面易夹渣和鼓泡。

圆盘浇铸机铸出的阳极,无论是人工浇铸还是自动定量浇铸,阳极外形都会产生各种缺陷。必须对可修整的阳极缺陷,进行修整,提高合格率。阳极修整的主要工作有:除去飞边毛刺;用液压平板机平整弯曲的板面;将耳部不平或扭曲处进行校直或扭转;为保证阳极在电解槽内的悬垂度,须用内圆铣刀将耳部下沿切屑加工成弧形,并将阳极排放成电解工艺所需的极距。现代铜厂的阳极外形整理,已实现机械化、自动化。

11.4.4　Hazelett 连铸机

为解决阳极浇铸出现的问题,20 世纪 70 年代开发了哈泽列特(Hazelett)连铸机,亦称双带连铸机,连续浇铸成板坯,再切割成单块阳极。

如图 11 -7 所示,连铸机由上、下两组环形钢带组成。每一组环形钢带,由两个辊筒绷直,辊筒由驱动装置带动,钢带可随辊筒转动。上、下两组环形钢带完全平行,组成铸模的顶和底。为保持两钢带的距离一致,上、下两钢带都有鳍状辊支承和固定位置。两带之间的侧面由两

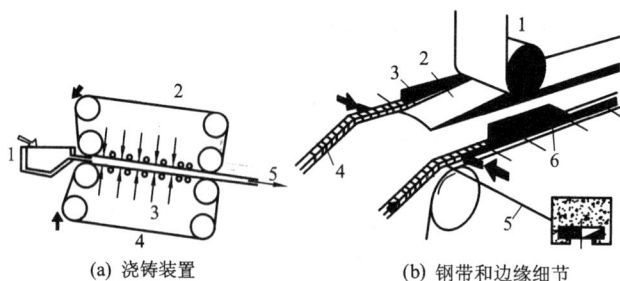

(a) 浇铸装置　　　　(b) 钢带和边缘细节

图 11 -7　Hazelett 连铸机示意图

串边部挡板链将两侧封严,形成模框。板坯为铸模的末端,前端为铜液注入口。两条钢带,前高后低,有 9°倾角。挡板链由特殊的青铜合金块串联而成。两串挡板链的长度完全相同,是所要浇铸阳极板的倍数。除阳极挂耳的位置外,都使用矩形挡块,采用特殊加工的挡块,组成挂耳槽,在连续浇铸的板坯上形成挂耳阳极,如图 11 -8 所示,连铸坯厚度为 38 ~42mm,铸坯宽度按阳极尺寸调整,挂耳位置按阳极长度调整。为了保证两边挂耳互相对应,要选择性地加热或冷却边部挡块,控制其热膨胀,并连续检测对应的挂耳的正确位置。较热的边部挡块,膨胀大,挡块链长,就会落后于另一侧的挂耳槽。为此采用自动冷却或加热,以保持挂耳槽对应的正确位置。

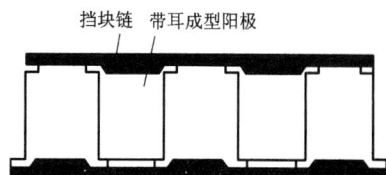

图 11 -8　带阳极挂耳的连铸板坯示意图

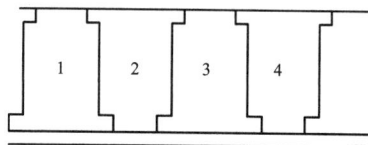

图 11 -9　连铸坯阳极裁剪示意图

连铸机主要技术性能:钢带寿命,上带为 61 浇铸时,下带为 41 浇铸时;阳极板重量之间

相差小于1%；设备利用率80%～95%；综合生产率78%～93%；阳极成品率98%；浇铸能力30～90t/h。

Hazelett连铸阳极的优点是阳极板面光滑、平直、没有表面缺陷，厚薄一致，重量均匀，块重误差小于1%，阳极挂耳垂直、无歪扭，没有脱模剂粘附阳极。

连铸阳极与一般阳极比较，对电解生产有以下的好处：极间短路减少，槽间管理、检测、修整减少，残极率降低，40mm厚的阳极板的残极率为13%～15%，残极重量减少；阳极平直，极间距可缩短，电解生产能力增加，阳极质量提高，电流效率提高。

使用连铸机的经济效果是很可观的，比用圆盘浇铸机节省了16%～27.1%的费用。

连铸机可能出现的问题有：青铜挡块不严缝，产生漏铜，造成飞边、毛刺；青铜挡块、挂耳位置不对称或错位，影响阳极规格；测距装置不准确，造成切块长短不一致，阳极报废；切割或冲压时使阳极耳部底面不平整；板面弯曲，最大偏差达到7mm。这些问题难以避免，为提高阳极质量，仍需在电解工序装设平板、校耳、铣耳整形生产线，处理不合格阳极。

撰稿人：谭　宁　陶金文　陈时应
审稿人：刘朝辉　贾建华　张　隽　李田玉　彭容秋

12 铜的电解精炼

12.1 电解精炼的目的

    铜的火法精炼一般能产出含铜99.0%～99.8%的粗铜产品,但其质量仍然不能满足电气和其他工业的要求。因此,几乎所有的粗铜都要经过电解精炼除去火法精炼难以除去的杂质。铜的电解精炼,是将火法精炼的铜浇铸成阳极板,用纯铜薄片(也称始极片)或不锈钢板作为阴极,阴、阳极板相间地装入电解槽中,用硫酸铜和硫酸的混合水溶液作电解液,在直流电的作用下,阳极上的铜和电位较负的贱金属溶解进入溶液,而贵金属和某些金属(如硒、碲)等不溶,成为阳极泥沉于电解槽底。溶液中的铜在阴极上优先析出,而其他电位较负的贱金属不能在阴极上析出,留于电解液中,待电解液定期净化时除去。这样,阴极上析出的铜纯度很高,称为阴极铜或电解铜,简称电铜。

    含有贵金属和硒、碲等稀有金属的阳极泥,作为铜电解的副产品另行处理,综合回收金、银、硒、碲等元素。在电解液中逐渐积累的贱金属杂质,当其达到一定的浓度,就会影响电解过程的正常进行,因此必须定期定量地抽出部分电解液进行净化。抽出的电解液在净化过程中,常将其中的铜、镍等有价元素以硫酸盐的形态产出,硫酸则返回电解系统重复使用。

图 12 - 1 铜电解精炼过程示意图
1—阳极;2—阴极;
3—$CuSO_4$ 及 H_2SO_4 水溶液

    铜电解车间,通常设有几百个甚至上千个电解槽,每一条直流电源线路串联其中的若干个电解槽成为一个系统。所有的电解槽中的电解液必须不断循环,使电解槽内的电解液成分均匀。在电解液循环系统中,通常设有加热装置,以保证电解槽内电解液的温度达到要求。

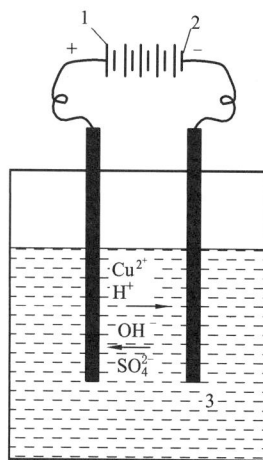

12.2 电解精炼的基本原理

12.2.1 铜电解精炼过程的电极反应

    传统的铜电解精炼是采用纯净的铜始极片作阴极,阳极铜板作阳极,电解液主要为含有游离硫酸的硫酸铜溶液。电解精炼过程如图 12 - 1 所示。

    由于电离的缘故,电解液中的主要组分按下列反应生成离子:

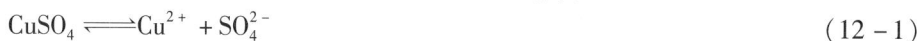

$$CuSO_4 \rightleftharpoons Cu^{2+} + SO_4^{2-}$$

(12 - 1)

$$H_2SO_4 \rightleftharpoons 2H^+ + SO_4^{2-} \tag{12-2}$$

$$H_2O \rightleftharpoons H^+ + OH^- \tag{12-3}$$

在未通电时，上述反应处于动态平衡。在直流电通过电极和溶液的情况下，各种离子作定向运动，在阳极上可能发生下列反应：

$$Cu - 2e^- = Cu^{2+} \qquad\qquad \varphi_{Cu^{2+}/Cu}^{\ominus} = +0.34V \tag{12-4}$$

$$H_2O - 2e^- = 1/2O_2 + 2H^+ \qquad \varphi_{O_2/H_2O}^{\ominus} = +1.23V \tag{12-5}$$

$$SO_4^{2-} - 2e^- = SO_3 + 1/2O_2 \qquad \varphi_{O_2/SO_4^{2-}}^{\ominus} = +2.42V \tag{12-6}$$

H_2O 和 SO_4^{2-} 的标准电位代数值很大。在正常情况下它们不可能在阳极上发生放电作用。此外，氧的析出还具有相当大的超电压，因此，在铜电解精炼过程中不可能发生反应式 (12-5) 的反应，只有当铜离子的浓度达到极高或电解槽内阳极严重钝化，使槽电压升高至 1.7V 以上时才可能有氧在阳极上析出。

在阴极上可能发生下列反应：

$$Cu^{2+} + 2e^- = Cu \qquad\qquad \varphi_{Cu^{2+}/Cu}^{\ominus} = +0.34V \tag{12-7}$$

$$2H^+ + 2e^- = H_2 \qquad\qquad \varphi_{H^+/H_2}^{\ominus} = 0.0V \tag{12-8}$$

铜的析出电位较氢为正，加之氢在铜上析出的超电压值又很大，故只有当阴极附近的电解液中铜离子浓度极低，且由于电流密度过高而发生严重的浓度极化时在阴极上才有可能析出氢气。

综上所述，铜电解精炼过程中，在两极上的主要反应是铜在阳极上的溶解和铜离子在阴极上的析出。但在实际电解时，阳极铜除了以二价铜离子（Cu^{2+}）的形式溶解外，还会以一价铜离子（Cu^+）的形式溶解，即：

$$Cu - e^- = Cu^+ \tag{12-9}$$

生成的一价铜离子（Cu^+）在有金属铜存在的情况下，和二价铜离子产生下列平衡：

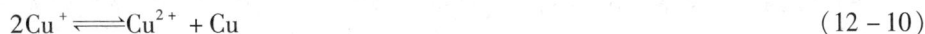

$$2Cu^+ \rightleftharpoons Cu^{2+} + Cu \tag{12-10}$$

在生产过程中，Cu^+ 和 Cu^{2+} 之间的平衡常常不断地受到破坏，其主要原因有两个：

（1）Cu^+ 被氧化成 Cu^{2+}

$$Cu_2SO_4 + H_2SO_4 + 1/2O_2 = 2CuSO_4 + H_2O$$

这一反应的化学反应速度随温度的升高及与空气接触程度的增加而加快，结果消耗了溶液中的硫酸并使溶液中的 Cu^{2+} 浓度增加。

（2）Cu^+ 歧化反应而析出铜粉

$$Cu_2SO_4 = CuSO_4 + Cu$$

析出的铜粉进入阳极泥，使阳极泥中的贵金属含量降低，并造成铜的损失。

上述两个原因都使 Cu^+ 的浓度往往稍低于其平衡浓度，这又促使反应式（12-9）和（12-10）向着生成 Cu^+ 的方向进行，使阳极的电流效率提高，阴极的电流效率降低，并导致溶液中 Cu^{2+} 浓度不断增加。Cu^+ 分解和氧化的结果，使电解液中游离硫酸含量减少和 $CuSO_4$ 的浓度增加。阳极中的铜和 Cu_2O 以及阴极铜的化学溶解（称为返溶）也会使电解液中的含铜量增加，即

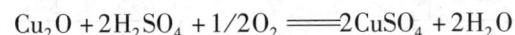

$$Cu_2O + 2H_2SO_4 + 1/2O_2 = 2CuSO_4 + 2H_2O$$

$$Cu + H_2SO_4 + 1/2O_2 = CuSO_4 + H_2O$$

此外，溶液中游离硫酸浓度的降低，还可导致 Cu_2SO_4 的水解，即

$$Cu_2SO_4 + H_2O =\!\!=\!\!= Cu_2O + H_2SO_4$$

进一步破坏了 Cu^{2+} 与 Cu^+ 之间的平衡,并增加阳极泥中的铜量。

假若电解过程中使用的电流密度太小时,Cu^{2+} 在阴极上的放电可能变得不完全,而按下式进行还原生成 Cu^+:

$$Cu^{2+} + e = Cu^+$$

同时,Cu^+ 在阳极上随即按式 $Cu^+ - e^- =\!\!=\!\!= Cu^{2+}$ 而氧化,从而导致电流效率下降。

综上所述,铜电解精炼过程,主要是在直流电的作用下,铜在阳极上失去电子后以 Cu^{2+} 的形态溶解,而 Cu^{2+} 在阴极上得到电子以金属铜的形态析出的过程。除此之外,还不可避免地有 Cu^+ 的产生,并引起一系列的副反应,使电解过程复杂化。

根据以上分析,可以认为铜电解精炼时较有利的工作条件是:电解液中含有足够高的游离硫酸和二价铜离子;电解液的温度不宜过高;采用足够高的电流密度;尽量减少电解液与空气的接触。

12.2.2　阳极杂质在电解过程中的行为

铜电解精炼的阳极板是一种含有多种元素的合金,国内外一些知名厂家的阳极板成分见表 12 - 1。除表中所列元素外,阳极铜中大都还含有 Cd,Hg,In,Mn 和铂族元素,其含量为 0.01~1ppm。在电解过程中,所有这些杂质都出现强烈的化学变化和物相变化,这对阳极钝化、阴极质量、电解液净化以及从阳极泥中回收有价元素均有很大影响。

通常阳极铜中的杂质分为以下四类:

(1)比铜显著负电性的元素,如锌、铁、锡、铅、钴、镍。

(2)比铜显著正电性的元素,如银、金、铂族元素。

(3)电位接近铜但较铜负电性的元素,如砷、锑、铋。

(4)其他杂质,如氧、硫、硒、碲、硅等。

表 12 -1　国内外一些知名厂家的阳极铜成分(%)

元素	贵溪冶炼厂	云南铜业公司	金川集团公司	Olympic Dam	Pty 公司
Cu	99.59	>99	95.18	99.5	99.7
As	0.088	<0.35		0.025~0.035	0.043
Sb	0.048			0.0005~0.0015	0.003
Bi	0.03	<0.03		0.01~0.015	0.0035
Ni	0.024	<0.15	3.394	0.002~0.004	0.025
Pb	0.029	<0.2	0.028	0.001~0.005	0.008
Fe	0.001		0.007	0.002~0.005	0.0005
Se	0.029			0.02~0.03	0.0025
Te	0.024			0.003~0.005	0.005
S	0.0041	<0.01	0.36	<0.005	0.0015
O	0.097			<0.15	0.15
Au(g/t)	32.86			14~45	35
Ag(g/t)	472.8			300~500	125

12.2.2.1　比铜显著负电性的元素

这类杂质主要有 Ni，Fe，Zn，其次还有 Pb 与 Sn。

锌在火法精炼中很容易除去，在矿产阳极铜中的含量通常很少。但若以再生铜为原料，有时阳极板中的含锌量可能高达 0.5%。锌在阳极溶解时，全部成为硫酸锌进入溶液。由于锌的电位比铜要负得多，故不能在阴极上析出，因此对电解过程没有显著的影响。

铁也是火精炼时容易除去的杂质，因此阳极中铁的含量也很低。阳极溶解时，铁以二价离子进入电解液（$Fe - 2e^- \Longrightarrow Fe^{2+}$）。

当阳极附近的电解液中有 Fe^{2+} 存在时，它会部分地在阳极上氧化成三价铁离子 Fe^{3+}，因而降低了阳极电流效率。一部分 Fe^{2+} 也可以被空气或电解液中存在的微量氧所氧化生成 Fe^{3+}，即：

$$2Fe^{2+} + 2H^+ + 1/2O_2 \Longrightarrow 2Fe^{3+} + H_2O$$

当 Fe^{3+} 移向阴极时，又被还原为 Fe^{2+}，因而降低了阴极电流效率，并增加电解液中 Cu^{2+} 的含量。铁虽然不至于在阴极上析出，但它在阴、阳极之间发生氧化还原反应：$Fe^{3+} + e^- \Longrightarrow Fe^{2+}$，使电流效率下降。锌与铁在阳极的溶解还会增加硫酸的消耗，在电解液中的积累会降低电解液的导电率，并增大电解液的粘度和密度。

锡亦属火法精炼过程中易于除去的杂质元素，在阳极铜中它的含量也是很少的。锡在阳极溶解时，先以二价离子进入电解液，即：

$$Sn - 2e^- \Longrightarrow Sn^{2+}$$

二价锡在电解液中逐渐被氧化为四价锡，即

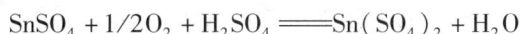

$$SnSO_4 + 1/2O_2 + H_2SO_4 \Longrightarrow Sn(SO_4)_2 + H_2O$$

$$SnSO_4 + Fe_2(SO_4)_3 \Longrightarrow Sn(SO_4)_2 + 2FeSO_4$$

硫酸高锡很容易水解而产生溶解度不大的碱式盐，沉入槽底成为阳极泥，即：

$$Sn(SO_4)_2 + 3H_2O \Longrightarrow H_2SnO_3 + 2H_2SO_4$$

$$H_2SnO_3 \Longrightarrow SnO_2 \cdot H_2O$$

二价锡离子能使可溶性的砷酸盐还原成溶解度不大的亚砷酸盐，而使砷沉入阳极泥中。胶态的锡酸又能吸附砷、锑，这种胶状沉淀，若能尽量沉入阳极泥中，则可以减少电解液中砷、锑的含量。但若粘附于阴极上，也会降低阴极铜的质量。电解液中含锡量超过 1g/L 时，只要偶然遇到酸度不够或温度下降，就会造成锡酸（$SnO_2 \cdot H_2O$）的大量析出。此时，阴极被锡污染就会特别严重。为了保证电解液中含锡量不超过正常操作所允许的浓度，阳极板中的含锡量要适当地控制，希望不大于 0.075%。

铅在铜熔体中溶解度很小。电解过程中，比铜负电性的铅优先从阳极溶解，生成的 Pb^{2+} 与 H_2SO_4 作用生成难溶的白色硫酸铅 $PbSO_4$ 泥。$PbSO_4$ 一旦生成即附着在阳极表面或逐渐从阳极上脱落沉入槽底。在酸性溶液中，$PbSO_4$ 又可能氧化成为棕色的 PbO_2，覆盖于阳极表面。因此，阳极铜若含铅高，在阳极上就可能形成 $PbSO_4$，PbO 或 PbO_2 等的薄膜，引起阳极钝化，因而增加了电阻，使槽电压上升；另外，会引起阳极溶解不均匀，也使阳极表面呈现出明显的凹凸不平。一般情况下，阳极铜中的含铅量应控制在 0.2% 以下，以维持正常的电解作业。

若阳极含铅量为 0.2%，则电解液中 Cl^- 保持在 0.05g/L 左右，也能减少阳极的钝化现象。

镍是火法精炼时难以除去的杂质。阳极铜含镍量一般都小于 0.2%，个别工厂可能高达

0.6% ~0.8%，甚至大于1%。

电解精炼时，镍与铜同时溶解，少量镍以 Cu - Ni 硫酸盐或含镍的 Cu - Ag - As - Se - S 复杂相留在阳极泥中。Ni 在阳极泥中的分配率（α_{Ni}）随阳极泥中含氧量增加而上升。阳极含氧低，镍绝大部分进入溶液；阳极含氧高，则有大部分镍进入阳极泥。从铜电解生产的要求来说，不希望有大量的镍进入阳极泥，而更希望其进入电解液，进而用生产硫酸镍的方式加以回收。

在铜电解精炼实践中，若阳极铜中除镍以外的其他杂质都很低，也经常出现阳极"钝化"现象，阳极电位和槽电压都升高，而电流效率却降低，这是由于随着阳极铜的溶解，阳极表面形成一层由 NiO 组成的致密阳极泥外壳所引起的。即使不形成致密的 NiO 阳极泥外壳，也会由于大量的 NiO 从阳极表面脱落后，在电解液中沉降的同时，以机械形式大量地粘附在阴极铜板面，使阴极质量恶化并发生长粒子或短路现象。另外，大量的 NiO 进入阳极泥后，使阳极泥中贵金属含量降低，阳极泥率升高。阳极泥中大量的 NiO 存在也会给阳极泥的处理带来不便。

当阳极含镍同时又含有锑时，砷、锑与镍结合生成溶解于铜中的镍云母（$6Cu_2O \cdot 8NiO \cdot 2Sb_2O_5$，$6Cu_2O \cdot 8NiO \cdot 2As_2O_3$）。NiO 和镍云母在阳极上生成一层不易脱落的阳极泥层，一般附着在阳极表面成为薄膜（这种现象在新阳极电解的初期比较显著），使阳极溶解不均匀，当含量过高时就会在阳极的表面形成一层硬壳，引起阳极钝化。通常希望阳极中镍含量不高于0.5%，而含氧量应维持在0.2%以下，以使阳极铜中的镍几乎全部进入溶液。

12.2.2.2　比铜显著正电性的元素

银、金和铂族元素比铜具有较大的正电性，几乎全部进入阳极泥中。其中有0.5%左右的阳极泥被机械夹带到阴极上，造成贵金属损失。

温度对电解液和阴极铜中的含银量有显著影响。随着温度的升高，电解液中银离子浓度增大，阴极铜中的银含量也增大。随着阳极铜中银含量增加，进入阴极铜中的银含量也随之增加。在60℃时，当阳极铜含银从0.3%增加至1.0%时，阴极铜含银几乎增加了两倍。此外，如果阳极铜含氧量增加，阴极铜中的银含量会有降低的趋势。

为了减少贵金属的损失和提高阴极铜质量，各工厂都采取了一些有效的措施：如加入适宜的添加剂（如洗衣粉、取胜丙烯酰胺絮凝剂等），以加速阳极泥的沉降，减少粘附；扩大极距、增加电解槽深度；加强电解液过滤，使电解液中悬浮物含量维持在20mg/L以下等。

12.2.2.3　电位接近于铜但较铜负电性的元素

这类元素包括 As、Sb、Bi。砷、锑、铋是对电铜质量最有害的杂质，因其电位与铜相近，能在阴极发生如下析出反应：

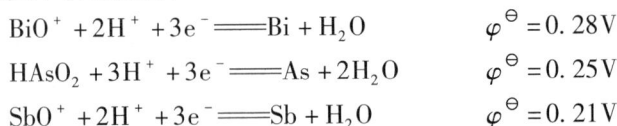

$$BiO^+ + 2H^+ + 3e^- \Longrightarrow Bi + H_2O \qquad \varphi^{\ominus} = 0.28V$$

$$HAsO_2 + 3H^+ + 3e^- \Longrightarrow As + 2H_2O \qquad \varphi^{\ominus} = 0.25V$$

$$SbO^+ + 2H^+ + 3e^- \Longrightarrow Sb + H_2O \qquad \varphi^{\ominus} = 0.21V$$

此外，它们还容易产生"飘浮阳极泥"，机械粘附在阴极上。

产生"飘浮阳极泥"的原因有很多说法，最近有学者认为这是由于生成很细的 $SbAsO_4$ 及 $BiAsO_4$ 絮状物质。

飘浮阳极泥中以 Pb，As，Sb，Bi 为主（见表12-2），故阴极铜中所含的砷、锑、铋主要是由飘浮阳极泥污染以及阴极沉积物晶体间的毛细孔隙吸附了含有砷、锑、铋的电解液所引起的。

表 12 - 2　飘浮阳极泥的化学成分

元素及存在形态	含量/%	元素及存在形态	含量/%
Cu(碱性砷酸盐形态)	0.6 ~ 3	As	11.9 ~ 18
Pb(PbSO$_4$)	2.8 ~ 7.6	SO$_4^{2-}$	1 ~ 4
Bi[Bi(OH)$_3$沉淀]	2 ~ 6	Cl$^-$	0.2 ~ 1.2
Sb	29.5 ~ 48.5	Ag 银屑	0.04 ~ 4

如上所述，为避免阳极铜中的杂质砷、锑、铋进入阴极，保证电解过程能产出合格的阴极铜，特别是高纯阴极铜(Cu - CATH - 1 标准)，应当采取如下措施：

(1)粗铜在火法精炼时，应尽可能地将这些杂质除去。

(2)控制溶液中适当的酸度和铜离子浓度，防止杂质的水解并抑制杂质离子的放电。

(3)维持电解液有足够高的温度(60 ~ 65℃)以及适当的循环速度和循环方式。

(4)电流密度不能过高。常规电解方法的电流密度以不超过 300A/m^2 为宜。

(5)加强电解液的净化，保证电解液中较低的砷、锑、铋浓度。维持电解液中砷为 1 ~ 5g/L，不超过 13g/L；锑为 0.2 ~ 0.5g/L，不超过 0.6g/L；铋为 0.01 ~ 0.3g/L，不超过 0.5g/L。

(6)加强电解液的过滤。实践表明，保证电解液中漂浮阳极泥(悬浮物)含量低于 20 ~ 30mg/L，有利于高纯阴极铜的正常生产。

(7)向电解液中添加配比适当的添加剂，保证阴极铜表面光滑、致密，减少漂浮阳极泥或电解液对阴极铜的污染。

12.2.2.4　其他杂质

这类杂质包括 O，S，Se，Te 等。

阳极铜中的氧通常与其他元素形成化合物而存在，其中的硫大多以 Cu$_2$S 的形态存在，这些化合物大部分是难溶于电解液的，在电解过程中它们主要进入阳极泥。NiO 及镍云母、Cu$_2$O 等均不溶解而进入阳极泥中。

阳极铜中的硒多以 Cu$_2$Se 颗粒夹杂于 Cu$_2$O 之间。一般阳极铜中碲的主要载体是一种连续的复杂夹杂物相 Cu$_2$Se - Cu$_2$Te，它们存在于铜粒子的边界上。在电解过程中，硒化物、碲化物并不溶解，在阳极上形成松散外壳或从阳极表面脱落沉入电解槽底的阳极泥中。

根据阳极中杂质含量及电解技术条件的不同，各元素在电解时的分配如表 12 - 3 所示。

表 12 - 3　铜电解精炼时阳极中各元素的分配(%)

元素	进入电解液	进入阳极泥	进入阴极
Cu	1 ~ 2	0.03 ~ 0.1	93 ~ 99
Ag	2	97 ~ 98	< 1.6
Au	1	99	< 0.5
铂族	—	~ 100	0.05
Se，Te	2	~ 98	1
Pb，Sn	2	~ 98	1

续表 12 - 3

元素	进入电解液	进入阳极泥	进入阴极
Ni	75 ~ 100	—	—
Fe	100	—	—
Zn	100	—	—
Al	~75	~25	5
As	60 ~ 80	20 ~ 40	<10
Sb	10 ~ 60	40 ~ 90	<15
Bi	20 ~ 40	60 ~ 80	5
S	—	95 ~ 97	3 ~ 5
SiO$_2$	—	100	

12.3 电解精炼工艺流程及生产实践

12.3.1 铜电解精炼生产工艺流程

铜电解精炼通常包括极片的生产、始极片加工制作、阳极加工、电解、净液等工序。其一般的生产工艺流程如图 12 - 2 所示。在改进的永久性阴极工艺中免去了始极片的生产及制作工序。

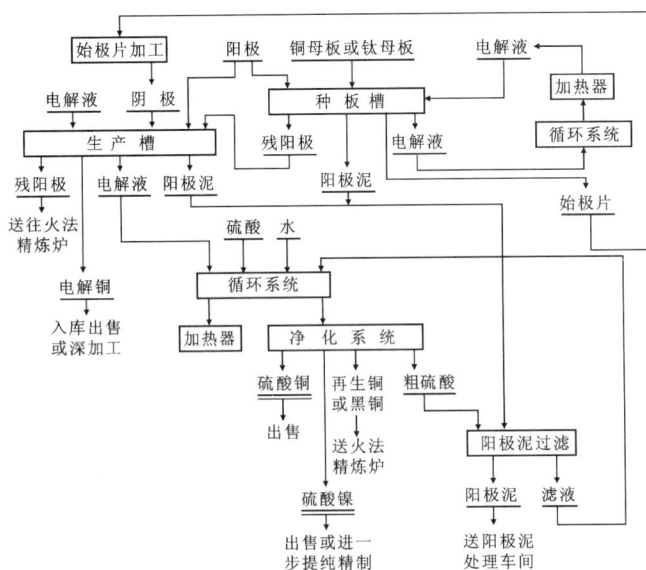

表 12 - 2 铜电解生产工艺流程

在生产实践中,首先是在种板槽中用火法精炼产出的阳极铜作为阳极,用纯铜或钛母板(现在普遍采用钛母板)作为阴极,通以一定的电流强度的直流电,使阳极的铜化学溶解,并在母板上析出纯铜薄片(称之为始极片)。将其从母板上剥离后,经过整平、压纹、钉耳等加工后即可作为生产槽所用的阴极。然后,在生产槽中,用同样的阳极板和以始极片作阴极进行电解,产出最终产品阴极铜。电解液需要定期定量经过净液系统,使电解液中不断升高的铜离子浓度降下来,并除去积累在电解液中的杂质镍、砷、锑、铋等。

12.3.2 电解生产的设备

电解槽是电解车间的主体设备,包括生产槽、种板槽与脱铜槽。电解槽为长方形的槽子,其中依次更迭吊挂着阳极和阴极。电解槽内附设有供液管、排液管(斗)、出液斗的液面调节堰板等。槽体底部常做成由一端向另一端或由两端向中央倾斜,倾斜度大约为3%,最低处开设排泥孔,较高处有清槽用的放液孔。放液排泥孔配有耐酸陶瓷或嵌有橡胶圈的用硬铅制作的塞子,防止漏液。此外,在钢筋混凝土槽体底部还开设有检漏孔,以观察内衬是否破坏。用钢筋混凝土构筑的典型电解槽结构如图12-3所示。

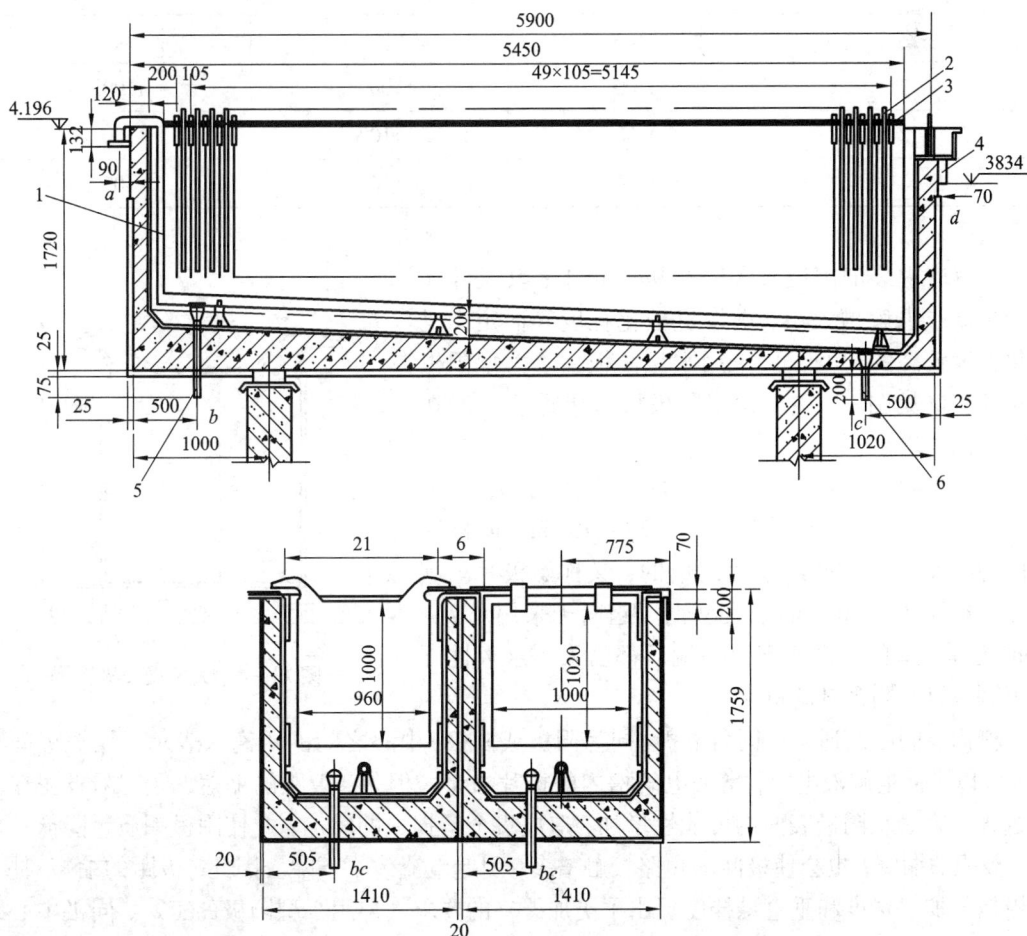

图 12-3 铜电解槽安装实例图

1—进液管 2—阳极 3—阴极 4—出液管 5—放液管 6—放阳极泥管

电解槽的槽体有多种材质，现在普遍采用钢筋混凝土槽体结构。此外还有由 YJ 呋喃树脂液、YJ 呋喃树脂混凝土粉、石英砂、石英石等制作的拼装式呋喃树脂混凝土电解槽，这类材质机械强度高，耐腐蚀，耐热性能好，遇机械损伤而开裂时维修方便，在国内一些铜电解厂应用情况良好，但造价较高。国外已经有一些厂家采用了无衬里的预制聚合物混凝土电解槽，它能经受长期直接浸泡在电解液中而无严重的腐蚀，大大地简化了电解槽的安装、操作和维修。

电解槽的结构与安装应符合下列要求：槽与槽之间以及槽与地面之间应有良好的绝缘，槽内电解液循环流通的情况良好，耐腐蚀，结构简单，造价低廉。

电解槽的大小和数量依电解铜车间的生产规模而定。其设计通常由产量、选定的电解技术条件（如电流强度、电流密度、电极尺寸、极间距离以及阳极中贵金属含量等）等多个因素决定，某些工厂的电解槽尺寸列于表 12 – 3。

表 12 – 3 某些工厂的电解槽具体尺寸（mm）

工厂	长	宽	高
1	3700	1000	1100
2	4150	1100	1100
3	5640	1160	1400

电解槽内装的阳极板含铜在 98% 以上；其尺寸视生产规模或电解槽大小、操作机械化程度等而定。机械化程度较高的大型工厂采用大型阳极板。大型阳极板尺寸实例见图 12 – 4。大型阳极板每块重量一般在 300 kg 以上。

为避免阴极边缘产生对树枝状阴极铜结晶，阴极板尺寸比阳极板宽 35 ~ 55mm，长 25 ~ 45mm。阴极片是由种板槽中生产的纯铜片制成的，又称始极片。其厚度一般为 0.5 ~ 0.7mm，大型铜厂趋向于采用 0.7 ~ 1mm 更厚一些的。许多现代炼铜厂都已采用永久性不锈钢阴极以及阴极剥离机。

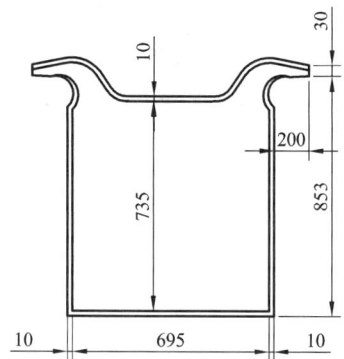

图 12 – 4 大型铜阳极板

槽内极间距离通常以同名电极（同为阳极或阴极）中心之间的距离来表示。缩短极间距离，可以降低电解液电阻，增加电解槽内的极片数量。但是，极距的缩短，会使阳极泥在沉降过程中附着在阴极表面的可能性增加，造成贵金属损失的增加，并使阴极铜质量降低。此外，极距的缩短，也会使极间的短路接触增多，引起电流效率下降。因此，极距的缩短对阴、阳极板的加工精度和垂直悬挂度提出了更加严格的要求。采用小型阳极的工厂，同极中心距一般为 75 ~ 90mm，采用大型阳极的为 95 ~ 115mm。

电解精炼生产车间各电解槽以及阴阳极板之间的电路连接都采用复连法见图 12 – 5，即各电解槽之间的电路连接为串联，槽内各电极之间的电路为并联。电解槽的电流强度等于通过槽内全部同名电极电流的总和，而槽电压等于槽内任何一对异名电极之间的电压降。

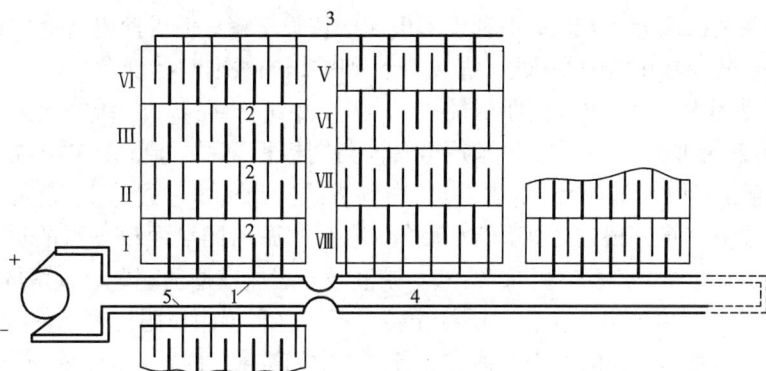

图 12 - 5 复连法连接示意图

1—阳极导电排；2 ~ 4—中间导电排；5—阴极导电排

电流从阳极导电排 1 通向电解槽 Ⅰ 的全部阳极，该电解槽的阴极与中间导电板 2 连接，中间导电板在相邻的两个电解槽 Ⅰ 和 Ⅱ 的侧壁上。同时中间导电板 2 又与电解槽 Ⅱ 的阳极相联，所以导电板 2 对电解槽 Ⅰ 而言为阴极，对电解槽 Ⅱ 而言则为阳极。

电解槽中的每一块阳极和阴极均两面工作（电解槽两端的极板除外），即阳极的两面同时溶解，阴极的两面同时析出。

生产电解槽内的电解液循环有上进下出或下进上出两种方式。在上进下出式[见图 12 - 6(a)]电解槽中，电解液的流动方向与阳极泥的沉降方向相同，因此上进下出液循环有利于阳极泥的沉降，而且阴极铜含金、银量低。另外，上进下出对于温度分布比较有利，但漂浮阳极泥被出水挡板所阻，不易排除槽外，而且电解液上下层浓度差较大。只有用小阳极板电解的工厂采用。

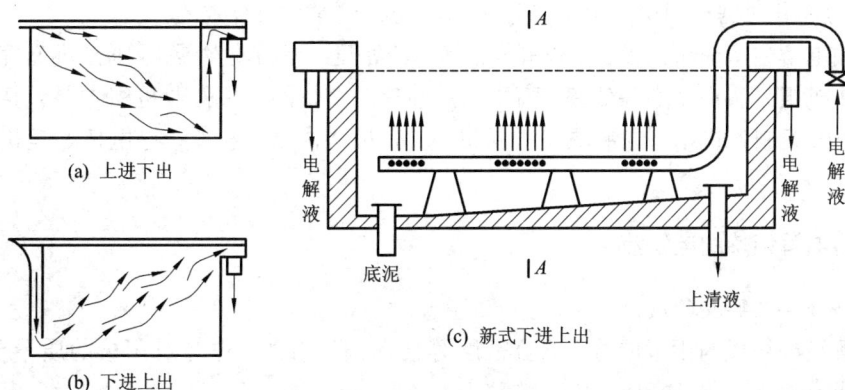

图 12 - 6 电解液循环方式

图 12 -6(b) 为下进上出循环方式，电解液从电解槽一端的进水隔板内（或直接由进液管）导入电解槽的下部，在槽内由下向上流动，从电解槽另一端上部的出水袋溢流口（或直接

由溢流管)溢出。在下进上出式电解槽中,溶液温度的分布不能令人满意,并且电解液的流动方向与阳极泥的沉降方向相反,不利于阳极泥的快速沉降,但可使电解液中的漂浮阳极泥尽快排出槽外,减少其在槽中的积累,故对于高砷锑铜阳极电解特别有利。

随着电解槽的大型化、电极间距的缩小以及电流密度的提高,为维持大型电解槽内各处电解液温度和成分的均匀,一些工厂采用电解液与阴极板面平行流动的循环方式,即采用槽底中央进液、槽上两端出液的新"下进上出"循环方式[见图12-5(c)],它是在电解槽底中央沿着槽的长度方向设一根进液管(PVC 硬管)或在槽底两侧设两根平行的进液管,通过沿管均布的小孔(孔距与同名板距相同)给液。排液漏斗安放在槽两端壁上预留的出液口上,并与槽内衬连成整体。由于给液小孔对阴极出液,不仅有利于阴极附近离子的扩散,降低浓差极化,而且减少了对阳极泥的冲击和搅拌。此外,中间进液、两端出液,有利于电解液浓度、温度以及添加剂的均匀分布,有利于阴极质量的提高。表12-4为该新式下进上出与常规下进上出电解液循环方式的对比试验结果。

表 12-4　新式下进上出与常规下进上出的对比实验结果

方式	给液量 /(L·min⁻¹)	浓度差 /(g·L⁻¹)	温度差 /℃	槽电压 /mV	电流效率 /%
常规	20	6~7	2~3	330	95~96
新式	50	2~3	0~1	300	98

电解生产过程中电解液循环流通的作用:一是补充热量,维持电解液具有一定的温度;二是经过滤,滤除电解液中所含的悬浮物,以保持电解液具有生产高质量阴极铜所需的清洁度。

电解液循环系统的主要设备有循环液贮槽、高位槽、供液管道、换热器和过滤设备等。现代铜精炼厂多采用钛列管或钛板加热器,不透型石墨和铅管加热器已经被淘汰。芬兰的Larox(陶瓷)净化过滤机对电解液中微米级悬浮物的过滤是很有效的。

现代铜电解生产向着大极板、长周期、高电流密度、高品质发展,因此,拥有完整的自动化极板作业机组是实现生产高效率、高质量的前提。完整的极板作业机组主要包括阳极板准备机组、阴极板制备机组、电铜洗涤堆垛机组、残极洗涤堆垛机组、导电棒贮运机组和专用吊车等。

12.3.3　铜电解精炼的电解液

12.3.3.1　电解液的成分

铜电解液的组成与阳极成分、电流密度等技术条件有关,也与对阴极的质量要求有关,其主要组成是 $CuSO_4$ 和 H_2SO_4,成分控制为:

Cu　　40~55g/L　一般为 50 g/L ±

H_2SO_4　150~220g/L　一般为 200 g/L ±

随着生产的不断进行,这些主成分的规定值也会发生变化,同时也会积累一些如砷、锑、铋、镍、铁等杂质离子。电解液成分的变化都将影响生产过程的顺利进行,因此各工厂对电解液成分都加以严格的控制。除了控制主成分外，还控制其他杂质的浓度范围，砷 <7g/L、锑 < 0.7g/L、铋 <0.5g/L、镍 <20g/L 等。

电解液中铜的含量，应视电解液的纯净与否等因素而灵活掌握。对于纯净的电解液，采用较低的铜含量 30g/L 进行生产，也能得到满意的结果。当电解液含铜低于 12 ~ 18g/L 时，杂质砷、锑、铋就有在阴极上析出的危险，宜采用含铜量高于 35g/L 的电解液进行电解。

电流密度增加时，单位时间内在阴极上放电析出的铜量亦随之增加，若以 200A/m² 的电流密度进行电解，电解液含铜量应保持在 37 ~ 45g/L；电流密度升至 250A/m² 时，含铜量应保持在 40 ~ 45g/L；电流密度为 250 ~ 300A/m² 时，电解液含铜量则略有提高至 45 ~ 50g/L；电流密度高于 300A/m² 时，电解液含铜量则提高至 40 ~ 60g/L。

电解液中含铜量的不断上升和下降都是不希望的现象。含铜量不断上升，电解液的电阻也在不断增加，使电解过程的槽电压有所升高。此外，由于硫酸铜在硫酸溶液中有一定的溶解度，当含铜量超过其溶解度或因电解液的温度下降时，硫酸铜就可能从电解液中析出结晶于输液管和阴、阳极以及电解槽内壁，使电解作业不能正常进行。

在电解生产过程中，必须根据各种具体条件加以掌握，控制电解液的含铜量在规定范围之内。在定期定量地抽出电解液进行净化的基础上，如果发现电解液中的含铜量仍有不断上升的趋势，则必须考虑适当降低电解温度，提高电流密度，开设或增加电解槽列中的脱铜槽等措施。

电解液中的硫酸含量一般波动在 100 ~ 200g/L，并有采用高酸电解液进行电解的趋势。因为酸度愈大，电解液的导电性愈好。

电解液中的硫酸含量也不可能无限地提高。因为硫酸浓度增大，硫酸铜的溶解度就会降低，严重时硫酸铜便有可能从溶液中结晶析出。硫酸铜的溶解度与硫酸含量的关系如表 12 - 5 所示。

表 12 - 5 25℃时硫酸铜的溶解度与溶液中硫酸含量的关系

H_2SO_4 含量 /(g·L⁻¹)	Cu 含量 /(g·L⁻¹)	H_2SO_4 含量 /(g·L⁻¹)	Cu 含量 /(g·L⁻¹)
0	89.54	60	74.82
5	88.82	90	69.61
10	87.51	100	67.33
20	83.93	150	58.51
40	78.73	180	52.22

此外，随着阳极的溶解，电解液中的杂质如砷、锑、铋、镍、铁、锌等不断积累，也使硫酸铜的溶解度降低。因此，杂质含量高的电解液，硫酸含量也应适当降低。

溶液中杂质的积累，除了会使硫酸铜的溶解度减小外，还会使溶液的电阻、密度和粘度都增大，同时也会使阳极泥的沉降速度减慢，增加了电解液中悬浮物（漂浮阳极泥）的含量，加大了电解液和悬浮物对阴极铜的污染程度，导致阴极铜质量的降低。因而各工厂都根据各自的具体条件，对电解液中的杂质含量作了一定的限制。表 12 - 6 列举了国内外一些电解工厂所采用的电解液成分。

控制电解液中杂质浓度的方法，是根据电解过程中积累速度最大的杂质的含量为基础，按其积累的速度，计算出其在全部电解液中每日积累的总量，然后从电解液循环系统中抽出相当于这一总量的电解液送往净化工序，再补充以新水和硫酸。这样，就可以既维持了电解液的体积不变，又使杂质浓度不超过规定的标准。

表 12 - 6　国内外一些电解工厂电解液成分举例(g/L)

工厂		阳极特点	H_2SO_4	Cu	Ni	Fe	As	Sb	Bi	Cl	悬浮物	产品质量标准
国内	1	高砷	216	46		4.65	48.75	1.5		0.06		Cu - CATH - 2
	2	高铋	175	46	10.7		2.9	0.49	0.71	0.057	<0.03	Cu - CATH - 1
	3	砷略高	160 ~180	40 ~45	<13	<4	<8	<0.5	<0.3	0.04	0.03	Cu - CATH - 1
	4		185 ~195	48 ~45	<12	0.4	<5	<0.5	0.5	0.06	<0.03	Cu - CATH - 1
国外	1	高镍	150	45	21		2.1	<0.1	0.13	0.02		Cu - CATH - 1
	2	高铅	180	45	17	1	7	0.3	0.1	0.04		Cu - CATH - 1
	3	高银	192	46	11.5	1	1.3	0.5	0.3	0.04		Cu - CATH - 1

为了降低电解液中的银离子浓度，使其不致在阴极上放电损失，采取的措施是抑制电解液中砷、锑、铋离子的活性以及消除阳极钝化。一般电解精炼工厂都向电解液中加入盐酸或食盐，以维持电解液中有一定的氯离子浓度(一般为 15 ~60mg/L)。

此外，为了防止阴极铜表面上生成疙瘩和树枝结晶，以制取结晶致密和表面光滑的阴极铜产品，电解液中还要加入胶体物质和其他表面活性物质，如明胶、硫脲等，但这些物质的加入，增加了电解液的粘度，其加入的数量应视各厂的具体生产条件而定。

12.3.3.2　添加剂的加入及其作用

添加剂指的是那些少量加入电解液中，能起到调节沉积物物理性质，如光泽度、平滑度、硬度或韧性等特殊作用的物质。铜电解精炼所采用的添加剂多为表面活性物质。目前，国内铜电解厂普遍采用的添加剂有胶、硫脲、干酪素、盐酸等。

实践表明加入适量的添加剂是获得结构致密、表面光滑、气体和其他有害杂质含量少的优质阴极铜的有效措施之一。某些添加剂能使阴极过程产生很高的极化作用，促使阴极沉积结晶细化。

胶质添加剂包括有骨胶、明胶，是铜电解精炼过程中最主要、最基本的添加剂，尽管近年来使用的添加剂种类日益繁多，但只能部分降低胶的用量而难以完全取代胶质添加剂。

胶在电解生产过程中是不稳定的，会受各种条件影响而分解失效。因此，要求将胶均匀、连续地加入，以避免造成电解液中有效胶浓度的急剧变化。

硫脲是国内外铜电解厂普遍采用的添加剂之一。硫脲的分子式为 $(NH_2)_2CS$，白色结晶，易溶于水。

当硫脲浓度为 10mg/L 或更高时，阴极极化作用开始急剧增加，此时络合物阳离子 $[Cu(N_2H_4CS)_4]$ 在阴极液层中形成胶膜，使 Cu^{2+} 离子在阴极放电发生困难，促使阴极极化增加，有利于获得细粒光洁的阴极铜沉积物。当电解液中含有镍时，这种络合物胶膜的作用更为显著。

硫脲在纯水中比较稳定，温度在 60~80℃ 时，20mg/L 硫脲其浓度几乎不随时间而变化。60℃ 时，在 200g/L 硫酸溶液中 20h 后仅有微小的分解，但是在含有 Cu^{2+} 和 Cl^- 的电解液中却分解得很快，并随电解液的温度升高以及 Cl^- 的浓度增大，分解速度加快。

在混合添加剂中，如硫脲用量适当，阴极铜的颜色呈玫瑰红色，表面出现金属光亮，结晶致密，阴极铜密度大，表面有细的定向结晶所引起的平行条纹，敲击时发出铿锵清脆的响声。即使始极片原来有一些疙瘩也会受到抑制，阴极铜上的疙瘩也会迅速钝化，处理短路时疙瘩不发粘，一击便落。但若硫脲过量，阴极铜表面的条纹增粗，疙瘩增多，而且针状、柱状疙瘩多，表面颜色较暗，缺乏金属光泽，但基底仍很紧密。一般硫脲用量按每吨电解铜 20~70 g/t 加入。

干酪素是我国各电解铜厂曾广泛应用的复合添加剂之一，国外几乎不应用。目前，有一些大型铜电解厂已停止使用干酪素。

氯离子也是国内外铜电解厂普遍采用的复合添加剂之一。电解液中的氯离子通常是以盐酸(HCl)或食盐(NaCl)的形式加入，而以盐酸加入的工厂较多。电解液中氯离子的含量一般控制在 10~60mg/L。

电解液中单独添加氯离子(如 Cl^- 为 20~30mg/L)时，对铜阴极过程有去极化作用，同时得到表面粗糙的沉积物。当氯离子浓度较高时，则出现针状结构结晶。因此氯离子只有作为复合添加剂组合之一，才有改善阴极沉积物结构的作用。

一般认为，氯离子作为添加剂，可使溶液中为量很少的银离子成为 AgCl 沉淀进入阳极泥，也有一种观点认为，氯离子的存在会形成 $CuCl_2$ 沉淀，并吸附砷、锑、铋和它们所形成的化合物共同沉淀，以此减少砷、锑、铋等有害杂质对阴极的污染。

阿维同是一个商品名称，是表面磺化剂。国内一些厂在停止使用阿维同后，没有对阴极铜产生任何不利影响。以上几种为国内外常用的添加剂。由于添加剂是铜电解生产技术的重要环节之一，为了进一步改善阴极铜的析出质量，减轻添加剂对阴极铜的污染，降低阴极铜的杂质含量，对新型添加剂的研究与试用从未停止。

12.3.3.3 电解液温度的控制

提高电解液的温度，有利于降低电解液的粘度，使漂浮的阳极泥容易沉降，增加各种离子的扩散速度，降低电解液的电阻，从而提高电解液的导电率和降低槽电压，以减少铜电解生产的电能消耗。经实验测定，电解液在 55℃ 时的导电率几乎为 25℃ 时的 2.5 倍；在 50~60℃ 时，温度每升高 1℃，电解液的电阻约减少 0.7%。

电解液温度的提高，有利于消除阴极附近铜离子的严重贫化现象，从而使铜在阴极上能均匀地析出，并防止杂质在阴极上放电的可能性。目前，电解液的温度一般保持在 58~65℃。过高的电解液温度也会给电解生产带来不利的方面：

(1)会使添加剂明胶和硫脲的分解速度加快，消耗量增加。

(2)前面所述及温度升高，有利于向着生成 Cu^+ 的方向移动，从而使电解液中的含铜浓度上升，同时也加剧了铜在电解液中的化学溶解，使电解液中的含铜浓度提高。

(3)电解液的蒸发损失增大(见表 12 - 7),使车间的劳动条件恶化,增加了蒸汽的消耗。

表 12 - 7　不同温度时电解槽的水分蒸发量[kg/(m² · h)]

空气温度 /℃	空气相对 湿度/%	电解液的温度/℃							
		48.5	50	51.5	53.5	55	57	60	65
22	80	0.76	0.835	0.84	0.795	1.09	1.15	1.33	1.74
24	70	0.74	0.84	0.855	0.90	1.10	1.165	1.35	1.75
26	65	0.75	0.83	0.84	0.89	1.08	1.14	1.32	1.73

为了使电解液保温,减少电解液蒸发,降低蒸汽消耗,曾有厂家研究并使用过在液面覆盖 60μm 厚的油膜,使热损失减少 2/3,然而油膜会有一定的流失、挥发并附着于阴极铜表面而造成油膜损失。之后,又有厂家采用直径为 1.5 ~ 2.0cm 的聚苯乙烯泡沫塑料浮子覆盖于电解液表面,使电解液蒸汽消耗减少 1/2,为 300 ~ 400kg/(t · Cu),并降低了室内温度,减少了车间的酸雾。国内某厂自 1980 年开始,在电解槽、贮液槽液面上分别覆盖 φ10mm 及 φ350mm 的高压聚乙烯实心塑料球,电解槽内电解液温度平均升高 1.4 ~ 2.0℃,蒸汽单耗却降低 20% 以上[为 200 ~ 300kg/(t · Cu)],也有一些厂家在电解槽面上覆盖耐酸涤纶布或聚丙烯布,使蒸汽单耗降为 450kg/(t · Cu)左右。日本一些厂家由于电解槽覆盖罩布和真空蒸发罐操作方法的改进,降低了蒸汽单耗,蒸汽单耗为 20 ~ 50kg/(t · Cu)。

12.3.3.4　电解液的循环速度

在电解过程中,电解液必须不断地循环流通,以保持电解槽内电解液温度均匀、浓度均匀。电解液循环速度的选择主要取决于循环方式、电流密度、电解槽容积、阳极成分等。

当操作电流密度高时,应采用较大的循环速度,以减少浓差极化。表 12 - 8 为电解液中阴极、阳极附近的铜离子浓度与循环速度和电流密度的关系。

表 12 - 8　阳极和阴极附近铜离子浓度与循环速度、电流密度的关系

液面下 深度/cm	Cu²⁺ 浓度/(g · L⁻¹)								
	电流密度 150A/m²			电流密度 250A/m²			电流密度 250A/m²		
	循环速度(槽)6 ~ 8L/min			循环速度(槽)6 ~ 8L/min			循环速度(槽)11 ~ 13L/min		
	阳极附近	阴极附近	浓度差	阳极附近	阴极附近	浓度差	阳极附近	阴极附近	浓度差
2	66.8	66.5	0.3	66.4	66.4	0.0	66.5	66.4	0.1
20	68.6	68.0	0.6	69.0	69.0	1.3	68.3	67.8	0.5
50	72.0	71.2	0.8	72.4	70.4	1.7	72.5	71.7	0.8
70	75.9	75.3	0.6	76.4	74.6	1.9	77.0	76.1	0.9

从表 12 - 8 可以看出,同一槽内的不同深度,铜离子的浓度不同,其差额最大达 10g/L。在同一深度的阴、阳极附近,铜离子的浓度也不同,其浓度差随电流密度增大而增大,随电

解液循环速度增大而减少。因此，保持较高的循环速度有利于减少浓差极化，降低槽电压；但是循环速度过快，又会使阳极泥不易沉降，且造成贵金属的损失增加，有时还会导致阴极质量恶化和板面大量长粒子。表12 – 9为阴极铜中贵金属的含量与电解液循环速度的关系。

循环速度的大小和选择，主要决定于电流密度。电流密度越大，要求的循环速度越大。不过，在提高电解液温度的情况下，循环速度可以适当地减小。一般情况下，电流密度与循环速度的关系如表12 – 10所列。

表12 – 9　阴极铜中贵金属的含量与电解液循环速度的关系

电解液的循环速度/(L·min⁻¹)		20	18	14	12	9
阴极中的含量(吨铜)/(g·t⁻¹)	Au	1.7	1.1	1.0	0.6	0.8
	Ag	24	17	14	16	9

表12 – 10　电流密度与循环速度的一般关系

电流密度/(A·m⁻²)	284	251	205	194	188	168
循环速度/(L·min⁻¹)	27	22.5	20.5	18	18	15

12.3.4　铜电解精炼的电流密度、电流效率、槽电压和电能消耗

12.3.4.1　电流密度

电流密度一般是指阴极电流密度，即单位阴极板面上通过的电流强度。工厂中采用的电流密度单位是 A/m^2。目前铜电解的电流密度一般为 $220 \sim 270 A/m^2$。

提高电流密度，可以提高电解槽的生产率与劳动生产率；对于新建的工厂，在同样生产规模的条件下，可以减少建设的电解槽数，节约投资。因此近年一些工厂在保证电铜质量的前提下，力求采用较高的电流密度。但是，电流密度的提高受到很多因素的限制，如阳极板的尺寸与成分、电解液成分和温度、极距与电解液循环速度等，电流密度的提高甚至还会影响电铜的质量与其他技术经济指标。所以在选用电流密度时应考虑与下述因素间的关系。

(1)电流密度与电能消耗

提高电流密度会使阴、阳极电位差加大，同时电解液的电压降、接触点和导体上的电压损失也会增加，从而提高了槽电压和电解时的直流电耗。电流密度在 $220 \sim 300 A/m^2$ 范围内每增加 $1 A/m^2$，则槽电压大约增加 $1 mV$。在电流密度相同的情况下，电解铜的电能消耗与每个电解槽中的电极面积的大小有关，电极面积越大，电能消耗越低。这是由于在大极板的电解槽中，电流在电极面上分布比较均匀，电解液的热稳定性强，导电棒和挂耳的接触电压降以及母线的电阻相应地减小的缘故。

(2)电流密度与贵金属损失的关系以及对电解铜纯度的影响

随着电流密度的提高，阴极附近电解液中含铜浓度贫化的程度加剧。为了减小阴极附近的浓差极化，需增大电解液的循环速度，使电解液中阳极泥的沉降速度减小，从而增加电解液中阳极泥的悬浮程度，在高电流密度下，促使阳极不均匀溶解及阴极不均匀沉积，所产阴

极表面比较粗糙。这两个因素使阳极泥机械粘附于阴极的可能性增加。此外，由于电流密度的提高，电极之间的电场强度也随之增加，加大了阴极对一些带正电荷的悬浮阳极泥粒子和银离子的吸引力，使悬浮阳极泥在阴极上的粘附以及银离子在阴极上放电的危险性增加，使贵金属的损失增大。

因此，在高电流密度下，必须相应地调整添加剂的使用情况，或使用新的、更有效的添加剂，提高电解液的温度，以保证阴极铜的质量。

(3)电流密度对电流效率的影响

电流密度提高后，若添加剂配比不当或其他条件控制不当，容易引起阴极表面产生树枝状结晶、凸瘤、粒子等，使阴、阳极之间的短路现象显著增加，从而引起电流效率的下降。反之，当电流密度过小时，二价铜离子在阴极上的放电有不完全的现象，成为一价铜离子；一价铜离子又可能在阳极上被氧化为二价铜离子，导致电流效率下降。

(4)电流密度与蒸汽消耗和劳动条件的关系

随着电流密度的提高，由于电解液电阻而产生的热量增加，故用来加热电解液所需的蒸汽消耗量会减少。但在较高的电流密度下生产电解铜，必然要采用较高的电解液温度和较大的循环速度。因此，由于电解槽液面水分的蒸发会造成车间内酸雾加重，恶化劳动条件，故采用高电流密度生产的车间，更应采取电解液表面的覆盖措施。其次，在高电流密度下生产时，若其他条件控制不当，会使极间短路现象增多。

12.3.4.2 电流效率

铜电解精炼的电流效率通常是指阴极电流效率，为电解铜的实际产量与按照法拉第定律计算的理论产量之比，以百分数表示。若按阳极计则为阳极电流效率。由于阳极溶解时，小部分的铜以一价铜离子的形态进入溶液，故按二价来计算的电流效率一般都比阴极电流效率高 0.2% ~ 1.70%，因而使电解液中的含铜量不断增长。铜电解阴极电流效率为 $(95 \pm 3)\%$。

电流效率可用下式计算：

$$阴极电流效率(\%) = \frac{阴极铜实际产量}{按法拉第定律计算所得阴极铜量} \times 100\%$$

$$\eta_i = [Q/(q \cdot I \cdot t \cdot N)] \times 100\%$$

式中 η_i——电流效率，%；

Q——在电解时间 t 内析出的阴极铜量，g；

N——电解槽数；

q——铜的电化当量，1.186g/(A·h)；

t——电解时间，h。

引起阴极电流效率降低的因素有电解副反应、阴极铜化学溶解、设备漏电以及极间短路等。

电解过程中的副反应，有氢离子在阴极还原析出 H_2、三价铁离子的还原等。然而在铜电解生产条件下，进行上述副反应的可能性都很小，因而对电流效率的影响不大。

阴极铜在电解液中的化学溶解速度决定于电解液的温度、酸度、电解液中氧含量以及阴极在电解液中沉浸的时间长短。因此，为减少阴极的复溶，电解液不宜维持过高的温度，并尽可能与空气隔绝，以减少溶液中的含氧量。通常阴极铜的化学复溶使电流效率降低 0.25%

~0.75%。

设备的漏电包括电解槽和循环系统的漏电。电解槽的漏电是通过彼此邻近的电解槽间或通过电解槽的绝缘体到地面漏电。循环系统的漏电主要通过电解液循环流动至集液槽与地面构成了电路，从而产生漏电。为了防止或减少漏电，应该加强电解槽间、溶液循环系统对地的绝缘。电解槽之间应留有足够的间隙(一般为 20~50mm)，加强电解槽与梁、柱、地间的绝缘性能，在槽体与梁间用绝缘瓷砖、橡皮或塑料隔开，采用 PVC 或其他塑料来作为溶液的输送管道，以玻璃钢或塑料作为槽子的衬里，以及在循环系统中安装断流装置措施等。此外，生产人员必须经常检查设备的绝缘和漏电情况，杜绝电解液的跑、冒、滴、漏，维持车间内的清洁和干燥，尽量减少设备的对地漏电。漏电损失一般可达 1%~3%。

阴、阳极间短路的主要原因是由于阳极物理规格不好，有凹凸不平或飞边毛翅，始极片弯曲、卷角，阴极析出粗糙、长粒子凸瘤等原因所致，所以对阳极和始极片的质量应有严格要求。

加强电解槽的槽上管理工作，是提高电流效率的关键所在。先进的现代工厂安装有槽电压扫描监控系统，利用计算机对极间短路、槽电压的异常变化，甚至阳极寿命都进行监控和探测。目前，对短路或烧板检查，国内一般都使用手拖式的短路探测器来进行探查；国外很多厂家都相继使用高斯计、红外线扫描(手提式摄像机)、热跟踪枪、手提式热电极探测器和短路探测器等多种仪器来检查。还有的工厂使用电流分布计来测量单根阴极的电流强度，通过检测和调整，可以保证每块阴极板电流分布均匀，使每块阴极铜质量均匀、稳定。此外，还设置计算机对整个生产系统进行监控，对电解液温度、流量和液位等主要工艺参数和重要设备实行自动控制。

12.3.4.3 槽电压

槽电压是影响电解铜电能消耗的重要因素，它对电流效率的影响尤为显著。每个电解槽的槽电压包括阳极电位、阴极电位、电解液电阻所引起的电压降、导体上的电压降以及槽内各接触点的电压降，有时还包括阳极表面的阳极泥电压降等。

$$E = (\varphi_+ - \varphi_-) + E_L + E_{con} + E_p$$

式中　E——槽电压；

　　　φ_+——阳极电位；

　　　φ_-——阴极电位；

　　　E_{con}——导体上的电压降；

　　　E_L——电解液电压降；

　　　E_p——槽内各接触点电压降。

从各个工厂槽电压的分布情况来看，电极电位差值($\varphi_+ - \varphi_-$)占槽电压的 25%~28%，电解液电压降 E_p 占 30%~67%，接触点及金属导体电压降占 8%~42%。槽电压的正常范围为 0.2~0.25V。

为了降低槽电压，应当采取如下措施：

(1)改善阳极质量，力求将粗铜中的杂质在火法精炼中脱除，防止阳极泥壳的生成，以降低阳极电位。

(2)不必要求过低的残极率，一般在 18%~22% 范围内。过低的残极率会引起阳极在工作的末期槽电压急剧升高。

（3）阴、阳极、导电棒、导电板之间的接触点应经过清洗擦拭，以保持接触良好。

（4）电解液成分，宜保持硫酸含量在 160～210g/L，含铜 40～50g/L，并尽可能地降低其他杂质的含量和胶的加入量。电解液的温度应维持在 60～68℃。

（5）尽可能地维持较短的极间距离，以降低电解液的电压降。

12.3.4.4　电能消耗

铜电解精炼的电能消耗，是按生产 1t 电解铜所消耗的直流电进行计算，或是按总电能消耗（交流电耗）计算。电能消耗能够综合地反映出电解生产的技术水平和经济效果。

直流电能消耗包括生产电解槽、种板电解槽、脱铜槽以及线路损失等全部直流电能消耗量。可用下式来计算直流电能的单位消耗：

$$W = \frac{E \times 1000}{\eta \cdot q}$$

式中　W——直流电能消耗，kWh/（t·Cu）；

　　　E——电解槽的槽电压 V；

　　　η——电流效率，%；

　　　q——铜的电化当量为 1.186g/（A·h）。

从上式可以看出，电能的单位消耗决定于电解槽的槽电压和电流效率，并随槽电压升高或电流效率降低而增大。工厂的电流效率都在 90%～98% 之间（国内为 95%～98%），波动范围不大。而槽电压则由于受电流密度、电解液成分及温度、阳极组成等因素的影响而波动范围很大，一般在 0.2～0.4V 之间，因而对电解铜的电能消耗具有更大的影响。

直流电能消耗包括生产电解槽、种板电解槽、脱铜电解槽及线路损失等全部直流电能消耗量，一般为 230～280kWh/t 电铜，见表 12-11。

表 12-11　几个铜电解精炼厂的技术经济指标

指　标	1	2	3
电解总回收率/%	99.90	99.83	99.60
直流电耗，（kWh/t·电铜）	260～280	231	236
蒸汽单耗，(t/t 电铜)	1	0.89	0.6
硫酸单耗，（kg/t 电铜）	3	2.39	9.9
电流效率/%	97	97.33	97.83
槽电压/V	0.3～0.35	0.3	0.25
残极率/%	17	20.5	18.56

12.3.5　种板槽的技术条件及永久性阴极法电解

12.3.5.1　种板槽的技术条件

为使阴极铜的结构致密、平整，必须要求始极片的结构致密、表面光滑、无铜粒铜刺现象。因此，在生产始极片的种板槽中，其技术条件的控制应比生产电解槽更加严格。大中型电解铜厂种板槽的电解液循环系统、添加剂加入装置、直流供电装置皆为单独设置。

通常认为种板槽应控制在较低的电流密度,如 $200A/m^2$,只宜偏低,不宜偏高。但现在大型铜电解厂为了生产出厚度为 $0.7 \sim 1.0mm$ 的始极片,已将电流密度升至 $250A/m^2$ 以上,同样也得到了能满足生产电解槽要求的始极片,只是在添加剂的数量和比例上做了必要的调整。

一些规模和产量较小的铜电解厂,将种板槽与生产电解槽共用一套循环系统和直流电源,其添加剂用量的多余部分(与生产电解槽比较)可单独在每个种板槽的电解液入口处加入。

种板槽使用的阳极,力求杂质含量较低,表面光洁平整,重量均匀,以减少杂质对电解液的污染和防止极间短路现象。阳极在种板槽内,只使用到正常阳极周期的 1/2 或 2/3 即行更换,以保证阳极工作面积不致显著缩小,引起电流密度的升高和异极距的增大,以致槽电压升高。由种板槽内换出的阳极尚有一定的厚度,需装入生产槽中再用。

一些大型铜电解厂采用不同尺寸的阳极模子,生产出两种规格的阳极,分别满足生产电解槽和种板电解槽的要求。种板电解槽所使用的阳极比生产电解槽的阳极稍长、稍宽。如我国某厂种板电解槽的阳极尺寸为 $1050mm \times 970mm \times 38mm$ 而生产电解槽的阳极为 $1000mm \times 948mm \times 38mm$,有效地解决了始极片边缘偏薄的问题,也有利于提高始极片的悬垂精度,减少短路现象。

种板电解槽内的极间距离应适当放宽,应尽量避免槽内发生短路现象,一般为 90 $\sim 105mm$。

为保证铜皮的析出质量,种板槽的电解液成分、含铜浓度可适当提高,而杂质含量应控制其较低。电解液的循环速度和温度均可适当提高,以有利于阴极铜皮的析出,但亦应考虑提高温度和循环速度的不利影响,一般温度为 $62 \sim 65℃$ 和循环速度不小于 $22L/min$(槽)。由于薄种板的板面很容易凹凸不平和弯曲变形,最终影响电解铜质量。通过增加始极片的厚度,可以增加其刚性,有利于电解铜质量的提高。因此,始极片的厚度有增加至 $0.7 \sim 1.0mm$ 厚的趋势。

始极片的厚度与种板槽的电流密度和析出时间有关,其关系为:

$$\delta = \frac{1.186D_k \cdot t}{8.89 \times 10^3} = 1.33 \times 10^{-4} D_k \cdot t$$

式中 δ——始极片的厚度(mm);

D_k——阴极电流密度(A/m^2);

t——电解的时间(h);

1.186 g/(A·h)——铜的电化当量。

12.3.5.2 永久性阴极电解铜

永久性阴极电解铜技术的特征是使用不锈钢阴极取代传统的始极片,这一工艺包括不锈钢阴极制作与阴极铜剥离两部分。目前用永久性阴极电解技术产出的铜量占世界总产量的40% 左右。

永久性阴极法电解技术最早由澳大利亚的 MountISA 公司的 Townsville 冶炼厂于 1978 年研制成功并投入生产,称为艾萨(ISA)电解法。1986 年加拿大鹰桥公司的 KiddCreek 冶炼厂开发了另一种永久性阴极法电解技术,称为 Kidd 法。

两种工艺的最大区别在于:ISA 工艺所产阴极铜剥离后为不相连的单块产品,而 Kidd 工艺剥离下的两块铜底边呈 V 形相连。ISA 工艺为达到一块阴极上的两块铜分离的目的,开始用的是底边涂蜡的方法。1999 年,他们通过改进阴极底边结构和在剥片机组上增设将两块相连的铜从底部拉开的功能,使得阴极铜仍是单块,这一方法被命名为 ISA2000。贵溪冶炼厂设计能力为 $20 \times 10^4 t$ 的 ISA2000 工艺已于 2003 年 2 月投产,并生产出符合高纯阴极铜标准的产品。

艾萨法不锈钢阴极的详细结构如图 12 – 8 所示。该阴极由母板、导电棒以及绝缘边三部分组成。母板由 316L 不锈钢制造,极板厚度为 3 ~ 3.75mm,以 3.25mm 居多,极板底边为 ⌐ 形,表面光洁度为 2B(0.45 ~ 0.6μm)。导电棒有两种:①导电棒截面为中空长方形,两端封闭,材质为 304L 不锈钢,与槽间导电板接触的底边被加工成圆弧形,焊在阴极母板上,并镀上铜,镀层厚度为 1.3 ~ 2.5mm,以 2.5mm 为最佳,而且镀层覆盖全部焊缝,并延伸至阴极板面,使导电棒具有良好的导电性和延伸性;②导电棒为 304L 不锈钢挤压成工字形,并将工字形底边改为圆弧,底边圆弧半径 80mm(另有一种 50mm),镀铜层厚 2.5mm。上述两种导电棒的阴极板在电解槽中会自然垂直,而与槽间导电排呈线性接触,底边和导电棒中心线的偏差不超过 5mm,紧靠导电棒在阴极板面开有两个方形窗口,供阴极起吊时挂钩用。

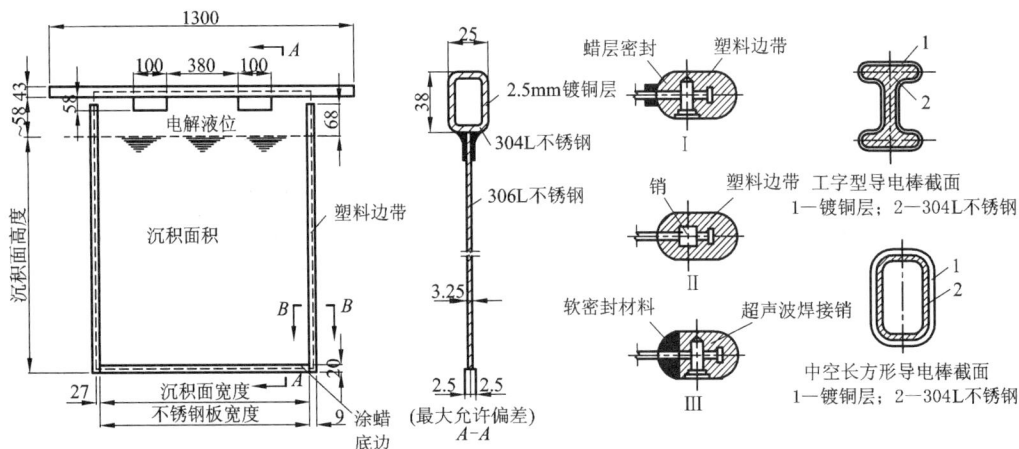

图 12 – 8 艾萨不锈钢阴极的结构

阴极板的两侧垂直边采用聚氯乙烯挤压件包边绝缘,以防止在电解过程中阴极铜析出而造成阴极铜剥离困难。包边绝缘挤压件用单一硬聚氯乙烯材料时,在每次装入电解槽前需在接缝处喷涂熔融的高温蜡进一步密封,以防止包边缝隙内析出电铜。高温蜡的熔点为 84℃。剥离过程洗涤下的蜡可以回收重复使用。当挤压件采用软聚氯乙烯复合材料或丙烯酸 PVC 塑料时,由于挤压件具有较好的弹性而密封性好,可以不必喷涂高温蜡。这种绝缘边的使用寿命为 3 ~ 4 年。

阴极板的底边不用绝缘包边,而是采用蘸蜡的方法绝缘,原因是底部包边在阴极剥离作业时,容易损坏,而且底部包边处易沉积阳极泥而影响阴极铜质量,并造成贵金属损失。1999 年,艾萨公司推出了无蜡工艺,通过改变阴极底部结构,并在阴极剥片机组上增加了能把两块连接的铜从底部拉开的功能,使阴极铜仍为单块产品。

不锈钢阴极板可以反复使用,放入电解槽前也不需要加隔离剂和矫直等。它在电解槽中受到阴极保护作用，不会发生腐蚀，实践证明其使用寿命可达15年以上，即使有损伤也多为机械损伤。小的机械损伤可以修复，正常情况下年损坏率1%。由于不锈钢表面有一层永久性的很薄的氧化膜层，可以很好地解决沉积铜的粘附性和剥离性之间的矛盾，既能使沉积的电解铜不会从阴极上掉落到电解槽内，又可以容易地从阴极上剥离下来。

永久性不锈钢阴极铜电解技术，以不锈钢阴极取代了传统电解法的始极片，并可重复使用，从而省去了生产始极片的种板电解槽系统，同时也省去了由始极片、导电棒及吊攀组装成阴极的制作工艺，使整个生产流程大为简化。

永久性不锈钢阴极铜电解的剥离机是由锌电积的阴极剥离机经移植改造而成的。其规格为大型(500块/h)、中型(250块/h)和小型(60块/h)。阴极剥离机具有的功能有阴极的接收、传递、热洗、锤击、铜片剥离、铜片堆垛、运出、阴极检查、剔出与补进、塑料条涂蜡、底边涂蜡、备好的阴极行运等。

永久性阴极电解技术的优点：

(1)电流密度高、极距小　由于不锈钢阴极表面光洁、平直、悬垂度好，不容易造成短路，故可采用较小的极间距和较高的电流密度。目前采用不锈钢阴极的工厂电流密度一般为$280 \sim 330A/m^2$，同极距为$90 \sim 100mm$。与传统阴极板法相比，在相同规格的电解槽中阴极装入片数可增加10%，在相同电流密度下使电解槽的生产能力提高10%。

(2)阴极周期短、产品质量高　永久阴极法一般采用较短的阴极周期，特别是艾萨法，阴极周期多为$6 \sim 8d$，是阳极周期的1/3。短周期使电解过程中电极短路和表面长粒子的情况大为改善，有利于提高阴极铜的质量。而传统电解法的阴极周期多为$10 \sim 14d$。根据生产实践，传统电解法8天以后的阴极周期后半期阴极铜表面长粒子的情况加剧，杂质含量相应增加。

始极片作阴极所产生的阴极铜，因有两个吊攀，在阴极洗涤过程中往往不易将吊攀铆接处清洗干净，造成阴极铜表面含有硫酸铜和硫酸，存放一定时间后表面变黑，从而影响质量。永久阴极法生产的阴极铜无吊攀，易清洗干净，产品物理规格良好。

(3)蒸汽耗量低　传统电解法每吨阴极铜的平均蒸汽消耗量为$0.6 \sim 0.9t$，永久阴极法每吨阴极铜的平均蒸汽消耗量在0.4t以下。

(4)流程简单、自动化程度高、操作人员少　与传统电解法相比生产人员可以减少1/3。

(5)金属积压量少、流动资金周转快　较高的电流密度以及阴极周期缩短，减少了铜在加工过程中的积压量，压缩了流动资金占用量，此外也缩短了铜的积压时间，加快了资金周转速度。

永久性不锈钢阴极的应用，需要消耗大量的不锈钢材，建厂投资较大。

12.3.6　阴极铜质量及影响因素分析

阴极铜的最新国家标准为GB/T467 - 1997。该标准将阴极铜产品化学成分分为高纯阴极铜(Cu - CATH - 1)和标准阴极铜(Cu - CATH - 2)两个牌号。

根据生产实践，以下几方面可能出现管理和操作上的疏忽，会导致电解铜的化学成分不合格：

(1)个别电解槽的循环速度长时间地过小，引起槽内电解液分层，或由于管道堵塞，个别电解槽较长时间地(3~4h以上)停止循环，未予处理，而槽内继续通电，引起阴极附近电解液中铜离子过度贫化。

（2）其他含铜的溶液，如电解液净化时产出的粗硫酸含铜结晶母液、阳极泥洗水、处理阳极泥时的脱铜液、车间地面的废液等含杂质或悬浮物高的溶液，未经充分处理或过滤，大量地直接兑入电解液。

（3）阳极杂质如铅、银、氧化亚镍等含量高，易于在阳极表面生成阳极泥膜，甚至硬壳，产生阳极钝化。严重时，槽电压高达 1～2V，阳极析出氧气，引起阳极泥翻沸，此时电解铜表面发黑，杂质大量析出。情况不很严重时，可用小锤锤击阳极耳部，使阳极泥受震掉落。情况严重时，则应将该槽阳极吊出，刷除表面阳极泥，更换槽内溶液，再行通电电解。

添加剂配合不当，特别是加胶量不足时，电解铜结晶变粗，质地松软，表面发红；氯离子过量时也有此种现象。此外，当电流密度大，而其他技术条件未能及时配合，特别是添加剂用量没有相应增加时，也会造成结晶变粗。

对阴极铜中杂质元素进行物相分析表明：阴极铜中的杂质元素除部分银以金属形态存在外，其余都是以化合物的颗粒形式存在于阴极铜的裂隙中。这说明铅、锑、铋、硫和部分银，是以机械夹杂的形式进入阴极铜的。

12.3.6.1　阴极铜表面产生粒子的原因

（1）固体颗粒附着于阴极而引起的粒子

①金属铜粉的附着　阳极中的氧主要以 Cu_2O 形态存在，它与电解液中的硫酸会发生下列反应而析出铜粉：

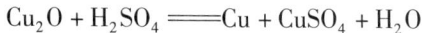

$$Cu_2O + H_2SO_4 = Cu + CuSO_4 + H_2O$$

此外，新阳极装槽前，若未经酸洗，或虽经洗刷却未洗净除去表面上和孔洞中的 Cu_2O 粉末，因此会发生上述反应产生铜粉，而引起铜粉粒子的生长。

②Cu_2O 的粘附　新装阳极时，将表面的 Cu_2O 掉落在电解液中，在电解过程中随电解液飘游。当其未与硫酸充分作用时即可能以 Cu_2O 薄片粘附于阴极，以此为基点生长出疏松的片状粒子，这种粒子多分布于阴极下部，发展速度较快，不需很长时间就能扩展至较大面积，情况严重时甚至整个阴极板面都会被布满。当阴极杂质含量高、极间距离短时，更加剧了阳极泥粘附阴极的机会。

漂浮阳极泥中的砷、锑、铋含量均远高于槽底阳极泥中的含量，由于其密度小，粒度小到几微米，难于沉降，因此在电解液中飘浮，极易粘附在阴极铜表面，成为铜粒子的生长中心。

一些工厂实践表明，当电解液中 Cu^{2+} 含量 >55g/L 时，阴极表面不分上下开始长粒子；当 Cu^{2+} 含量 >55～60g/L 时，长粒子就相当厉害，这可能是由于硫酸铜过饱和产生结晶核粘附所致。

（2）添加剂配比不当而引起的粒子

加胶量不够时，不能充分发挥胶质对粒子生长的抑制作用，会在阴极板面上生长粒子。这种粒子是尖头棱角形的，相对均匀地分布于整个板面。随着胶量的增加，这种粒子逐渐变圆，直到消失。

加胶量过多时，阴极的整个板面都吸附有相当数量的胶质，不仅会产生阴极铜分层现象，而且整个阴极的基体结构都很致密。胶抑制阴极表面尖端棱角优先生长的作用被削弱了，于是又重新出现阴极铜长粒子的倾向。胶量过多，阴极铜表面生长的粒子呈圆头状，与阴极基体的接触面较大，极难击落。

加盐酸或氯化钠量不适当、氯离子浓度过小时，往往在阴极上出现鱼鳞光亮的灰白粒子，这可能是由于砷、锑等杂质形成的飘浮阳极泥粘附在阴极上，而使电力线分布不均匀引起的结果。这种粒子与阴极铜接触处是一点，中间大，头是尖的，并且生长很快。

氯离子浓度过大时，易在阴极表面生长针状粒子。若氯离子浓度减小，此粒子逐渐变圆直到消失。关于针状粒子生长的原因，可能是由于过多的氯离子生成难溶性的氯化亚铜（Cu_2Cl_2）粘附在阴极上作为结晶核心而形成的。

硫脲加入量少时，阴极铜表面有亮晶，结晶疏松；但加入量过多时，又使阴极铜表面出现粗条纹状结晶，严重时出现粗结晶粒子。

（3）局部电流密度过高而引起粒子

阳极板面积应比阴极板面积略小，否则，易在阴极周边生成粒子，甚至粗大的凸瘤，此种现象在电流密度较高时更为显著。阴极面积比阳极面积大多少合适，须根据电流密度确定。若阳极面积太小，则电流在阴极上只分布于与阳极相对的区域，而不是整个阴极板面，使阴极的实际电流密度升高，也导致产生铜粒子。

装槽时由于操作不当，可能造成阴、阳极没有对正或极距不均匀的现象。前一种现象因阴极一边边缘离阳极的边缘太近而长凸瘤，另一边边缘则离阳极太远而析出太薄；后一种现象则因阴极的两个侧面与阳极板板面的垂直距离不一，使电流密度不一。距阳极近的一面，因电流密度过大而易长粒子。

当阳极不平整或始极片有弯曲卷角现象时，在阳极凸出处或始极片弯曲卷角处，均因阴、阳极间距太近，使电流分布过于集中，而长出密度细小的圆粒子。始极片的弯曲卷角，还易于粘附阳极泥，导致阳极泥粒子生长。

槽内个别阳极的钝化或个别电极接触导电不良，都会减少电流在这些电极上的分布，从而使槽内其他导电良好的阴极上电流密度增大，引起生长铜粒子。此外，由于阳极成分不均匀，而造成阳极溶解不均匀，使阳极表面凹凸不平或过早穿孔，使电流密度分布也随之不均匀，结果局部电流密度增高，同样也引起生长铜粒子。

为了预防阴极上生长粒子和凸瘤，应采取以下措施：

①阳极的化学成分，应与采用的技术条件相适应：如高砷、锑阳极，应采取高砷、锑阳极电解的技术条件，高镍（或银）阳极，应采取高镍（或银）阳极的技术条件；特殊阳极电解的技术条件，应通过试验和本厂的生产实践具体探索才能决定。

②控制良好的阳极和始极片的物理规格，阳极和始极片在入槽前应经过压平处理，避免弯曲、卷角。阳极应无鼓泡、气孔、飞边毛翅等；始极片应具有良好的刚性和悬垂度。根据电流密度的大小，始极片的面积应适当大于阳极面积。

③新阳极装槽前，应经热的稀硫酸溶液充分浸洗，溶去表面和孔洞内的氧化亚铜。酸洗后，阳极表面粘附的铜粉，应仔细用新水冲洗除去。

④提高电极装槽质量，力求使阴、阳极对正，极间距均匀，接触点光洁。

⑤根据各厂的具体条件，选择和稳定最适宜的电解技术条件，如电流密度、电解液成分、电解液温度和循环速度。

⑥加强对阴极铜结构的观察，选用有效的添加剂，并摸索最适宜的添加剂配比和加入方式。

⑦加强电解液的净化和过滤，控制电解液中可溶杂质和固体悬物的浓度在一定范围，保

持电解液清亮，降低电解液的密度，给阳极泥的沉降创造良好的条件。当电解液密度大于 $1.25 g/cm^3$ 时，电解液容易出现浑浊。电解液过滤的数量，按各厂具体情况决定。

12.3.6.2 阴极铜发酥发脆原因及其防治

阴极铜发脆的主要原因有两个方面：一是阴极铜中某些有害杂质偏高；二是阴极铜结晶不够致密，板面呈现酥脆现象。

(1) 阴极铜中某些有害杂质偏高

不同的杂质对铜的机械性能的影响有很大的差别。铅、铋、硫对铜的机械性能的影响很大，是导致阴极铜易脆的主要杂质。铅、铋主要与硫形成硫化物，呈微粒($1 \sim 3 \mu m$)状分布于铜的裂隙中，它们可溶解于熔融铜中，但当熔融铜凝固时又呈游离态析出，在铜结晶的周围形成薄膜。这些杂质破坏铜结晶间的联系，降低铜自身的致密性，而且由于铅、铋的抗张强度小、熔点低，故在热加工和冷加工时都出现脆性。

氧能增加铜的强度，稍降低其韧性；砷改善铜的韧性和强度，而不影响其可锻性。阴极铜中碳、氢、氧的含量高也是造成阴极铜酥脆的一个主要原因。

(2) 阴极铜结晶不够致密

铜在阴极上的沉积过程，是金属的电结晶过程，由晶核的形成和晶体的成长两个过程组成。已生成的晶核的成长和沉积物的结构与许多因素有关，其主要因素是电流密度、铜离子浓度、电解液温度、电解液循环速度以及添加剂品种与用量等。

12.3.6.3 阴极铜表面产生气孔的原因及其防治

电解过程中，在阴极表面会出现严重气孔或麻孔现象，气孔的形状似口朝上的葫芦，有的孔深，有的孔浅，有时大孔里面还有小孔。

(1) 气孔的生成对阴极铜质量的影响

①影响阴极铜质量。空气泡吸附在阴极铜上使阴极铜不能和电解液相接触，这部分就没有电流密度分布，而其他地方的电流密度就会增大，引起粒子生成，而且杂质也容易在电流密度较大的地方析出，影响阴极铜质量。

②影响阴极铜物理质量并使阴极铜夹杂电解液。当阴极铜表面的气泡破裂时，电解液就会进入孔洞中，随着电解的进行，气孔将慢慢封闭，使电解液残留在阴极铜中，或由于阴极出槽时，因气泡炸裂而气孔充满电解液，洗时难以洗干净而影响阴极铜的质量。

③引起阳极泥开花粒子的生长，影响阴极铜的质量。电解槽内有大量气体析出，严重时会使电解槽内的电解液翻滚，影响阳极泥沉降，造成阳极铜表面产生开花粒子。

(2) 阴极铜表面出现气孔的防治，应当采取的措施

①尽量提高低位槽内的液面，或将低位槽分隔成下部连通的两个槽，使高位槽的溢流和电解液的回流埋入 1 号低位槽，再经连通孔进入有循环泵的 2 号低位槽内，保证液面处于比较平静状态，避免空气从循环泵的吸液口进入循环系统内。

②将高位槽分隔为前、后两隔室，使进液面伸入前室，出液口和溢流口设于后室，并从隔板处起设一水平排气面或一定斜度的排气面，使空气能在此尽量逸出；另外，将出液管向里延伸，避免空气卷入的可能。

③为使供液管的垂直管段中电解液处于正压下运行，同时又要确保槽面流量的供给，可在管道最低位置安装流量孔板，以改变流体的断面积，控制流量正好满足生产工艺要求。这样，管道内其他地方的流速就相应降低，供液管垂直管段内充满液体，从而消除负压，避免

了空气的吸入。

④定期检查循环泵及接头是否漏气，并定期检查和更换泵的密封填料。

⑤定期清理循环泵的进液底阀，防止其被部分堵塞，造成泵空转而将空气从泵的密封不严的缝隙中吸入。

12.3.7　电解液的净化

12.3.7.1　电解液净化的目的及工艺流程

在铜电解精炼过程中，电解液的成分不断地发生变化，铜离子浓度不断上升，杂质在其中不断积累，而硫酸浓度则逐渐降低。为了维持电解液中的铜、酸含量及杂质浓度都在规定的范围内，就必须对电解液进行净化和调整，以保证电解过程的正常进行。

一般情况下，电解液中与其他杂质浓度的上升速度相比，铜浓度的上升速度是最快的。因此，铜电解工厂往往同时采用下列两种净液方法：

①按上升速度最快的杂质计算，抽出一定数量的电解液送往净液工序，然后向电解液循环系统中补充相应数量的新水和硫酸，以保持电解液的体积不变。抽出的电解液，其中所含的铜、镍等有价成分必须尽可能地回收，砷、锑、铋等杂质应尽量除去。

②按抽液净化的方法，仍不能保持电解液中铜浓度的平衡时，多余部分的铜则采用在生产电解槽系统和净化系统中抽出一定数量的电解槽作为脱铜槽，槽中以铅-锑，铅-银等合金作阳极，普通始极片作阴极，进行电积脱铜。电解液中因为铜的析出，相应地有硫酸再生，故称脱铜槽，亦称为再生槽。根据铜离子的上升速度来决定脱铜槽的槽数，以保持电解液铜离子浓度的平衡。

抽往净液工序的电解液数量，是根据阳极铜的成分、各种杂质进入电解液的百分率、各工厂所允许的电解液中杂质的极限含量以及杂质的脱除程度等来决定的，一般以在阳极中的含量较高，又易于在电解液中积累且其在电解液中的允许极限浓度又低的杂质为准。

铜电解液净化的一般流程见图12-9。

电解液净化的工艺流程，与阳极铜成分、所产副产品的销路、各种原料与来源、综合经济效益及环境保护等许多因素有关，各工厂视具体条件来确实。目前各工厂采用的净化流程虽各不相同，但归纳起来仍然可分为下列三大工序：

第一，用加铜中和法或直接浓缩法，使电解液中的硫酸铜浓度达到饱和状态，通过冷却结晶，使大部分的铜以结晶硫酸铜形态产生。

第二，采用不溶阳极电解沉积法，将电解液或硫酸铜结晶母液中的铜基本脱除，同时脱去溶液中大部分砷、锑、铋。

第三，采用蒸发浓缩或冷却结晶法，从脱铜电解后液中产出粗硫酸镍。

此外，根据硫酸铜的需求情况决定是否采用第一道工序。如硫酸铜的需要量不大，则可以不生产硫酸铜，而将抽出的电解液直接送往电解脱铜，使电解液中的铜以阴极铜或黑铜板的形态产出。反之，若硫酸铜需求量大，则在第一道工序中加入废纯铜线、铜屑或残阳极，以中和溶液中的含酸，提高硫酸铜产量。近年来，一些净化电解液的新方法正在试验研究，有的已在一些工厂应用，如渗析法，有机溶剂萃取铜、镍，萃取法脱砷，共沉淀法除砷、锑、铋，氧化法除砷、锑、铋。

铜屑　电解液　　电解液　残阳极、废始极片、废铜线　　　废电解液

```
铜屑  电解液          电解液  残阳极、废始极片、废铜线        废电解液
  │     │              │              │                          │
  ↓     ↓              ↓              ↓                          ↓
  鼓泡塔中和          中和槽中和                            常压或真空蒸发
     │                    │                                      │
     ↓                    ↓                                      ↓
  铜粉分离              渣液分离                               高酸水冷结
                          │                                      │
                          ↓                                      ↓
                       水冷结晶                                离心分离
                          │                                      │
                          ↓                                      │
                       离心分离                                  │
                    ┌─────┴─────┐                               │
                    ↓           ↓                               ↓
                成品硫酸铜    结晶母液                        粗硫酸铜
                                │
                                ↓
                           一次脱铜电积
                        ┌──────┴──────┐
                        ↓             ↓
                     次级电铜     二次脱铜电积
                    ┌────┴────┐
                    ↓         ↓
               黑铜板、黑铜渣  二次脱铜终液
                          ┌──────┴──────┐
                          ↓             ↓
                       常压蒸发       电热蒸发
                          │             │
                          ↓             ↓
                       冷冻结晶       水冷结晶
                          │             │
                          ↓          ┌──┴──┐
                       粗硫酸镍        ↓
                                   结晶母液
                                  (返电解车间)
```

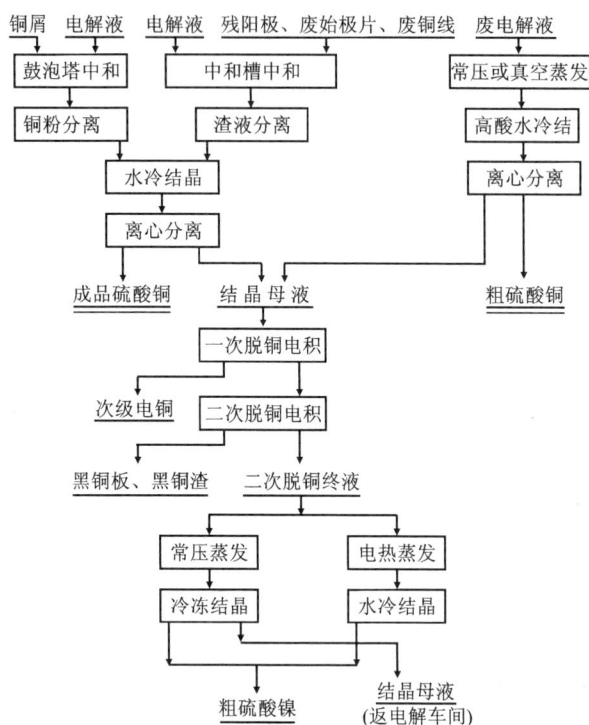

图 12 – 9　铜电解液净化的一般流程

12.3.7.2　硫酸铜的生产

以废电解液生产硫酸铜时，根据硫酸铜的需求量，可以采用加铜中和法或直接浓缩法。前者产出的产品可以满足硫酸铜国家标准中的一级品标准；而后者因采用直接浓缩，溶液中的酸度过高，其他的金属如镍、锌、铁等也有共析出的可能，故往往质量较差，一般需经过重新溶解再结晶后，才能满足质量要求。

加铜中和法是在鼓入压缩空气的作用下，废铜线、片、屑或残极等在电解液中，会发生中和反应：

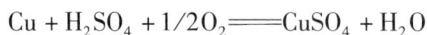

$$Cu + H_2SO_4 + 1/2O_2 =\!=\!=\!= CuSO_4 + H_2O$$

铜的溶解速度在一定温度范围内随着反应温度的升高而加速，但氧在溶液中的溶解度却随着温度的升高而降低。因此，当反应温度超过90℃时，铜的溶解速度反而降低，同时在较高的反应温度下操作还会增加蒸汽消耗。所以，中和反应温度一般以85℃为宜。

随着铜的不断溶解，溶液的密度逐渐提高，待溶液密度达到1400kg/m³左右时，中和过程即告完成。然后，将此硫酸铜溶液经过滤后，放入机械搅拌的水冷结晶槽或自然冷却结晶槽中进行冷却结晶，后经过滤，冲洗，再脱水烘干，即得硫酸铜产品。一些工厂为了减少结晶母液的数量，减轻脱铜电解的负担，采用二次结晶法，即将一次结晶母液经过蒸发浓缩，再结晶产出高酸硫酸铜。此高酸硫酸铜须经重溶后返回中和槽，二次结晶产出的母液送脱铜电解。

废电解液中溶铜过程常用的设备有中和槽和鼓泡塔。

直接浓缩结晶法由蒸发、结晶、离心(过滤)几大工序组成。首先将电解液或中和液加入具有蒸汽加热蛇管和空气鼓风的蒸发槽中进行常压蒸发,但此种设备的蒸发过程缓慢,消耗蒸汽量大。较为先进的工厂,将蒸发浓缩作业在真空蒸发器中进行,以节省能源,提高蒸发效率。

一般电解液含铜 40~50g/L,含酸 165~190g/L,蒸发后终液含铜可达 80~100g/L,含酸达 350g/L 以上,送结晶工序进行结晶。

在硫酸溶液中,硫酸铜的溶解度与溶液的酸度、铜离子浓度等有关。铜离子和酸浓度高时,硫酸铜结晶率就高;冷却结晶温度低,结晶母液含铜低,结晶率也高,但结晶温度过低有析出硫酸镍的可能。所以,一次结晶的终点温度控制在 25~30℃,一次结晶母液经蒸发浓缩后的二次结晶温度应不低于 30℃,以防硫酸镍共同析出。特别是当溶液含镍高时,硫酸铜结晶终点温度应控制在更高些。

目前,国内常用的结晶装置为夹套式的机械搅拌水冷结晶槽。这种结晶机的缺点是作业过程间断进行,劳动强度较大。但其生产过程稳定,维护成本较低。较为先进的连续式结晶器种类繁多,有冷却结晶器、蒸发结晶器、真空结晶器、盐析结晶器和其他类型的结晶器。

离心过滤是一种固液分离过程,就是将结晶态的硫酸铜从溶液中分离出来,要求分离效果好,晶体硫酸铜不要混在滤液中。常用的设备是双极离心机。此设备过滤面积大,效率高,适用于连续化硫酸铜生产。

12.3.7.3　电积脱铜及脱砷、铋

在电解精炼过程中,电解液中铜离子的增加量约为阳极溶解量的 1.2%~2.0%。如硫酸铜生产所带走的铜离子量仍不能抵消电解液中的铜离子增加量时,则多余的铜离子必须用电解沉积法除去。

目前,国内外从电解液中脱除铜及砷、锑、铋的方法主要分为三大类:第一类是采用电解沉积法使铜及砷、锑、铋一同被脱除;第二类是采用萃取或离子交换法除去电解液中的砷、锑、铋;第三类是利用化学法使砷、锑、铋沉淀,下面主要介绍第一类方法。

电积脱铜所采用的各种设备基本上与铜电解相同,阴极仍为铜始极片,只有阳极为含银1%的铅银合金或含锑 3%~4% 的铅锑合金。电积脱铜的两极反应为:

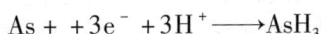

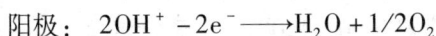

阴极:　$Cu^{2+} + 2e^- \longrightarrow Cu$

$$AsO^+ + 3e^- + 2H^+ \longrightarrow As + H_2O$$

$$BiO^+ + 3e^- + 2H^+ \longrightarrow Bi + H_2O$$

$$SbO^+ + 3e^- + 2H^+ \longrightarrow Sb + H_2O$$

$$2H^+ + 2e^- \longrightarrow H_2$$

$$As + 3e^- + 3H^+ \longrightarrow AsH_3$$

阳极:　$2OH^+ - 2e^- \longrightarrow H_2O + 1/2O_2$

阴极上的电极反应,则视溶液中铜及杂质离子浓度的高低而不同,通常铜离子浓度高时,阴极上主要发生铜的放电析出;当铜离子浓度降低到一定程度时,则杂质砷、锑、铋和铜共同放电。若当铜离子浓度再降低,除了杂质与铜共同放电外,还常伴随有 AsH_3 的析出。AsH_3 是剧毒气体,在 250ppm 的浓度下人体持续吸入 30min 致人死亡,在 10ppm 浓度下停留几个小时即能引起中毒症状。

由于电积脱铜过程是使溶液中的 $CuSO_4$ 分解，槽电压中包括了 $CuSO_4$ 的分解电压，故比电解精炼时的槽电压高出约 7 倍，一般为 1.8~2.5V。

当一次脱铜电解将溶液的铜离子浓度降低到 40~20g/L，再进行脱除砷、锑、铋等杂质的二次脱铜电解。传统的电积脱砷是使溶液周期性地循环流过脱铜电解槽（即为间断式流程），溶液中的铜离子在阴极上不断析出，随着溶液中铜离子浓度的降低，砷、锑、铋等一些电极电位较低的杂质也相继在阴极上析出。当溶液中铜离子浓度降低到一定程度时，在阴极上就有砷化氢气体产生。在铜离子浓度低于 8g/L 时，溶液的砷离子浓度开始降低，即砷开始在阴极上与铜一起析出。当铜离子浓度在 2g/L 范围内，砷离子浓度降低较快；当铜离子浓度下降到 2g/L 时，即有砷化氢气体产生；在铜、砷离子浓度均降至 1g/L 以下时，砷化氢气体产生量急剧上升。由此可见，保持铜离子浓度在 2~5g/L 范围内，既可使砷大量析出，又能避免砷化氢气体产生。

由于各系统的铜、酸、砷条件不同，其最佳条件所要求的铜离子浓度范围也略有不同。保持铜、砷离子浓度在最佳脱砷范围，可通过补充溶液（加辅助液）来实现。从国内外的生产实践看，与溶液中砷离子浓度相对应的最佳铜离子浓度范围如下：

As(g/L)　　 8　　　 6　　　 2
Cu(g/L)　　 2~6　 1~5　 0.5~3

连续脱铜脱砷电积法的技术条件和经济指标为：电流密度 200~260A/m²，槽电压 1.8~2.5V，同极中心距 100~130mm，终液含铜、砷 0.5~1g/L，脱铜电流效率 30%~80%，脱砷电流效率 10%~20%。

电积法脱铜、砷、锑后期，极易产生剧毒 AsH_3 气体，故铜离子浓度降至 0.5g/L 时，砷化氢气体产出量约为 2~4mg/(A·h)。槽面上用 FRP 罩面封，由排风机将电积过程中产生的酸雾和 AsH_3 等有害气体抽走。为了安全生产，应将排风机与硅整流器连锁，一旦风机跳闸，硅整流器同时停电，槽面随之停止生产。

电积后期产出的固态产物的成分如下：黑铜板含 Cu 75%，As5%，Sb1.0%，Bi1.5%；黑铜粉含 Cu62%，As6.7%，Sb1.7%，Bi2.0%。

12.3.7.4 电解液净化脱镍及硫酸镍的生产

经过脱铜电解后的溶液，一般含铜小于 1g/L（多数为 0.1~0.5g/L），含酸 300g/L，甚至可达 350~450g/L，此外还含有较多量的其他杂质如镍、砷、锑、铁、锌等。送往回收粗硫酸镍的母液要求含镍一般在 35g/L 以上。电解液中镍的脱除，国外主要采用结晶法、萃取法、离子交换法，而国内多采用结晶法产出粗硫酸镍副产品。结晶法生产硫酸镍主要有直火浓缩、冷冻结晶以及电热浓缩法。

直火浓缩法一般分为两个阶段进行，先进行预先蒸发，在衬铅的浓缩槽内用蒸汽浓缩至密度 1480~1500kg/m³，然后再送往钢制的直火浓缩锅内进行直火蒸发，用煤作燃料。溶液一直浓缩到密度为 1600~1650kg/m³，此时溶液含硫酸 1000~1200g/L，部分镍以无水硫酸镍形态析出，溶液中的其他杂质大部分也混入无水硫酸镍中。经澄清分离后，上清液为浓缩液，其他杂质大部分也混入无水硫酸镍中。经澄清分离后，上清液为浓缩酸液，其中所含镍离子浓度随酸液中的 H_2SO_4 浓度增加和澄清时间加长而降低。当溶液含硫酸达到 1000g/L 以上时，镍离子浓度小于 5g/L，可返回铜电解车间，无水硫酸镍则送去回收镍。

直火浓缩法的优点是设备简单，镍直接回收率高，母液含镍少；缺点是硫酸的损失大，通常有 10% ~20% 的硫酸被蒸发掉,车间酸雾大,环境污染严重,劳动条件恶劣。直火浓缩法腐蚀严重,设备寿命很短,一般为 3~6 个月。现在直火浓缩法除条件简陋的工厂外,一般不宜采用。

　　冷冻结晶法是采用人工制冷的办法将溶液的温度降低至比自然冷却或水冷却更低的温度。若能将硫酸镍溶液的温度降低至 -20℃,则硫酸镍在 28% ~45% 硫酸溶液中的溶解度将下降至 1.0% ~1.6%,即相当于母液含镍 4.7~7.5g/L 以下,使结晶效率得到显著提高。根据生产实践,冷冻结晶以 -20℃ 以下为宜。冷冻前液含酸最好为 350~400g/L。含酸过高,结晶颗粒过细,脱酸不易,造成用粗硫酸镍生产精制硫酸镍过程中消耗较多的碱。冷冻结晶后液含酸约 400g/L,用蒸汽间接加热至 60~80℃ 后返回电解工序。

　　电热浓缩法的工艺原理与直火浓缩法基本相同,它是用三根石墨电极插入装有溶液的浓缩槽中,电源装置输出较高的电流到电极,通过溶液自身的电阻产生热量,使溶液沸腾,在常压状态下蒸发水分而使溶液浓缩。蒸发出的气体由排气系统送酸雾吸收塔净化后排放,浓缩液连续溢流至水冷结晶槽,冷却析出粗硫酸镍结晶,经真空吸滤后得粗硫酸镍产品。

　　浸没燃烧蒸发法是用热燃气体通入脱铜及砷、锑、铋后的电解液中,使溶液蒸发浓缩,使硫酸镍在高酸浓度下达到过饱和而结晶析出,从而使镍、酸分离。

　　浸没燃烧是国外比较先进的一项热浓缩法净化除镍的新工艺,该技术现已广泛应用于回收各种酸和金属。浸没燃烧法的设备简单,镍直收率高,母液含镍少,酸损失少,处理量大,不会造成环境污染。

撰稿人:肖炳瑞　张　帆　陈　彤　汪飞虎　张恩明
审稿人:肖　珲　李志强　王盛琪　王举良　彭容秋

13 铜的湿法冶金

13.1 概 述

湿法提铜是利用溶剂将铜矿、精矿或焙砂中的铜溶解出来，再进一步分离、富集提取的方法。以往铜的湿法冶金发展比较缓慢。

随着化学工业的发展出现了有机萃取剂，可以有效地从贫铜溶液中萃取铜，1968 年美国亚利桑那州兰乌矿建成了世界上第一个工业规模的浸出—萃取—电积工厂，目前全世界采用此工艺生产的铜已超过 200×10^4 t/a，占全球矿产铜量的 20%。智利是世界上最大的湿法炼铜生产国，1998 年产量达到 116.9×10^4 t。1997 年智利建成世界上最大的浸出—萃取—电积（简称 L—SX—EW）法炼铜工厂，其生产能力为 22.5×10^4 t/a，产品达到伦敦金属交易所 A 级铜标准。L—SX—EW 法由于工艺流程短，产品质量高，加工成本低，而且能从铜矿废石等含铜很低的原料中提取铜，日益成为一种重要的炼铜方法。L—SX—EW 法的生产流程示于图 13 - 1。西方国家矿产铜和 LSX—EW 法所占比例见表 13 - 1。

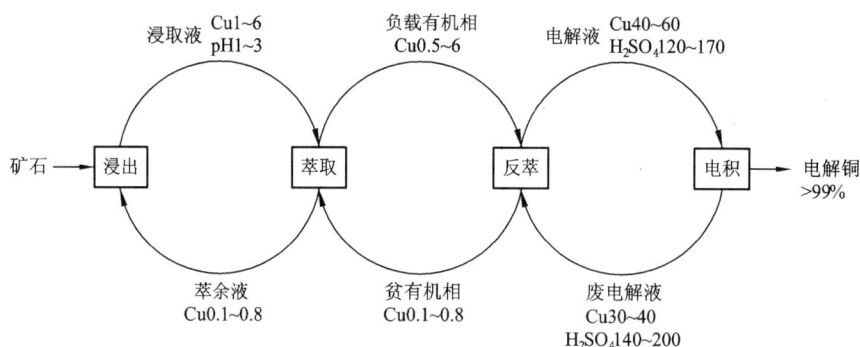

图 13 - 1 L—SX—EW 法的生产流程示意图（溶液浓度:g/L）

表 13 - 1 西方世界矿铜的产量及 L—SX—EW 铜所占的比例

项 目	1998	1999	2000	2001	2002
矿铜产量/10^4t	1018	1060.2	1092.7	1126.8	1102.6
其中：美国/10^4t	186.0	160.0	147.3	136.0	115.0
智利/10^4t	368.6	442.1	464.6	476.6	462.8
SX—EW 生产的铜/10^4t	202.5	231.2	231.9	255.4	259.5
SX—EW 铜所占的比例/%	19.89	21.8	21.2	22.66	23.5

L – SX – EW 技术在我国也有较大发展，1983 年在海南岛建成了我国第一个 L – SX – EW 工厂，以后又陆续建有一批湿法炼铜厂。目前全国约有 200 家小厂采用此法生产。湿法炼铜厂的生产能力已达 $20 \times 10^4 t/a$ 左右。

总之，湿法炼铜技术近年来发展很快，已有相当高的技术水平，并具有相当大的生产规模，已成为铜工业中的一种重要的技术倾向，特别是对火法冶金难以处理的低品位矿石或采铜废石以及就地浸出方面将发挥更大的作用。

13.2 矿石浸出

13.2.1 浸出的基本原理

铜矿石和精矿通常均由多种矿物组成，成分十分复杂，铜常呈氧化物、硫化物、碳酸盐、硫酸盐、砷化物等化合物存在。因此，必须根据原料的特点选用适当的浸出剂体系和浸出方式，为此需要应用电势 – pH 图来说明铜矿石浸出的基本规律。

图 13 – 2 给出了 25℃，100℃，150℃ Cu – H$_2$O 系 φ – pH 图。从图上我们可以了解到以下几方面的内容，从而可以选择铜氧化矿物原料的湿法冶金条件。

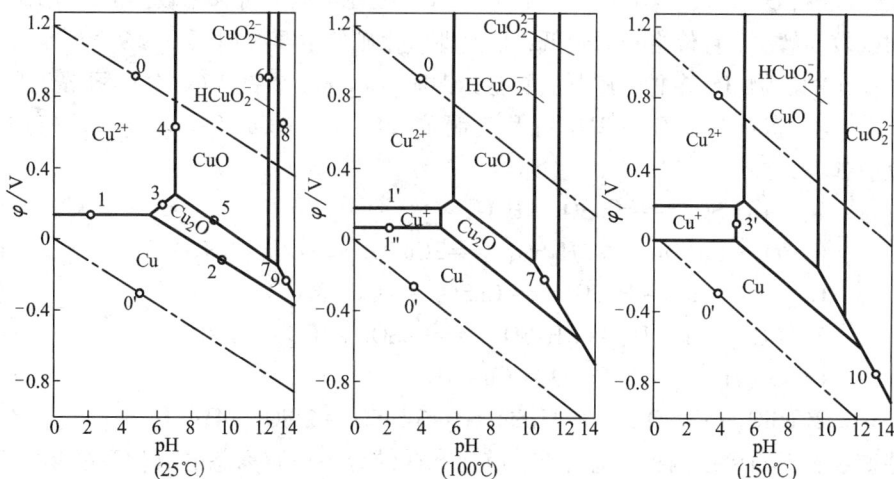

图 13 – 2 Cu – H$_2$O 系 25℃，100℃，150℃的 φ – pH 图

(1)铜稳定存在的区域，因此可以知道防止铜腐蚀的环境条件，同时也可知道使铜以离子状态进入溶液的条件(即浸出条件):电势，pH 值等。

(2)氧化铜(CuO)氧化亚铜(Cu$_2$O)稳定存在的区域，从而可以确定浸出含氧化铜和氧化亚铜矿物原料的条件。

(3)选择氧化剂和还原剂

从图 13 – 2 中可见，对于 Cu$_2$O 的浸出应加一定的氧化剂使溶液保持一定的氧化电势。

对于硫化矿物原料，同样可以利用 MS – H$_2$O 系 φ – pH 图来选定其湿法冶金条件。对 MS 的浸出可分为三类。

(1)产生 H_2S 的简单酸浸

如　$FeS + 2H^+ \Longrightarrow Fe^{2+} + H_2S$ (13-1)

(2)产生元素硫的浸出

如　$CuFeS_2 + 4Fe^{3+} \Longrightarrow Cu^{2+} + 5Fe^{2+} + 2S^0$ （常压氧化浸出） (13-2)

和　$2CuS + 2O^{2-} + 4H^+ \Longrightarrow 2Cu + 2H_2O + 2S^0$ （高压氧化浸出） (13-3)

(3)产生 SO_4^{2-}，HSO_4^- 的浸出，其中包括高压氧化酸浸和高压氧化氨浸

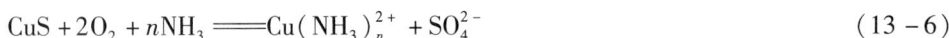

$$CuS + 2O_2 \Longrightarrow Cu^{2+} + SO_4^{2-}$$ (13-4)

$$CuS + 2O_2 + H^+ \Longrightarrow Cu^{2+} + HSO_4^-$$ (13-5)

$$CuS + 2O_2 + nNH_3 \Longrightarrow Cu(NH_3)_n^{2+} + SO_4^{2-}$$ (13-6)

由此可见，根据需要通过控制 pH、电势和采用加压浸出，可使矿物中的硫以不同的形式产出，并可使铜的硫化矿物以 Cu^{2+} 形态进入溶液中。

13.2.2　浸出体系的选择

常见的浸出体系有酸浸、盐浸、碱浸和细菌浸出等。

13.2.2.1　酸性浸出

酸浸常用的浸出剂有硫酸、盐酸和硝酸，但对于铜矿浸出，硫酸是最主要的浸出剂。硫酸是弱氧化性酸，$\varphi_{SO_4^{2-}/H_2SO_4} = 0.17$ V，沸点330℃，故在常压下可采用较高的浸出温度。其设备防腐问题较易解决，且价格相对较低，是处理氧化矿的主要溶剂。

氧化铜矿的矿物100多种，其中主要有赤铜矿（Cu_2O）、黑铜矿（CuO）、孔雀石[$CuCO_3 \cdot Cu(OH)_2$]、硅孔雀石[$CuSiO_3 \cdot 2H_2O$]及蓝铜矿[$2CuSiO_3 \cdot Cu(OH)_2$]等，用硫酸浸出时，其基本反应如下：

$$CuO + H_2SO_4 \Longrightarrow CuSO_4 + H_2O$$ (13-7)

$$CuCO_3 \cdot Cu(OH)_2 + 2H_2SO_4 \Longrightarrow 2CuSO_4 + CO_2 \uparrow + 3H_2O$$ (13-8)

$$CuSiO_3 \cdot 2H_2O + H_2SO_4 \Longrightarrow CuSO_4 + SiO_2 + 3H_2O$$ (13-9)

$$2CuCO_3 \cdot Cu(OH)_2 + 3H_2SO_4 \Longrightarrow CuSO_4 + 2CO_2 \uparrow + 4H_2O$$ (13-10)

$$Cu_2O + H_2SO_4 \Longrightarrow CuSO_4 + Cu + H_2O$$ (13-11)

$$2CuSiO_3 \cdot Cu(OH)_2 + 3H_2SO_4 \Longrightarrow 3CuSO_4 + 2SiO_2 + 4H_2O$$ (13-12)

这些矿物在矿石中以两种形态存在，游离态或结合态。游离态的氧化铜矿易溶于酸，而结合态的氧化铜矿溶解要困难一些。表13-2列出了铜离子活度与 CuO 平衡的 pH° 的关系，即溶液中 Cu^{2+} 浓度与溶液酸度（H^+ 浓度）的平衡关系。

表 13-2　铜离子活度与 CuO 平衡的 pH° 的关系

$a_{Cu^{2+}}$	1	0.5	0.4	0.3	0.2	0.1	0.05	0.016
pH°（25℃）	3.95	4.10	4.15	4.21	4.30	4.45	4.60	4.85
[Cu^{2+}]*/($g \cdot L^{-1}$)	63.55	31.77	25.42	19.06	12.71	6.36	3.18	1

注：* 当活度系数为1时，将 mol 折算为 g/L。

由表13-2可见，硫酸浸出时的终酸应小于表上的平衡 pH°，否则将会析出 CuO 沉淀。

此外，矿石中的褐铁矿、氧化铝一类杂质也会被酸溶解：

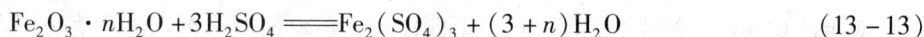

$$Fe_2O_3 \cdot nH_2O + 3H_2SO_4 = Fe_2(SO_4)_3 + (3+n)H_2O \tag{13-13}$$

$$Al_2O_3 + 3H_2SO_4 = Al_2(SO_4)_3 + 3H_2O \tag{13-14}$$

当酸度下降时，其硫酸盐又按下式分解，以氢氧化物形式沉淀下来进入渣中：

$$Fe_2(SO_4)_3 + 6H_2 = 2Fe(OH)_3 \downarrow + 3H_2SO_4 \tag{13-15}$$

$$Al_2(SO_4)_3 + 6H_2O = 2Al(OH)_3 \downarrow + 3H_2SO_4 \tag{13-16}$$

在铜矿物浸出的同时，一些碱性脉石也会被酸浸出，其反应如下：

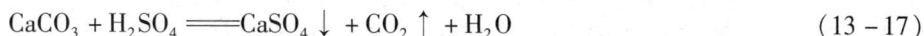

$$CaCO_3 + H_2SO_4 = CaSO_4 \downarrow + CO_2 \uparrow + H_2O \tag{13-17}$$

$$MgCO_3 + H_2SO_4 = MgSO_4 + CO_2 \uparrow + H_2O \tag{13-18}$$

$CaSO_4$ 在酸溶液中溶解度小沉淀下来进入渣中，$MgSO_4$ 的溶解度较大多留在溶液中，所以，当矿石中钙、镁含量高时，因其大量浸出使酸耗大大增加而失去经济性。对此类矿可采用氨浸。

13.2.2.2 碱性浸出（铜的氨浸）

氨浸用的是氨和铵盐的水溶液，一般铵盐为碳酸铵。此体系既可浸出氧化矿，也可浸出硫化矿。

氧化铜矿氨浸的主要反应如下：

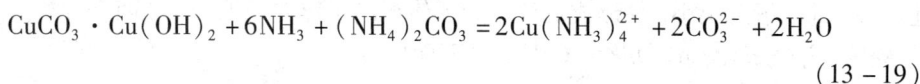

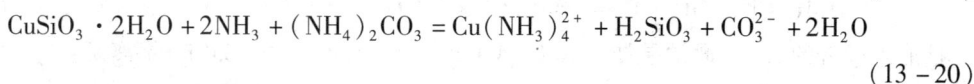

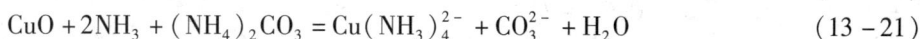

$$CuCO_3 \cdot Cu(OH)_2 + 6NH_3 + (NH_4)_2CO_3 = 2Cu(NH_3)_4^{2+} + 2CO_3^{2-} + 2H_2O \tag{13-19}$$

$$CuSiO_3 \cdot 2H_2O + 2NH_3 + (NH_4)_2CO_3 = Cu(NH_3)_4^{2+} + H_2SiO_3 + CO_3^{2-} + 2H_2O \tag{13-20}$$

$$CuO + 2NH_3 + (NH_4)_2CO_3 = Cu(NH_3)_4^{2-} + CO_3^{2-} + H_2O \tag{13-21}$$

$$Cu_2O + 2NH_3 + (NH_4)_2CO_3 = 2Cu(NH_3)_2^+ + CO_3^{2-} + H_2O \tag{13-22}$$

硫化铜矿氨浸的主要反应如下：

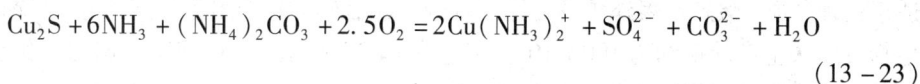

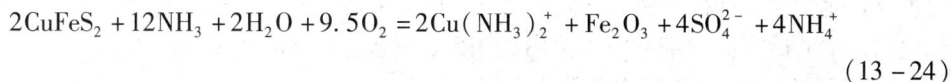

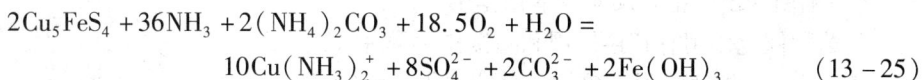

$$Cu_2S + 6NH_3 + (NH_4)_2CO_3 + 2.5O_2 = 2Cu(NH_3)_2^+ + SO_4^{2-} + CO_3^{2-} + H_2O \tag{13-23}$$

$$2CuFeS_2 + 12NH_3 + 2H_2O + 9.5O_2 = 2Cu(NH_3)_2^+ + Fe_2O_3 + 4SO_4^{2-} + 4NH_4^+ \tag{13-24}$$

$$2Cu_5FeS_4 + 36NH_3 + 2(NH_4)_2CO_3 + 18.5O_2 + H_2O = 10Cu(NH_3)_2^+ + 8SO_4^{2-} + 2CO_3^{2-} + 2Fe(OH)_3 \tag{13-25}$$

由上述反应可见，硫化矿的浸出必须有足够的氧，以促进硫和低价铜的氧化。而氧气在水中的溶解度随温度的升高而降低，其数值如下：

温度/℃	0	20	30	40	50	60
溶解度/(cm³/cm³ 水)	0.049	0.038	0.026	0.023	0.021	0.019

氨在水中的溶解度也随温度的升高而降低。提高氧分压可提高浸出率，提高温度也可提高浸出率。然而在常压下，提高温度，将导致氧和氨在水中的溶解度降低，而不利于浸出，因此应采用加压浸出。

13.2.2.3　盐类浸出

对于硫化铜矿，单纯用酸浸，几乎不能浸出，必须加氧化剂，盐浸就是用电势较高的盐类做氧化剂进行浸出的方法。硫化铜矿浸出常用的氧化剂有 $Fe_2(SO_4)_3$、$FeCl_3$、$CuCl_2$ 等。

（1）铁盐浸出

硫酸高铁浸出硫化铜的主要反应如下：

$$CuS + 4Fe_2(SO_4)_3 + 4H_2O \Longrightarrow CuSO_4 + 8FeSO_4 + 4H_2SO_4 \tag{13-26}$$

$$CuFeS_2 + 2Fe_2(SO_4)_3 \Longrightarrow CuSO_4 + 5FeSO_4 + 2S^0 \tag{13-27}$$

$$Cu_2S + 2Fe_2(SO_4)_3 \Longrightarrow 2CuSO_4 + 4FeSO_4 + S^0 \tag{13-28}$$

$FeCl_3$ 浸出硫化铜矿的主要反应为：

$$CuS + 2FeCl_3 \Longrightarrow CuCl_2 + 2FeCl_2 + S^0 \tag{13-29}$$

$$CuFeS_2 + 4FeCl_3 \Longrightarrow CuCl_2 + 5FeCl_2 + 2S^0 \tag{13-30}$$

实验表明，用 $FeCl_3$ 溶解黄铜矿比 $Fe_2(SO_4)_3$ 更好。

（2）酸性 $CuCl_2$ 浸出

Cu^{2+} 容易还原，与硫化矿接触时可作为氧化剂。黄铜矿的 $CuCl_2$ 浸出反应如下：

$$CuFeS_2 + 3CuCl_2 \Longrightarrow 4CuCl + FeCl_2 + 2S^0 \tag{13-31}$$

但 $CuCl$ 的溶解度很小，易形成沉淀。为了使铜离子留在溶液中，有两个方法。一是保持一定的酸度，并通氧使 Cu^+ 氧化为 Cu^{2+}，见下面反应：

$$4CuCl + 4HCl + O_2 \Longrightarrow 4CuCl_2 + 2H_2O \tag{13-32}$$

二是加入过量的 Cl^-，通常是加入 $NaCl$ 或 $CaCl_2$，使 $CuCl$ 生成 $CuCl_2^-$ 络离子：

$$CuCl_{(固)} + Cl^- \Longrightarrow CuCl_2^- \tag{13-33}$$

13.2.2.4　细菌浸出

细菌浸出又称微生物浸出，是借助某些细菌的催化作用，使矿石中的铜溶解。此法特别适于处理贫矿、废矿、表外矿及难采、难选、难冶矿的堆浸和就地浸出。目前世界各国通过生物浸出法生产的铜约为 $100 \times 10^4 t$，其中美国 25% 的铜产自细菌浸出法。细菌浸出时使用的主要是化学自养能微生物，它们可以从无机物的氧化过程中获得能量。其中应用最多的为硫化细菌中的硫杆菌。细菌可以浸出辉铜矿、铜蓝、黄铜矿和斑铜矿等。

（1）细菌浸出的主要反应及催化作用

细菌的催化作用有直接作用和间接作用两种方式。

直接作用：细菌吸附于矿物上直接催化其氧化反应。

$$4FeS_2 + 15O_2 + 2H_2O \longrightarrow 2Fe_2(SO_4)_3 + 2H_2SO_4$$

$$4CuFeS_2 + 17O_2 + 2H_2SO_4 \longrightarrow 4CuSO_4 + 2Fe_2(SO_4)_3 + 2H_2O \tag{13-34}$$

$$2Cu_2S + O_2 + 4H^+ \longrightarrow 2CuS + 2Cu^{2+} + 2H_2O \tag{13-35}$$

$$CuS + 2O_2 \longrightarrow CuSO_4 \tag{13-36}$$

间接作用：上述反应产生的 $Fe_2(SO_4)_3$ 是硫化物的强氧化剂，可使硫化物氧化为硫酸盐：

$$FeS_2 + Fe_2(SO_4)_3 \longrightarrow 3FeSO_4 + 2S \tag{13-37}$$

$$CuFeS_2 + 2Fe_2(SO_4)_3 \longrightarrow CuSO_4 + 5FeSO_4 + 2S \tag{13-38}$$

生成的 $FeSO_4$ 及 S 又可分别被细菌催化氧化为 $Fe_2(SO_4)_3$ 和 H_2SO_4：

$$4FeSO_4 + O_2 + 2H_2SO_4 \longrightarrow 2Fe_2(SO_4)_3 + 2H_2O \tag{13-39}$$

$$2S + 3O_2 + 2H_2O \longrightarrow 2H_2SO_4 \qquad (13-40)$$

因此,细菌的间接催化作用在于再生出金属硫化物化学氧化溶解所必需的氧化剂 $Fe_2(SO_4)_3$ 和溶剂 H_2SO_4。

（2）影响细菌浸出的主要因素

影响细菌浸出的主要因素如下:

①菌种的选择及培养

菌种的选择主要有两种途径。一是从专门的研究室引接经过培养驯化过的优良菌种;二是从待处理矿石的矿床流出的酸性水溶液或硫磺温泉水中分离出所需细菌,在培养基中培养,并逐步改变介质条件对细菌进行驯化培养。

②培养基

为使细菌快速生长繁殖,必须提供足够的营养物质,有代表性的培养基见表 13-3。

表 13-3　有代表性的培养基

试剂(g)	培养基代号 9K	培养基 2
$(NH_4)_2SO_4$	3.0	0.4
KCl	0.1	–
$MgSO_4 \cdot 7H_2O$	–	0.4
KH_2PO_4	0.5	0.04
$Ca(NO_3)_2$	0.01	–
pH	2.0	1.0 ~ 1.8
蒸馏水	700mL	–
去离子水	–	1000mL

③温度

各种硫杆菌均有其最适合生长的温度范围。对于氧化亚铁硫杆菌,温度为 25 ~ 30℃,此时细菌活力强,生长快,浓度高,浸出快。温度 < 10℃,细菌繁殖慢,活性下降;温度 > 45℃,细菌中酶的活性降低;温度 > 50℃,蛋白质凝固而导致细菌死亡。

④pH

各种硫杆菌都有其最适宜的 pH 范围。对于氧化亚铁硫杆菌最适宜的 pH = 1 ~ 3。pH 值过高时,Fe(Ⅱ)及 Fe(Ⅲ)会以不同的形式沉淀。这就使作为其能源之一的 Fe(Ⅱ)减少,不利于细菌生长和保持活性,同时也降低能氧化硫化物的 $Fe_2(SO_4)_3$ 的浓度。

⑤介质的氧化还原电势

浸出液的氧化还原电势主要决定于其中 Fe^{3+} 与 Fe^{2+} 的浓度比。已知

$$Fe^{3+} + e \Longrightarrow Fe^{2+} \qquad (13-41)$$

$$\varphi = \varphi^{\ominus} + 0.0591 \lg \frac{[Fe^{3+}]}{[Fe^{2+}]} \qquad (13-42)$$

据(13-42)式 $[Fe^{3+}]/[Fe^{2+}]$ 比值越大,则电势越高,越有利于反应的进行。但在溶液

电势 > 700mV 的条件下，[Fe^{2+}]过低，影响氧化亚铁硫杆菌取得能源，而影响其活性；若低于 100mV 时，细菌生长困难，且溶液的化学氧化能力下降。为了保持细菌活性和有效浸出矿石，以控制氧化还原电势在 300 ~ 700mV 为宜。

⑥氧气的供给

从细菌浸出的反应可见，氧的参与是必不可少的条件，同时持续供给氧气也是细菌不断生长、繁殖和保持活性的必要条件。

除了机械搅拌溶液或加速溶液渗滤循环以强化供氧之外，一般还往溶液中通入空气，一般控制空气速度为 0.05 ~ 0.1m^3/(m^3 · min)。

⑦阴、阳离子的影响

细菌生长需要某些微量元素如 K$^+$，Mg^{2+}，Ca^{2+} 等。天然水中这些离子的含量已能满足需求，但其浓度也不宜过高。而某些离子特别是重金属离子对细菌有毒害作用，其浓度需要加以限制。细菌对有关离子的极限耐受浓度如下：

离子	Na$^+$	Ca^{2+}	Cd^{2+}	Cu^{2+}	Ag$^+$	NH$_4^+$	Cl$^-$	AsO$_4^{3-}$	F$^-$
耐受浓度/(g · L^{-1})	6.67	2.93	8.77	0.45	0.20	2.13	12.05	7.78	0.034

⑧矿石粒度的影响

矿石粒度的影响有铜矿物表面的暴露程度及其氧化反应动力学。原则上粒度细小有利于浸出速度和浸出完全程度的提高；但过细的矿料不仅会增大磨细费用，而且浸出过程中其粒度还会不断减小而产生细泥。后者将粘附矿粒和细菌而妨碍它们的直接接触，从而使生物浸出速度下降。

13.2.3　浸出方式

浸出方式与矿石含铜品位和浸出的难易有关，在美国含铜 0.04% ~ 0.4% 的矿石采用堆浸，0.4% ~ 0.9% 的矿石采用搅拌浸出。

13.2.3.1　槽浸

槽浸方式是早期湿法炼铜中普遍采用的一种浸出方式，它一般是在浸出槽中用较浓的硫酸(含 H$_2$SO$_4$ 50 ~ 100g/L)浸出含铜量 1% 以上的氧化矿(粒度为 -1cm)。浸出液铜浓度较高，可直接用来电积铜。然而由于其溶液中杂质较高，所产铜达不到 1# 铜标准。

槽浸又称为渗滤浸出，浸出槽示意于图 13 -3。

13.2.3.2　搅拌浸出

搅拌浸出是在装有搅拌装置的浸出槽中进行，用较浓的硫酸溶液(含 H$_2$SO$_4$ 50 ~ 100g/L)浸出细粒(-75μm 占 90% 以上)氧化矿或硫化矿的焙砂，一般含铜品位较高。搅拌浸出具有比槽浸速度快、浸出率高等优点，但设备运转能耗高。

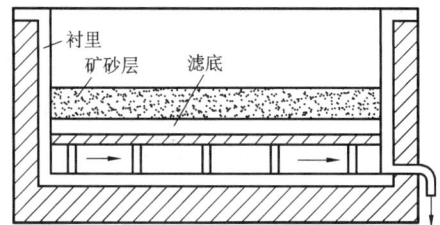

图 13 -3　浸出槽示意图

搅拌浸出设备有机械搅拌与空气搅拌(巴秋卡槽)两种方式。机械搅拌和空气搅拌如图 13 -4 和图 13 -5 所示。

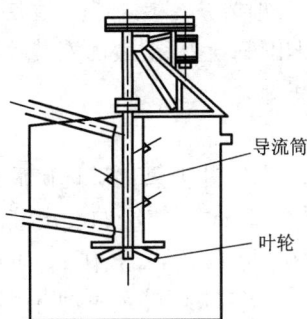

图 13 - 4   机械搅拌槽示意图

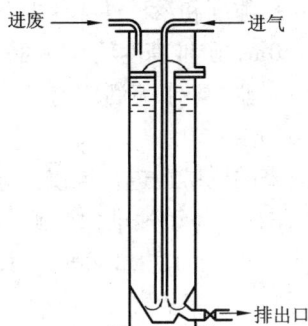

图 13 - 5   空气搅拌槽示意图

浸出后，需采用大型浓密机实现洗涤及固液分离。浓密机底流通常用带式过滤机过滤，获得的滤渣中和后排入最终尾矿坝。

13.2.3.3   堆浸

堆浸常用于低铜表外矿、铜矿废石的浸出。浸出场地多选在不透水的山坡处，将开采出的废矿石破碎到一定粒度筑堆；在矿堆表面喷洒浸出剂，浸出剂渗过矿堆时铜被浸出，浸出液返流到集液池以回收。堆浸的特点是浸出设备投资少，运行费用低。氧化矿的堆浸已进行了多年，技术有较大的改进。近年来由于细菌浸矿技术的发展，硫化矿和混合矿也可堆浸，甚至最难浸出的黄铜矿，也可引入细菌后堆浸。

堆浸厂已遍及各个地区，不受地理位置和气候条件的限制。高纬度、高海拔、降雨量少的沙漠和雨量充沛的地区都可建厂。堆浸和选矿一样有明确的边界品位，所定界限以经济上有利可图为原则，一般铜含量为0.04% ~ 0.15%。铜矿石堆浸的方式多样，现分述如下。

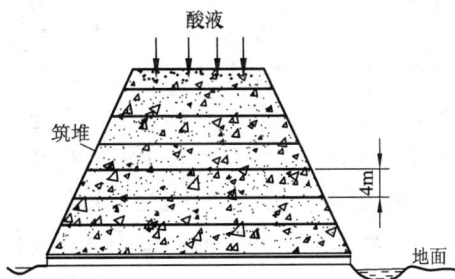

图 13 - 6   筑堆堆浸示意图

（1）筑堆浸出

主要用于浸出较高品位的氧化矿。首先铺平地基，垫上沙土，铺上高密度聚乙烯地膜（早些年要铺沥青）。地膜上铺一层砂子做透水层，并布上透滤管。铺好后向上堆矿石约8m厚为一层，矿石不破碎，也可破碎，铺好后用犁沟机拉沟，铺喷淋管。管距6m，喷淋孔距12m。一层喷淋 ~45d，犁松后再铺第二层。筑堆浸出如图 13 -6。

（2）废石堆浸

废石堆浸一般是从含铜0.04% ~ 0.2%的废石堆中回收铜。有新老废石两种回收形式。

一是老废石场，采用布喷淋管直接浸出。由于废石场很深，为了浸透，常采用在堆场上打钻。如美国布于维尔矿在堆场上打孔，下塑料套管，在深处向下布浸出液，力图把180m深的废石中的铜堆浸出来。

二是新废石，选择有一定坡度的山坡，使浸出液能自流到集液池。必要时在地面铺以粘土、混凝土或塑料垫层，特别是浸出液流经沟道要作特殊处理，以免浸出液流失。矿堆结构要有一定的孔隙度和渗透性,利于空气流动和溶液渗透。一般采用多层堆置,逐层浸出,每层厚度5～10m,矿堆高度约60～80m。用喷洒方法注入浸出液,在每层表面安装喷洒液管和农用旋转喷液器,要求喷洒均匀。

(3)尾矿堆浸

利用原来的尾矿池进行堆浸。如智利的Cheegeeicamata铜矿处理氧化矿选矿后的平均含铜0.3%的尾矿。尾矿池堆积尾矿有4×10^8t,占地面积为3.5km²。使用的浸出液为溶剂萃取的萃余液,每小时用量1800m³,浸出液沿纵向渗透进尾矿堆,深度可达40～120m,然后通过下部砾石层,流至基岩上部的水平流泄层,在低凹处设有集液隧道,汇集所有的浸出液。每一浸出场地一般需连续喷洒12个月,每吨铜耗酸2～3t。

(4)矿石堆浸

随着浸出—萃取—电积技术的发展,堆浸技术已从过去粗放的废石堆浸向铜矿原矿堆浸发展。

堆浸场按使用情况分为永久堆场和多次重复使用堆场。

建设永久堆场,首先要清除堆场底部植被,并修整成3%～12%坡度,修筑不渗漏粘土层地基,或在筑堆之前铺设高密度聚乙烯衬垫(详见筑堆浸出)。

多次重复使用堆场。此种堆场规模很大,机械化、自动化程度高,如智利LAbra矿,使用卫星定位系统自动推进移动式筑堆和卸料联合筑堆机,筑堆速度达到8600t/h。浸出后用台斗轮式装载机挖取尾渣,将尾渣运往废石场,再进行二次浸出。故采用此种堆浸方式浸出周期大大缩短,每浸出一堆45d,铜的浸出率可达70%。此法虽增加了卸堆和尾渣堆放的费用,但由于缩小了堆场面积,缩短了浸出周期并提高了浸出率,效益优于永久堆场。

13.2.3.4 就地浸出

就地浸出又称为地下浸出,可用于处理矿山的残留矿石或未开采的氧化铜矿和贫铜矿。地下浸出是将溶浸剂通过钻孔或爆破后,注入天然埋藏条件下的矿体中,有选择性地浸出有用成分(铜),并将含有有价成分的溶液通过抽液钻孔抽到地表后输送到萃取电积厂处理的方法。

中条山有色金属公司铜矿,在国内首家实现铜矿万吨级原地破碎工业化浸出。云南铜业集团大红铜矿也在进行低品位硫化铜井下细菌堆浸研究。

13.2.3.5 加压浸出

对于在常压和普通温度下难于有效浸出的矿物常采用加压浸出的方式。加压浸出即在密闭的加压釜中,在高于大气压的压力下对矿石进行浸出。

加压浸出有如下优点:

(1)可以在较高的温度下进行浸出

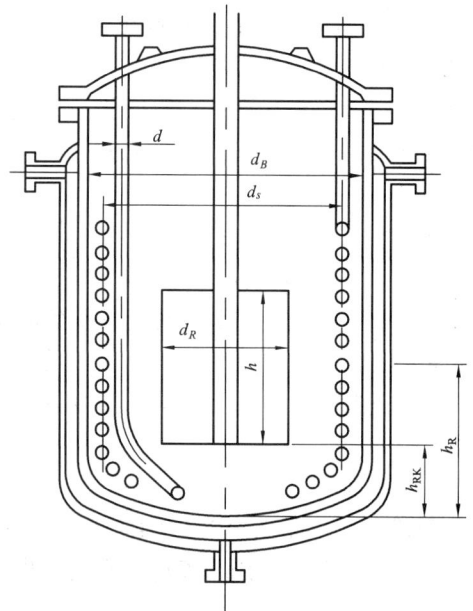

图13-7 立式加压釜示意图

（2）在高温高压下，使一些在普通温度下不能发生的反应得以发生。实验证明，黄铜矿在高温高压下加氧，铜才会被浸出。

（3）在高温高压下，气体在水中的溶解会随温度升高而升高，有利于反应加速进行，故可提高生产率。

图 13 - 7、13 - 8 是加压釜的示意图。

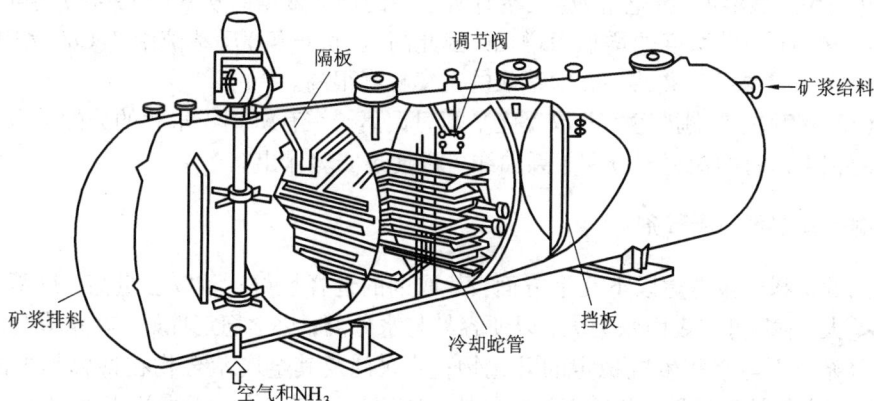

图 13 - 8　卧式加压釜示意图

13.3　从含铜贫溶液中富集铜

浸出得到的含铜溶液含铜量很低，一般仅为 1 ~ 5g/L 左右，而铁的含量远高于铜。早些年采用铁屑置换法，利用铁比铜化学性质活泼，用铁将铜从溶液中置换出来，得到铜粉再进一步提纯。铁的消耗很高约为 2.3t/t·Cu，成本较高。置换法得到的铜纯度不够，还需进一步处理。所以现代湿法炼铜厂都采用萃取 - 电积法从含铜贫溶液中提取铜。

13.3.1　萃取原理

用溶剂萃取法从铜浸出液富集铜的过程由以下两步骤组成：

（1）萃取　将铜浸出液——水相与不相溶的萃取剂——有机相搅拌混合，水相中的铜离子转移到或被萃取到有机相中，两相澄清分离后，留下负载有机相，水相即为萃余液返回用于浸出矿石。

（2）反萃　以适量的废电解液与负载有机相进行搅拌混合，负载有机相中的铜离子转入硫酸（废电解）溶液中，即成为富铜电解液，反萃后的卸载有机相（再生有机相）返回用于萃取。富铜液送往电解车间沉积铜。

以羟肟类化合物作为铜萃取剂时，萃取剂从 Cu^{2+} 离子的两边与其形成化学键，故其机理为螯合萃取。用羟肟类萃取剂萃取铜离子时的反应可以表示为

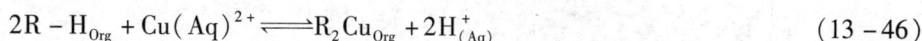

$$2R - H_{Org} + Cu(Aq)^{2+} \rightleftharpoons R_2Cu_{Org} + 2H^+_{(Aq)} \tag{13-46}$$

反应式中：R 表示萃取剂；Org 表示在有机相中；Aq 表示在水相中。反应从左向右进行是萃取过程，而由右向左进行则是反萃过程。从反应式看出，在 Cu^{2+} 被萃取时，会有两个 H^+ 同时被释放出，即每萃取 1g 的铜，便有 1.5g 的硫酸产出。在非严格的情况下，以浓度代

替活度,由反应(13-46)的平衡常数式得到

$$\frac{C_{R_2Cu}}{C_{Cu^{2+}}} = K\frac{C_{RH}^2}{C_{H^+}^2} \tag{13-47}$$

式(13-47)表明,水相中酸浓度(C_{H^+})越低,则有机相中 R_2Cu 的平衡浓度越大。这是从低酸溶液中将铜萃取入有机相的依据;反之,水相中酸度越高,则有机相中 R_2Cu 的平衡浓度越小,这是用高酸溶液(废电解液)反萃有机相中的铜的依据。从式(13-47)还可看出,水相中的 Cu^{2+} 浓度随 H^+ 浓度的增加而增加,因此高酸(废电解)反萃液中的 Cu^{2+} 浓度要比低酸浸出液中的 Cu^{2+} 浓度高得多,亦即萃取的富集程度很高。

公式(13-47)的左端描述了萃取反应平衡时铜离子在有机相与水相的分配关系,被称为分配比。两相平衡时的铜离子分配关系曲线可以通过实验作出。

13.3.2 铜的萃取剂与稀释剂

萃取剂的选择应该考虑以下几个方面:萃取剂的选择性好;萃取容量高;反萃容易;与水的密度差大,粘度小,表面张力大,以便容易与水分离;化学稳定性好,在萃取与反萃过程中不发生降解;不与水相生成稳定的乳化物;萃取剂及其金属萃合物在稀释剂中的溶解性好,混合时有良好的聚结性;萃取平衡速度快;使用与储存安全,无毒或毒性很小,不易燃,不挥发,价格在允许的成本限度内。

从硫酸介质中萃取铜的工业萃取剂一般为羟肟类萃取剂。目前使用的有两种类型:醛肟和酮肟。它们的通用结构式以及特点如表 13-4 所示。

表 13-4　醛肟和酮肟的通用结构式以及特点

	酮 肟 类	醛 肟 类
结　构	C_9H_{19} 苯环 C—CH₃ OH NOH	C_9H_{19} 或 $C_{12}H_{25}$ 苯环 C—H OH NOH
特　点	铜的第一个工业应用萃取剂,单独使用了约 11 年,物理性能突出,分相好。抗污物形成物种为可溶硅、高分子絮凝剂、有机物捕收剂(如腐植酸); 低夹带; 容易反萃,净转移率高; 萃取能力不如醛肟强,需要料液 pH >2; 3~4 级萃取,2 级以上反萃; 化学稳定性好; 平衡慢,特别是温度低时 Cu/Fe 分离因数不大	烷基可以是含碳 12 个或 9 个; 萃取能力很强; 反萃困难,所以要加改质剂改性,如 3-十二醇、壬基酚或酯类改性剂中含有的 OH 和 O 基团会通过氢键与浸出液中的固体结合,导致污物形成,从而使羟肟的稳定性降低,而增加夹带,平衡快; 化学稳定性差; 对 Cu/Fe 的选择性好
萃取剂代号	LIX841	改性的醛肟代表为 LIX622, LIX622N, LIX64N, M5640, PT5050

萃取剂的性能常用转移比和排斥比来衡量,其定义如下:

$$转移比 = \frac{负载有机相中的 Cu - 反萃有机相中的 Cu}{负载有机相中的 Fe - 反萃有机相中的 Fe} \qquad (13 - 48)$$

$$排斥比 = \frac{负载有机相中的 Cu}{负载有机相中的 Fe} \qquad (13 - 49)$$

萃取剂的转移比和排斥比反映萃取剂的选择性。

为了提高萃取剂的性能,还采用加改质剂改质的萃取剂。如 M5640 为改质醛肟,萃铜时其转移比大于 6000,排斥比大于 4000;又如 M5774 是用脂作改质剂的醛肟,萃铜时,其转移比对 Zn, Sb, Sn, Pb, Se, Te, Bi 和 Ni 均大于 40000,对 Fe 为 4480,对 As 为 8549。

萃取剂很少单独使用,通常需用一种价廉的有机溶剂进行稀释,以改善萃取剂的粘度、密度等。稀释剂被称为萃取工艺的三要素(萃取剂、稀释剂和设备)之一。稀释剂在有机相中一般占 80% 以上。稀释剂的极性、介电常数和组成等都对萃取剂的负载能力、动力学性能、选择性等有影响。最常用的稀释剂是煤油,其对铜萃取性能的影响列于表 13 - 5。

表 13 - 5　稀释剂对铜萃取性能的影响

稀释剂	最大负载 /(g·L⁻¹)		30s 萃取平衡速度/%		30s 反萃平衡速度/%		Cu/Fe 选择性		萃取分相时间 /s		反萃分相时间 /s	
	M 5640	LIX 98	M 5640	LIX 98	M 5640	LIX 98	M 5640	LIX 98	M 5640	LIX 98	M 5640	LIX 98
工业煤油	5.66	4.85		76		77.8	1475	1031	117	110.6	40.9	38.7
260 煤油	5.66	5.11	95.6	89.5	96.5	66.4	2400	2414	18	19.7	16	21.6
Escaid100	5.5 ~ 5.9	5.1 ~ 5.4	95	93	95	93	≥2000Z	≥2000	≤60	≤70	≤60	≤80

由表 13 - 5 可见,260 煤油的萃取性能与 Escaid100 可比,但价格具有优势。

13. 3. 3　萃取工艺

铜的浸出液萃取系统有多种配置方式,主要取决于溶液中的 Cu, Fe, H_2SO_4, Mn, NO_3^- 和 Cl^- 等的含量。铜浸出液萃取级数的配置见图 13 - 9。

在堆浸和废矿石的浸出时,常得到含铜为 1 ~ 7g/L 的浸出液,采用 2 级萃取加 1 级反萃的萃取系统配置,这样整个系统的投资低。

对于含铜大于 7g/L 的浸出液和含铜低 pH 在 1.2 ~ 1.4 的浸出液,采用 2 级萃取加 2 级反萃,较为合适。

而当浸出液含铜大于 25g/L,硫酸含量也高时,采用 3 级萃取加 2 级反萃,对需要配置洗涤段的系统,典型的做法是在 2 级萃取后加 1 级洗涤再进行 1 级反萃,或者 2 级萃取加 1 级洗涤加 2 级反萃。

为了降低系统投资,提高铜产量,还可采用串并联系统。

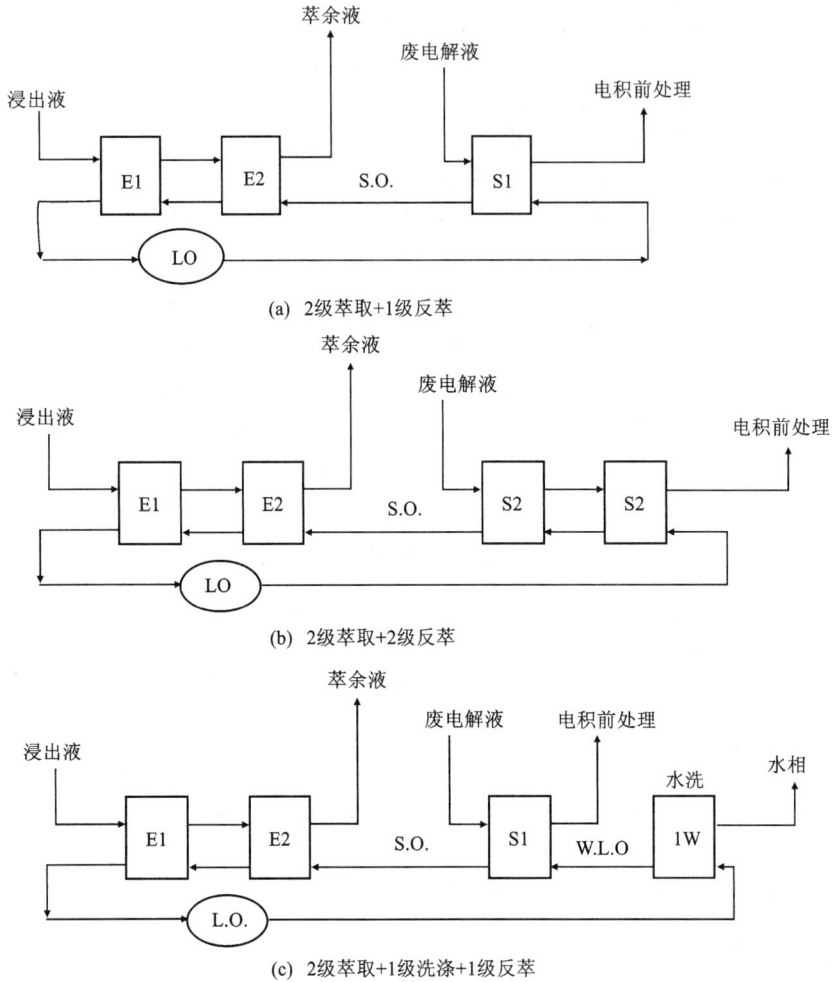

(a) 2级萃取+1级反萃

(b) 2级萃取+2级反萃

(c) 2级萃取+1级洗涤+1级反萃

图 13-9   铜溶剂萃取系统配置图

萃取过程中可变的操作参数有浸出液流速、铜浓度、pH 以及萃取剂浓度。在实际生产条件下，还通过改变有机相或水相流速来改变流比。流比的变化会影响萃取反应的平衡，进而影响铜的回收率。

萃取设备同时具有使两相充分混合接触和充分分离的功能。在铜溶剂萃取工厂中普遍使用混合—澄清室（箱），其工作原理如图 13-10 所示。

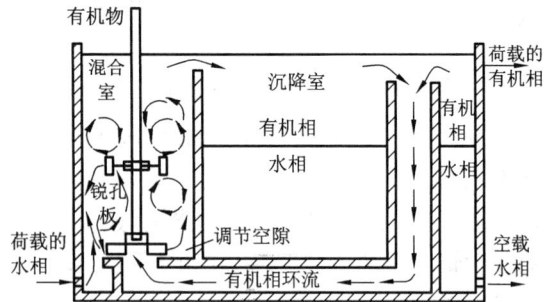

图 13-10   混合—澄清室工作原理示意图

13.3.4　萃取生产过程中常见的故障及处理

萃取工厂常见的问题是相间污物和乳化现象。

任何萃取工厂长期运行后,都会产生一些絮状污物,根据其密度不同,可能漂浮于某一相或存在于两相之间,甚至沉于槽底。通常把这些絮状污物统称为相间污物。当水相中带有大量的有机相小液滴时,使其透光率下降,称为乳化。相间污物和乳化会恶化萃取作业过程,严重时可导致全系统停产。

(1)相间污物

虽然各个工厂的相间污物成分不同,但是相间污物均由有机相、水相和固体组成,有时还有气体。固体成分较复杂,多包括所处理的矿及硅酸盐,空气中的灰砂在沉清池未加盖的情况下可能落入池中。这些固体颗粒多由料液带入,其粒径一般小于 $1\mu m$。研究认为二氧化硅和含硅胶体是导致生成相间污物的重要因素,对其作用机理还无统一的看法。矿石中的可溶性硅化合物在溶液中逐渐聚合成硅溶液,硅溶液可能在界面上与萃取剂或改性剂作用,形成絮凝物逐渐从溶液中析出。此外许多固体颗粒表面性质复杂,既能与极性的水结合,又能与有机相中萃取剂或改性剂的极性基团作用,进而结合形成成分复杂的絮凝物。亲水的固体颗粒趋于水相液滴表面,阻碍液滴的凝并。有时细小的气泡夹带在絮凝物中,使密度降低,则使之上浮。

在萃取作业中,应经常从槽中抽出相间污物,集中处理。处理的方法各厂不一,但目的都是破坏稳定的凝结体结构,回收有机相。有的工厂采用强烈搅拌;有的采用加酸搅拌;对于含有机相污物多的情况,还有采用离心机或板框压滤机分离的。

减少相间污物生成的关键,是降低料液中的固体含量。所以,有时料液在澄清之后还要过滤才能进入萃取槽。露天的澄清池要加盖,工艺过程中所用的水也要仔细除去悬浮物。

(2)乳化

乳化现象多是由于表面活性剂进入了萃取体系。表面活性剂的来源有二:一是许多天然有机物具有表面活性,如来源于植物的腐植酸、木质素等。所以,要把堆浸场附近的杂草铲去,避免或少用高分子絮凝剂,不用未经处理的天然植物纤维来做过滤材料。二是少部分萃取剂和稀释剂在萃取和反萃过程中分解,产生部分活性较大的物质,特别是当水相含有氧化剂时,更容易产生表面活性物质。如电解液中含锰,在阳极区会氧化为高价态的锰,而导致醛肟萃取剂的分解,所以要控制电解液中锰的含量。

此外,正确的设计和操作,防止液滴过于分散或卷入空气都可以防止乳化和污物的生成。

13.4　铜的电积

通过萃取后,可以得到 Cu^{2+} 浓度为 $40\sim50g/L$ 的铜溶液,由于铜离子浓度高,杂质浓度很低(低于电解精炼要求,几乎不含 As,Sb),可以直接经电解沉积,得到优级电解铜。

从富铜溶液电积铜为不溶阳极电解,阴极反应与电解精炼相同,即

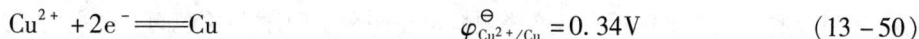

$$Cu^{2+}+2e^-\Longrightarrow Cu \qquad\qquad \varphi^{\ominus}_{Cu^{2+}/Cu}=0.34V \qquad\qquad (13-50)$$

阳极反应为水分解放出氧

$$H_2O - 2e \stackrel{}{=\!=\!=} \frac{1}{2}O_2 + 2H^+ \qquad\qquad \varphi^{\ominus}_{O_2/H_2O} = 1.23V \qquad\qquad (13-51)$$

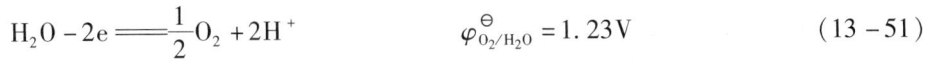

电积的总反应为：

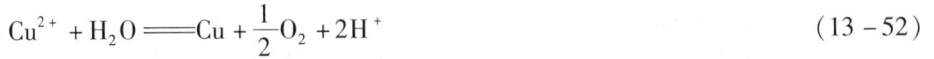

$$Cu^{2+} + H_2O \stackrel{}{=\!=\!=} Cu + \frac{1}{2}O_2 + 2H^+ \qquad\qquad (13-52)$$

电积过程反应的标准电动势为

$$E^{\ominus} = \varphi^{\ominus}_{Cu^{2+}/Cu} - \varphi^{\ominus}_{O_2/H_2O} = -0.89V \qquad\qquad (13-54)$$

实际条件下的电极电势可用下式计算：

$$E = E^{\ominus} - \frac{RT}{2F}\ln\frac{a^2_{H^+}}{a_{Cu^{2+}}} \qquad\qquad (13-55)$$

当电解液含 Cu^{2+} 为 $30 \sim 50g/L$ 时，$\gamma_{Cu^{2+}} \approx 0.2$，$a_{Cu^{2+}} \approx 0.1$，强酸溶液中 $a_{H^+} \approx 1$，温度取 $45\,^{\circ}\!C$；将这些条件代入上式得到 E 值为 $-0.92V$，即理论分解电压为 $0.92V$。加上氧的超电压(约 $0.5V$)，实际分解电压为 $1.4 \sim 1.5V$。再加上电解液的电压降及导电杆的电压降，实际槽电压将达 $1.8 \sim 2.5V$。

此外，由反应还可看出，每析出 $1mol$ 的铜便产生 $1mol$ 的 H_2SO_4。在浸出—萃取—电积流程中，电积产出的贫铜酸用于反萃，不需要处理酸。

由于铜电积的槽电压高，所以电耗较电解精炼高，吨铜电耗约为 $1700 \sim 2700kWh/t$，约为铜电解精炼的 10 倍，所以降低电解电能消耗是努力的目标之一。影响电能消耗的因素有：

(1)电解液成分的影响

电解液成分直接影响电导率，当电解液含铜 $40 \sim 50g/L$，硫酸 $140 \sim 170g/L$ 时，其电导率为 $0.6\Omega/cm$，比电解精炼电解液电导率的一般值 $0.2\Omega/cm$ 高得多，为使电解液电阻不至于太大，电解液成分应保持铜浓度 $\nless 34g/L$，硫酸浓度 $\ngtr 175g/L$。

电解液中对电耗影响最大的是铁。由于 Fe^{2+} 在阳极可被氧化为 Fe^{3+}，Fe^{3+} 扩散到阴极又可还原为 Fe^{2+}，反复氧化还原耗电。但是当料液中含锰，而夹带入电解液时，在阳极会氧化为高价锰，甚至高锰酸。当随电解后液返回萃取时，会氧化萃取剂，生成具有表面活性的性质，延缓分相时间，导致乳化并加剧相间物的生成，恶化萃取过程。如果溶液中有 Fe^{2+}，可还原高价锰，所以留一定量的铁有好处，一般在电解液中保持 $1g/L$ 铁。采取定期将一部分含铁贫铜电解液返浸出段，以保持适当的铁浓度。

如果氯离子进入电解液则会腐蚀阴极，甚至析出氯气，恶化车间环境。可采取在萃取时加洗涤段的方法除去，一般电解液含 Cl^- 量不大于 $30mg/L$。

(2)散杂电流即为用于电解之外的电流的总称。设计时采用加强电解槽、导电排、泵等的绝缘；电路采用两个回路，中间接地，降低总电压差；合理配置电解液给液管和回流管，使电势差最低。

经过溶剂萃取的电解液基本上不含 As，Sb，Bi 等杂质，纯度高于电解精炼的电解液。电解液中的铁离子不可能在阴极放电生成铁，不影响铜的质量，对铜质量造成危害的，一是悬浮颗粒；二是从萃取带过来的微量有机相。

悬浮颗粒的来源有二，一是产生于阳极，电积时阳极中的铅会氧化生成硫酸铅和氧化铅，有时会脱落进入电解液，当这些颗粒附在阴极上时就会长苞钉，严重时造成短路。通常采用加硫酸钴的办法，防止阳极铅基合金的腐蚀。此外浸出段穿滤的悬浮物和电积时副反应产生的铜粉或氧化铜也是悬浮颗粒的另一来源。其中阳极腐蚀产物是主要的。

当电解液中有机物含量大于 10mg/L 时，将会在阴极铜上生成巧克力色的沉积物，称为"有机烧板"恶化阴极铜质量。

目前生产实践中，除去有机物的最有效方法是使用介质过滤和浮选。在介质过滤法中，应用最广泛的是双介质塔式过滤器。

电积与电解精炼的导电系统、循环系统、电解槽都基本相同，主要是阳极为不溶阳极，阳极一般为铅基合金，为了降低其腐蚀速率，现在一般工厂均采用 Pb – Sn – Ca 合金阳极。

阴极一般采用包边的不锈钢阴极，镀 Au, Pt, Ir 的钛阴极是更理想的阴极，但投资太大。

阴极的剥离，可采用人工剥离。国外一些大型工厂，采用阴极剥离机，并同时完成清洗、堆码、整理母板，底边上蜡等作业。

撰稿人：何霭平

审稿人：贺家齐 谭世雄 彭容秋